다시 보는
초중고 수학

다시 보는 초중고 수학

1판 1쇄 인쇄 2026. 1. 21.
1판 1쇄 발행 2026. 1. 28.

지은이 이상엽

발행인 박강휘
편집 김해슬 | **디자인** 조명이 | **마케팅** 고은미 | **홍보** 강원모
발행처 김영사
등록 1979년 5월 17일(제406-2003-036호)
주소 경기도 파주시 문발로 197(문발동) 우편번호 10881
전화 마케팅부 031)955-3100, 편집부 031)955-3200 | **팩스** 031)955-3111

저작권자 ⓒ 이상엽, 2026
이 책은 저작권법에 의해 보호를 받는 저작물이므로
저자와 출판사의 허락 없이 내용의 일부를 인용하거나 발췌하는 것을 금합니다.

값은 뒤표지에 있습니다.
ISBN 979-11-7332-497-0 03410

홈페이지 www.gimmyoung.com   **블로그** blog.naver.com/gybook
인스타그램 instagram.com/gimmyoung   **이메일** bestbook@gimmyoung.com

좋은 독자가 좋은 책을 만듭니다.
김영사는 독자 여러분의 의견에 항상 귀 기울이고 있습니다.

학교 수학부터 시작하는
어른의 수학 공부

다시 보는 초중고 수학

$$\left(\text{🐭}\,\text{🐹}\right)^{\Pi} = \text{🐭}\,\text{🐹} + \text{🐭}\,\text{🐹}$$

이상엽 지음

김영사

오래전부터 구상했던 책을 이제야 여러분에게 선보이게 되었습니다. 입시 수학 강사로 활동할 때도, 대중 수학 강연을 할 때도 이런 이야기를 자주 들었습니다. "어릴 적에 배웠던 초·중·고 수학을 어른의 눈높이에서 폭넓고 재미있게 알려주는 책이 있으면 좋겠어요." 수강생분들의 이런 이야기는 제게 강렬한 자극을 주었고, 그분들의 실질적인 필요로부터 이 책이 시작되었다고 해도 과언이 아닙니다.

교육열이 높은 우리나라에서 수학은 좋은 성적을 받기 위해, 더 나은 학교에 진학하기 위해 어쩔 수 없이 공부해야 하는 과목으로 인지되는 경향이 있습니다. 하지만 수학이라는 학문은 '궁극의 지적 유희' 그 자체입니다. 끝없는 즐거움과 아름다움을 지닌 수학의 참모습은 대중에게 널리 알려지지 않고 있습니다.

학생들은 눈앞의 평가와 시험에 매몰될 수밖에 없습니다. 그래서 저는 오히려 어른들에게 시험 과목을 넘어 학문으로서의 수학을 탐구할 수 있는 문이 활짝 열려 있다고 믿습니다. 그런 의미에서 초·중·고 전체 과정을 시험이 아닌 학문의 관점에서 조망하는 이 책을 쓰는 과정은 제게도 큰 설렘이었습니다.

이 책을 특별히 권하고 싶은 분들은 다음과 같습니다.

첫째, 학생을 지도하는 강사·교사·학부모입니다. 수학을 전공하지 않았거나 오랫동안 특정 학년만 가르치던 분들은 새로운 과정을 맡을 때 막막함을 느끼곤 합니다. 학부모님들 역시 자녀와 함께 문제집을 풀며 지도하지만, 교과서 너머의 깊은 질문에 답하기란 쉽지 않습니다. 이 책은 그런 분들께 폭넓은 배경 지식을 제공하여 학생의 호기심을 깊고 성숙하게 이끌어갈 수 있도록 돕습니다.

둘째, 수학 기초가 부족하다고 느끼는 대학생입니다. 교육과정이 변하면서 대학에서 요구하는 필수 수학 지식을 충분히 배우지 못했거나, 배웠더라도 오래되어 잊은 상태로 대학에 입학하는 경우가 늘고 있습니다. 하지만 초·중·고 수학 내용이 워낙 방대하다 보니 자신이 어떤 부분을 놓쳤는지, 어디서부터 다시 공부를 시작해야 할지조차 파악하기 어려워 막막해하는 학생들이 많습니다. 이 책은 그런 학생들이 짧은 시간 안에 필요한 기초를 탄탄하게 보충할 수 있는 좋은 교재입니다.

셋째, 취미로 수학을 다시 공부하고 싶은 일반인입니다. 제 유튜브 채널 이상엽Math를 통해 '취미로 수학하자'라는 제목으로 현대 수학 개론, 집합론, 선형대수학, 해석학, 위상수학 등 다양한 주제의 수업을 진행했습니다. 그 수업을 들으며 따라온 많은 분이 "한 번쯤 초·중·고 수학도 다시 배워보고 싶다"라고 이야기하셨습니다. 그러나 시중 교재는 대부분 시험 대비와 대학 입시에 초점이 맞춰져 있기에 금방 흥미를 잃고 포기하는 분들이 많더군요. 이 책은 그런 분들에게도 꾸준하게 참고할 수 있는 학습 자료가 되어줄 것입니다.

12년간 배우는 초·중·고 수학의 전 과정을 한 권에 담았기에, 너무 빨리 페이지를 넘기기보다 한 문장 한 문장을 곱씹고 증명 과정을 직접 따라 해보거나 예제를 풀어보며 깊이 공부하시길 권합니다. 책을 읽으며 떠오르는 질문들은 그때그때 인터넷 검색을 통해 직접 탐구해보세요. 그 과정 자체가 값진 배움이 될 겁니다. 혹시 내용이 너무 어렵게 느껴진다면, 이 책의 내용을 바탕으로 수업한 제 유튜브 채널의 '다시 보는 초·중·고 수학' 강좌를 수강하는 것도 좋은 방법입니다.

이 책을 통해 교과과정 중 중요한 과목인 수학의 전체 내용을 정리하면서, 수학이 얼마나 흥미롭고 놀라운 지적 여정인지 함께 느껴볼 수 있으면 좋겠습니다. 나아가 그 여정을 통해서 여러분이 수학이 지닌 깊이와 아름다움을 마주하길 소망합니다.

머리말 … 4

한눈에 보는 초등학교, 중학교 수학의 지도 … 11

1부 기초수학: 초등학교~중학교 과정

1장 수와 연산
1 자연수와 정수 … 16 │ 2 수의 표현 … 20 │ 3 여러 가지 수 … 25 │ 4 유리수와 실수 … 29 │ 5 단항연산 … 33 │ 6 이항연산 … 38

2장 변화와 관계
1 비와 비례식 … 50 │ 2 다항식 … 53 │ 3 등식 … 60 │ 4 부등식 … 69 │ 5 함수의 변천사 … 78 │ 6 일차함수와 이차함수 … 83 │ 7 함수와 방정식, 부등식 … 90   황금비 … 93

3장 도형과 측정
1 점, 선, 면, 각 … 96 │ 2 삼각형 … 102 │ 3 원 … 112 │ 4 국제단위계(SI) … 119 │ 5 평면도형 … 125 │ 6 입체도형 … 130   작도 … 142

4장 자료와 가능성
1 경우의 수와 확률 … 144 │ 2 자료의 정리 … 149 │ 3 통계 … 158

한눈에 보는 고등학교 수학의 지도 … 166

2부 순수수학: 고등학교 과정

5장 기초론

1 집합 … 172 │ **2 명제** … 184 │ **3 증명** … 189 │ **4 수열** … 193

페아노 공리계 … 203 │ ZFC 공리계 … 205 │ 피보나치수열 … 208

6장 대수학

1 다항식의 응용 … 212 │ **2 복소수** … 214 │ **3 벡터** … 220 │ **4 행렬** … 232

7장 기하학

1 원뿔곡선 … 238 │ **2 도형의 이동** … 251 │ **3 공간도형** … 255 │ **4 공간좌표와 벡터** … 263

8장 해석학

1 함수 … 276 │ **2 유리함수와 무리함수** … 280 │ **3 지수와 지수함수** … 283 │ **4 로그와 로그함수** … 287 │ **5 일반각과 삼각함수** … 294 │ **6 극한** … 307 │ **7 함수의 연속** … 324 │ **8 미분** … 329 │ **9 적분** … 361 │ **10 거리, 속도, 가속도** … 381 │ 코흐 눈송이 … 386

3부 응용수학: 고등학교 과정+

9장 통계학

1 경우의 수 … 392 │ **2 확률** … 403 │ **3 확률분포** … 409 │ **4 통계적 추정** … 426 │ **5 통계자료 조사** … 440 │ **6 t분포와 추정** … 442 │ **7 통계적 검정** … 445

베르트랑의 역설 … 452 │ 몬티홀 문제 … 454 │ 심프슨의 역설 … 456

10장 경제 수학

1 수와 경제 … 460 │ **2 함수와 경제** … 481 │ **3 행렬과 경제** … 494 │ **4 미분과 경제** … 497

11장 인공지능 수학

1 인공지능 기초 … 508 │ **2 텍스트 데이터 처리** … 522 │ **3 이미지 데이터 처리** … 532 │ **4 예측과 최적화** … 538   감성 분석 … 542

찾아보기 … 545

한눈에 보는 초등학교, 중학교 수학의 지도

기초수학

초등학교 ~ 중학교 과정

1장

수와 연산

수와 연산은 수학의 가장 기본적인 영역으로, 수의 정의와 성질을 이해하고 연산을 통해 새로운 값을 얻는 과정과 규칙을 다룹니다. 초등학교 1학년부터 중학교 3학년까지, 각 학년 수학 교과서의 첫 번째 단원입니다.

자연수와 정수

자연수

남아프리카공화국과 에스와티니 사이에 위치한 레봄보산맥에서 개코원숭이의 종아리뼈가 발견되었습니다. 기원전 4만 년경에 제작된 이 '레봄보 뼈'에는 29개의 빗금이 새겨져 있습니다. 고고학자들은 고대인들이 월경주기를 계산하는 등 한 달을 가늠하는 도구로 이 뼈를 사용했으리라고 추정합니다.

기원전 3500년경 가축의 수를 세는 데 사용한 것으로 추정되는 작은 돌멩이가 이란에서 출토되기도 했습니다. 돌멩이를 뜻하는 단어 '칼쿨루스calculus'에서 계산calculation, 미적분calculus 등의 수학 용어가 유래했습니다. 지금도 영어에서는 칼쿨루스의 복수형인 칼쿨리calculi를 치석, 결석 등 몸속

가장 오래된 수학 유물, 레봄보 뼈.

에 생긴 돌멩이를 칭하는 단어로 사용하고 있습니다.

이처럼 자연수는 사물의 개수를 세기 위해 인류가 아주 오래전부터 자연스럽게 만들어 사용해온 수 체계입니다. 자연수 간의 덧셈과 뺄셈 역시 역사 속에서 자연스럽게 생겨났습니다.

곧 인류는 지성의 새로운 지평을 마주하게 됩니다. 작은 자연수에서 큰 자연수를 뺀 결과가 무엇인지 질문하기 시작한 것입니다. 예를 들어, 1에서 2를 뺀 값은 무엇일까요? 서양에서는 수를 '양量(크기)'을 표현하는 수단으로 보았기 때문에, 이 문제를 오랜 세월 외면했습니다. 하지만 동양에서는 그러한 결과 역시 하나의 수로 받아들여 수의 개념을 자연수 너머로 확장했습니다.

오늘날 우리는 자연수 간의 뺄셈을 통해 확장된 수를 정수라고 부릅니다. 정수의 나눗셈을 통해 수 체계는 유리수로 확장되고, (양의) 유리수의 제곱근을 통해 실수로 확장되며 수 체계는 일반화되었습니다.

단, 모든 실수가 유리수의 거듭제곱근으로부터 유도되는 것은 아닙니다. 예를 들어 원주율(π, 파이)·은 유리수의 거듭제곱근으로 유도할 수 없는 실수입니다.

실수의 체계는 아래와 같습니다.

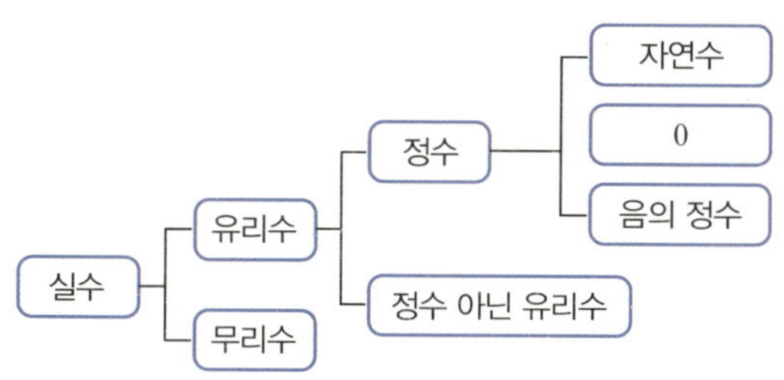

정수(0과 음수)

수 체계에서 빈자리를 나타내는 기호는 수메르를 비롯한 여러 고대 문명에서 존재했습니다. 그러나 자리 표시자가 아니라 숫자로서의 '0'을 최초로 언급한 것은 7세기 인도의 수학자 브라마굽타입니다. 그는 《올바르게 확립된 브라마 원칙들》에서 "0은 같은 두 수를 뺄셈하면 얻어지는 수"라고 정의하며 이것이 실제 수라고 주장했습니다. 0의 개념은 다른 아라비아 숫자들과 함께 이슬람문화권을 거쳐 서양으로 유입되었습니다.

같은 크기의 두 자연수를 빼면 0이 됩니다. 즉, 임의의 자연수 n에 대하여 $0 := n - n$입니다.

음수에 관한 최초의 기록은 3세기 중국 수학자 유휘가 주해본을 쓴 《구장산술》에서 볼 수 있습니다. 이후 인도와 이슬람권을 거쳐 14세기 무렵에 유럽에도 음수가 소개되었습니다. 다만 유럽에서는 음수에 대응하는 크기란 없다고 여겨 오랫동안 수로 인정하지 않았습니다.

18세기 무렵 스위스의 수학자 레온하르트 오일러가 '빚과 이익 모델'을 발표하면서 유럽에도 본격적으로 음수가 도입됩니다. 빚과 이익 모델에서는 음수를 빚으로 양수를 이익으로 이해합니다. 예를 들어 $-(-1) = +1$인 이유를 다음과 같이 빚과 이익 모델로 이해할 수 있습니다.

-1	채무자에게 1만큼의 빚이 있다.
$-(-1)$	채무자가 1만큼의 빚을 갚는다($-$).
$-(-1) = +1$	채권자에게 1만큼의 이익이 생긴다.

- $A := B$는 A를 B라고 정의한다는 의미입니다.

7세기 인도의 수학자이자
천문학자, 브라마굽타.

3세기 위나라의 수학자 유휘.

채권자는 원래의 돈을 돌려받았을 뿐인데 이익이라 말하는 것이 이상하게 느껴지기도 합니다. 사실 이는 음수가 처음 기록된 《구장산술》에서 양수와 음수를 각각 '정正'과 '부負'로 기록했던 것을 유럽에서 '이익'과 '빚'으로 번역하면서 생긴 왜곡입니다.

이처럼 수학에서 정수란 어떤 두 자연수의 뺄셈으로 정의됩니다. 자연수 역시 어떤 두 자연수의 뺄셈으로 표현할 수 있으므로 정수에 포함되며, 이를 '양의 정수'라 부르기도 합니다.

$$2-1=1 \qquad 자연수(양의 정수)$$

$$1-1=0 \qquad 0$$

$$1-2=-1 \qquad 음의 정수$$

수의 표현

기호

오늘날 수를 표현하는 기호는 숫자(1, I, 一 등)와 문자(a, α, ㄱ 등)가 있으며, 필요에 따라 특수기호(□, ○, ★ 등)를 쓰기도 합니다.

아라비아숫자	1	2	3	4	5	6	10	50	100	500	1000
바빌로니아 숫자	𒁹	𒈫	𒐈	𒐉	𒐊	𒐋	𒌋	𒐏	𒐕	𒐏𒌋	𒌋𒐏
이집트 숫자	I	II	III	IIII	IIIII	IIIIII	∩	∩∩∩∩∩	૧	૧૧૧	⌐
로마 숫자	I	II	III	IV	V	VI	X	L	C	D	M
한자 숫자	一	二	三	四	伍	六	十	伍十	百	伍百	千

기수법

기수법이란 숫자를 이용해 수를 시각적으로 나타내는 방법으로, 단항 기수법, 명수법, 승법 기수법, 위치 기수법 등이 있습니다.

단항 기수법은 가장 원시적인 기수법으로 하나의 기호를 반복해 수를 나타냅니다. 예를 들어 '다섯'은 '/////', '●●●●●' 등으로 표현합니다.

명수법은 특정한 수에 서로 다른 기호를 붙여서 단항 기수법의 번거로움을 보완한 방식으로, 로마 수 체계가 대표적입니다. '여든여덟'을 로마 수 표기법으로는 LXXXVIII로 쓰는데, 이때 L은 50, X는 10, V는 5, I는 1을 각각 표현하는 기호입니다.

승법 기수법은 중국에서 예로부터 쓰던 방식으로, 계수와 단위수의 곱으로 수를 표현합니다. 예컨대 '서른'을 일컫는 '三十'은 三(3)×十(10)을 의미합니다.

위치 기수법은 아라비아 수 체계로부터 완성된, 오늘날 가장 보편적으로 쓰는 방식입니다. 자릿수의 숫자가 각 자리의 계수 역할을 하는데, 예를 들어 '마흔다섯'을 의미하는 '45'는 $4 \times 10 + 5$를 의미합니다.

진법

위치 기수법에서 자릿수가 올라가는 단위를 n으로 해 수를 나타내는 것을 n진법이라 하고 이렇게 표현한 수는 n진수라 합니다. 예를 들어 십진수 111은 $1 \times 10^2 + 1 \times 10^1 + 1 \times 1$을, 이진수 111은 $1 \times 2^2 + 1 \times 2^1 + 1 \times 1$을 의미합니다.

인류 역사상 사용된 진법의 종류는 일진법, 이진법, 십진법, 십일진법, 십이진법, 이십진법, 육십진법 등 다양합니다. 일진법은 단항 기수법으로 선사시대부터 사용되었습니다. 이진법은 고대 중국과 인도에서 초기 개념이 등장했으며, 17세기에 독일의 수학자 고트프리트 빌헬름 라이프니츠가 체계를 정리했습니다. 열 개의 손가락을 기반으로 한 십진법은 고대 이집트에서부터 쓴 것으로 추정됩니다. 십일진법은 오늘날 일부 암호학에서 쓰이며 ISBN(국제표준도서번호)이 대표적인 예시입니다. 십이진법은 고대 수메르문명과 바빌로니아에서부터 쓰인 진법으로, 오늘날에도 1년을 12개월, 1피트를 12인치, 1다스를 12개라 하는 등 십이진법의 흔적이 남아 있습니다. 이십진법은 고대 마야문명과 아즈텍문명에서 사용했으며, 오늘날에도 프랑스어나 덴마크어 등에서 이십진법의 흔적을 찾아볼 수 있습니다. 육십진법은 고대 헬레니즘 시대에 발전된 체계로, 현대 시간 및 각도

세상에는 10종류의 사람이 있다

이진법을 아는 사람, 모르는 사람.

표기 등에 여전히 남아 있습니다.

오늘날 쓰이는 대표적인 진법으로는 이진법과 십진법이 있습니다. 이진법은 컴퓨터과학에서, 십진법은 일상생활에서 사용합니다. 예를 들어 십진수 13은 '나머지 연산'을 통해 아래와 같이 이진수 1101로 변환할 수 있습니다.

$$
\begin{array}{r|ll}
2) & 13 & \quad\quad 1101_{(2)} \\
2) & 6 & \cdots\ 1 \\
2) & 3 & \cdots\ 0 \\
2) & 1 & \cdots\ 1 \\
& 0 & \cdots\ 1
\end{array}
$$

즉, 이진수 1101은 $1 \times 2^3 + 1 \times 2^2 + 0 \times 2^1 + 1 \times 1$과 같이 표현할 수 있습니다.

분수와 소수

분수

분수란 두 수 a, b에 대하여 $\dfrac{a}{b}$로 표기한 수를 말하며, $\dfrac{a}{b} = a \div b$로 풀어쓸 수 있습니다.* 이때 두 양수 a, b에 대하여 $a < b$인 분수를 진분수, $a \geq b$인 분수를 가분수, 정수 부분과 진분수 부분으로 이루어진 분수를 대분수라 합니다. 그리고 분자가 1인 분수는 단위분수라 합니다. 예를 들어 대분수 $2\dfrac{1}{2}$은 가분수 $\dfrac{5}{2}$와 같으며, $\dfrac{1}{2}$은 진분수이자 단위분수입니다.

분모와 분자가 더 이상 약분(1이 아닌 최대공약수로 나누는 일)되지 않는 분수는 기약분수라 합니다('기약분'은 이미 약분이 되었다는 뜻입니다). 예를 들어 $\dfrac{4}{6}$는 기약분수가 아니지만 $\dfrac{2}{3}$는 기약분수입니다.

---

* 단, $b \neq 0$이어야 하는데, 그 이유에 대해선 나눗셈에 관한 설명(42쪽)을 참고하기 바랍니다.

분수 $\dfrac{a}{b}$에 대하여 $\dfrac{b}{a}$를 $\dfrac{a}{b}$의 역수라 합니다. (단, $a \neq 0$) 예를 들어 $\dfrac{1}{2}$의 역수는 $\dfrac{2}{1}$, 즉 2입니다.

분자 또는 분모가 분수인 분수는 번분수라 합니다. 예를 들어 번분수 $\dfrac{\frac{1}{2}}{\frac{3}{4}}$는 $\dfrac{1}{2} \div \dfrac{3}{4}$으로 풀어쓸 수 있습니다.

소수

소수小數, decimal란 숫자와 소수점을 이용해 나타낸 수로, 3.14, 45.0815 등이 그 예입니다. 이때 소수점 왼쪽에 놓인 숫자들은 정수 부분, 소수점 오른쪽에 놓인 숫자들은 소수 부분이라 합니다.

일반적으로 하나의 수는 분수 형식 또는 소수 형식으로 모두 표현할 수 있습니다. 예를 들어 $\dfrac{1}{3} = 0.333\cdots$입니다.

소수점 아랫자리가 유한한 수는 유한소수라 하고 무한한 수는 무한소수라 합니다. 무한소수 중에 소수점 아래에서 특정 숫자들의 유한열이 무한히 반복되는 소수는 순환소수라 합니다. 이때 순환마디의 처음과 마지막 숫자 위에 점을 붙여 순환소수를 간단히 쓰기도 합니다. 예를 들어 무한소수 $1.231231231\cdots$은 $1.2\dot{3}\dot{1}$로, $0.333\cdots$은 $0.\dot{3}$으로 쓸 수 있습니다.

소수점 아래의 숫자들이 순환하지 않는 무한소수는 비순환소수라 합니다. 비순환소수는 소수 형식으로 정확한 표현이 곤란하기 때문에 지수나 근호, 문자 등을 이용해서 나타내기도 합니다. 예를 들어 비순환소수인 원주율 $3.14159265358979\cdots$를 우리는 π라는 문자로 표현합니다.

- 중학교 교육과정에서는 순환마디가 0으로만 이루어지는, $1.000\cdots$과 같은 순환소수는 다루지 않습니다.

3

여러 가지 수

기수와 서수

기수란 세는 수로, '하나, 둘, 셋, 넷', '한 개, 두 개, 세 개, 네 개'와 같이 개수를 셀 때 사용됩니다. 영어에서는 'one, two, three, four, …'가 이에 해당합니다.

서수란 순서를 나타내는 수로, '첫째, 둘째, 셋째, 넷째'나 '일, 이, 삼, 사'와 같이 번호를 붙일 때 사용됩니다.[*] 영어에서는 'first, second, third, fourth, …'가 이에 해당합니다.

상수와 변수

상수란 변하지 않고 항상 일정한 수입니다. 일반적으로 숫자로 표현하지만, 문자로 상수를 표현하기도 합니다. 원주율은 상수이지만 문자 π로 표현하는 것이 그 예입니다.

상수와 다르게, 변하는 수를 변수라 합니다. 변수는 일반적으로 문자로 표현하는데, x, y, z 등이 주로 쓰입니다.

참고로, 미지수란 방정식에서 구하고자 하는 수입니다. 엄밀하게는 변수와 다르지만, 관용적으로 이 둘을 구분하지 않고 사용하기도 합니다. 예를 들어 x는 변수이지만, 방정식 $2x+1=0$에서 x는 미지수입니다.

---

[*] 다만 '일, 이, 삼, 사'는 때에 따라 기수로 사용되기도 합니다. 예컨대 57개를 오십칠 개로 읽기도 합니다.

배수와 약수

세 정수 a, b, c에 대하여 $ab=c$이면 c를 a(또는 b)의 배수라 합니다. 또한 a(또는 b)를 c의 약수라고 합니다. 이때 임의의 정수 a에 대하여 $a \times 0 = 0$이므로, 0은 모든 정수의 배수이며 모든 정수가 0의 약수임을 알 수 있습니다.

여러 정수의 공배수란 그들 모두의 배수가 되는 정수입니다. 양의 공배수 중 가장 작은 것을 최소공배수라 부릅니다. 또한 여러 정수의 공약수란 그들 모두의 약수가 되는 정수입니다. 공약수 중 가장 큰 것을 최대공약수라 부릅니다. 예를 들어 6과 8의 최소공배수는 24, 최대공약수는 2입니다.

공약수가 ±1뿐인 두 정수를 서로소라 합니다. 예컨대 두 정수 2와 3은 서로소입니다.[•]

짝수와 홀수

짝수란 2의 배수인 정수이며, 홀수란 2의 배수가 아닌 정수입니다. 예를 들어 0은 2의 배수($2 \times 0 = 0$)이므로 짝수입니다.

소수와 합성수

소수素數, prime number는 1보다 큰 자연수 중에서 1과 자기 자신만을 약수로 갖는 수입니다.[••] $2, 3, 5, 7, 11, 13, 17, 19, \cdots$ 등이 그 예입니다.

[•] 교육과정에서는 0 혹은 음의 정수인 배수나 약수를 다루지 않고 자연수인 배수와 약수만을 고려합니다. 이런 조건하에서 두 자연수 2와 3의 공약수는 1뿐입니다. 마찬가지로 교육과정에서 서로소의 정의는 '공약수가 1뿐인 두 자연수'입니다.

[••] 일의 자리보다 작은 자리의 값을 가진 수를 뜻하는 소수decimal는 '소ː수'로, 여기서 설명하는 소수prime number는 '소쑤'로 발음합니다.

깊이 이해해보기

이처럼 어떤 개념을 동일한 내용의 말로 바꾸어 말했을 뿐이어서, 언뜻 보기에는 정의가 된 듯하지만 사실은 아무런 알맹이가 없는 거짓 정의를 '순환 정의'라 부릅니다. 수학에서는 이를 올바른 정의라 보지 않습니다.

1보다 큰 자연수 중에서 소수가 아닌 것을 합성수라 합니다. 4, 6, 8, 9, 10, 12, 14, 15, … 등이 그 예입니다.

합성수를 소수의 곱으로 나타내는 방법을 소인수분해라 합니다. 예를 들어 60은 다음과 같이 소인수분해 할 수 있습니다.

$$60 = 2 \times 2 \times 3 \times 5 = 2^2 \times 3 \times 5$$

소수는 현대 암호학에서 특히 중요한 역할을 하고 있습니다. 예를 들어 RSA 암호는 두 개의 매우 큰 소수를 곱해서 만든 수를 기반으로 동작하는데, 이 합성수를 다시 소수로 소인수분해하는 것이 어렵다는 점을 이용해 보안을 유지합니다. 또한 난수 생성기에서 소수를 활용해 패턴이 예측되지 않는 숫자들을 만들어내기도 합니다. 소수와 관련해 해결되지 않은 수학 문제가 아직도 많이 남아 있기 때문에 가능한 쓰임새입니다.

4

유리수와 실수

유리수

유리수란 두 정수의 분수 형식으로 나타낼 수 있는 모든 수입니다. (단, 분모 $\neq 0$) 즉 $\dfrac{1}{2}$, $\dfrac{3}{-2}$, $\dfrac{0}{3}$ 등은 모두 유리수입니다. 물론 분모가 1이 될 수도 있으므로 모든 정수는 곧 유리수이기도 합니다.

유리수有理數는 영어 'rational number'를 직역한 명칭입니다. 'rational'에 '이성적인, 합리적인'이라는 뜻이 있기에 '이치에 맞는 수'라는 이름이 붙은 것이죠. 하지만 'rational'은 본래 'ratio', 즉, '비'로부터 파생된 단어입니다. 'rational number' 역시 '비로 표현되는 수'라는 의미를 지니고 있죠.

모든 유리수는 소수 형식으로 표현했을 때 다음과 같이 유한소수 또는 순환소수가 됩니다. 만약 분모가 n이라면 순환마디는 최대 $(n-1)$자리로, 비순환소수가 될 수 없죠.

$$\frac{2}{5}=0.4 \qquad\qquad\qquad \text{유한소수}$$

$$\frac{1}{7}=0.142857\,142857\cdots=0.\dot{1}4285\dot{7} \quad \text{순환소수}$$

모든 유한소수와 순환소수는 다음과 같이 두 정수의 분수 형식으로 변환할 수 있습니다.

$$0.12=\frac{12}{100} \qquad\qquad \text{(유한소수의 변환)}$$

$$0.1\dot{2}\dot{3} = 0.123123123\cdots$$

$$\Rightarrow 1000 \times 0.1\dot{2}\dot{3} = 123.123123\cdots$$

$$\Rightarrow (1000 \times 0.1\dot{2}\dot{3}) - 0.1\dot{2}\dot{3} = 123.123123123\cdots - 0.123123123\cdots$$

$$\therefore 999 \times 0.1\dot{2}\dot{3} = 123$$

$$\Rightarrow 0.1\dot{2}\dot{3} = \frac{123}{999} \qquad \text{(순환소수의 변환)}$$

즉, 유리수의 정의는 '두 정수의 분수 형식으로 나타낼 수 있는 모든 수'이지만, '유한소수 또는 순환소수로 표현할 수 있는 모든 수'라고 해도 문제가 없습니다. 완벽히 같은 대상을 가리키니까요.

무리수와 실수

실수는 '실제의 수'라는 의미로, 17세기 프랑스의 수학자이자 철학자인 르네 데카르트가 도입한 용어입니다.

기원전 5세기경 피타고라스학파의 수학자 히파소스는 두 변의 길이가 1인 직각삼각형의 빗변 길이($\sqrt{2}$)가 정수 비(유리수)로 표현될 수 없다는 사실을 증명함으로써 유리수가 아닌 수의 존재를 최초로 발견했습니다.

증명 $\sqrt{2}$는 유리수가 아니다

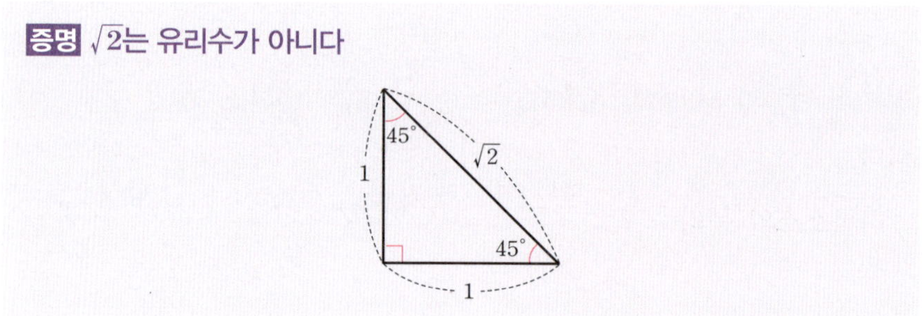

• $\therefore$는 '그러므로'를 의미하는 기호입니다.

제곱하여 2가 되는 양수인 $\sqrt{2}$가 유리수라고 가정하면, 유리수의 정의에 따라 $\sqrt{2}=\dfrac{q}{p}$를 만족하는 서로소인 두 정수 p, q가 존재합니다.

$\sqrt{2}=\dfrac{q}{p} \Rightarrow p\sqrt{2}=q \Rightarrow 2p^2=q^2$이므로 q^2은 2의 배수(짝수)입니다.

q^2이 짝수이므로 q도 짝수임을 알 수 있습니다.

만약 q가 홀수라서 $q=2k-1$(k는 자연수)과 같이 표현할 수 있다면

$q^2=(2k-1)^2=4k^2-4k+1=2(2k^2-2k+1)-1$이 되어

q^2이 홀수라는 모순을 낳기 때문입니다.

이제 $q=2n$(n은 자연수)이라 합시다.

그러면 $2p^2=q^2=(2n)^2=4n^2 \Rightarrow p^2=2n^2$이므로

p^2은 2의 배수(짝수)입니다.

따라서 p도 짝수입니다.

p, q가 모두 짝수(2의 배수)이면 둘 사이에 공약수 2가 존재합니다.

이는 p, q가 서로소라고 했던 가정과 모순됩니다.

모순이 발생하는 이유는 $\sqrt{2}$가 유리수라는 가정이 잘못되었기 때문입니다.[**]

그러므로 $\sqrt{2}$는 유리수가 아닙니다. ■[***]

$\sqrt{2}$처럼 유리수가 아닌 실수는 무리수라 부릅니다. 비순환소수여서 정수비로 표현할 수 없는 원주율 π($=3.141592\cdots$) 역시 무리수의 대표적인 예입니다.

히파소스의 무리수 발견 이후로 수를 선의 길이에 대응시키는 관습이

[**] 이와 같은 증명법을 귀류법이라 부릅니다. 귀류법에 관한 자세한 설명은 191~192쪽을 참고하세요.

[***] 증명이 마무리되었음을 나타내는 기호입니다.

생겨납니다. 오늘날 아래처럼 실수를 수직선 위에 나타내 표현하는 것도 이로부터 이어져 발전한 개념입니다.

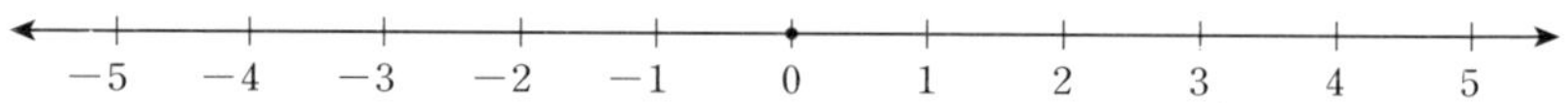

실수를 수직선에 대응시키면 크기 비교도 쉬워집니다. 즉, 임의의 두 실수 a, b는 다음 셋 중 하나를 반드시 만족합니다.

$$a > b \quad a는\ b\ 초과이다.\ (b는\ a\ 미만이다.)$$
$$a = b \quad a와\ b는\ 같다.$$
$$a < b \quad a는\ b\ 미만이다.\ (b는\ a\ 초과이다.)^{*}$$

교육과정에서는 명시되지 않지만, 수학적으로 실수란 '소수 형식으로 표현 가능한 모든 수'라고 정의되기도 합니다. 즉, 무리수란 '유한소수도 순환소수도 아닌 소수(비순환소수)'라고 할 수 있으며, 두 정수의 분수 형식으로 나타낼 수 없는 수라고도 표현할 수 있습니다.

---

* 부등호(>, <)와 등호(=)를 혼합한 기호 $\geq$, $\leq$는 다음과 같이 읽습니다.
$a \geq b$　a는 b 이상이다. (b는 a 이하이다.)
$a \leq b$　a는 b 이하이다. (b는 a 이상이다.)

단항연산

연산

연산이란 하나 이상의 대상으로 새로운 대상을 만드는 과정입니다. 논리 연산, 그래프 연산, 함수, 계산 등 그 대상에는 원칙적으로 제한이 없습니다. 우리가 일상생활에서도 자주 쓰는 용어인 계산은 수를 대상으로 하는 연산을 일컫습니다.

이때 피연산자(연산되는 대상)가 하나인 연산을 단항연산이라 하며, 절댓값($|\ |$), 최대 정수 연산($[\ ]$), 제곱근 연산($\sqrt{\ }$) 등이 있습니다. 피연산자가 둘인 연산은 이항연산이라 하며, 어림(올림, 버림, 반올림),[**] 사칙연산($+,\ -,\ \times,\ \div$), 거듭제곱 연산 등이 있습니다.

절댓값과 크기

절댓값 연산은 수직선 위에서 원점(0)과 대상 수에 대응하는 점 사이의 거리를 결괏값으로 하며, 기호 '$|\ |$'을 사용해 나타냅니다. 예를 들어 $|-2|=2$, $|0|=0$, $|5|=5$입니다.

참고로 수의 크기는 수량 크기, 방향 크기, 거리 크기 등으로 다양합니다. 수량 크기란 음이 아닌 수만 취급하는 원시적인 개념의 크기입니다. 방향 크기란 수량 크기를 일반화한 개념으로 수직선상의 위치에 대응하며,

---

[**] '어림 연산할 수'와 '몇째 자리까지 구할 것인지'를 필요로 하므로 이항연산입니다.

우울한 마음을
플러스로 전환시켜봐

왼쪽에 위치할수록 작고 오른쪽에 위치할수록 큽니다. 거리 크기란 그 수의 절댓값을 의미합니다. 예를 들어 -2의 수량 크기는 존재하지 않고, 방향 크기는 2보다 작으며, 거리 크기는 2입니다.

최대 정수 연산

가우스 연산, 바닥 연산 등으로도 불리는 최대 정수 연산은 어떤 수 이하의 최대 정수를 결괏값으로 하며, 기호로는 가우스 기호([ ]), 바닥 기호(⌊⌋) 등을 씁니다. 예를 들어 $[3.14]=3$, $[-1.3]=-2$, $[4]=4$입니다.•

가우스 연산, 가우스 기호 등의 이름이 붙은 이유는 실제로 카를 프리드리히 가우스가 이 연산을 그의 저서 《산술연구》(1801)에서 중요한 도구로 활용했기 때문입니다.

제곱근 연산

어떤 수 x를 제곱하여 a가 될 때($x^2=a$), x를 a의 제곱근이라 합니다. 이때 a의 제곱근 중에서 양수인 것을 양의 제곱근이라 하고 기호로 $\sqrt{a}$라 쓰며, 음수인 것을 음의 제곱근이라 하고 기호로 $-\sqrt{a}$라 씁니다. 예를 들어 4의 양의 제곱근은 $\sqrt{4}=2$, 음의 제곱근은 $-\sqrt{4}=-2$입니다.

기호 $\sqrt{}$ 는 근호라 하고, $\sqrt{a}$는 '제곱근 a' 또는 '루트 a'라고 읽습니다. 또 $\sqrt{a}$와 $-\sqrt{a}$를 통틀어 $\pm\sqrt{a}$로 나타내기도 합니다.

근호는 16세기 독일의 수학자 크리스토프 루돌프가 도입한 기호 $\sqrt{}$ 위에

• 현재 교육과정에 최대 정수 연산은 등장하지 않지만, 그다지 어렵지 않은 개념인 탓에 학교 시험에 빈번하게 등장하곤 합니다.

x를 제곱하여 a가 되면

$$x = \sqrt{a} \quad \text{or} \quad -\sqrt{a}$$

양의 제곱근   음의 제곱근

17세기 수학자 르네 데카르트가 가로선을 붙여서 완성되었습니다.

　분모가 근호를 포함한 무리수인 분수의 경우, 편의를 위해 분모와 분자에 분모와 같은 수를 곱하여 분모를 유리수로 고치곤 합니다. 이를 '분모의 유리화'라고 부릅니다. 예를 들어 $\dfrac{\sqrt{3}}{\sqrt{2}} = \dfrac{\sqrt{3} \times \sqrt{2}}{\sqrt{2} \times \sqrt{2}} = \dfrac{\sqrt{6}}{2}$ 과 같이 분모를 유리화할 수 있습니다.

이항연산

어림

복잡한 수를 간단히 표현하기 위해 대략적인 값을 추정하는 것을 어림이라 합니다. 어림법에 따라 정한 자리 아래를 모두 0으로 표시합니다. 어림을 통해서 얻은 값은 근삿값(또는 어림값, 어림수)이라 부릅니다.

어림하는 방법으로는 올림, 버림, 반올림 등이 있습니다.

올림은 구하려는 자리 아래에 0이 아닌 수가 있으면 구하려는 자리의 수를 1 크게 하고, 그 아래 자리의 수를 모두 0으로 나타내는 방법입니다. 만약 구하려는 자리 아래가 모두 0이면 올리지 않습니다. 예를 들어 135를 올림하여 십의 자리까지 나타내면 140입니다. 또한 3.14를 올림하여 소수점 아래 첫째 자리까지 나타내면 3.2입니다.

버림은 구하려는 자리 아래에 있는 0이 아닌 수를 모두 0으로 나타내는 방법입니다. 만약 구하려는 자리 아래가 모두 0이면 버리지 않지만, 버림을 하더라도 결과는 같습니다. 예를 들어 135를 버림하여 십의 자리까지 나타내면 130입니다. 또한 3.14를 버림하여 소수점 아래 첫째 자리까지 나타내면 3.1입니다.

반올림에는 사사오입, 오사오입, 오사육입 등의 방법이 있지만, 교육과정에서는 사사오입만을 다룹니다. 사사오입은 구하려는 자리 바로 아랫자리의 숫자가 0~4이면 버리고, 5~9이면 올려서 나타내는 방법입니다. 예를 들어 135를 반올림하여 십의 자리까지 나타내면 140입니다. 3.14를 반

0.4999…는 0.5임을 기억하자!

올림하여 소수점 아래 첫째 자리까지 나타내면 3.1입니다.

사칙연산

덧셈, 뺄셈, 곱셈, 나눗셈 등 사칙연산의 개념은 먼 옛날부터 자연스럽게 있어왔으나, 오늘날과 같은 연산부호(+, −, ×, ÷)가 정립된 것은 비교적 근래의 일입니다. 과거의 수학자들은 일상의 언어로 수학 이론을 전개했습니다.

오늘날 사용하는 덧셈(+)과 뺄셈(−) 부호가 기록된 최초의 문헌은 1489년에 출간된 요하네스 비트만의 《모든 거래를 위한 신속하고 깔끔한 계산》입니다.

덧셈부호는 '그리고'라는 뜻의 라틴어 'et'를 빠르게 흘려 쓰는 과정에서 만들어진 것으로 추정됩니다. 뺄셈부호에 관해서는 다양한 설이 있는데, 상인들이 통에 물건이 얼마나 들어 있는지를 표현하기 위해서 가로선 표시를 했던 것이 기원이라는 설, 'minus'의 앞글자인 m을 빠르게 흘려 쓰다가 변형되었다는 설, 고대 그리스의 수학자 디오판토스와 헤론이 뺄셈부호로 T를 쓰던 것이 변형되었다는 설 등이 있습니다.

덧셈과 뺄셈의 복부호(±)는 1631년

'+' 부호와 '−' 부호가 사용된 최초의 문헌 《모든 거래를 위한 신속하고 깔끔한 계산》

에 출간된 영국의 수학자 윌리엄 오트레드의 책 《수학의 열쇠》에서 처음으로 등장하였습니다. 이 책에서 곱셈부호(×)도 처음으로 등장합니다.

곱셈부호의 모양은 성 안드레아 십자가 모양으로부터 착안했을 것이라 추측됩니다. 하지만 이 곱셈부호 × 는 알파벳 x와 비슷하게 보인다 하여, 라이프니츠는 이 부호 대신 점(·)을 찍어 곱셈을 표현했습니다. 이 방식 또한 오늘날까지 자주 사용됩니다.

$$2 \times 3 = 2 \cdot 3$$

참고로, $(-2) \times (-2) = 4$와 같이 (음수)×(음수)=(양수)인 이유는 그렇게 정의하는 것이 자연스럽기 때문입니다.

$$(-2) \times 2 = -4$$
$$(-2) \times 1 = -2$$
$$(-2) \times 0 = 0$$
$$(-2) \times (-1) = 2$$
$$(-2) \times (-2) = 4$$

나눗셈부호(÷)는 1659년에 출간된 요한 하인리히 란의 저서 《대수학》에서 처음으로 쓰였습니다.

나눗셈부호는 비율을 나타내는 기호(:)로부터 유래했다는 설, 분수 모양(÷)을 나타냈다는 설 등이 있습니다. 재미있게도, 유럽 대륙 일부와 스칸디나비아 일부 수학자들은 18세기까지 이 부호를 뺄셈을 표현하는 데 썼습니다.

수학에서 나눗셈은 곱셈의 역연산으로 흔히 정의합니다. 즉, $a \times b = c$

영국의 수학자 윌리엄 오트레드의
《수학의 열쇠》에 등장한 곱셈부호.

스위스의 수학자 요한 하인리히 란의
《대수학》에 등장한 나눗셈부호.

일 때 $c \div b = a,\ c \div a = b$라 정의합니다. 이때 $c \div b = a$에서 a를 몫이라고 부릅니다. 분수 형식을 이용해서 $c \div b$ 를 $\dfrac{c}{b}$로 표현하기도 합니다.

이러한 나눗셈의 정의에 따라 '$\div 0$'은 일반적으로 정의되지 않습니다. 곱셈의 정의에 따라 임의의 수에 0을 곱한 결과는 0이기 때문입니다.

예를 들어 $1 \div 0$이 정의되기 위해선 $a \times 0 = 1$이 되는 수 a가 존재해야 하지만, 곱셈의 정의에 따라 항상 $a \times 0 = 0$입니다. 또한 $0 \div 0$ 역시 $b \times 0 = 0$이 되는 수 b가 무수히 많이 존재하기 때문에 어느 하나의 값으로 정의하기가 곤란합니다.

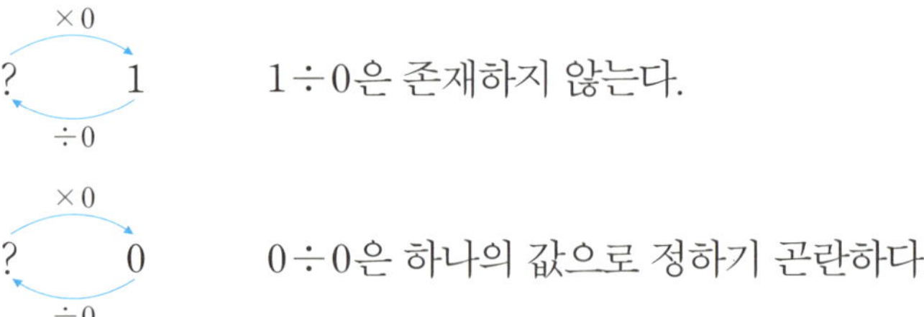

$1 \div 0$은 존재하지 않는다.

$0 \div 0$은 하나의 값으로 정하기 곤란하다.

• 초등학교 과정에서는 자연수의 나눗셈만을 다루므로 나머지가 발생합니다. 예를 들어 $7 \div 2 = 3.5$에서 3.5는 자연수가 아니므로 표현할 수 없습니다. 따라서 $7 \div 2$의 몫을 3, 나머지를 1이라 분리하여 그 결과를 제시합니다.

내가 두 배 더
잘할게~
0×2=0

분수의 덧셈, 뺄셈, 곱셈, 나눗셈은 아래와 같습니다. 단, 분모가 0인 경우는 제외합니다.

$$\frac{a}{b} \pm \frac{c}{d} = \frac{ad \pm bc}{bd} \text{ (복부호 동순}^{\bullet}\text{)}$$

$$\frac{a}{b} \times \frac{c}{d} = \frac{ac}{bd}$$

$$\frac{a}{b} \div \frac{c}{d} = \frac{a}{b} \times \frac{d}{c} = \frac{ad}{bc}$$

사칙연산의 혼합 연산

혼합 연산의 순서는 아래의 절차를 따르되, 우선순위가 같은 연산이 두 개 이상이면 왼쪽에서 오른쪽 순서로 계산합니다.

(1) 괄호 안을 먼저 계산하되, 괄호가 중첩되면 가장 안쪽의 괄호부터 계산합니다.

(2) 곱셈과 나눗셈을 계산합니다.

(3) 덧셈과 뺄셈을 계산합니다.

괄호가 중첩되면 소괄호보다 중괄호를, 중괄호보다 대괄호를 바깥에 씁니다.

$$[1-\{(2+3) \times 3-3\} \div 2]+1$$
$$=\{1-(5 \times 3-3) \div 2\}+1$$

$$= (1 - 12 \div 2) + 1$$
$$= (1 - 6) + 1$$
$$= -5 + 1$$
$$= -4$$

종종 소괄호만을 중첩 사용해서 수식을 표기하기도 합니다.

$$(1 - ((2 + 3) \times 3 - 3) \div 2) + 1$$

편의를 위해 종종 곱셈부호를 생략하기도 하는데, 이 경우 곱셈부호의 생략은 괄호를 수반하는 것으로 해석할 수 있습니다. 아래 수식에서 $4 \times \pi$를 4π로 표시한 것이 그 예입니다. 단, 숫자 사이의 곱셈부호는 원칙적으로 생략하지 않습니다.

$$4\pi \div 2\pi = (4 \times \pi) \div (2 \times \pi) = 2$$

같은 연산이 두 번 이상 연속될 때 연산의 순서를 바꾸어도 결과가 같은 경우, 그 연산은 '결합법칙을 만족한다'고 합니다. 특히 덧셈과 곱셈은 다음과 같이 일반적으로 결합법칙을 만족합니다.

$$(1 + 2) + 3 = 6 = 1 + (2 + 3)$$
$$(1 \times 2) \times 3 = 6 = 1 \times (2 \times 3)$$

하지만 뺄셈과 나눗셈은 다음과 같이 일반적으로 결합법칙을 만족하지 않습니다.

$a \times b = ab$

이므로

$2 \times 3 = 23$

$23 \times 3 =$

$2 \times 3 \times 3 =$

$2 \times 33 = 66$

$$(1-2)-3=-4 \quad \neq \quad 2=1-(2-3)$$
$$(1\div2)\div3=\frac{1}{6} \quad \neq \quad \frac{3}{2}=1\div(2\div3)$$

또한 연산의 결과가 두 수의 순서에 상관없이 같을 때, 그 연산은 '교환법칙을 만족한다'고 합니다. 특히 덧셈과 곱셈은 다음과 같이 일반적으로 교환법칙을 만족합니다.

$$1+2=3=2+1$$
$$1\times2=2=2\times1$$

하지만 뺄셈과 나눗셈은 일반적으로 교환법칙을 만족하지 않습니다.

$$1-2=-1 \quad \neq \quad 1=2-1$$
$$1\div2=\frac{1}{2} \quad \neq \quad 2=2\div1$$

마지막으로 세 수 a, b, c에 대하여 항상 다음이 성립합니다. 이러한 결과를 '곱셈은 덧셈과 뺄셈에 대해 분배법칙을 만족한다'고 합니다.

$$a\times(b\pm c)=(a\times b)\pm(a\times c)$$
$$(a\pm b)\times c=(a\times c)\pm(b\times c)$$

예를 들어 $2\times(1+3)=8=(2\times1)+(2\times3)$이고, $(2-1)\times3=3=(2\times3)-(1\times3)$입니다.

거듭제곱

거듭제곱은 같은 수를 여러 번 곱하는 연산입니다. 실수 a 및 자연수 n에 대하여 다음과 같이 표기합니다.

$$a^n = \underbrace{a \times a \times a \times \cdots \times a}_{n\text{개}}$$

이와 같은 거듭제곱 표기법은 1637년에 출간된 데카르트의 저서 《기하학》에서 처음 도입되었습니다. 이후 아이작 뉴턴과 라이프니츠 등이 이 표기법을 적극적으로 활용하면서 널리 쓰이게 되었죠.

a^n에서 a는 밑, n은 지수라 부릅니다. a^2은 a의 제곱, a^3은 a의 세제곱, 마찬가지로 a^n은 a의 n제곱이라 읽습니다.

$a \neq 0$이고 m, n이 자연수일 때, 다음이 성립합니다. 이를 자연수 지수법칙이라 합니다.

- $a^m \times a^n = a^{m+n}$
- $a^m \div a^n = a^{m-n}$ (단, $m > n$)
- $(a^m)^n = a^{mn}$
- $(ab)^m = a^m b^m$
- $\left(\dfrac{a}{b}\right)^m = \dfrac{a^m}{b^m}$ (단, $b \neq 0$)

아래와 같이 숫자를 대입하여 생각해보면 모두 자연스럽게 유도할 수 있으니, 직접 해보기를 권합니다.

$$3^2 \times 3^3 = (3 \times 3) \times (3 \times 3 \times 3) = 3 \times 3 \times 3 \times 3 \times 3 = 3^5 = 3^{2+3}$$

변화와 관계

변화와 관계에서는 변화하는 현상 속의 다양한 관계를 수와 식, 방정식과 부등식, 함수와 그래프 등으로 표현하며 이를 수학적으로 탐구하고 일반화합니다. 초등학교 1학년부터 중학교 3학년까지, 각 학년 수학 교과서의 두 번째 단원입니다.

비와 비례식

비와 비율

비란 두 수의 크기를 비교하는 것이며 '대(:, 콜론)'를 이용하여 항을 구분합니다.

비율이란 기준량에 대한 비교하는 양의 크기이며 분수 또는 소수 등으로 표현합니다. 예를 들어 남자가 4명, 여자가 6명 있을 때 남자 수에 대한 여자 수의 비는 $6:4$이며, 비율은 $\dfrac{6}{4}$입니다.

기준량을 100으로 할 때의 비율은 백분율이라 부르며, 비교하는 양에 기호 %를 붙여 나타냅니다. $\dfrac{6}{4}$은 $\dfrac{150}{100}$, 즉 150%입니다.

현재 교육과정상의 정의에 따르면 $1:2:3$, $4:3:2:1$과 같이 셋 이상의 수에 대한 비는 비로 볼 수 없다는 문제가 발생합니다. 또한 비교하는 대상들의 범주가 다른 비율의 경우, 해석이 어색하거나 아예 정의할 수 없는 대상이 됩니다. 예를 들어 '100km/h'는 '1시간이라는 기준량에 대해 비교하는 100km'가 되고, '하루에 알약 한 알씩 복용'은 '하루라는 기준량에 대해 비교하는 알약 한 알'이 되는 식입니다. 참고로 과거의 교육과정에서는 이처럼 범주가 다른 대상들 간의 비는 '율'이라고 정의하였습니다.

● 비ratio, 율rate, 비율proportion의 정의는 국가별로 상이합니다. 특히 우리나라에서는 교육과정 시기마다 정의가 조금씩 다르고, 일상적으로 쓰이는 개념과도 다소 괴리가 있습니다. 여기서 다루는 비, 비율의 정의는 한국의 2022 개정 초등학교 교육과정 내용을 따르며, 율은 따로 정의하지 않습니다.

퍼센트는 '거꾸로'

계산해도 됩니다

50의 6% = 3
6의 50% = 3

30의 1000% = 300
1000의 30% = 300

비례식

비례식이란 비율이 같은 두 비 $a:b$와 $c:d$를 등호를 이용해 $a:b=c:d$와 같이 표현한 식입니다.

비례식 $a:b=c:d$에서 b, c를 내항, a, d를 외항이라 합니다. 비례식 내항의 곱과 외항의 곱은 항상 같은데, 예를 들어 $1:2=3:6$에서 $2\times3=1\times6$입니다.

비례식 $a:b=c:d$를 분수를 이용해서 $\dfrac{a}{b}=\dfrac{c}{d}$와 같이 표현하기도 합니다.

비례배분

비례배분이란 어떤 수를 주어진 비로 배분하는 것을 말합니다. X를 $a:b$로 비례배분하면 $X\times\dfrac{a}{a+b}:X\times\dfrac{b}{a+b}$입니다. 예를 들어 100을 2:3으로 비례배분하면 $100\times\dfrac{2}{2+3}:100\times\dfrac{3}{2+3}=40:60$입니다.

다항식

다항식의 개념

식이란 숫자, 문자 등의 대상을 연산부호로 연결해 나타낸 것입니다. 16세기까지만 하더라도 식을 이용해 수학 이론을 전개하는 문화는 정착되지 않았습니다. '어떤 수가 있는데, 그것을 두 배 하고 7을 더하면 20이 된다'와 같이 말로 서술하는 방식이 주를 이루었죠. 그 탓에 현재와 비교하면 이론의 전달이 무척이나 비효율적이었습니다. 프랑스의 수학자 피에르 드 페르마가 책의 여백에 페르마의 마지막 정리를 남기며 '여백이 부족하여 적지 않겠다'라고 쓴 것은 결코 허언이 아니었을 거라는 우스갯소리도 있습니다. 하지만 데카르트, 라이프니츠, 오일러 등이 식을 이용해 수학적 내용을 기술하는 문화를 주도적으로 이끌면서 비로소 수학은 지금의 모습을 갖추게 되었습니다.

다항식은 여러 개의 항이 합으로 결합된 식입니다. 하나의 항만으로 이루어진 식은 단항식이라 부릅니다. 아래 용어들은 다항식에 쓰이는 세부 명칭들입니다.

- 항: 변수 또는 상수의 곱으로 이루어진 식.
- 상수항: 변수를 포함하지 않는 항.
- 계수: 변수에 곱해진 상수.
- 항의 차수: 항에 포함된 모든 변수의 지수 총합. 이때 n을 차수로 하는

항은 n차항이라 한다.

- 동류항: 같은 다항식 안에 변수 및 각 변수의 차수가 같은 항.
- 다항식의 차수: 다항식 안에서 차수가 가장 높은 항(최고차항)의 차수. 이때 n을 차수로 하는 다항식을 n차 다항식이라 한다.

다항식에 포함된 변수는 여럿일 수 있으며, 변수가 한 개일 때는 일변수 다항식, 두 개일 때는 이변수 다항식 등으로 부릅니다.

예를 들어 x, y가 변수일 때, $2x^2 - 3xy^2 + 5$는 이변수 삼차다항식입니다. 항은 $2x^2$, $-3xy^2$, 5 가 있으며, 상수항은 5입니다. 계수는 2, -3입니다. $2x^2$의 차수는 2, $-3xy^2$의 차수는 $3(=1+2)$, 5의 차수는 0입니다.

다항식의 연산

다항식의 덧셈과 뺄셈은 아래 예시와 같이 교환법칙, 결합법칙, 분배법칙을 적절히 이용하여 동류항끼리 모은 후 계수를 정리하면 됩니다.

$$(3x^2 - x + 2) - (x^2 + 1)$$
$$= 3x^2 - x + 2 - x^2 - 1$$
$$= (3x^2 - x^2) - x + (2-1)$$
$$= (3-1)x^2 - x + 1$$
$$= 2x^2 - x + 1$$

다항식의 곱셈은 다음 예시와 같이 분배법칙을 이용해 식을 전개한 후 정리하면 됩니다.

$$(x^2-y+1)\times(2y+3)$$
$$=\{(x^2-y+1)\times 2y\}+\{(x^2-y+1)\times 3\}$$
$$=(2x^2y-2y^2+2y)+(3x^2-3y+3)$$
$$=2x^2y-2y^2+3x^2-y+3$$

다항식의 나눗셈은 다항식 장제법 또는 조립제법 등을 이용해 처리합니다.[*]

다항식 장제법을 이용해 $3x^2-x+2$를 $x-2$로 나누는 과정은 다음과 같습니다.

$$x-2\,\overline{)\,3x^2-x+2}$$
수를 나누듯 나눗셈을 시작합니다.

$$\begin{array}{r} 3x \\ x-2\,\overline{)\,3x^2-x+2} \\ 3x^2-6x \\ \hline 5x+2 \end{array}$$
최고차항인 $3x^2$에 맞춰 $3x$로 나눕니다.

$$\begin{array}{r} 3x+5 \\ x-2\,\overline{)\,3x^2-x+2} \\ 3x^2-6x \\ \hline 5x+2 \\ 5x-10 \\ \hline 12 \end{array}$$
나머지의 최고차항인 $5x$에 맞춰 5로 나눕니다.

따라서 $3x^2-x+2=(x-2)(3x+5)+12$로, 몫은 $3x+5$, 나머지는 12입니다.

---

[*] 장제법長除法은 '길게 나누는 방법', 조립제법組立除法은 '조립하여 나누는 방법'입니다. 인터넷 등지에서 간혹 조립제법이 '조립제'라는 조선 수학자가 고안한 방법이라서 붙은 이름이라는 말이 떠돌지만, 이는 사실이 아닙니다.

조립제법을 이용해서 $3x^2-x+2$를 $x-2$로 나누는 과정은 다음과 같습니다.

$$
\begin{array}{c|ccc}
 & 3 & -1 & 2 \\
\hline
 & & & \\
\end{array}
$$

$3x^2-x+2$의 계수와 상수항을 적습니다.

$$
\begin{array}{c|ccc}
 & 3 & -1 & 2 \\
2 & & & \\
\hline
 & & & \\
\end{array}
$$

$x-2$의 최고차항 x를 제외한 항 -2에 -1을 곱한 결과를 왼쪽에 적습니다.

$$
\begin{array}{c|ccc}
 & 3 & -1 & 2 \\
2 & & 6 & 10 \\
\hline
 & 3 & 5 & 12 \\
\end{array}
$$

왼쪽부터 ↓(그대로), ↗($\times 2$), ↓(덧셈), ↗($\times 2$), ↓(덧셈).

$$
\begin{array}{c|ccc}
 & 3 & -1 & 2 \\
2 & & 6 & 10 \\
\hline
 & 3 & 5 & 12 \\
\end{array}
$$

완성.

아랫줄의 왼쪽 3과 5는 몫이 $3x+5$임을, 오른쪽 12는 나머지가 12임을 의미합니다.

만약 나누는 다항식의 최고차항 계수가 $a(\neq 1)$인 경우, 나누는 다항식을 a로 나눈 후 조립제법을 이용하고 마지막 단계에서 $\dfrac{1}{a}$을 곱한 몫을 취해줍니다. 예를 들어 $5x^2-4x+3$을 $2x+4$로 나누는 과정은 다음과 같습니다.

$$
\begin{array}{c|ccc}
 & 5 & -4 & 3 \\
\hline
 & & & \\
\end{array}
$$

$5x^2-4x+3$의 계수와 상수항을 적습니다.

$$
\begin{array}{c|ccc}
 & 5 & -4 & 3 \\
-2 & & & \\
\hline
 & & & \\
\end{array}
$$

$2x+4$를 2로 나눈 $x+2$에 대해 $+2\times(-1)=-2$를 왼쪽에 적습니다.

$$
\begin{array}{c|ccc}
 & 5 & -4 & 3 \\
-2 & & -10 & 28 \\
\hline
 & 5 & -14 & 31 \\
\end{array}
$$

왼쪽부터 ↓(그대로), ↗$\times(-2)$, ↓(덧셈), ↗$\times(-2)$, ↓(덧셈).

이 결과를 $5x^2-4x+3=(x+2)(5x-14)+31=$
$2(x+2)\times\frac{1}{2}(5x-14)+31$로 보고, 몫은 $\frac{1}{2}(5x-14)=\frac{5}{2}x-7$,
나머지는 31이라 해석하며 마무리합니다.

만약 나누는 다항식의 차수가 2차 이상이라면 최고차항을 제외한 항들의 계수 $\times(-1)$을 왼쪽 아래에서 오른쪽 위 방향으로 순차적으로 적고, 비슷한 방식으로 조립제법을 수행합니다. 예를 들어 $3x^3-x^2+2x-1$을 x^2-2x+3으로 나누면 다음과 같습니다.

$$3 \quad -1 \quad 2 \quad -1$$

$3x^3-x^2+2x-1$의 계수와 상수항을 적습니다.

$$
\begin{array}{c|cccc}
 & 3 & -1 & 2 & -1 \\
-3 & & & & \\
2 & & & &
\end{array}
$$

x^2-2x+3의 최고차항을 제외한 항들의 계수에 -1을 곱한 결과를 왼쪽에 차례로 씁니다.

$$
\begin{array}{c|cccc}
 & 3 & -1 & 2 & -1 \\
-3 & & & -9 & \\
2 & & 6 & & \\
\hline
 & 3 & & &
\end{array}
$$

$\downarrow$(그대로), $\nearrow(3\times2,\,3\times(-3))$

$$
\begin{array}{c|cccc}
 & 3 & -1 & 2 & -1 \\
-3 & & & -9 & -15 \\
2 & & 6 & 10 & \\
\hline
 & 3 & 5 & &
\end{array}
$$

$\downarrow$(덧셈. $-1+6=5$), $\nearrow(5\times2,\,5\times(-3))$

- $x+2$의 최고차항 x를 제외한 상수항 2에 -1을 곱한 것입니다.

$$
\begin{array}{r|rrrr}
-3 & 3 & -1 & 2 & -1 \\
   &   & -9 & -15 & \\
   &   & 6 & 10 & \\
\hline
   & 3 & 5 & 3 & -16
\end{array}
$$

↓(덧셈. $2+(-9)+10=3$),

↓(덧셈. $-1+(-15)=-16$)

이 경우 몫은 $3x+5$, 나머지는 $3x-16$임을 알 수 있습니다. 다만, 현재 교육과정에서는 이차다항식의 조립제법을 다루지 않습니다.

곱셈 공식과 인수분해

곱셈 공식은 다항식의 곱셈을 빠르고 편하게 수행할 수 있도록 한 공식입니다. 이때 곱셈 공식을 거꾸로 풀면 인수분해 공식이 됩니다. 인수분해란 '인수들의 곱으로 분해'했다는 뜻입니다. 자연수를 약수의 곱으로 나타내는 것을 소인수분해(예컨대 $12=2^2\times3$)라 하듯이, 식을 간단한 인수의 곱으로 나타내는 것입니다.(예컨대 $x^2+3x+2=(x+1)(x+2)$)

곱셈공식

$$(a+b)(c+d)=ac+ad+bc+bd$$

인수분해 공식

다음은 중고등학교에서 흔히 다루는 곱셈 공식입니다.

- $(a+b)^2=a^2+2ab+b^2$
- $(a-b)^2=a^2-2ab+b^2$
- $(a+b)(a-b)=a^2-b^2$
- $(a+b)^3=a^3+3a^2b+3ab^2+b^3$
- $a^3+b^3=(a+b)^3-3ab(a+b)=(a+b)(a^2-ab+b^2)$

- $(a-b)^3=a^3-3a^2b+3ab^2-b^3$
- $a^3-b^3=(a-b)^3+3ab(a-b)=(a-b)(a^2+ab+b^2)$
- $(a+b+c)^2=a^2+b^2+c^2+2ab+2bc+2ca$
- $(a^2+ab+b^2)(a^2-ab+b^2)=a^4+a^2b^2+b^4$

이때 $(a+b)^2$, $(a+b+c)^2$과 같이 어떤 다항식의 제곱으로 된 식을 완전제곱식이라 부릅니다.

등식

동치관계와 등호

'어느 두 대상이 같다'라는 것을 수학에서는 동치관계로 표현합니다. 동치관계($\sim$)란 다음 세 조건을 모두 만족하는 관계입니다.

(1) 반사성: $a \sim a$

(2) 대칭성: $a \sim b$이면 $b \sim a$

(3) 추이성: $a \sim b$이고 $b \sim c$이면 $a \sim c$

반사성은 a가 a(즉 자기 자신)와 같은 성질을 말합니다. 대칭성은 a가 b와 같으면 b와 a도 같은 성질을 말합니다. 추이성은 a와 b가 같고 b와 c가 같으면 a와 c가 같은 성질을 말합니다.

동치관계 개념은 19세기 중후반에 형식적으로 정립되었지만, 그보다 훨씬 이전부터 수학자들이 암묵적으로 활용했습니다. 데카르트는 좌표변환을 통해 점들을 분류하는 개념을 발전시키며 동치관계의 기초적인 아이디어를 제시했고, 게오르크 칸토어가 집합론을 발전시키면서 이러한 관계를 체계적으로 사용했으며, 주세페 페아노 역시 동치관계를 명확하게 정식화하는 데에 중요한 몫을 했습니다.

등호($=$)는 수적인 동치관계를 표현하는 기호입니다. 동치관계를 표현하는 기호는 $=$ 외에도 $\simeq$(구조적 동형), $\equiv$(합동), $\Leftrightarrow$(논리적 동치) 등 다양합니다.

등호를 처음 쓴 사람은 영국의 수학자 로버트 레코드로, 그가 1557년에

Howbeit, for easie alteratió of *equations*. I will pro-
pounde a fewe erãples, bicause the extraction of their
rootes, maie the more aptly bee wroughte. And to a-
uoide the tedious repetition of these woordes : is e-
qualle to : I will sette as I doe often in woorke vse, a
paire of paralleles, or Gemowe lines of one lengthe,
thus:———————, bicause noe. 2. thynges, can be moare
equalle. And now marke these noimbers.

14.℈.————.15.℥ ═══════71.℥.

영국의 수학자 로버트 레코드의 《지혜의 숫돌》에 처음 등장한 등호.

출간한 《지혜의 숫돌》에 이 기호가 처음 등장하였습니다. 그 책에서 레코드
는 등호의 모양에 관해 '길이가 같은 두 평행선만큼이나 더 같은 것은 없다'
라고 설명했습니다. 다만 위의 사진에서 볼 수 있듯, 처음 레코드가 등호를
쓸 때는 현재보다 기호를 가로로 매우 길게 그렸습니다.

등식

둘 이상의 동일한 수를 등호로 연결해 표현한 관계식을 등식이라 하며,
등호를 기준으로 왼쪽을 좌변, 오른쪽을 우변, 둘을 통틀어 양변이라 부릅
니다.

등식은 다음과 같은 성질을 가집니다.

- 등식의 양변에 같은 수를 더하거나 빼도 등식은 성립한다.
- 등식의 양변에 같은 수를 곱하거나 0이 아닌 같은 수로 나누어도 등식
  은 성립한다.

등식의 성질을 이용하여 등식의 한 변에 있는 항을 부호를 바꾸어 다른

변으로 옮기는 것을 이항이라 합니다.

미지수가 포함된 등식은 다음과 같이 항등식과 방정식으로 구분됩니다.

(1) 미지수에 어떤 수를 대입하여도 항상 참이 되는 등식 ⇨ 항등식

(2) 미지수의 값에 따라서 참 또는 거짓이 되는 등식 ⇨ 방정식

예를 들어 $(x+1)^2-(x^2+2x+1)=0$은 항등식, $x^2+4y-5=0$은 방정식입니다.

방정식

인류 역사에서 방정식의 개념은 지극히 실용적인 이유로 발생했습니다. 가령 고대 이집트와 바빌로니아에서는 농지의 넓이를 계산하고 세금을 공정하게 부과하기 위해 길이, 넓이, 부피를 정확히 측정하는 법이 필요했지만 직접 잴 수 없는 경우가 많았습니다. 이 때문에 미지수를 포함한 식(방정식)을 사용하기 시작했습니다. 상인들이 물건의 가격, 교환 비율, 이익 계산 등을 할 때도 방정식을 활용했죠.

'방정식'이란 용어는 《구장산술》의 제8장 제목인 '방정'으로부터 비롯되었습니다. 여기에서 방정은 1차 연립방정식을 풀이하기 위한 도구였습니다.

방정식에 포함된 미지수의 종류가 n개인 방정식을 n변수 방정식이라 부릅니다. 예를 들어 $x+1=0$은 일변수 방정식, $x+y+1=0$은 이변수 방정식입니다.

방정식을 참이 되게 하는 미지수의 특정 값은 해(또는 근)라고 부르는데, 이때 해가 무수히 많이 존재하는 방정식은 부정, 해를 갖지 않는 방정식은 불능이라 합니다. 예를 들어 $xy=1$은 부정, $0 \times x=1$은 불능입니다.

일차방정식

방정식의 모든 항을 좌변(또는 우변)으로 이항하여 정리한 식이 '(일차다항식)=0'의 꼴로 나타나는 방정식을 일차방정식이라 합니다. 예를 들어 $2x=3$, $5x-\sqrt{2}y+1=0$, $0=x$ 등은 모두 일차방정식입니다.

일반적으로 x에 대한 일차방정식은 $ax+b=0$ 꼴(a, b는 수, $a\neq0$)로 나타낼 수 있고, 해는 $x=-\dfrac{b}{a}$ 입니다. 예를 들어 일차방정식 $\sqrt{2}x-1=0$의 해는 $x=\dfrac{1}{\sqrt{2}}$ 입니다.

이차방정식

등식의 모든 항을 좌변(또는 우변)으로 이항하여 정리한 식이 '(이차다항식)=0'의 꼴로 나타나는 방정식을 이차방정식이라 합니다. 예를 들어 $x^2+x=-1$, $(x+1)(2y-3)=x$ 등은 모두 이차방정식입니다.

일반적으로 x에 대한 이차방정식은 $ax^2+bx+c=0$(a, b, c는 수, $a\neq0$)과 같은 꼴로 나타낼 수 있습니다.

이차방정식의 해는 일반적으로 일차방정식처럼 단순하게 구할 수는 없지만, 인수분해를 이용하는 방법, 완전제곱식을 이용하는 방법, 근의 공식을 이용하는 방법 등으로 구할 수 있습니다.

인수분해를 이용한 풀이

인수분해를 이용한 이차방정식의 풀이 과정은 다음과 같습니다.

이차방정식 $ax^2+bx+c=0$의 좌변이 $a(x-\alpha)(x-\beta)=0$ 꼴로 인수분해되면 방정식의 해는 $x=\alpha$ 또는 $x=\beta$입니다.

이때 $a(x-\alpha)(x-\beta)=ax^2-a(\alpha+\beta)x+a\alpha\beta=ax^2+bx+c$이므

로 $\alpha+\beta=-\dfrac{b}{a}$, $\alpha\beta=\dfrac{c}{a}$가 성립하는데, 이를 '근과 계수의 관계'라 합니다. $a(x-\alpha)^2=0$ 꼴로 인수분해되는 경우, $x=\alpha$를 중근이라 합니다.

예를 들어 x에 대한 이차방정식 $2x^2-4x-6=0$을 다음과 같이 풀이합니다.

$$2x^2-4x-6$$
$$=2(x^2-2x-3)$$
$$=2(x-3)(x+1)$$
$$=0$$
$$\therefore x=3 \text{ 또는 } x=-1$$

이때 $3+(-1)=2=-\dfrac{-4}{2}$, $3\times(-1)=-3=\dfrac{-6}{2}$이므로 근과 계수의 관계도 성립함을 확인할 수 있습니다.

완전제곱식을 이용한 풀이

완전제곱식을 이용한 이차방정식 풀이는 이차방정식 $ax^2+bx+c=0$을 $(x-A)^2=B$ 꼴로 변형해 $x=A\pm\sqrt{B}$를 얻는 방법입니다.

예를 들어 x에 대한 이차방정식 $2x^2-4x-6=0$을 다음과 같이 풀이합니다.

$$2x^2-4x-6=0$$
$$\Rightarrow 2(x^2-2x)=6$$
$$\Rightarrow x^2-2x+1-1=3$$
$$\Rightarrow x^2-2x+1=3+1$$

$$\Rightarrow (x-1)^2 = 4$$

$$\Rightarrow x-1 = \pm\sqrt{4}$$

$$\Rightarrow x = 1 \pm 2$$

$$\therefore x = 3 \ \text{또는} \ x = -1$$

근의 공식을 이용한 풀이

x에 대한 이차방정식 $ax^2 + bx + c = 0$의 일반해는 $x = \dfrac{-b \pm \sqrt{b^2 - 4ac}}{2a}$ 라는 근의 공식으로 정리됩니다. (단, $b^2 - 4ac \geq 0$) [*]

아래는 이차방정식 $ax^2 + bx + c = 0$으로부터 근의 공식을 유도하는 과 정입니다.

$$ax^2 + bx + c = 0$$

$$\Rightarrow a\left(x^2 + \frac{b}{a}x\right) = -c$$

$$\Rightarrow a\left(x^2 + \frac{b}{a}x + \frac{b^2}{4a^2} - \frac{b^2}{4a^2}\right) = -c$$

$$\Rightarrow a\left(x^2 + \frac{b}{a}x + \frac{b^2}{4a^2}\right) = \frac{b^2}{4a} - c$$

$$\Rightarrow a\left(x + \frac{b}{2a}\right)^2 = \frac{b^2 - 4ac}{4a}$$

$$\Rightarrow \left(x + \frac{b}{2a}\right)^2 = \frac{b^2 - 4ac}{4a^2}$$

$$\Rightarrow x + \frac{b}{2a} = \pm\sqrt{\frac{b^2 - 4ac}{4a^2}}$$

---

[*] $b^2 - 4ac < 0$인 경우는 218쪽에서 다룹니다.

$$\Rightarrow x = -\frac{b}{2a} \pm \frac{\sqrt{b^2 - 4ac}}{2a}$$

$$\therefore x = \frac{-b \pm \sqrt{b^2 - 4ac}}{2a}$$

예를 들어 x에 대한 이차방정식 $2x^2 - 4x - 6 = 0$을 다음과 같이 풀이합니다.

$$2x^2 - 4x - 6 = 0$$

$$\Rightarrow x = \frac{-(-4) \pm \sqrt{(-4)^2 - 4 \times 2 \times (-6)}}{2 \times 2}$$

$$= \frac{4 \pm \sqrt{16 + 48}}{4} = \frac{4 \pm 8}{4} = 1 \pm 2$$

$$\therefore x = 3 \ \text{또는} \ x = -1$$

연립방정식

연립방정식이란 두 개 이상의 미지수를 포함하는 방정식의 조를 일컫습니다. $\begin{cases} x + y = 5 \\ 2x + 4y = 14 \end{cases}$, $\begin{cases} x + 2y = 41 \\ 3x + 2z = 53 \\ 2x + 3z = 17 \end{cases}$ 등이 그 예입니다. 미지수의 개수가 n개이고, 최고 차수가 m일 때, 그 연립방정식을 n변수 m차 연립방정식이라 합니다.

연립방정식의 해는 일반적으로 순서쌍을 이용하여 표기합니다. 예를 들어 $\begin{cases} x + y = 5 \\ 2x + 4y = 14 \end{cases}$의 해는 $(x, y) = (3, 2)$입니다.

연립방정식은 대입법, 가감법 등(통칭 소거법)을 이용해서 미지수의 개수를 줄여가며 해를 구합니다.

이차방정식
근의 공식
삐~

이차방정식
통과

대입법을 이용한 풀이

연립방정식 $\begin{cases} x+y=5 \\ 2x+4y=14 \end{cases}$ 의 해를 대입법을 이용해 구하면 다음과 같습니다.

$\qquad$ 1단계: $x+y=5 \Rightarrow x=5-y$

$\qquad$ 2단계: $2x+4y=14 \Rightarrow 2(5-y)+4y=14 \Rightarrow y=2$

$\qquad$ 3단계: $x=5-y=5-2=3$, 그러므로 해는 $(x,\,y)=(3,2)$

가감법을 이용한 풀이

연립방정식 $\begin{cases} x+y=5 \\ 2x+4y=14 \end{cases}$ 의 해를 가감법을 이용해 구하면 다음과 같습니다.

$$\begin{cases} x+y=5 \\ 2x+4y=14 \end{cases}$$

$$\Rightarrow \begin{cases} 2x+2y=10 \\ 2x+4y=14 \end{cases}$$

$$\Rightarrow \begin{cases} 2x+2y=10 \\ 2y=4 \end{cases}$$

$$\Rightarrow \begin{cases} 2x=6 \\ 2y=4 \end{cases}$$

$$\Rightarrow \begin{cases} x=3 \\ y=2 \end{cases}$$

$$\Rightarrow (x,\,y)=(3,2)$$

---------- 4 ----------

부등식

순서관계와 부등호

수학적으로 등호가 '수의 동치관계를 표현하는 기호'였다면, 부등호($\leq$)는 '수의 순서관계를 표현하는 기호'입니다.

순서관계($\leq$)란 다음을 모두 만족하는 관계를 일컫습니다.

(1) 반사성: $a \leq a$

(2) 반대칭성: $a \leq b$이고 $b \leq a$이면 $a \sim b$

(3) 추이성: $a \leq b$이고 $b \leq c$이면 $a \leq c$

등호가 포함되지 않는 부등호($<$)는 '수의 순순서관계를 표현하는 기호'이며, 순순서관계($<$)란 다음을 모두 만족하는 관계를 일컫습니다.

(1) 비반사성: $a \not< a$

(2) 추이성: $a < b$ 이고 $b < c$ 이면 $a < c$

지금과 같은 모양의 부등호 기호를 처음 쓴 사람은 영국의 수학자 토머스 해리엇으로, 그의 사후 1631년에 출간된 《예술의 해석적 연습》에 처음 등장하였습니다. $\leq$와 $\geq$는 부등호와 등호($=$)를 합쳐 만든 것으로 프랑스의 수학자 피에르 부게가 1734년에 처음 도입한 후 널리 확산되었습니다. 당시에는 아랫줄을 두 줄($\leqq$, $\geqq$)로 표기했으나, 현재는 편의상 아랫줄을 한 줄로 표현합니다.

부등식의 개념

두 수에 대한 순서관계를 부등호($<$, $\leq$, $>$, $\geq$, $\neq$)를 이용해서 표현한 식을 부등식이라 합니다. 부등호를 기준으로 왼쪽을 좌변, 오른쪽을 우변, 둘을 통틀어 양변이라 부릅니다.

부등식은 다음과 같은 성질을 가집니다.

- 부등식의 양변에 같은 수를 더하거나 빼도 부등호는 바뀌지 않는다.
- 부등식의 양변에 같은 양수를 곱하거나 나누어도 부등호는 바뀌지 않는다.
- 부등식의 양변에 같은 음수를 곱하거나 나누면 부등호의 방향은 바뀐다. 예를 들어 $2 < 3 \Rightarrow 2 \times (-1) > 3 \times (-1)$.

변수가 포함된 부등식은 다음과 같이 절대부등식과 조건부등식으로 구분됩니다.

(1) 주어진 범위(예컨대 실수) 안에서의 변수에 어떤 수를 대입하여도 항상 참이 되는 부등식 $\Rightarrow$ 절대부등식
(2) 변수의 값에 따라서 참 또는 거짓이 되는 부등식 $\Rightarrow$ 조건부등식

예를 들어 $x^2 \neq -1$, $x^2 + y^2 \geq 0$은 실수 범위에서 절대부등식이고, $x > 5$, $x + y \geq 0$은 조건부등식입니다.

절대부등식

고등학교 교육과정에서 소개되는 절대부등식의 종류로는 산술·기하 평균 부등식, 삼각 부등식, 코시-슈바르츠 부등식 등이 있습니다.

산술·기하 평균 부등식

두 양수 a, b에 대하여 $\dfrac{a+b}{2} \geq \sqrt{ab}$ 는 절대부등식입니다. 이때 $\dfrac{a+b}{2}$ 는 산술평균, $\sqrt{ab}$ 는 기하평균이라는 정의가 있기에 이를 산술·기하 평균 부등식이라 합니다.

증명 산술·기하 평균 부등식

두 양수 a, b에 대해, $(a-b)^2 \geq 0$

$\Leftrightarrow a^2 - 2ab + b^2 \geq 0$

$\Leftrightarrow a^2 + 2ab + b^2 \geq 4ab$

$\Leftrightarrow \dfrac{(a+b)^2}{4} \geq ab$

이때 $a > 0, b > 0$ 이므로

$$\dfrac{(a+b)^2}{4} \geq ab \Rightarrow \dfrac{a+b}{2} \geq \sqrt{ab} \ \blacksquare$$

$$\dfrac{1+1}{2} = \sqrt{1 \times 1} \qquad a=b \text{일 때는 산술평균과 기하평균이 같습니다.}$$

$$\dfrac{3+1}{2} > \sqrt{3 \times 1} \qquad a \neq b \text{일 때는 산술평균이 기하평균보다 큽니다.}$$

산술평균은 우리가 일상에서 가장 많이 활용하는 평균의 종류입니다. 산술평균이 덧셈에 대한 평균이라면, 기하평균은 곱셈에 대한 평균입니다. 예를 들어 두 수 3, 12에 대한 산술평균과 기하평균은 다음과 같습니다.

$$\dfrac{3+12}{2} = 7.5 \qquad \text{두 수를 더하고 2로 나눈다.}$$

$$\sqrt{3 \times 12} = 6 \qquad \text{두 수를 곱하고 제곱근을 취한다.}$$

또한 세 수 2, 4, 8에 대한 산술평균과 기하평균은 다음과 같습니다.

$$\frac{2+4+8}{3}=4.\dot{6}$$ 세 수를 더하고 3으로 나눈다.

$$\sqrt[3]{2\times4\times8}=4$$ 세 수를 곱하고 세제곱근을 취한다.

기하평균이라는 명칭은 이 계산으로 '도형 혹은 공간의 크기에 관한 평균'을 구할 수 있기 때문에 붙었습니다. 예를 들어 아래 그림과 같이 두 변의 길이가 각각 3, 12인 직사각형의 넓이와 동일한 넓이를 갖는 정사각형의 한 변 길이는 그 기하평균인 6입니다. 마찬가지로 세 변의 길이가 각각 2, 4, 8인 직육면체의 부피와 동일한 부피를 갖는 정육면체의 한 변 길이는 그 기하평균인 4입니다.

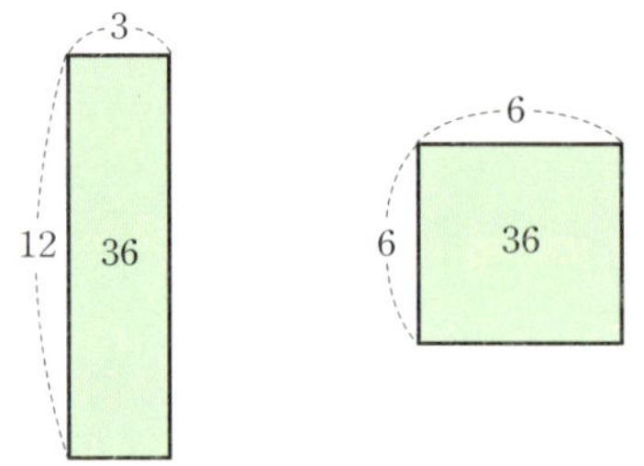

직사각형의 두 변의 기하평균은 그 직사각형과 같은 넓이를 가진 정사각형의 한 변의 길이와 같다($\sqrt{3\times12}=6$).

기하평균은 비율이나 성장률 등을 다룰 때도 씁니다. 예를 들어 어떤 투자 상품이 2년 동안 매년 각각 $+60\%$(1.6배), -60%(0.4배)의 수익률을 기록했다면, 실제 연평균 수익률은 산술평균(0%)이 아니라 기하평균($\sqrt{1.6\times0.4}=0.8$, 따라서 수익률은 -20%)을 사용해야 올바르게 계산할 수 있습니다.

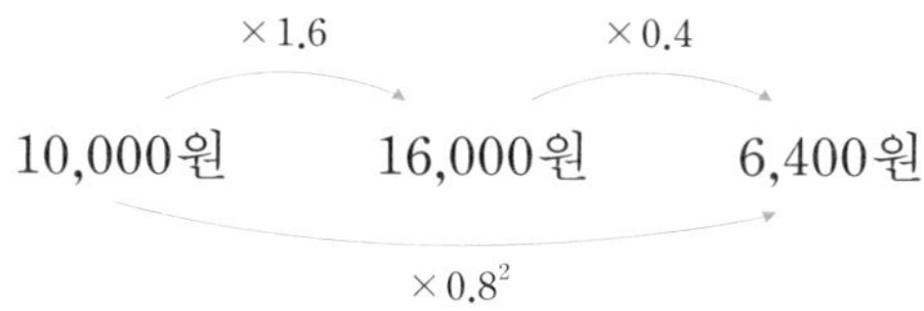

삼각 부등식

임의의 두 실수 a, b에 대하여 다음의 두 부등식은 각각 절대부등식이며, 이를 '삼각 부등식'이라 부릅니다.

$$|a| + |b| \geq |a+b|$$

$$|a| - |b| \leq |a-b|$$

증명 삼각 부등식

$$|a|^2 + 2|a||b| + |b|^2 \geq a^2 + 2ab + b^2$$
$$\Leftrightarrow (|a| + |b|)^2 \geq (a+b)^2$$
$$\Leftrightarrow (|a| + |b|)^2 \geq |a+b|^2$$

이때 $|a| \geq 0$, $|b| \geq 0$, $|a+b| \geq 0$이므로
$$|a| + |b| \geq |a+b| \quad \blacksquare$$

마찬가지 방법으로 $|a| - |b| \leq |a-b|$도 유도할 수 있습니다.

이 부등식은 삼각형의 세 변의 길이에 관한 성질로부터 유도되는 부등식이기에 삼각 부등식이라는 이름이 붙었습니다. 하지만 그 의미를 설명하려면 벡터에 대한 이해가 필요하므로 여기서는 생략합니다.

$$|a+b| \leq |a| + |b|$$

$$|민트+초코| \leq |민트| + |초코|$$

코시-슈바르츠 부등식

임의의 네 실수 a, b, x, y에 대하여 $(a^2+b^2)(x^2+y^2) \geq (ax+by)^2$은 절대부등식입니다. 이 부등식을 만들고 수정한 두 수학자 오귀스탱 루이 코시와 헤르만 슈바르츠의 이름을 따 '코시-슈바르츠 부등식'이라 부릅니다. 코시는 수열과 급수의 수렴성을 연구하던 중 이 부등식을 처음 제시했고, 슈바르츠는 내적 공간을 연구하다가 이 부등식을 더 일반적인 형태로 확장시켰습니다.

> **증명** 코시-슈바르츠 부등식
>
> $$(ay-bx)^2 \geq 0$$
> $$\Leftrightarrow a^2y^2 - 2abxy + b^2x^2 \geq 0$$
> $$\Leftrightarrow a^2y^2 + b^2x^2 \geq 2abxy$$
> $$\Leftrightarrow a^2x^2 + a^2y^2 + b^2x^2 + b^2y^2 \geq a^2x^2 + 2abxy + b^2y^2$$
> $$\Leftrightarrow (a^2+b^2)(x^2+y^2) \geq (ax+by)^2 \quad \blacksquare$$

예를 들어 두 변수 x, y에 대하여 $(3x+4y)^2 \leq 25(x^2+y^2)$은 항상 성립합니다.

일차부등식

부등식의 모든 항을 좌변(또는 우변)으로 이항하여 정리한 식이 '(1차 다항식) < 0' 또는 '(1차 다항식) ≤ 0'의 꼴로 나타나는 부등식을 일차부등식이라 합니다. 예를 들어 $2x < 3,\ 5x - \sqrt{2}y + 2 \geq 0,\ 0 > x$는 모두 일차부등식입니다.

일반적으로 x에 대한 일차부등식은 $ax+b<0$ 또는 $ax+b\leq0$ $(a, b$는 실수, $a\neq0)$과 같은 꼴로 나타낼 수 있습니다.

예를 들어 일차부등식 $-\sqrt{2}x-3>0$을 풀이하면 다음과 같습니다.

$$-\sqrt{2}x-3>0$$
$$\Rightarrow -\sqrt{2}x>3$$
$$\Rightarrow x<-\frac{3}{\sqrt{2}}$$

연립부등식

연립부등식이란 변수를 포함하는 두 개 이상의 부등식의 조를 일컫습니다.

연립부등식의 풀이 과정은 다음과 같습니다.

⑴ 주어진 각 부등식의 해를 구한다.

⑵ 각 부등식 해의 공통부분을 찾는다.

예를 들어, 연립부등식 $\begin{cases} 2x+1<4+x \\ \dfrac{x+1}{2}\geq0 \\ 3x\neq0 \end{cases}$ 을 풀이하면 다음과 같습니다.

⑴ 각 부등식의 해를 구하면 다음과 같습니다.

$$\begin{cases} 2x+1<4+x \Rightarrow x<3 \\ \dfrac{x+1}{2}\geq0 \quad \Rightarrow x\geq-1 \\ 3x\neq0 \qquad \Rightarrow x\neq0 \end{cases}$$

⑵ 이를 수직선에 표기해보면 다음과 같습니다. 빈 동그라미는 해당 값을 포함하지 않는다는 뜻, 색칠한 동그라미는 해당 값을 포함한다는

뜻입니다.

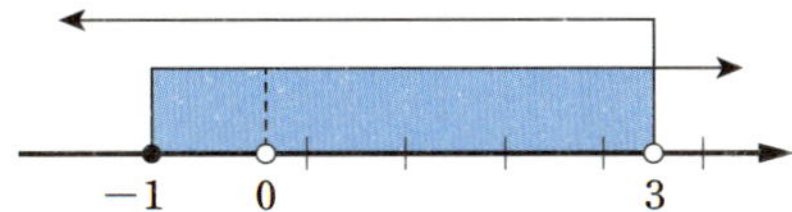

따라서 해는 $-1 \leq x < 0$ 또는 $0 < x < 3$입니다.

함수의 변천사

17세기까지의 함수

문헌으로 남아 있는 함수 개념의 기원은 고대 바빌로니아 시대로 거슬러 올라갑니다. 기원전 5세기경의 바빌로니아인들은 천체 위치의 주기성을 발견했고, 경험적 자료를 바탕으로 천체의 운동을 나타내는 경로를 추정하여 이를 수표數表로 나타냈습니다. 이는 '입력(날짜)'에 대한 '출력(천체의 위치)'의 대응관계를 나타낸 것으로, 함수적 사고의 원형이라고 볼 수 있습니다. 그뿐만 아니라 바빌로니아인들은 기울기나 그림자의 길이를 구하며 자연스럽게 탄젠트 개념(110쪽 참고)을 사용하기도 했습니다. 일차함수, 이차함수, 삼차함수 등도 바빌로니아 수학에서 그 기원을 찾을 수 있습니다.

기원전 320~150년경 바빌로니아에서 만들어진, 천체별로 거리를 기록한 점토판.

함수의 구체적인 개념화는 운동을 나타내는 곡선을 기하학적으로 기술하는 데에서 시작되었다고 볼 수 있습니다. 14세기 프랑스왕국의 학자 니콜라스 오렘은 일정한 가속도로 움직이는 물체의 운동을 나타내기 위해 시간의 흐름을 나타내는 수평선 위에 각 순간을 표시하고, 각 순간의 속도를 수평선에 수직인 선분의 길이로 표현했습니다. 즉, 어떤 기준이 되는 양에 대한 다른 양의 변화를 표현한 것입니다. 유명한 천문학자 갈릴레오 갈릴레이 역시 두 변량 사이의 관계를 연구했습니다.

이러한 초기 함수 개념은 페르마와 데카르트를 거치며 '해석기하학'적 발상으로 전환하였습니다. 해석기하학이란 기하학적인 내용(도형 및 공간에 관한 연구)을 방정식으로 나타내 대수학의 법칙에 따라 그 방정식을 취급한 후, 그 결과를 다시 기하학적으로 번역하는 수학 분야입니다. 해석기하학의 가장 핵심적인 아이디어가 바로 변수의 도입 및 방정식을 이용한 변수 사이의 관련성 표현이었습니다.

18세기의 함수

함수function라는 용어가 처음 등장한 건 라이프니츠가 요한 베르누이에게 보낸 서신에서였습니다. 라이프니츠는 '함수란 변량과 상수가 방정식으로 구성된 양이다'라고 정의했죠. 'function'은 라틴어 'functionem'에서 파생된 말로 '수행, 실행, 작동' 등의 의미를 담고 있습니다. 오일러는 라이프니츠의 정의에 덧붙여 '함수란 변수와 상수로 구성된 해석적 표현이다'라고 정의했습니다.

1755년에 출간된 오일러의 《미분학의 기초》에서 그는 '만약 어떤 양이 다른 양에 의존한다면, 전자를 후자의 함수라 부른다'라고 함수의 정의를 발전시킵니다. 오늘날 우리가 독립변수, 종속변수라고 부르는 개념이 정립된 순간이었죠. 이 책에서 처음 등장한 표기 '$f(x)$'와 더불어 이 시기부터 '함수'라는 용어가 널리 쓰이기 시작합니다.

오일러의 정의에서 엿볼 수 있듯, 18세기에는 각 변수의 구체적인 변화와 무관하게 독립변수와 종속변수를 연결하는 함수식이 수학자들의 화두였습니다. 두 변수의 관계를 뒤집어 생각하는 역함수의 개념도 이때 생겨났습니다. 함수의 기하학적인 내용보다는 대수적 조작이 주요한 연구 대상이 된 겁니다.

19세기의 함수

오일러 시대로부터 이어진 '함수는 반드시 식으로 표현되어야 한다'는 신념은 조제프 푸리에, 오귀스탱 루이 코시, 페터 디리클레 등의 수학자들을 거치며 깨집니다.

1837년, 디리클레는 함수에 관한 일반적 정의를 다음과 같이 내렸습니다. "$a<x<b$인 모든 x에 대하여 각각 유일한 y의 값이 대응하면, 이 구간에서 정의된 y는 변수 x의 함수이다. 여기서 대응이 만들어지는 방법은 중요하지 않다."

실제로 디리클레가 제시한 디리클레 함수는 고전적인 방법으로는 그 식을 표현할 수도, 좌표평면상에 그림을 그릴 수도 없었습니다. 다음과 같은 함수가 디리클레 함수의 예시입니다.

$$f(x) = \begin{cases} x, & x\text{는 유리수} \\ 0, & x\text{는 무리수} \end{cases}$$

함수를 임의의 대응으로 본 디리클레의 관점은 칸토어가 집합론을 발표한 이후 다음과 같이 완성됩니다. "집합 A에서 B로의 함수란, '임의의 $a \in A$에 대하여 $(a, b) \in f$인 단 하나의 $b \in B$가 존재하는 관계 $f \subset A \times B$'이다."

즉, 집합론적으로 완성된 함수 정의의 본질은 독립변수의 '임의성'과 그에 따른 종속변수의 '일가성'입니다. 이러한 함수의 모델로 종종 비유되는 것이 자판기이죠. 자판기의 버튼을 누르면 그 버튼에 대응하는 상품 한 개가 나오는 대응 방식이 곧 함수의 작용과 비슷합니다.

현재 중학교 교육과정에서 다루는 함수 개념은 18세기 후반에서 19세기 초반 무렵의 관점으로, 고등학교 교육과정에서 다루는 함수의 개념은 19세기 후반 무렵의 관점으로 볼 수 있습니다.

20세기 이후의 함수

공리적 집합론 위에서 새롭게 정비된 20세기 이후의 현대 수학은 그 분야가 다양해지면서 각 영역에서 다루는 서로 다른 수학적 구조에 초점을 맞추게 됩니다. 함수 역시 각 수학 분야에서 다루는 수학적 구조를 고려하는 방식으로 논의되기 시작하죠. 그렇게 등장한 개념이 사상寫像, mapping 입니다. 이를 함수의 새로운 이름이라 생각해도 됩니다. 선형대수학의 선형사상, 위상수학의 연속사상, 추상대수학의 준동형사상, 미분기하학의 매끄러운 함수, 순서론의 단조함수 등이 그 예입니다.

그런데 수학자들은 언젠가부터 수학의 각 영역에서 별도로 다뤄지던 사상들, 즉 함수들에서 비슷한 구조가 나타난다는 사실을 포착하게 됩니다. 그래서 각 수학 분야들에서 나타나는 공통된 구조를 일반화하여 다룰 수 있지 않을까 생각을 하게 되었고, 그로부터 범주론이라는 수학 기초론이 탄생했습니다.

이렇게 수학의 각기 다른 영역들을 통합하는 방식으로 탄생한 메타 수학적 기초론인 범주론에서 다뤄지는 사상, 즉 함수는 더 이상 기존의 집합론적 함수 정의를 따르지 않습니다. 정의역과 공역이 집합일 필요가 없죠. 기존의 정의로는 함수라 볼 수 없었던 순서관계 등도 범주론에서는 함수로 정의됩니다.

함수의 변천사에 관한 이번 절의 내용을 더 자세히 공부해보고 싶다면, QR코드에 연결된 동영상 강의를 참고해보아도 좋습니다.

일차함수와 이차함수

좌표평면

데카르트가 어느 날 침대에 누워 천장에 붙어 움직이는 파리를 보다가, 파리의 위치를 천장의 한쪽 끝으로부터 가로, 세로 거리로 표현하는 좌표 개념을 떠올렸다는 유명한 일화가 있습니다. 실제로 데카르트가 1637년《방법서설》의 기하 편에서 소개한 이 개념은 해석기하학의 토대가 되었습니다. 그래서 흔히 좌표평면을 2차원 데카르트 좌표계라 부르기도 합니다.

　좌표평면이란 서로 직교하는 두 좌표축이 정해진 평면입니다. 그림과 같이 변수가 x, y로 이루어져 있으면 xy평면이라 부릅니다.

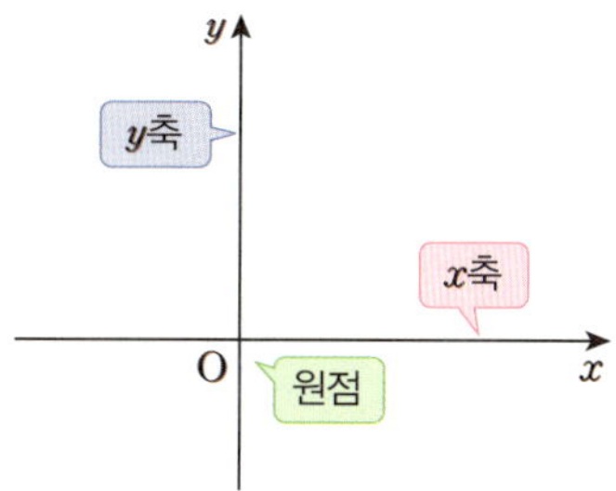

　좌표평면은 두 좌표축에 의하여 사분면으로 나뉩니다. 단, 좌표축 자체는 어느 사분면에도 속하지 않습니다. 이때 x축과 y축이 만나는 점은 원점이라 하며, 영어 'Origin'의 머리글자인 O로 표시합니다.

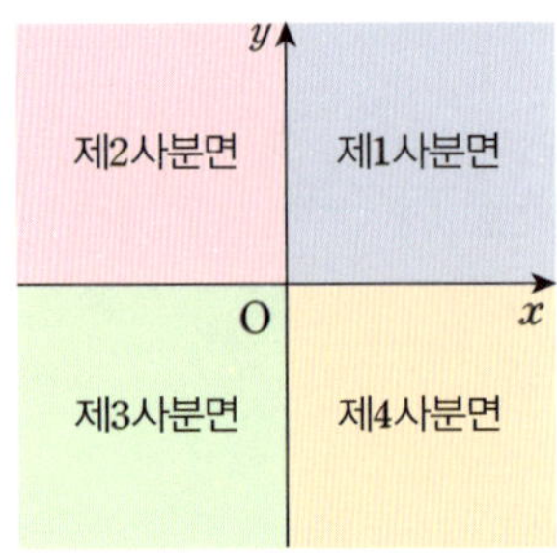

사분면의 순서가 이처럼 오른쪽 위부터 반시계 방향으로 결정되는 이유는 예로부터 오른쪽을 양(+), 왼쪽을 음(−), 위쪽을 양, 아래쪽을 음으로 간주하는 관습이 있었고 좌표축을 그릴 때 가로선을 먼저, 세로선을 나중에 그리기 때문입니다.

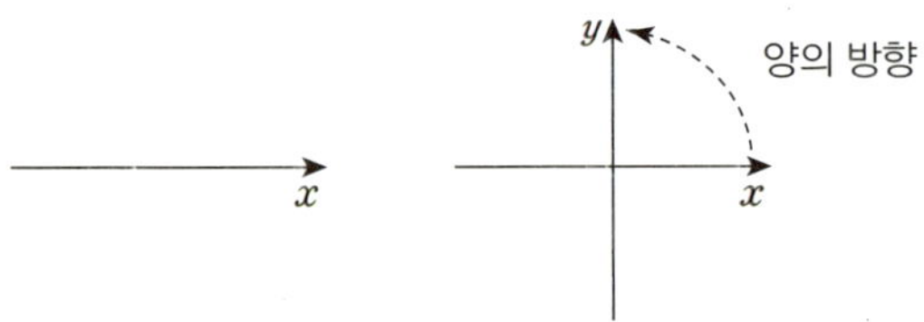

좌표평면 위의 한 점 P에서 x축, y축에 내린 수선의 발에 대응하는 수를 각각 a, b라 할 때, 순서쌍 (a, b)를 점 P의 좌표라 합니다.

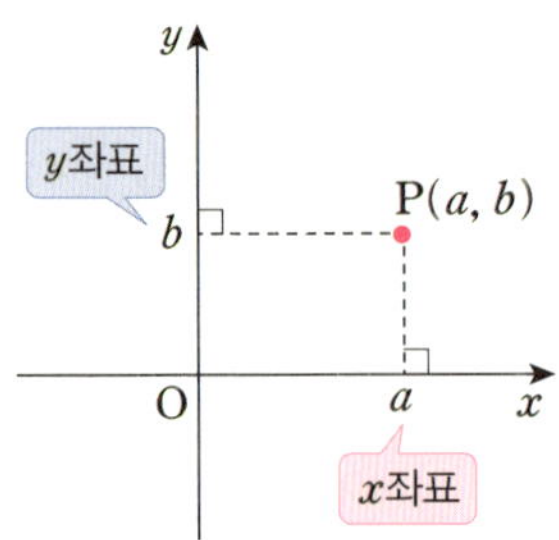

좌표의 개념은 현대 사회에서 다양하게 쓰이고 있습니다. 우리가 스마

트폰으로 길을 찾을 때 지도 앱은 위도와 경도 좌표를 사용해서 현재 위치와 목적지를 파악합니다. 컴퓨터 3D 그래픽은 x, y, z 좌표를 이용해 입체적인 공간을 만들죠. 건축을 할 때 철근이 들어갈 위치나 창문이 설치될 위치도 정밀한 좌푯값을 기반으로 결정하며, 자율주행차도 카메라와 센서 데이터를 좌표로 변환해서 주변 환경을 분석합니다. 천체의 위치를 나타낼 때도 좌표가 필수이며 주식시장에서 가격 변동을 나타내는 그래프도 시간 축과 가격 축으로 이루어진 좌표평면입니다. MRI나 CT 스캔 같은 의료 기기도 인체의 특정 부위를 정확히 찾기 위해 좌표를 사용합니다.

일차함수

변수 x에 대한 일차함수란 다음과 같은 꼴입니다.

$$f(x) = ax + b \ (a, b\text{는 수}, a \neq 0)$$

만약 $f(x) = y$라면, 위 식은 x, y를 변수로 하는 이변수 일차방정식 $y = ax + b$와도 같습니다.

만약 $b = 0$이면, $f(x) = ax$는 정비례 함수입니다. 참고로 반비례 함수는 $f(x) = \dfrac{a}{x}$와 같은 꼴입니다.

• 일상에서는 흔히 '커지면 정비례, 작아지면 반비례'라고 말하곤 하지만, 이는 수학적인 정의와는 괴리가 있습니다. 예를 들어 반비례 함수 $f(x) = \dfrac{-12}{x}$에 대해 x가 1, 2, 3, 4일 때 $f(x)$는 -12, -6, -4, -3으로 그 값이 점차 커집니다.

x	1	2	3	4	5	6
정비례 함수 $f(x)=2x$	2	4	6	8	10	12
반비례 함수 $f(x)=\dfrac{12}{x}$	12	6	4	3	2.4	2

일차함수 $f(x)(=y)=ax+b$에 대해 $(x, f(x)(=y))$를 좌표평면에 표현하면 직선의 형태를 보입니다. 예를 들어 $a>0, b>0$인 경우의 함수 그래프는 아래와 같습니다.

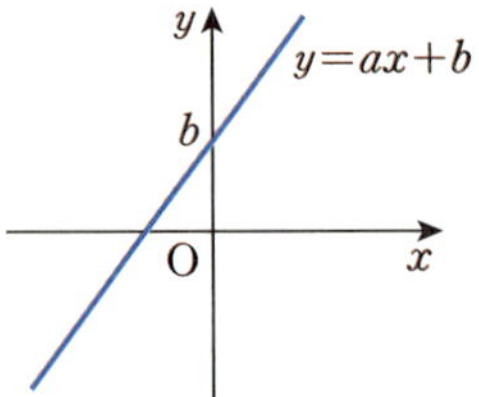

함수의 그래프가 x축과 만나는 점의 x좌표를 그 그래프의 x절편이라 합니다. 그리고 y축과 만나는 점의 y좌표를 y절편이라 합니다. 즉, $y=ax+b$ 그래프의 x절편은 $-\dfrac{b}{a}$이고 y절편은 b입니다.

$y=ax+b$에서 a를 $y=ax+b$의 그래프의 기울기라 부릅니다.

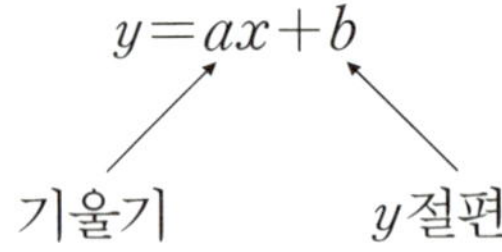

다음 그림은 좌표평면에 표현한 $y=-\dfrac{1}{2}x+2$의 그래프입니다. 기울기는 $-\dfrac{1}{2}$, x절편은 4, y절편은 2임을 확인할 수 있습니다.

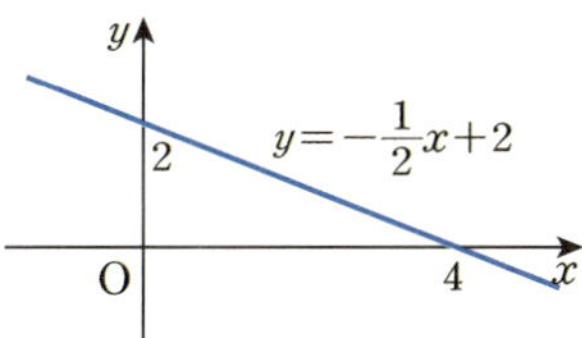

참고로 방정식 $x=\alpha$의 그래프는 점 $(\alpha, 0)$을 지나고 y축에 평행한 직선입니다. 예를 들어 방정식 $2x-6=0$의 그래프, 즉, 방정식 $x=3$의 그래프는 아래와 같습니다.

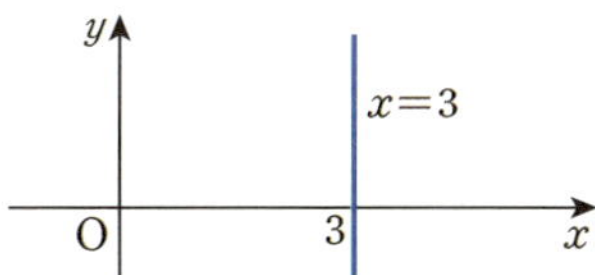

또한 방정식 $y=\beta$의 그래프는 점 $(0, \beta)$를 지나고 x축에 평행한 직선입니다. 예를 들어 방정식 $2y-1=0$의 그래프, 즉, 방정식 $y=\frac{1}{2}$의 그래프는 아래와 같습니다.

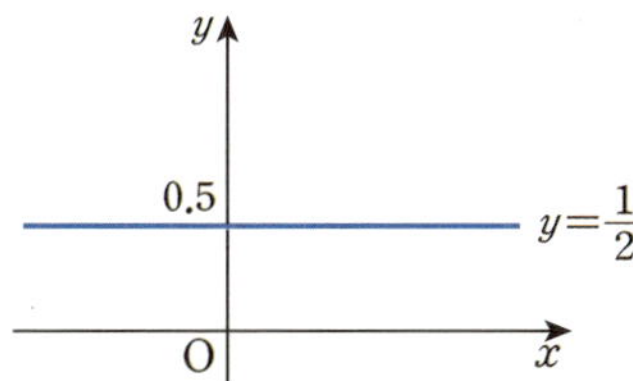

이차함수

변수 x에 대한 이차함수란 다음과 같은 꼴입니다.

$$f(x)=ax^2+bx+c \ (a, b, c\text{는 수}, a\neq 0)$$

xy평면에서 이차함수 $f(x)\,(=y)=ax^2+bx+c=a(x-\beta)^2+\gamma$의 그래프는 다음과 같은 성질을 갖습니다.

(1) 직선 $x=\beta$를 축으로 하고, 점 (β,γ)를 꼭짓점으로 하는 포물선이다.

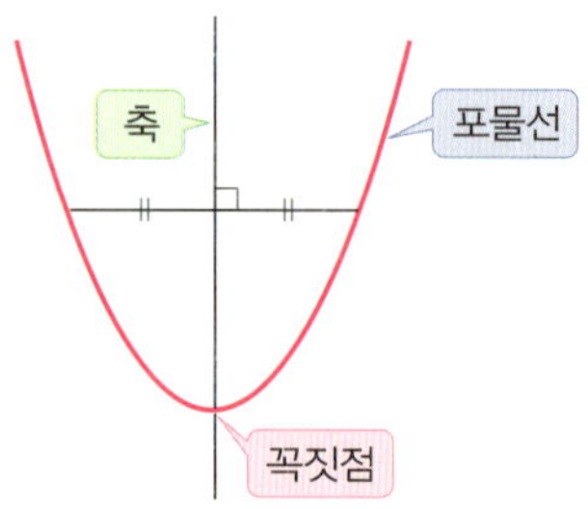

(2) $a>0$일 때 아래로 볼록하고, $a<0$일 때 위로 볼록하다.

(3) a의 절댓값이 클수록 포물선의 폭이 좁다.

다음 그림은 세 이차함수

$$y=(x-2)^2+1,\ y=2(x-2)^2+1,\ y=-(x-2)^2+1$$

의 그래프를 한 좌표평면 위에 나타낸 것입니다.

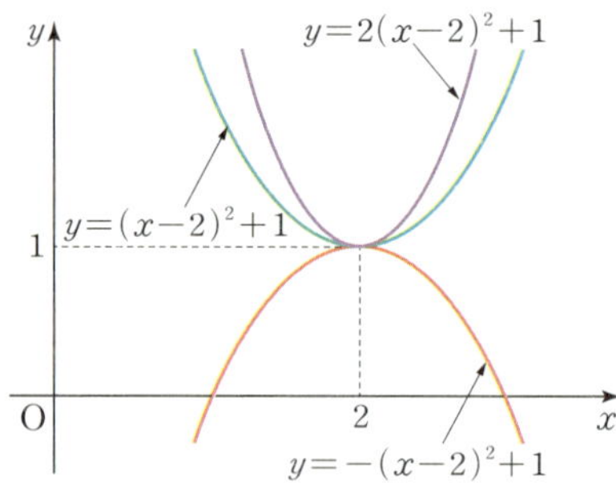

이차함수 $y=a(x-\beta)^2+\gamma$는 그 그래프의 개형으로부터 다음과 같은 사실을 확인할 수 있습니다.

(1) $a>0$ 일 때, $x=\beta$에서 최솟값 γ를 갖는다.

(2) $a<0$ 일 때, $x=\beta$에서 최댓값 γ를 갖는다.

예를 들어 이차함수
$y=3x^2+6x+2$는 $3x^2+6x+2=3(x^2+2x+1)-1=3(x+1)^2-1$
이므로 $x=-1$에서 최솟값 -1을 갖습니다.

함수와 방정식, 부등식

함수와 방정식

함수 $f(x)$에 대하여 방정식 $f(x)=0$의 해는 함수 $y=f(x)$의 그래프와 x축($y=0$)의 교점의 x값과 같습니다.

일차함수 $f(x)=2x-4$의 그래프는 아래와 같습니다. 따라서 x축과의 교점인 $x=2$가 방정식 $f(x)=0$의 해입니다.

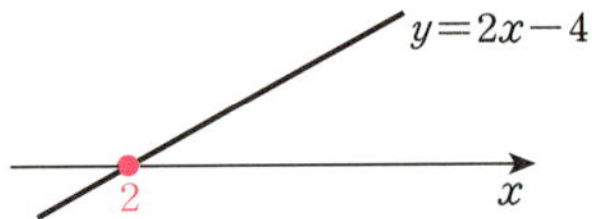

이차함수 $f(x)=x^2-x-2$의 그래프는 아래와 같습니다. 따라서 x축과의 교점인 $x=-1$ 또는 $x=2$가 방정식 $f(x)=0$의 해입니다.

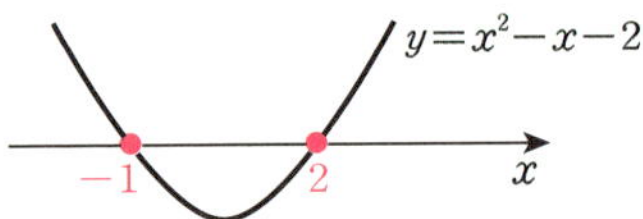

두 함수 $f(x)$, $g(x)$에 대하여 방정식 $f(x)=g(x)$의 해는 함수 $y=f(x)$의 그래프와 함수 $y=g(x)$의 그래프의 교점의 x값과 같습니다.

이차방정식 $x^2-1=x+1$의 해는 다음 그래프와 같이 $x=-1$ 또는 $x=2$입니다.

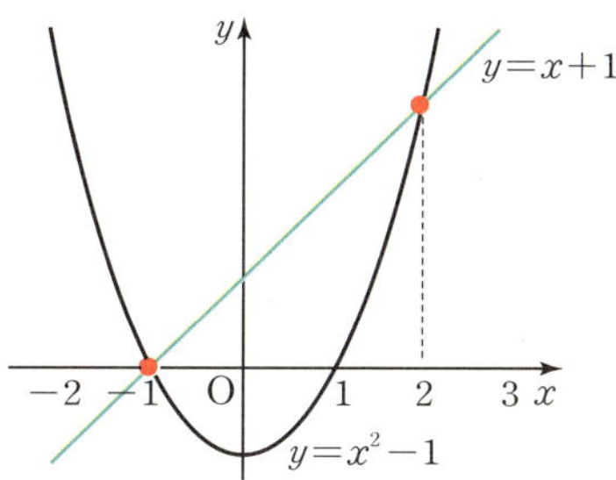

함수와 부등식

함수 $f(x)$에 대하여 부등식 $f(x)>0$의 해는 함수 $y=f(x)$의 그래프에서 x축($y=0$) 위쪽($y>0$)에 놓인 그래프의 x값 범위와 같습니다.

일차함수 $f(x)=2x-4$의 그래프는 아래와 같습니다. 따라서 일차부등식 $f(x)>0$의 해는 $f(x)$의 그래프가 x축 위쪽($y>0$)에 놓인 영역인 $x>2$입니다.

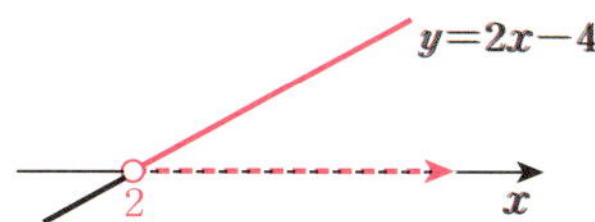

이차함수 $f(x)=x^2-x-2$의 그래프는 아래와 같습니다. 따라서 이차부등식 $f(x)>0$의 해는 $f(x)$의 그래프가 x축 위쪽($y>0$)에 놓인 영역인 $x<-1$ 또는 $x>2$입니다.

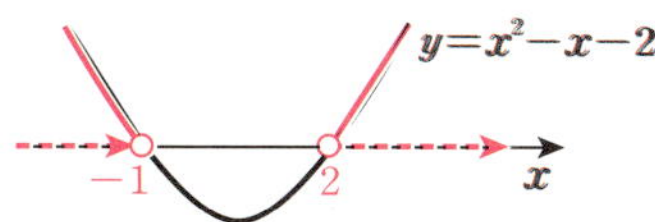

두 함수 $f(x)$, $g(x)$에 대하여 부등식 $f(x)>g(x)$의 해는, 함수 $y=f(x)$의 그래프가 함수 $y=g(x)$의 그래프보다 위쪽에 위치한 영역의

x값 범위와 같습니다.

이차함수 $f(x)=x^2-1$, 일차함수 $g(x)=x+1$의 그래프는 아래와 같습니다. 따라서 이차부등식 $f(x)>g(x)$의 해는 $f(x)$의 그래프가 $g(x)$의 그래프 위쪽에 놓인 영역인 $x<-1$ 또는 $x>2$입니다.

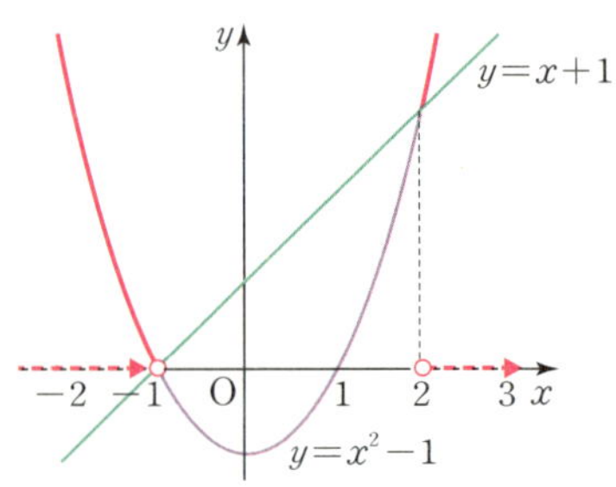

황금비

수학에서 황금비golden ratio란 어떤 두 수 a와 b의 비가 그 두 수의 합인 $a+b$와 두 수 중 큰 수 a의 비와 같게 되는 비입니다. $(a:b=a+b:a)$ 아래 그림에서 $\dfrac{a+b}{a}=\dfrac{a}{b}(=\varphi)$일 때, 황금비는 $\varphi:1$입니다. 흔히 이 φ값을 황금비라 부르며, 근삿값이 약 1.618인 무리수입니다.

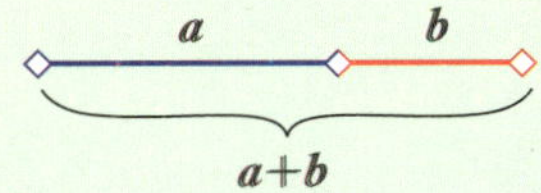

고대 산술과 기하학에서 이 비가 자주 등장하는 까닭에 일찌감치 고대 그리스 수학자들로부터 주목을 받았습니다. 기원전 4세기 고대 그리스의 수학자 에우독소스는 이 비가 '변하지 않는 황금과 같다' 하여 처음 황금비라 불렀습니다. 비슷한 시기의 수학자 플라톤은 이 비가 '삼라만상을 지배하는 힘의 비밀을 푸는 열쇠'라 하였고, 15~16세기 이탈리아의 수학자 루카 파치올리는 이 비를 '신성한 비율'이라 불렀습니다. 황금비라는 명칭이 굳어진 것은 19세기 이후입니다. 기호 φ는 황금비를 유독 즐겨 썼다고 알려진 고대 그리스의 건축가 겸 조각가 페이디아스를 기리는 의미라 여겨집니다.

자연에서 황금비가 많이 발견된다는 이야기가 널리 퍼져 있는데, 이는

• φ는 그리스 문자로, '피phi'라 읽는 것이 맞지만 관습적으로 '파이'라고도 읽습니다.

대부분 거짓입니다. 잘 알려진 조각상, 건축물, 제품 등에서 황금비를 발견할 수 있다는 주장 역시 대부분 사실이 아닐 가능성이 큽니다. 예를 들어 다비드상의 실제 비율은 약 1.535:1, 비너스상의 비율은 약 1.555:1, 파르테논 신전은 약 2.25:1 정도로 실제 황금비와는 거리가 멉니다.

황금비에 관해 더 자세히 알고 싶다면, QR코드에 연결된 동영상 강의를 참고해도 좋습니다.

3장

도형과 측정

도형과 측정에서는 평면도형과 입체도형의 성질과 관계를 탐구하고, 여러 가지 속성에 따른 단위를 이용하여 양을 수치화하는 측정을 다룹니다. 초등학교 1학년부터 중학교 3학년까지, 각 학년 수학 교과서의 세 번째 단원입니다.

점, 선, 면, 각

점

고대 중국 제자백가 중 하나인 명가名家의 혜시, 공손룡 등은 점을 '그 내부가 존재하지 않는 것'으로 정의했습니다. 마찬가지로 고대 그리스의 수학자 유클리드는 《원론》에서 점을 '부분이 없는 것'이라 정의했죠. 이러한 견해는 오늘날까지도 이어지고 있습니다. 즉, 점이란 부피도 넓이도 길이도 없는, 오직 위치만이 존재하는 대상입니다.

우리가 종이에 펜 등으로 찍은 점들은 수학적 의미의 점은 아닙니다. 그래서 영어 단어 'dot'과 'point'로 이 둘을 구분하기도 하죠. 종이에 찍은 점은 'dot', 수학에서의 점은 'point'입니다.

우리 교육과정에서 점은 정의하지 않습니다. 다만 크레파스를 세워서 찍은 것 등을 점으로 대응해서 설명하고, 일부 교과서에서는 "선과 선 또는 선과 면이 만나서 점(교점)이 생긴다"라고 설명합니다. 후자는 현대 수학적인 정의와도 어긋나지 않으며, 18세기 프랑스의 수학자 아드리앵마리 르장드르의 정의 방식과 유사한 설명입니다. 르장드르는 《기하학 원론》(1794)에서 면을 '입체도형의 경계'로, 선을 '면과 면이 포개어지지 않고 만나는 것'으로, 점을 '선과 선이 포개어지지 않고 만나는 것'으로 각각 정의하였습니다.

힐베르트 공리계*를 바탕으로 한 20세기 이후 현대 수학의 대부분 분야에서는 점을 '무정의 용어'로 둡니다. '근본 원리'라고도 하는 무정의 용어란, 수학 용어의 순환 정의를 방지하기 위해 설정하는 가장 기초가 되는 용어입니다. 증명 없이 자명한 진리로 인정하는 '공리'의 역할과도 비슷합니다(공리에 관해서는 189쪽 참고).

선

유클리드의 《원론》에서는 선을 '넓이가 없는 길이'로 정의했습니다. 일부 교과서에서 선을 '점이 움직인 자리'와 같이 설명하곤 하는데, 연속적인 움직임이 아니라면 점을 움직여도 선이 만들어지지 않습니다. 게다가 점을 연속적으로 움직이면 선뿐만 아니라 면, 입체도형도 만들 수 있으므로, 이를 선의 고유한 정의라 보기 힘듭니다. '면과 면이 만나서 선(교선)이 생긴다'라는 설명은 현대 수학적인 정의에 비추어 문제가 되지 않습니다.

점의 길이는 0입니다. 또한 $0+0+0+\cdots=0$입니다. 그러므로 얼핏 생각해보면 점을 아무리 많이 모아도, 심지어 무한히 많이 모아도 선을 만들 수 없을 것처럼 보입니다. 하지만 무한대라고 해서 다 같은 무한대는 아닙니다. 모든 자연수의 개수도 무한대이고 모든 실수의 개수도 무한대이지만 전자보다 후자가 훨씬 큰 무한대이죠. 즉, 점을 자연수의 개수만큼 모아서는 선을 만들 수 없지만, 실수의 개수만큼 모은다면 얼마든지 선을 만들 수 있습니다. 실수를 시각화한 모델인 수직선이 그 대표적인 예입니다.

선은 크게 직선과 곡선으로 구분할 수 있습니다. 직선은 어느 한 점에서 다른 점에 이르는 최단 거리를 이은 선을 한없이 연장한 것입니다. 즉, 서로

● 공리계란 어떤 한 형식 체계를 논의할 때 전제로 주어진 공리들의 집합을 말합니다. 189쪽에서 자세히 다룹니다.

다른 두 점은 직선 하나를 결정합니다. 이때 두 점 A, B를 지나는 직선 AB를 $\overleftrightarrow{AB}$, A에서 시작하여 B의 방향으로 한없이 뻗어나가는 직선 AB의 부분인 반직선 AB를 $\overrightarrow{AB}$, A에서 B까지의 부분인 선분 AB를 $\overline{AB}$와 같이 나타내기도 합니다. $\overline{AB}$의 길이는 곧 두 점 A, B 사이의 거리이기도 합니다.

면

유클리드의 《원론》에서는 면을 '길이와 넓이를 갖는 것'으로 정의했습니다. 한편 르장드르는 면을 '입체도형의 겉'이라 설명했습니다. 면은 크게 평면과 곡면으로 구분할 수 있습니다.

일부 교과서에서 면을 '선이 움직인 자리'와 같이 설명하곤 하는데, 앞서 언급한 것과 마찬가지로 연속적인 움직임이 아니라면 면이 만들어지지 않으며, 선뿐만 아니라 점의 연속적인 움직임만으로도 면을 만들 수 있습니다.

가로 길이가 a, 세로 길이가 b인 직사각형의 넓이를 ab라 하는 이유는 가로와 세로 길이가 모두 1인 단위 사각형 넓이의 ab배이기 때문입니다. 예를 들어 아래 그림의 오른쪽 직사각형의 넓이는 $3 \times 2 = 6$으로, 단위 사각형의 넓이의 여섯 배와 같습니다.

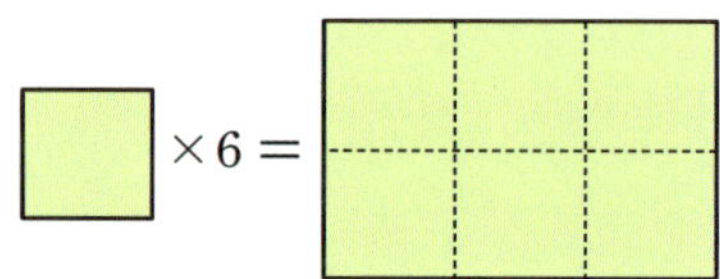

각

다음 그림과 같이 한 점 O에서 시작하는 두 반직선 OA, OB로 이루어진 도형을 각 AOB라 하고, 기호로 ∠AOB 또는 ∠BOA와 같이 나타냅니다. 간단히 ∠O 또는 ∠a로 나타내기도 합니다.

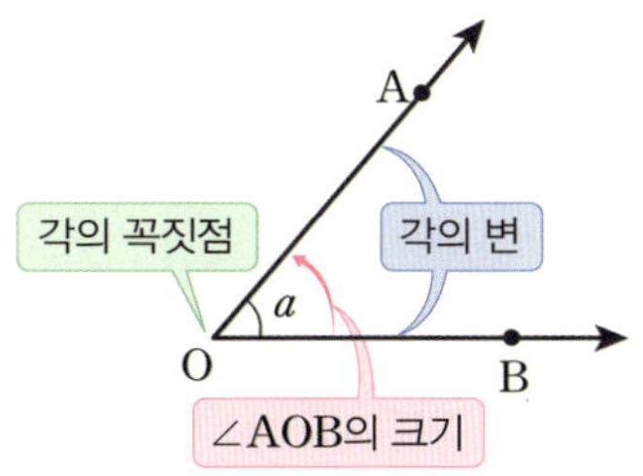

∠AOB에서 점 O를 각의 꼭짓점, 두 반직선 OA, OB를 각의 변이라 하고 꼭짓점 O를 중심으로 변 OB가 변 OA까지 회전한 양을 ∠AOB의 크기라고 합니다. ∠AOB의 크기가 $x°$일 때, 이것을 ∠AOB=$x°$와 같이 나타냅니다.

∠AOB에서 두 변 OA와 OB가 점 O를 중심으로 서로 반대쪽에 있고 한 직선을 이룰 때, 이 각을 평각(180°)이라고 합니다. 그리고 평각의 크기의 $\frac{1}{2}$인 각을 직각(90°)이라 합니다. 도형에서 직각을 나타낼 때는 다음과 같이 표시합니다.

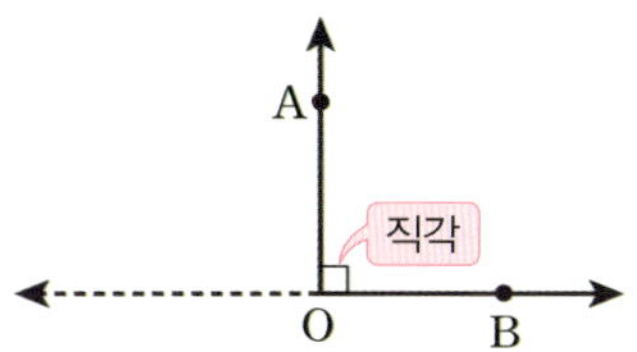

다음 그림과 같이 두 직선이 한 점에서 만날 때 생기는 네 각 ∠a, ∠b, ∠c, ∠d를 두 직선의 교각이라고 합니다. 이 교각 중에서 ∠a와 ∠c, ∠b와 ∠d처럼 서로 마주 보는 각을 맞꼭지각이라고 합니다. 맞꼭지각의 크기는 서로 같습니다.

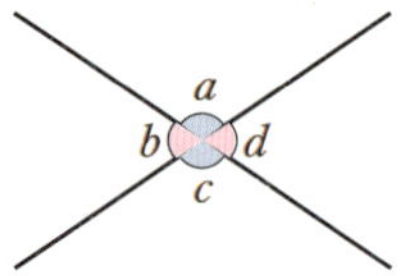

마지막으로 아래 그림과 같이 평행한 두 직선이 한 직선과 만날 때 같은 위치에 생기는 각(동위각)의 크기는 서로 같습니다. 즉 $\angle a = \angle b$입니다. 또한 엇갈린 위치에 있는 각(엇각)의 크기도 서로 같습니다. 즉 $\angle a = \angle c$입니다. 이러한 성질은 반대로도 적용할 수 있습니다. 즉, 두 직선 l, m이 한 직선 n과 만나는데 같은 위치에 생기는 각의 크기가 서로 같으면 l과 m은 평행하며, 엇각의 크기가 서로 같아도 l과 m은 평행합니다.

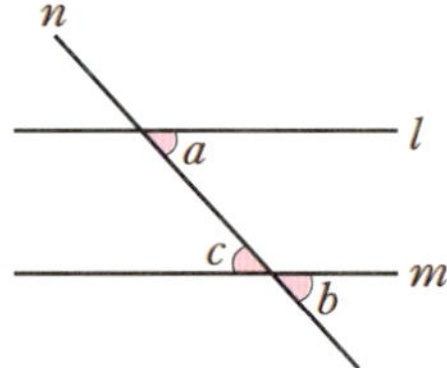

만약 어느 두 대상 A, B가 서로 평행하면 A∥B, 직교하면 A⊥B와 같이 나타냅니다.

위치관계

공간에 점, 직선, 평면(무한히 펼쳐진 평평한 면)이 존재할 때, 서로 간에 어떤 위치관계를 갖는지를 다음과 같이 표로 정리해볼 수 있습니다.

	점	직선	평면
점	(1)	(2)	(3)
직선		(4)	(5)
평면			(6)

(1) 일치한다. / 일치하지 않는다.

(2) 점이 직선 위에 있다. / 점이 직선 위에 있지 않다.

(3) 점이 평면 위에 있다. / 점이 평면 위에 있지 않다.

(4) [평면에서] 한 점에서 만난다. / 일치한다. / 평행하다.

　　[공간에서] 한 점에서 만난다. / 일치한다. / 평행하다. / 꼬인 위치에 있다(하단 그림 참고).

(5) [평면에서] 포함된다.

　　[공간에서] 포함된다. / 한 점에서 만난다. / 평행하다.

(6) [평면에서] 일치한다.

　　[공간에서] 일치한다. / 한 직선에서 만난다. / 평행하다.

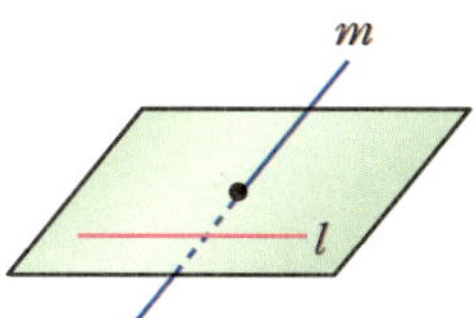

꼬인 위치는 서로 평행하지도, 만나지도 않는 관계를 말합니다.
그림의 두 직선 m과 l은 꼬인 위치입니다.

삼각형

정의와 성질

삼각형은 모든 다각형의 기본 단위입니다. 즉, 곡선으로 이루어지지 않은 모든 평면도형 및 공간도형의 겉은 삼각형으로 분할할 수 있습니다. 이런 이유로 삼각형은 토지 측량뿐 아니라 건축 및 천문학 분야, 나아가 현대의 컴퓨터 그래픽 등 수학 이론의 근본적 토대를 형성하는 중요한 대상입니다.

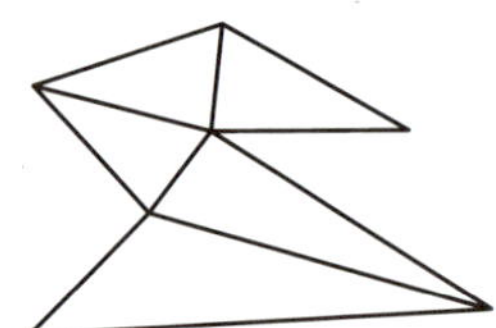

곡선으로 이루어지지 않은 모든 평면도형과 공간도형의
겉은 삼각형으로 분할할 수 있다.

삼각형은 세 개의 점과 세 개의 선분으로 이루어진 다각형(127쪽 참고)이라 정의합니다. 모가 3개라서 세모라고도 부릅니다.

삼각형의 세 점은 꼭짓점이라 하고, 선분은 변이라 부릅니다. 삼각형의 세 꼭짓점이 각각 A, B, C일 때, 이 삼각형은 △ABC와 같이 표현합니다.

다음 그림과 같이 삼각형의 한 꼭짓점과 인접한 두 변이 다각형의 안쪽에 만드는 각은 내각, 한 변의 연장선과 그 이웃한 변이 만드는 각은 외각이라 합니다.

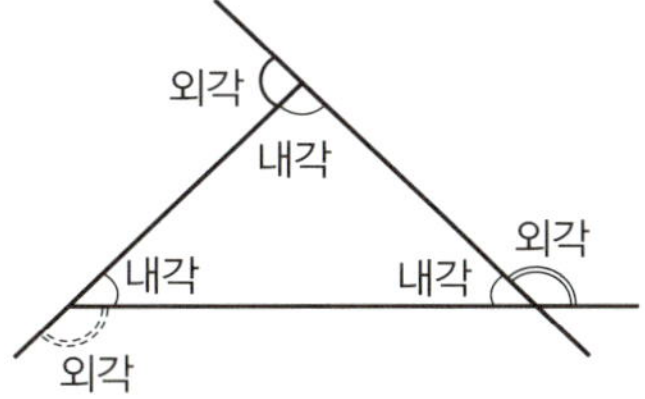

삼각형의 넓이는 '$\frac{1}{2} \times$ 밑변 $\times$ 높이'입니다. 이는 아래 그림처럼 직사각형의 넓이를 반으로 나눈 것이라 생각할 수 있습니다.

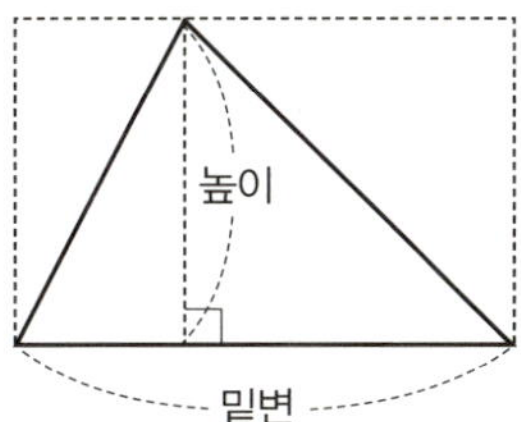

마지막으로, 평면 위의 삼각형은 언제나 세 내각의 크기의 합이 항상 평각과 같습니다. 이는 아래 그림과 같이 엇각을 이용하면 쉽게 유도할 수 있습니다.

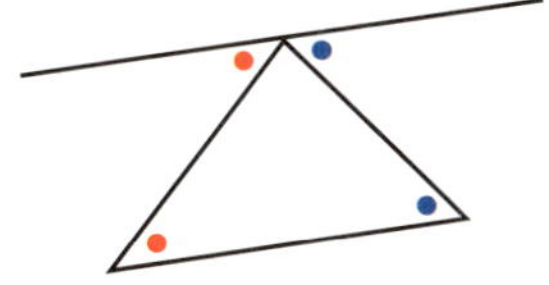

직각삼각형, 예각삼각형, 둔각삼각형

직각삼각형은 한 내각이 직각인 삼각형입니다.

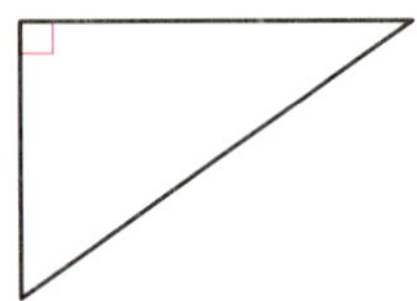

크기가 0°보다 크고 직각보다 작은 각을 예각이라 하며, 세 내각의 크기
가 모두 예각인 삼각형을 예각삼각형이라 합니다.

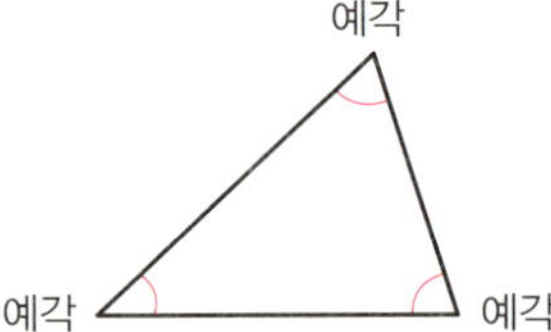

크기가 직각보다 크고 평각(180°)보다 작은 각을 둔각이라 하며, 한 내각
이 둔각인 삼각형을 둔각삼각형이라 합니다.

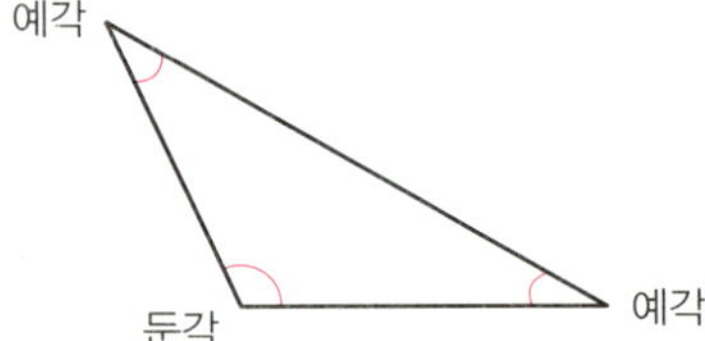

이등변삼각형

이등변삼각형은 두 변의 길이가 같은 삼각형입니다. 이등변삼각형 중 세
변의 길이가 모두 같은 것은 정삼각형이기도 합니다. 이등변삼각형에서
길이가 같은 두 변을 등변이라고 하고, 남은 한 변을 밑변이라고 합니다.
두 등변 사이의 내각을 꼭지각이라고 부르며, 밑변과 등변 사이의 두 내각
을 밑각이라고 합니다.

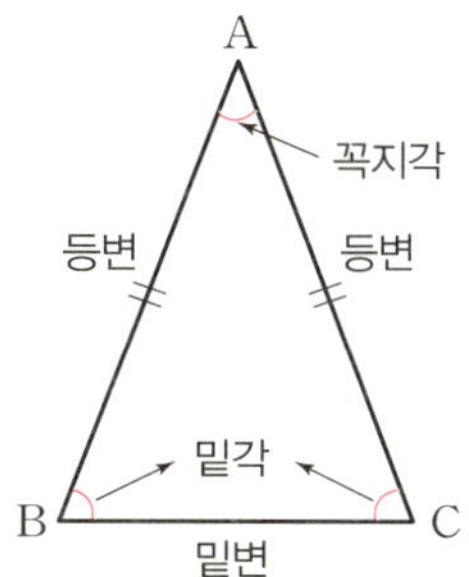

이등변삼각형의 두 밑각의 크기는 같습니다. 그리고 꼭지각의 이등분선은 밑변의 수직이등분선과 일치합니다.

합동과 닮음 조건

두 도형이 모양과 크기가 같으면 합동인 관계라 합니다. 합동은 동치관계의 한 종류이며, 기호는 '≡'로 표시합니다.

아래 세 조건 중 어느 하나라도 만족하는 두 삼각형은 합동입니다.

(1) 두 삼각형의 세 변의 길이가 같다. (SSS)

(2) 두 삼각형의 두 변의 길이가 같고 그 끼인각(사잇각)이 같다. (SAS)

(3) 두 삼각형의 한 변의 길이가 같고 양 밑각이 같다. (ASA)

두 직각삼각형의 경우, 다음 두 조건 중 어느 하나라도 만족하면 합동입니다.

(1) 빗변의 길이와 한 예각의 크기가 같다. (RHA)

S: Side(변), A: Angle(각)

(2) 빗변의 길이와 다른 한 변의 길이가 같다. (RHS)•

한 도형을 일정한 비율로 확대하거나 축소한 도형이 다른 도형과 합동이 될 때, 이 두 도형은 서로 닮음인 관계라 합니다. 닮음도 동치관계의 한 종류이며, 기호는 '∽'로 표시합니다.

서로 닮은 두 도형에서 대응하는 변(대응변)의 길이의 비를 두 도형의 닮음비라 하는데, 예를 들어 아래 두 삼각형 ABC와 DEF의 닮음비는 1:2입니다.

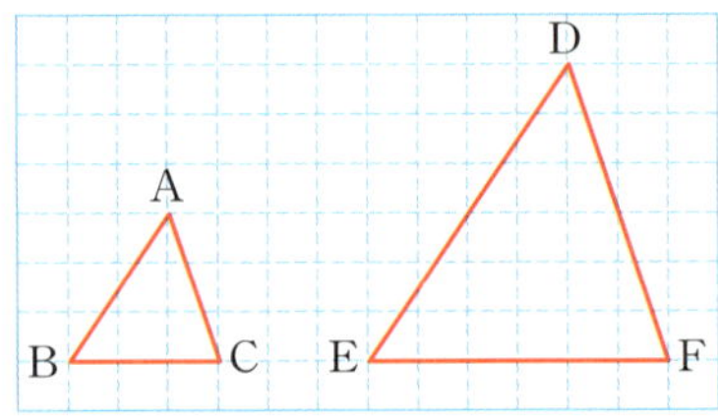

두 삼각형은 아래 세 조건 중 어느 하나라도 만족하면 서로 닮음입니다.

(1) 세 쌍의 대응변의 길이의 비가 같다. (SSS)

(2) 두 쌍의 대응변의 길이의 비가 같고, 그 끼인각의 크기가 같다. (SAS)

(3) 두 쌍의 대응각의 크기가 각각 같다. (AA)

삼각형의 오심

삼각형의 오심이란 삼각형에서 특별한 성질을 갖는 다섯 개의 중심점으로, 외심, 내심, 무게중심, 수심, 방심을 일컫습니다.

외심은 삼각형 외접원의 중심으로, 삼각형 세 변의 수직이등분선의 교점이기도 합니다.

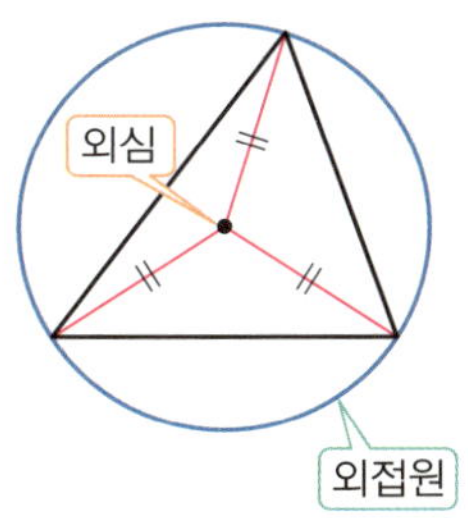

내심은 내접원의 중심으로, 삼각형 세 내각의 이등분선의 교점이기도 합니다.

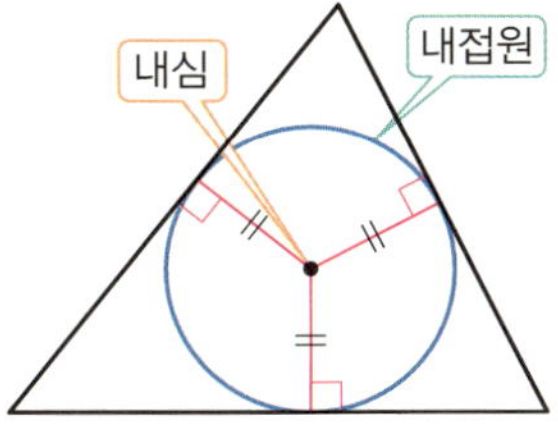

무게중심은 삼각형의 세 중선(한 꼭짓점과 마주 보는 변의 중심을 이은 선분)의 교점입니다. 무게중심은 각 중선을 꼭짓점으로부터 2:1의 비율로 나눕니다.

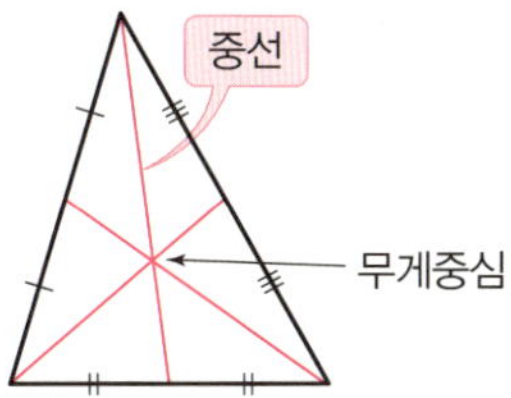

수심은 삼각형의 세 꼭짓점에서 대변**에 그은 세 수선의 교점입니다.

** 다각형에서, 한 변이나 한 각과 마주 대하고 있는 변.

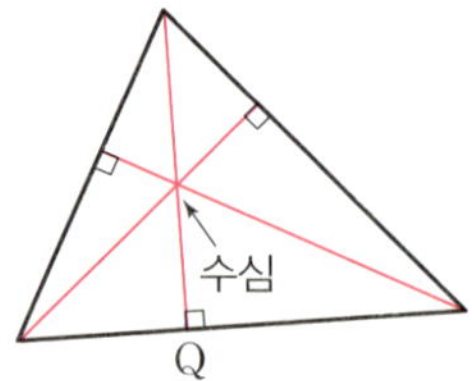

방심은 방접원의 중심으로, 삼각형의 한 내각의 이등분선과 다른 두 외각의 이등분선의 교점입니다.

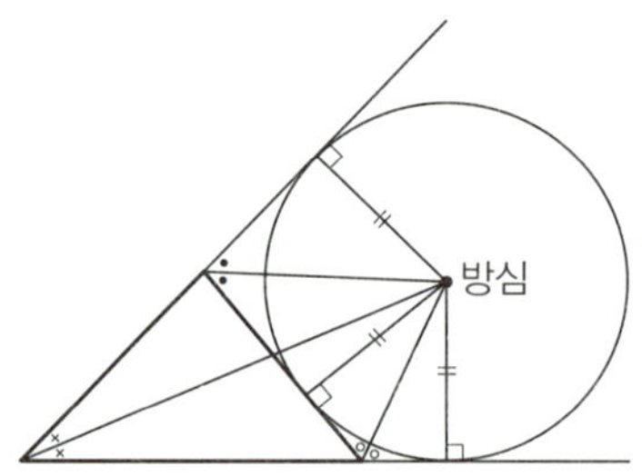

피타고라스 정리

직각삼각형 ABC에서 직각을 낀 두 변의 길이를 각각 a, b라 하고, 빗변의 길이를 c라고 하면 $a^2 + b^2 = c^2$이 성립합니다. 이를 피타고라스 정리라 부릅니다.

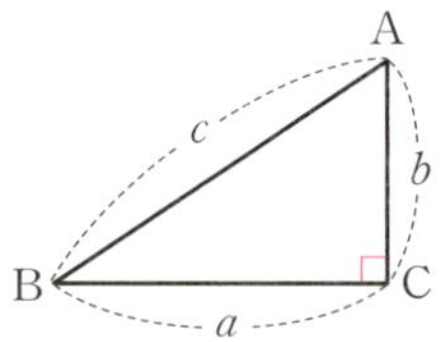

• 현 교육과정에서 수심과 방심은 삭제되었습니다. 단, 수심은 간접적으로 문제에 출제되기도 합니다.

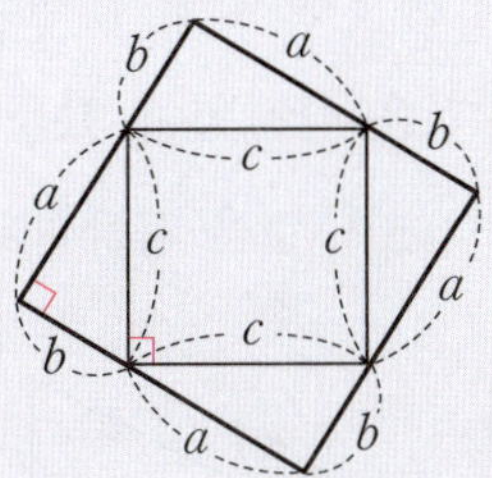

두 정사각형에 대해,

바깥 정사각형의 넓이＝(내부 정사각형의 넓이)＋4×(직각삼각형 넓이)

$$\Rightarrow (a+b)^2 = c^2 + 4\left(\frac{1}{2}ab\right)$$

$$\Rightarrow a^2 + 2ab + b^2 = c^2 + 2ab$$

$$\Rightarrow a^2 + b^2 = c^2 \quad \blacksquare$$

널리 알려진 바와 달리 이 정리는 피타고라스가 처음 만든 것이 아닙니다. 기원전 1800년경 바빌로니아에서 작성된 점토판에 피타고라스 수(3, 4, 5나 5, 12, 13 같은 직각삼각형의 변 길이 조합)가 사용된 기록이 있습니다. 기원전 1600년경 고대 이집트의 《린드 파피루스》에도 피타고라스 정리와 관련된 내용이 있습니다. 고대 중국의 천문·수학서인 《주비산경》에서는 '구고현 정리'라는 이름으로 등장합니다. 반면 피타고라스가 이 정리를 증명했다고 하는 기록은 어디에서도 찾아볼 수 없습니다.

다만 5세기 무렵에 활동했던 로마의 수학자 프로클루스가 유클리드 《원론》의 주해를 쓸 때, 이 정리의 발명과 최초 증명에 대한 공로를 피타고라스에게 돌린 것이 이 명칭의 유래라는 설이 있습니다.[**]

삼각비

삼각비란 직각삼각형의 세 변의 길이 중 두 변의 길이 간의 비례관계를 나타내는 값입니다. 아래와 같은 삼각형이 있을 때, 기준각 θ(세타)에 대해 sin(사인), cos(코사인), tan(탄젠트) 값을 다음과 같이 정의합니다.

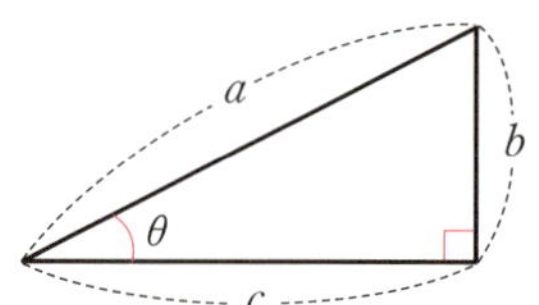

$$\sin\theta = \frac{\text{높이}}{\text{빗변}} = \frac{b}{a}$$

$$\cos\theta = \frac{\text{밑변}}{\text{빗변}} = \frac{c}{a}$$

$$\tan\theta = \frac{\text{높이}}{\text{밑변}} = \frac{b}{c}$$

삼각비는 경작지 정리 및 토목공사, 천체관측, 항해술 등에 활용할 목적으로 고대 이집트에서부터 연구되었으며, 그 최초의 활용 사례(피라미드 건설)는 《린드 파피루스》에서 볼 수 있습니다. 이후 고대 그리스에서 연구되어 천문학의 발전에 큰 영향을 끼쳤고, 그리스의 수학 전통이 끊긴 이후로도 인도와 이슬람 세계에서 연구되어 많은 발전을 이루었죠.

오늘날 우리가 쓰는 sin, cos, tan 등의 기호는 영국 수학자 에드먼드

•• 현 교육과정에서 피타고라스 정리는 중학교 2학년 과정이지만, 무리수를 처음 배우는 건 중학교 3학년 과정입니다. 따라서 중학교 2학년 과정에서는 각 변의 길이가 자연수인 직각삼각형에 대해서만 피타고라스 정리를 다룹니다.

건터, 덴마크 수학자 토마스 핑케, 윌리엄 오트레드, 오일러, 뉴턴 등 많은 수학자의 손을 거치면서 정립되었습니다.

30°, 45°, 60°에 대한 삼각비를 표로 정리하면 다음과 같습니다.

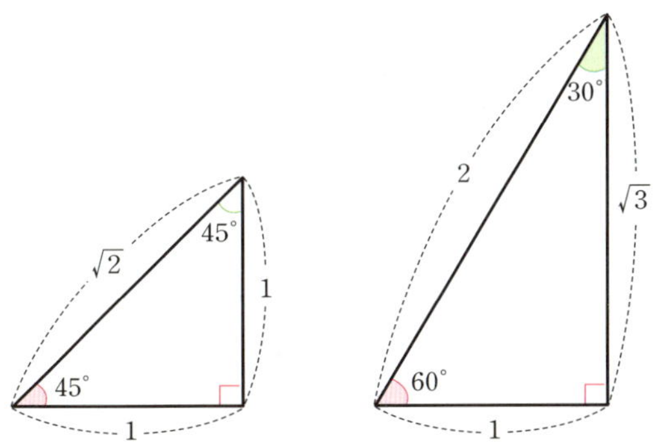

삼각비 \ A	30°	45°	60°
$\sin A$	$\dfrac{1}{2}$	$\dfrac{\sqrt{2}}{2}$	$\dfrac{\sqrt{3}}{2}$
$\cos A$	$\dfrac{\sqrt{3}}{2}$	$\dfrac{\sqrt{2}}{2}$	$\dfrac{1}{2}$
$\tan A$	$\dfrac{\sqrt{3}}{3}$	1	$\sqrt{3}$

3

원

정의와 성질

원이란 평면 위의 한 점(원의 중심)으로부터 거리가 일정한 모든 점의 모임
이라 정의할 수 있습니다. 이때 그 거리를 반지름이라 부릅니다.

원과 관련된 기본적인 용어들은 정리하면 다음과 같습니다.

단위원   반지름의 길이가 1인 원.

동심원   중심이 같은 두 원.

원주   원의 둘레.

현   원 위의 두 점을 잇는 선분.

원주각   원주 위의 한 점을 공유하는 두 현이 원 내부에서 이루는 각.

할선   원과 두 점에서 만나는 직선.

호   원의 일부가 되는 곡선. 호 AB는 $\overset{\frown}{AB}$와 같이 표현한다.

중심각   호의 두 끝점을 지나는 반지름이 호와 같은 쪽에서 이루는 각.

활꼴   같은 끝점을 갖는 호와 현으로 둘러싸인 도형.

부채꼴   두 개의 반지름과 하나의 호로 둘러싸인 도형.

반원   중심각이 평각인 부채꼴.

접선   원과 한 점에서 만나는 직선.

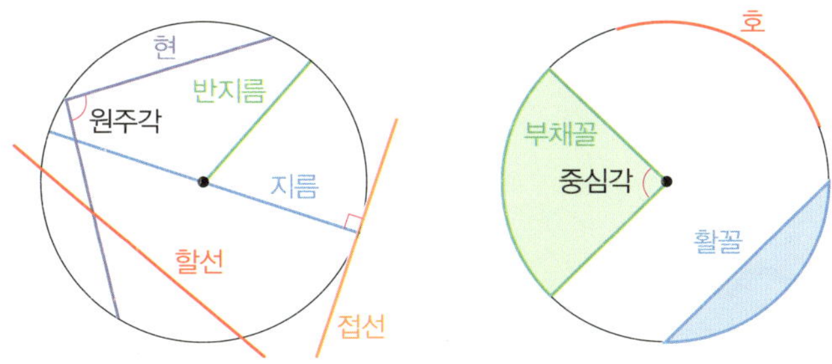

원의 반지름의 길이를 r이라 하면, 원주의 길이는 $2\pi r$입니다. 이때 π는 원주율입니다.

원주율은 원둘레와 지름의 비를 나타내는 상수로 약 3.141592의 무리수입니다. 아르키메데스의 계산이 널리 알려져 있어 아르키메데스 상수라고도 하며, 근삿값으로 3.14를 사용하기도 합니다. 원주율 기호 π는 18세기에 영국의 수학자 윌리엄 존스가 최초로 사용했는데, 이것은 둘레를 뜻하는 고대 그리스어 '페리페레스περιφηρής' 또는 '페리메트론ρερίμετρον'의 첫 글자를 딴 것이라 전해집니다.

원의 반지름의 길이를 r이라 하면, 원의 넓이는 πr^2입니다. 그 이유는 다음 그림과 같이 원을 잘게 잘라 펼쳤을 때 근사하는 직사각형의 넓이로 연상해볼 수 있습니다.

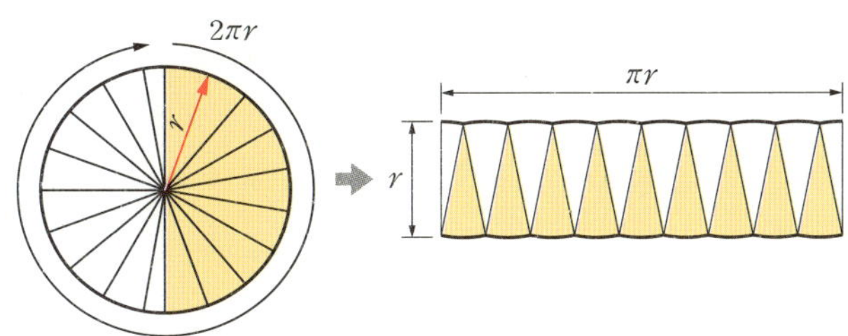

아픈 정도를
1에서 10 사이로
점수 매긴다면요?

음…

…네?

크진 않은데
끝없이
이어지거든요.

여러 가지 정리

원 밖의 한 점에서 그 원에 그은 두 접선의 길이는 같습니다. 즉, 아래 그림에서 $\overline{\mathrm{PA}}$와 $\overline{\mathrm{PB}}$의 길이는 같습니다. 두 직각삼각형 $\triangle \mathrm{PAO}$, $\triangle \mathrm{PBO}$가 $\angle \mathrm{PAO} = \angle \mathrm{PBO} = 90^\circ$, $\overline{\mathrm{AO}} = \overline{\mathrm{BO}}$이고 $\overline{\mathrm{PO}}$를 공유하고 있기 때문입니다. (RHS합동)

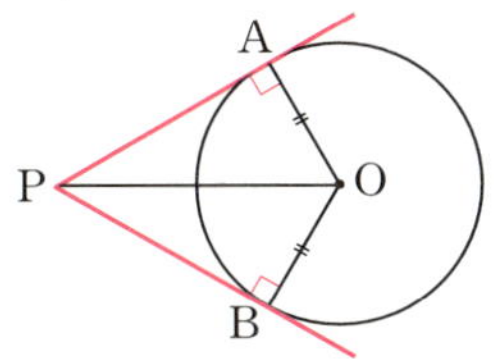

원에서 한 호에 대한 원주각의 크기는 모두 같으며, 그 호에 대한 중심각의 크기의 $\frac{1}{2}$입니다. 즉, 아래 그림에서 $\angle \mathrm{APB} = \frac{1}{2} \angle \mathrm{AOB}$입니다.

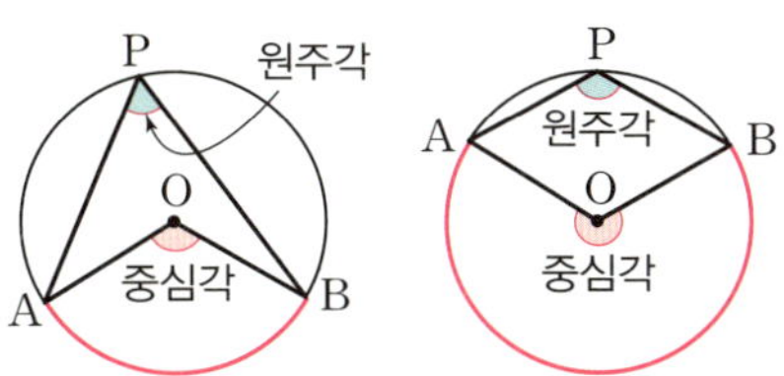

증명 한 호에 대하여 원주각의 크기는 중심각의 $\frac{1}{2}$이다

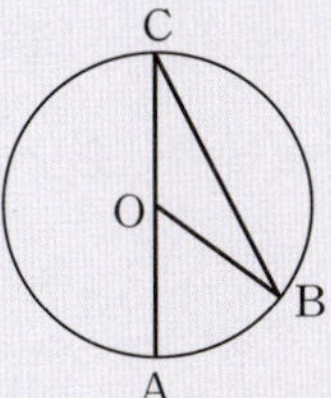

그림에서 $\overline{\mathrm{OB}} = \overline{\mathrm{OC}}$이므로 $\triangle \mathrm{BOC}$는 이등변삼각형입니다.

따라서 $\angle OBC = \angle OCB$ 입니다.

삼각형 세 내각의 합은 $180°$ 이므로,

$\angle OBC + \angle OCB + \angle COB = 180°$ 입니다.

한편 $\angle AOB + \angle COB$ 도 평각이므로 $180°$ 입니다.

$180° = \angle OBC + \angle OCB + \angle COB = \angle AOB + \angle COB$

$\Rightarrow \angle OBC + \angle OCB = \angle AOB$

그런데 $\angle OBC = \angle OCB$ 이므로

$\angle OBC + \angle OCB$

$= 2 \times \angle OCB$

$= 2 \times \angle ACB$

$\therefore 2 \times \angle ACB = \angle AOB$ ∎

앞의 두 그림에 다음과 같은 파란 보조선을 긋고, 증명과 같은 방법을 적용해봅시다.

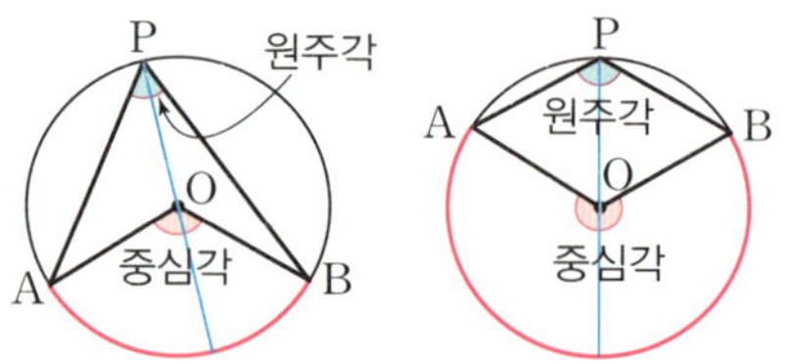

원에 내접하는 사각형에서 마주 보는 두 각의 크기의 합은 항상 $180°$입니다. 즉 다음 그림에서 $\angle A + \angle C = \angle B + \angle D = 180°$입니다.

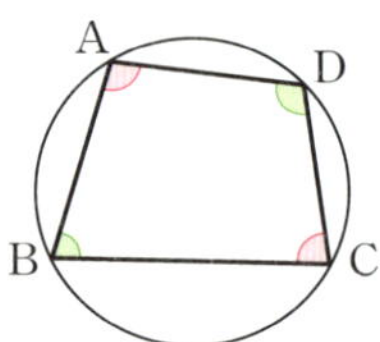

 원에 내접하는 사각형의 마주 보는 두 각의 크기 합은 180°이다

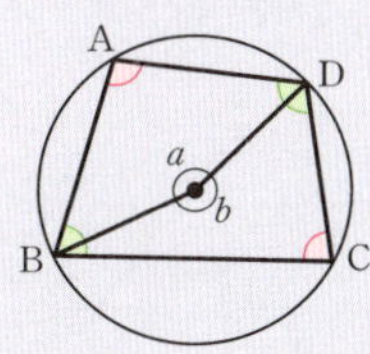

하나의 호에 대해 원주각의 크기는 중심각의 크기의 $\frac{1}{2}$이므로,

$\angle a = 2 \times \angle BCD,\ \angle b = 2 \times \angle BAD$

한편 원의 중심각의 크기는 360°이므로,

$360° = \angle a + \angle b = 2 \times \angle BCD + 2 \times \angle BAD$

$\Rightarrow 360° = 2 \times (\angle BCD + \angle BAD)$

$\Rightarrow 180° = \angle BCD + \angle BAD$ ∎

마찬가지 방법으로 $\angle ABC + \angle ADC = 180°$임도 보일 수 있습니다.

원의 접선과 그 접점(A)을 지나는 현($\overline{AB}$)이 이루는 각의 크기는, 그 각의 내부에 있는 호($\overparen{AB}$)에 대한 원주각($\angle BPA$)의 크기와 같습니다. 즉, 아래 그림에서 $\angle BAT = \angle BPA$입니다.

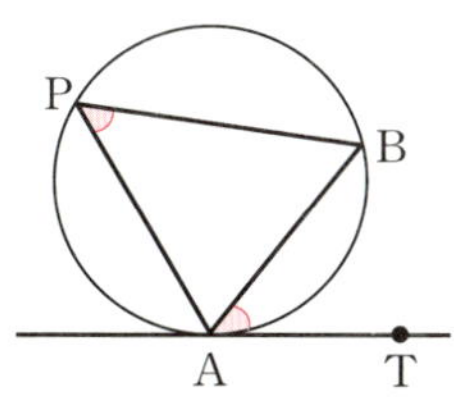

 원의 접선과 그 접점을 지나는 현이 이루는 각은,
그 각의 내부에 있는 호의 원주각과 크기가 같다

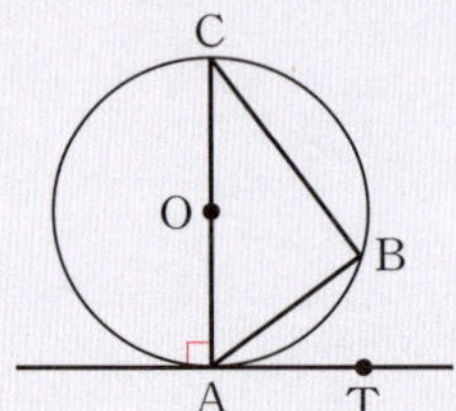

그림에서 $\angle ABC$ 는 평각 $\angle AOC$의 원주각이므로 $90°$입니다.

$\angle BAT = x°$라 하면, $\angle BAC = 90° - x°$

$\therefore \ \angle ACB = 180° - \angle ABC - \angle BAC$

$= 180° - 90° - (90° - x°)$

$= x°$입니다.

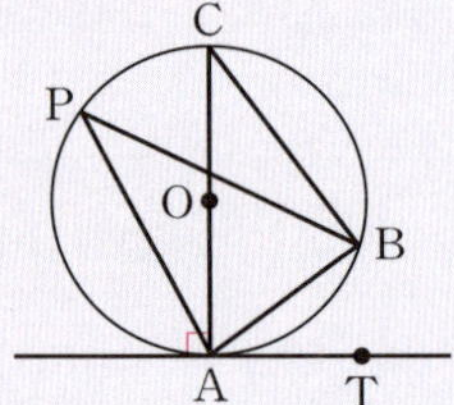

원주 위에 임의의 점 P를 선택하면, $\angle APB$, $\angle ACB$ 는 동일한 호 $\overset{\frown}{AB}$를 공유하는 원주각이므로 언제나 $\angle APB = \angle ACB$임을 알 수 있습니다.

$\therefore \ \angle APB = \angle ACB = x°$

$\Rightarrow \angle APB = \angle BAT$ ∎

4

국제단위계(SI)

SI 단위계란?

SI 단위계는 1960년 10월 제11차 국제도량형총회에서 결정된 표준 국제 단위계로, 일곱 개의 기본 단위(m, kg, s, A, K, mol, cd), 두 개의 보조 단위(rad, sr)와 이들로부터 유도되는 19개의 조합 단위를 대상으로 합니다.

1832년에 가우스가 CGS 단위계(cm, g, s)를 제창한 이후에 1889년 국제 도량형국이 MKS 단위계(m, kg, s)를 제창했고, 이후 A, K, mol, cd 등이 추가되어서 현재의 SI 단위계가 되었습니다. 이때 SI는 프랑스어 'Système international d'unités'의 약자입니다.[*] 참고로 CGS 단위계는 실험실 규모에 적합하여 주로 과학자가 선호했으며, MKS는 주로 기술자가 선호했다고 합니다.

SI단위계와 더불어 널리 사용되는 단위계 중 하나로 야드파운드법(영미단위계)이 있습니다. 마일, 야드, 피트, 인치[**] 등이 이 단위계에 해당하는데, 직관적이고 쉽게 이해할 수 있다는 장점이 있습니다. 동아시아의 전통 단위계인 척관법과도 유사하죠. 하지만 정밀한 수치를 측정하기 어렵고 십

---

[*] 프랑스혁명 시기, 나폴레옹과 루이필리프 1세 등의 주도로 중구난방이었던 도량형을 통일하려는 적극적인 움직임이 있었습니다. 이를 기리는 의미에서 프랑스어 명칭을 씁니다.

[**] 1마일은 고대 로마 시대에 병사들이 걷던 걸음으로 1000보를 간 거리에서 유래했고, 1야드는 잉글랜드의 헨리 1세가 팔을 뻗었을 때 코끝에서 엄지손가락 끝까지의 길이로 정했다는 설이 있습니다. 1피트는 성인 남자의 발 길이를 기준으로, 1인치는 엄지손가락의 너비를 기준으로 정의되었습니다.

진법과도 맞아떨어지지 않습니다. 게다가 '파운드'는 질량의 단위로도 쓰지만 힘의 단위로도 사용하고, '온스'나 '톤'은 질량의 단위로도 쓰면서 동시에 체적의 단위로도 쓰는 등 하나의 물리량에 여러 단위가 물리는 문제점도 안고 있습니다.

각 단위의 양의 크기를 쉽게 나타내기 위해서 자주 쓰이는 SI 접두어는 다음과 같습니다.

10^n	접두어	기호
10^{12}	테라	T
10^9	기가	G
10^6	메가	M
10^3	킬로	k
$\dfrac{1}{10}$	데시	d
$\dfrac{1}{10^2}$	센티	c
$\dfrac{1}{10^3}$	밀리	m
$\dfrac{1}{10^6}$	마이크로	μ
$\dfrac{1}{10^9}$	나노	n

1마일
=1760야드
=5280피트
=63360인치

1킬로미터
=1000미터
=100000센티미터
=1000000밀리미터

시간

1초는 본래 지구의 자전에 따른 평균 태양일의 $\frac{1}{86400}$ 로 정의했습니다. 하지만 지구의 자전은 불규칙하므로 시간의 정확도를 보장할 수가 없었습니다.

현재는 원자의 진동수가 불변임을 이용해, 특히 그 정확도가 높은 세슘 원자로 만든 원자시계의 특정 진동수를 기준으로 1초를 정하고 있습니다.

1초는 1s, 1분은 1min(=60s), 1시간은 1h(=60min), 1일은 1d(=24h), 1개월은 1mo, 1년은 1y(또는 1yr)와 같이 표기합니다.

길이, 넓이, 부피

18세기 말 프랑스 정부에서 전 세계적인 단위의 표준을 정할 필요성을 느끼고 지구 적도에서 북극점까지의 거리를 10,000킬로미터로 정의하는 미터법을 제정하였습니다. 이후 금속 물질로 1미터의 표준 원기原器를 제작했으나 금속의 특성상 온도와 습기 등의 환경에 따른 미세한 변화가 존재했습니다. 현재는 '진공에서 빛이 $\frac{1}{299792458}$ 초 동안 이동하는 거리'라고 1미터를 정의합니다.

1제곱미터($=1m^2$)는 SI 단위계의 넓이 단위로, 한 변의 길이가 1미터인 정사각형의 넓이입니다. 1제곱미터는 아래와 같이 바꾸어 쓸 수 있습니다.

$$1m^2 = 1 \times 10^6 mm^2 = 1 \times 10^4 cm^2 = 1 \times 10^{-6} km^2$$

1세제곱미터($=1m^3$)는 SI 단위계의 부피 단위로, 한 변의 길이가 1미터

하루는 24시간, 1시간은 60분, 1분은 60초이므로 하루는 $24 \times 60 \times 60 = 86400$초입니다.

인 정육면체의 부피입니다. 1세제곱미터는 아래와 같이 바꾸어 쓸 수 있습니다. 1세제곱센티미터(=1cm^3)는 1cc라 표현하기도 합니다.[**]

$$1m^3 = 1 \times 10^9 mm^3 = 1 \times 10^6 cm^3 = 1 \times 10^{-9} km^3$$

들이

들이는 부피의 하위 개념으로, 그릇의 안쪽 공간에 '물 등의 유체가 얼마만큼 들어가는가'를 나타내는 양입니다.

18세기 말 프랑스에서 1리터를 제정할 당시엔 1기압, 섭씨 4도에서 순수한 물 1킬로그램의 부피를 기준으로 했습니다. 현재는 0.001세제곱미터(m^3) 또는 1000세제곱센티미터(cm^3)로 1리터를 정의합니다.

1리터는 1L 또는 1l, 1밀리리터(=1cm^3)는 1ml 또는 1mL, 1킬로리터(=1m^3)는 1kL 또는 1kl와 같이 표현합니다.

무게

19세기 말, 제1차 국제도량형총회에서 백금과 이리듐으로 만든 원기를 1킬로그램의 단위로 선언했습니다. 하지만 2007년 국제도량형국에서 원기의 물리적 변화로 그 질량이 줄었다는 사실을 발견한 후 새로운 기준을 세워야 했습니다. 2019년 5월 20일부터 현재까지는 질량-에너지 등가 원리를 바탕으로 한 새로운 정의를 사용하고 있습니다.

1톤은 1000킬로그램이며, 1T 또는 1t로 표현합니다.

[**] cc는 'cubic centimetre'의 약자입니다.

각도

고대 학자들은 1년을 360일로 여겼습니다. 이런 이유로 1도(1°)가 원 중심각의 $\dfrac{1}{360}$로 정해진 것으로 추정됩니다. 또한 육십진법에 따라 1도는 60분(′), 1분은 60초(″) 등으로 정해집니다.[•] 이는 보편적으로 쓰이는 단위이지만, SI 단위계에서는 십진법을 사용하는 라디안[••]이 공식 단위로 지정되었습니다. 십진법을 사용하는 다른 물리량들과의 연산을 자연스럽게 해줄 뿐 아니라, 반지름과의 관계를 직관적으로 이해할 수 있고 삼각함수의 형태가 단순해지는 등의 다양한 이점이 있기 때문입니다.

　1라디안은 단위원에서 호의 길이가 1이 되는 부채꼴의 중심각 크기로, '1rad'이라 적습니다. 대부분의 경우에 단위를 생략합니다.

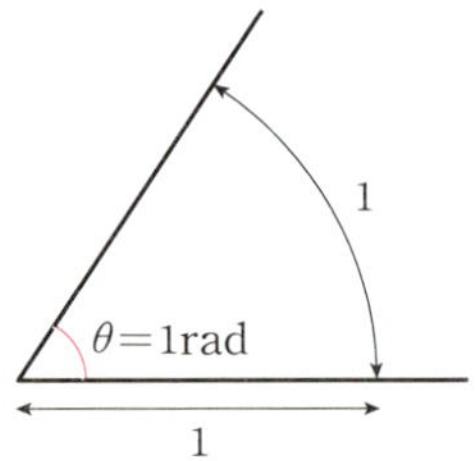

예를 들어 $360° = 2\pi\,\text{rad}$ 또는 $360° = 2\pi$로 표현합니다.[•••]

[•] 이는 육십진법을 사용하던 고대 바빌로니아에서 비롯된 것으로, 이러한 각도 체계를 '육십분법'이라 부릅니다.

[••] 라디안radian은 라틴어 'radius(반지름)'에 어미 '–an'을 붙인 단어로, '반지름과 관련된 것'이라는 뜻입니다.

[•••] 초등학교와 중학교까지는 각도의 단위로 육십분법의 단위인 도(°)를, 고등학교부터는 주로 라디안을 사용합니다.

평면도형

사각형

사각형은 네 개의 점과 네 개의 선분으로 이루어진 다각형으로, 네모 또는 사변형이라고도 부릅니다.

사다리꼴은 한 쌍의 대변이 평행한 사각형입니다. 이때 한 쌍의 평행한 대변 중 하나의 양 밑각이 같은 사다리꼴을 등변 사다리꼴이라 합니다.

평행사변형은 두 쌍의 대변이 평행한 사각형입니다. 마주 보는 두 변의 길이가 같고, 마주 보는 두 각의 크기가 같습니다.

직사각형은 네 각이 모두 같은, 즉, 직각인 사각형입니다. 이때 네 변의 길이가 같은 직사각형을 정사각형이라 합니다.

마름모는 네 변의 길이가 모두 같은 사각형입니다. 마름 풀의 잎처럼 생겨서 이런 이름을 갖게 되었습니다. 이때 네 각의 크기도 같은 마름모는 정사각형입니다.

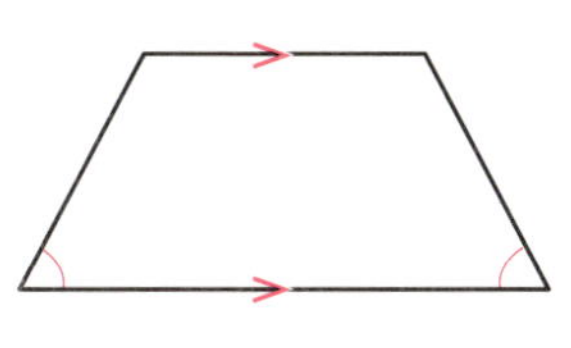

사다리꼴

마름모 이름의 유래가 된 마름 풀

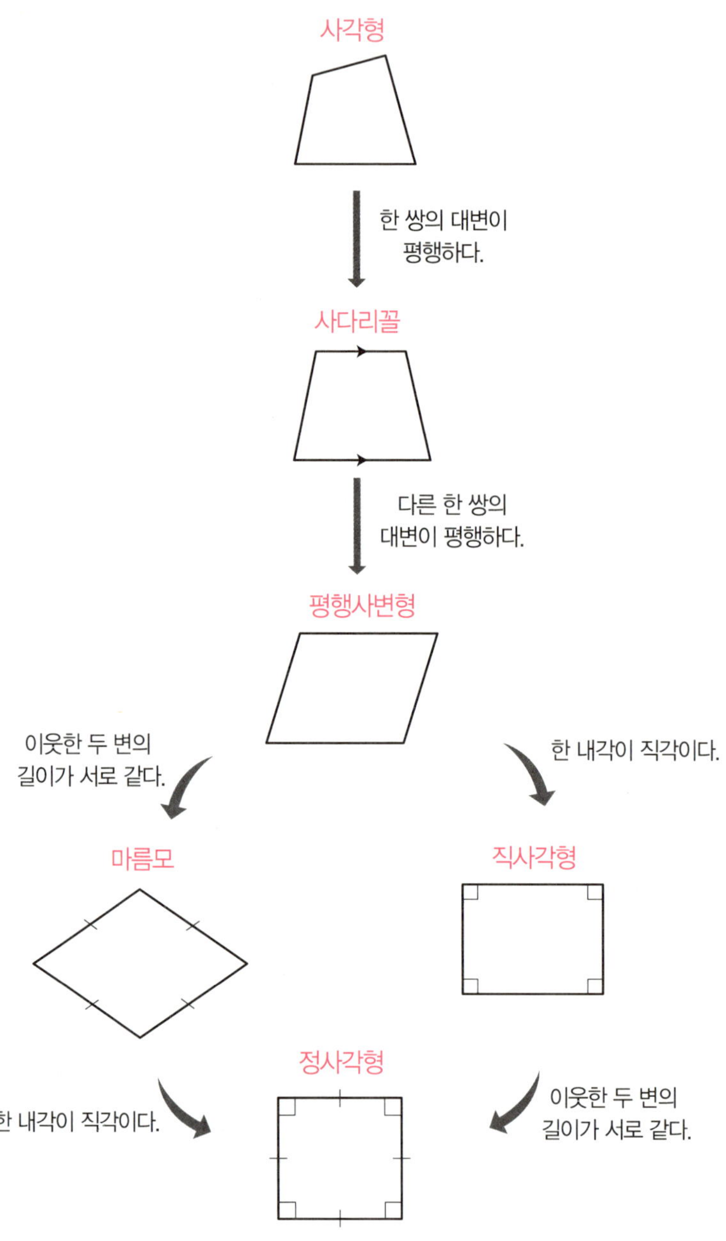

사각형
한 쌍의 대변이 평행하다.
사다리꼴
다른 한 쌍의 대변이 평행하다.
평행사변형
이웃한 두 변의 길이가 서로 같다.
한 내각이 직각이다.
마름모
직사각형
한 내각이 직각이다.
정사각형
이웃한 두 변의 길이가 서로 같다.

다각형

다각형은 한 평면 위에 있으면서 유한개의 선분들이 차례로 이어져 이루어진 닫힌 경로입니다. 변들이 꼭짓점에서만 만나는 다각형을 단순한 다각형이라 하며, 180°가 넘는 크기의 내각을 갖지 않는 단순한 다각형을 볼록다각형, 볼록하지 않은 단순한 다각형은 오목다각형이라고 합니다.[*]

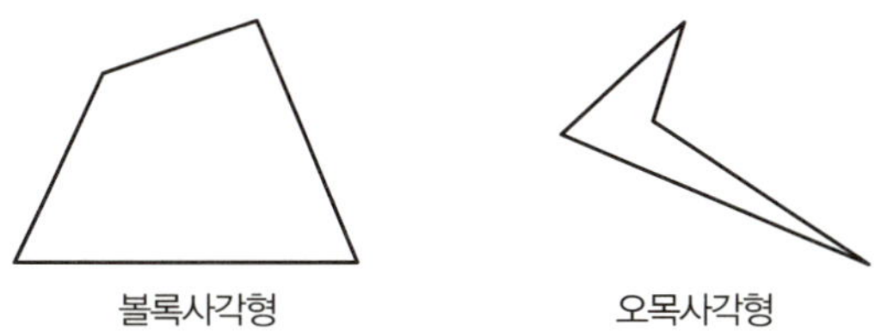

정다각형은 모든 각의 크기가 같으며 모든 변의 길이도 같은 다각형입니다. 정다각형의 넓이는 다음과 같이 구할 수 있습니다.

$$(둘레 길이의 절반) \times (중심으로부터 한 변에 내린 수선의 길이)$$

예를 들어 다음 그림과 같은 한 변의 길이가 1인 정사각형의 넓이는 $\frac{4}{2} \times \frac{1}{2}$ 입니다. 같은 식으로 계산하면, 한 변의 길이가 1인 정육각형의 넓이는 $\frac{6}{2} \times \frac{\sqrt{3}}{2}$ 입니다.

---

[*] 교육과정에서는 볼록다각형만을 다각형으로 다룹니다. 이 책에서 앞으로 다루는 다각형도 특별한 언급이 없는 한 볼록다각형을 가리킵니다.

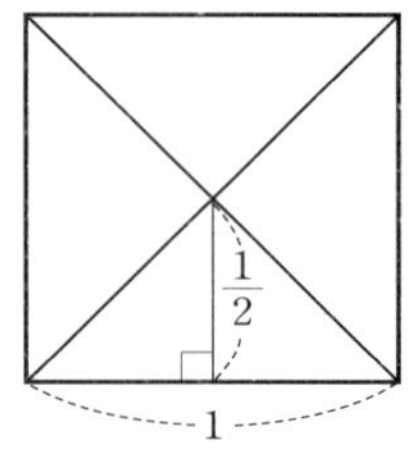

정사각형의 넓이

$= 4 \times ($작은 삼각형의 넓이$)$

$= 4 \times \left(\dfrac{1}{2} \times 1 \times \dfrac{1}{2} \right)$

$= \dfrac{4}{2} \times \dfrac{1}{2}$

정n각형의 한 내각 크기는 $\dfrac{(n-2)\pi}{n}$ 입니다. 예를 들어 정오각형의 한 내각 크기는 $\dfrac{3\pi}{5} = 108°$입니다.

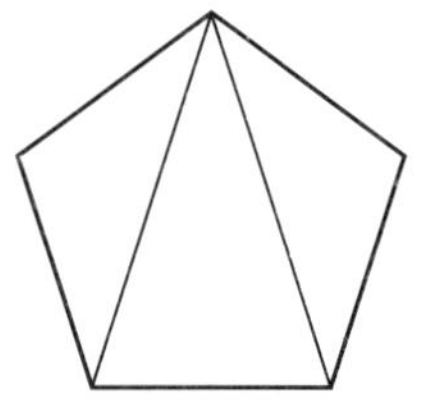

정오각형의 내각 크기 총합

$= 3 \times ($삼각형의 내각 크기 총합$)$

$= 3 \times 180°$

$= 540°$

정오각형의 한 내각 크기

$$= \frac{540^\circ}{5}$$

$$= 108^\circ$$

부채꼴

부채꼴은 원에서 두 개의 반지름과 하나의 호로 둘러싸인 영역입니다. 중심각이 180°인 부채꼴을 반원이라고 부릅니다.

반지름의 길이가 r이고 중심각의 크기가 $\theta(\text{rad})$인 부채꼴에 대해서 다음이 성립합니다.

(1) 호의 길이: $r\theta$

(2) 부채꼴의 넓이: $\dfrac{1}{2}r^2\theta$

원의 넓이는 $\dfrac{1}{2} \times$ 반지름 $\times$ 원주 길이 $= \dfrac{1}{2} \times r \times (2\pi r) = \pi r^2$입니다. 여기에 $\dfrac{\text{부채꼴의 중심각}}{\text{원의 중심각}} = \dfrac{\theta}{2\pi}$, 즉 부채꼴이 원에서 차지하는 넓이의 비율을 곱하면 부채꼴의 넓이 공식을 유도할 수 있습니다.

입체도형

겨냥도와 전개도

겨냥도

겨냥도는 입체도형의 보이는 모서리를 실선으로, 보이지 않는 모서리를 점선으로 나타낸 그림입니다. 입체는 보는 각도에 따라 보이는 모서리와 보이지 않는 모서리가 달라지고 전체적인 모양도 다르게 보이기 때문에, 같은 도형이라도 겨냥도는 무수히 많이 그릴 수 있습니다.

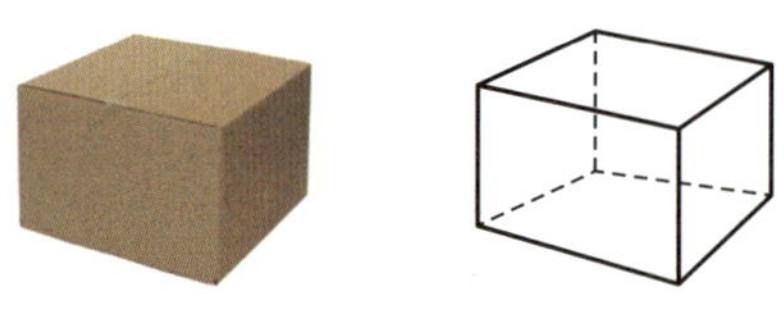

직육면체의 겨냥도

전개도

전개도는 입체도형의 모서리를 잘라서 펼친 그림입니다. 이때 잘린 모서리는 실선으로, 잘리지 않은 모서리는 점선으로 표기하며 모든 면은 적어도 하나 이상의 면과 연결되어 있어야 합니다.

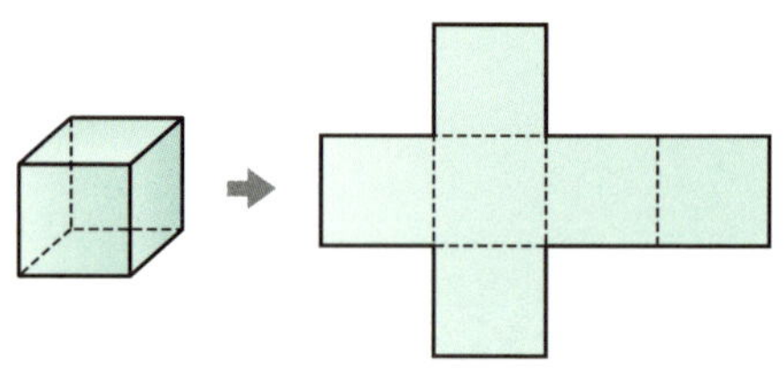

정육면체의 전개도

다면체

다면체는 관념적으로 다각형들을 면으로 가지는 입체도형이라 보지만, 관점에 따라 다면체의 대상은 매우 다양해질 수 있기에 엄밀한 정의는 존재하지 않습니다. 다면체의 어느 면을 연장해도 그 평면이 다면체의 내부를 자르지 않는 다면체를 볼록다면체라고 하며, 어느 면을 연장할 경우 그 평면이 다면체의 내부를 자르게 되면 오목다면체라 합니다. 이 책에서 앞으로 다루는 다면체는 특별한 언급이 없는 한 볼록다면체를 가리킵니다.

다면체가 가진 꼭짓점의 수를 V, 변의 수를 E, 면의 수를 F라 할 때, 항상 $V-E+F=2$가 성립합니다.

정다면체란 모든 면이 합동인 정다각형으로 둘러싸인 다면체입니다. 정다면체는 정사면체, 정육면체, 정팔면체, 정십이면체, 정이십면체로 오로지 다섯 개 존재합니다. 다른 말로 하면, 정n면체인 n은 $n=4, 6, 8, 12, 20$뿐입니다.

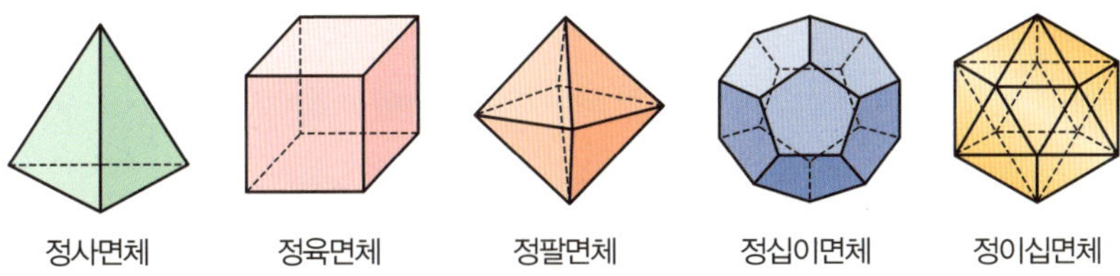

증명 정n면체인 n은 $n=4, 6, 8, 12, 20$뿐이다

입체도형에서 하나의 꼭짓점이 만들어지려면 최소한 세 개의 면이 만나야 합니다. 이때 각 꼭지각의 합은 360°보다 작아야 합니다(360°일 경우엔 평면이 됩니다).

정다면체를 구성하는 면은 모든 내각의 크기가 같고 서로 합동이므로, 각 꼭지각의 크기가 같습니다. 그런데 한 꼭짓점의 꼭지각은 최소한 세 개로 구성되므로 모든 꼭지각의 크기는 $\dfrac{360°}{3}=120°$ 보다 작아야 합니다.

내각의 크기가 120°보다 작은 정다각형은 정삼각형, 정사각형, 정오각형뿐입니다. 각각의 경우 만들 수 있는 정다면체는 다음과 같습니다.

ⅰ) 정삼각형: 내각의 크기가 60°이므로, 하나의 꼭짓점에 모일 수 있는 정삼각형 면의 개수는 3개, 4개, 또는 5개입니다. 이것은 각각 정사면체, 정팔면체, 정이십면체를 구성합니다.

ⅱ) 정사각형: 내각의 크기가 90°이므로, 하나의 꼭짓점에 모일 수 있는 정사각형 면의 개수는 3개입니다. 이것은 정육면체를 구성합니다.

ⅲ) 정오각형: 내각의 크기가 108°이므로, 하나의 꼭짓점에 모일 수 있는 정오각형 면의 개수는 3개입니다. 이것은 정십이면체를 구성합니다.

따라서 정n면체는 $n=4, 6, 8, 12, 20$인 다섯 경우만 존재합니다. ■

각기둥과 각뿔

각기둥

각기둥은 다각형인 두 밑면이 서로 평행하고, 옆면은 평행사변형인 다면체입니다. 이중 옆면이 밑면에 수직한 것을 직각기둥이라고 하고, 옆면과 밑면이 직각이 아닌 각을 이룬 것을 빗각기둥이라 합니다.

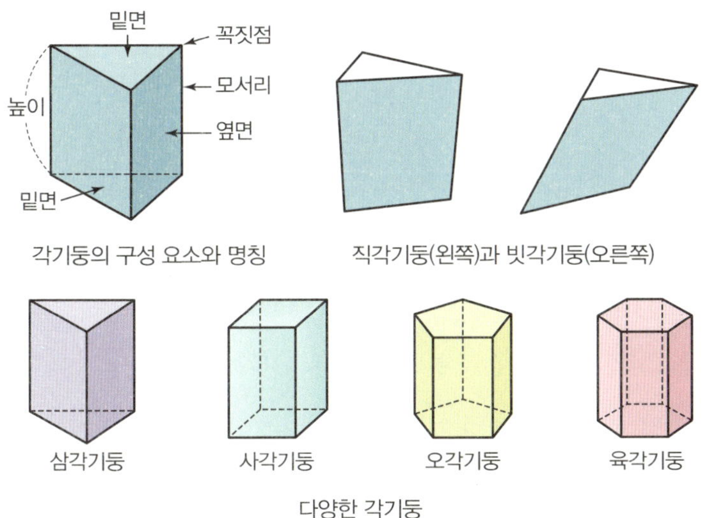

다양한 각기둥

밑면의 넓이가 A, 밑면의 둘레가 p, 높이가 h인 각기둥의 부피는 Ah, 겉넓이는 $2A+ph$입니다.

각뿔

각뿔 또는 각대는 다각형을 밑면으로 삼고, 다각형의 모든 변을 다각형이 존재하는 평면 밖의 한 점과 이은 입체도형입니다.

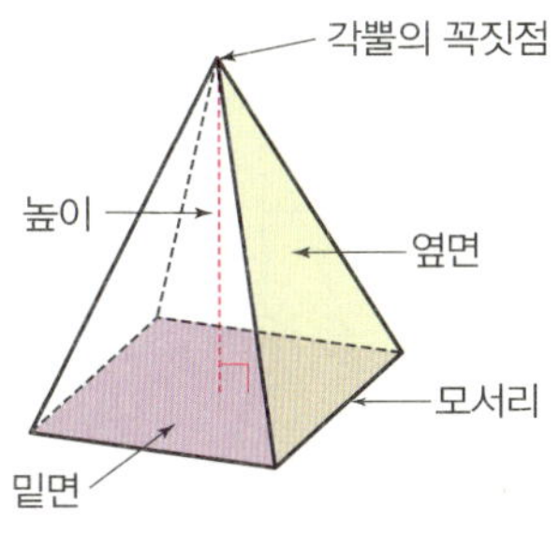

각뿔의 구성 요소와 명칭

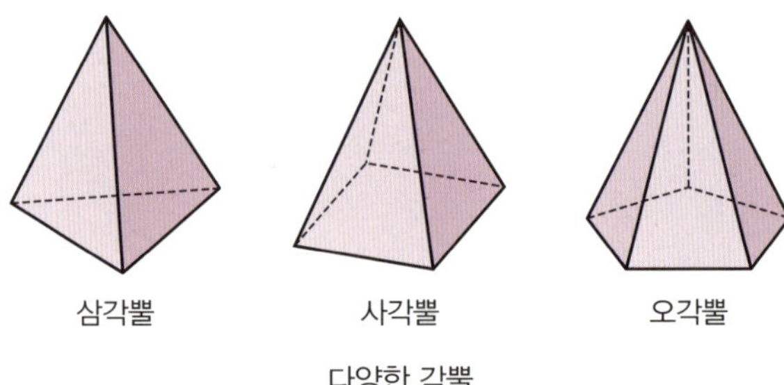

다양한 각뿔

밑면이 정n각형이고 모든 옆면이 이등변삼각형인 각뿔을 정n각뿔이라 합니다. 이때 모든 옆면이 정삼각형인 각뿔은 정사면체, 정사각뿔, 정오각뿔 총 세 가지에서만 가능합니다. 밑면이 정육각형일 때부터는 옆면이 정삼각형인 각뿔이 구성되지 않습니다.

각뿔의 밑면의 넓이가 A, 밑면의 둘레가 p, 높이가 h, 옆면이 이등변삼각형이고 그 삼각형의 높이가 모두 s일 때, 이 각뿔의 부피는 $\frac{1}{3}Ah$, 겉넓이는 $A + \frac{ps}{2}$ 입니다.

증명 각뿔의 부피는 밑면과 높이가 같은 각기둥의 $\frac{1}{3}$이다

각뿔의 부피에 대한 증명은 아래와 같이 각기둥을 분할하여 보일 수 있습니다.

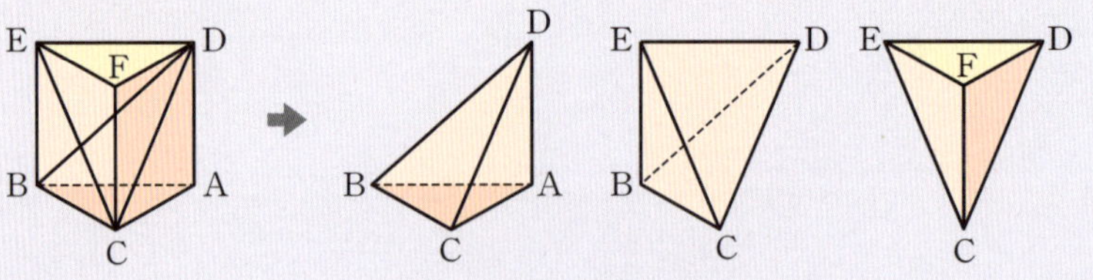

삼각기둥 ABCDEF는 그림과 같이 세 개의 삼각뿔로 분할할 수 있습니다. 삼각뿔 ABCD와 삼각뿔 BCDE의 밑면을 각각 삼각형 ABD와 삼각형

BDE로 생각하면, 두 삼각뿔의 높이는 모두 점 C에서 직선 AB까지의 거리로, 그 값이 서로 같습니다. 각기둥의 옆면은 평행사변형이므로, 평행사변형의 성질에 따라 대각선을 그어 분할한 삼각형 ABD와 삼각형 BDE의 넓이도 서로 같습니다. 따라서 삼각뿔 ABCD와 삼각뿔 BCDE의 부피는 같습니다.

또한 삼각뿔 ABCD와 삼각뿔 DEFC는 두 밑면 ABC와 DEF가 합동이고 두 높이 AD와 CF의 길이가 같으므로 부피가 같습니다. 따라서 삼각뿔의 부피는 삼각기둥의 $\frac{1}{3}$입니다. ■

사각형, 오각형 등 임의의 n각형($n>3$)은 모두 삼각형으로 분할할 수 있기 때문에, '삼각뿔의 부피가 삼각기둥의 $\frac{1}{3}$'이라는 사실로부터 'n각뿔의 부피는 밑면과 높이가 같은 n각기둥의 $\frac{1}{3}$'임을 일반화할 수 있습니다.

원기둥과 원뿔

원기둥

원기둥은 두 개의 밑면이 합동인 원이고 고정된 축과 항상 평행인 선분의 회전으로 생긴 입체도형입니다.

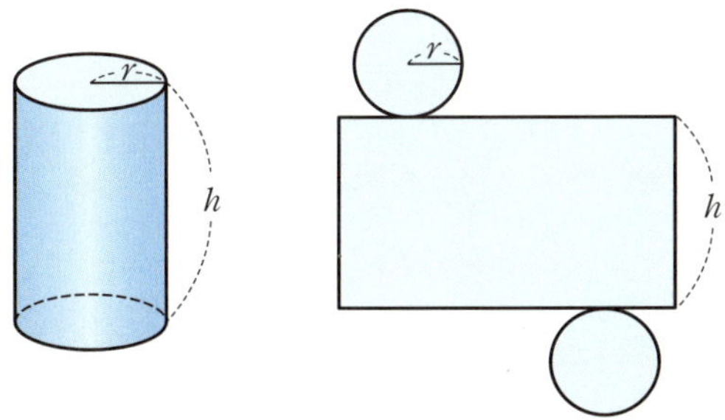

반지름이 r, 높이가 h인 원기둥의 부피는 $\pi r^2 h$, 겉넓이는 $2\pi r(r+h)$입니다.

원뿔

원뿔은 원을 밑면으로 삼고, 원 밖의 한 점과 원주 위의 무수한 점들을 이은 뿔 형태의 입체도형입니다. 이때 원주상의 한 점과 꼭짓점을 이은 선분을 모선이라 부릅니다. 꼭짓점에서 밑면의 중심을 잇는 선이 밑면에 직교하면 직원뿔이고, 그렇지 않으면 빗원뿔입니다. 그러나 특별한 언급이 없으면 이 책에서 원뿔은 직원뿔을 가리킵니다.

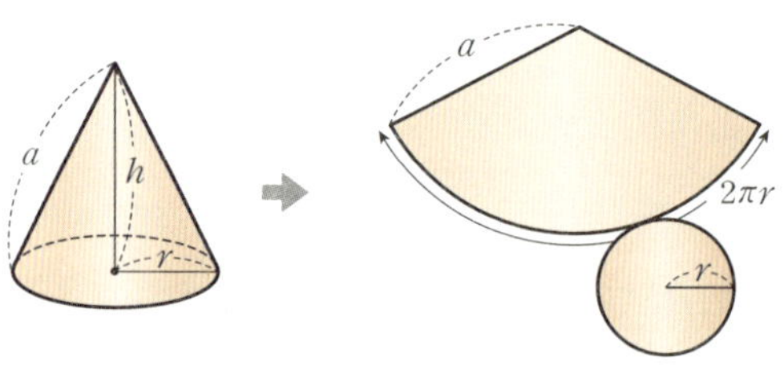

밑면의 반지름이 r이고 높이가 h인 원뿔의 부피는 $\frac{1}{3}\pi r^2 h$, 겉넓이는 $\pi r(r+\sqrt{r^2+h^2})$ 입니다. 여기서 $\sqrt{r^2+h^2}$은 피타고라스 정리에 따라 모선 a의 길이와 같습니다. 따라서 원뿔의 겉넓이는 $\pi r(r+a)$와도 같습니다.

각뿔대와 원뿔대

뿔대는 뿔을 밑면에 평행한 평면으로 잘랐을 때, 잘린 면으로 나뉜 뿔의 두 부분 중에서 뿔이 아닌 쪽의 입체도형입니다. 이때 각뿔을 자르면 각뿔대, 원뿔을 자르면 원뿔대입니다.

• 바로 앞에서 각뿔의 부피가 밑면과 높이가 같은 각기둥의 $\frac{1}{3}$임을 증명했던 것처럼, 원을 '무한각형'으로 보고 n각형에서 n을 양의 무한대로 보내는 극한을 취해 원뿔의 부피가 원기둥의 $\frac{1}{3}$임을 구할 수도 있습니다.

뿔대의 부피는 뿔 전체의 부피에서 잘린 윗부분의 부피를 빼서 구하면 됩니다.

각뿔대의 밑면과 윗면은 닮음이며, 모든 옆면은 항상 사다리꼴입니다.

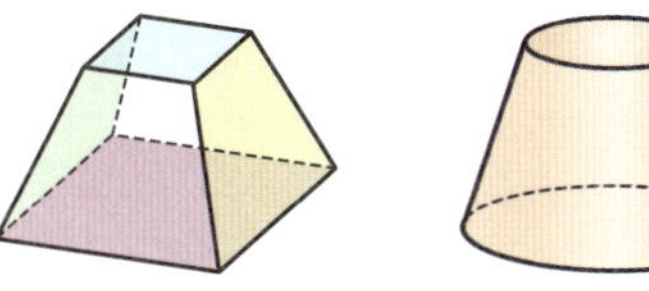

사각뿔대(왼쪽)와 원뿔대(오른쪽)

회전체

회전체는 평면도형을 한 직선을 축으로 하여 1회전시킨 입체도형입니다. 이때 축으로 삼은 한 직선을 회전축이라고 부릅니다.

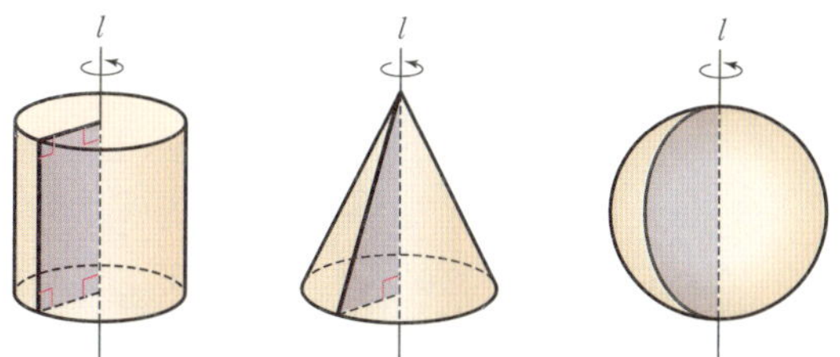

회전체를 회전축에 수직인 평면으로 자르면 그 단면은 항상 원이 됩니다.

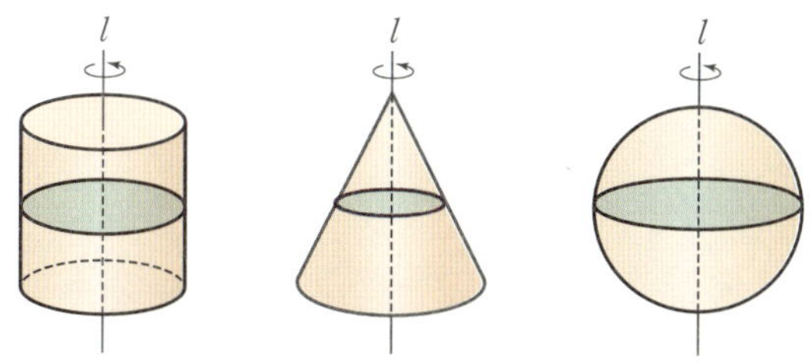

회전체를 회전축을 포함한 평면으로 자르면 그 단면은 모두 합동이고, 회전축을 대칭으로 하는 선대칭도형입니다.

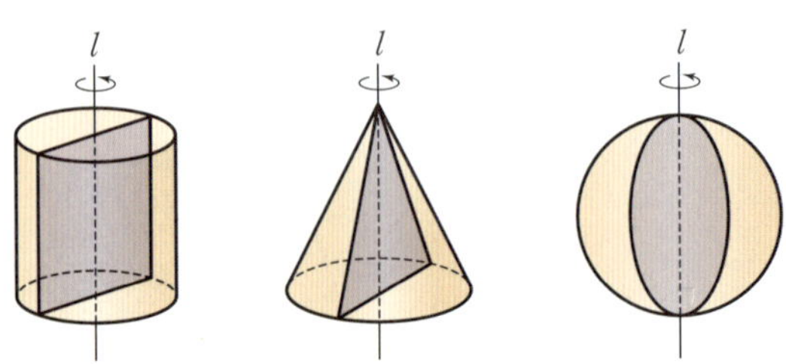

여기서 선대칭도형이란 대칭축을 기준으로 접었을 때 완전히 겹쳐지는 도형을 말합니다. 참고로, 어떤 점(대칭의 중심)을 중심으로 180˚ 돌렸을 때 처음 도형과 완전히 포개어지는 도형은 점대칭도형이라 합니다.

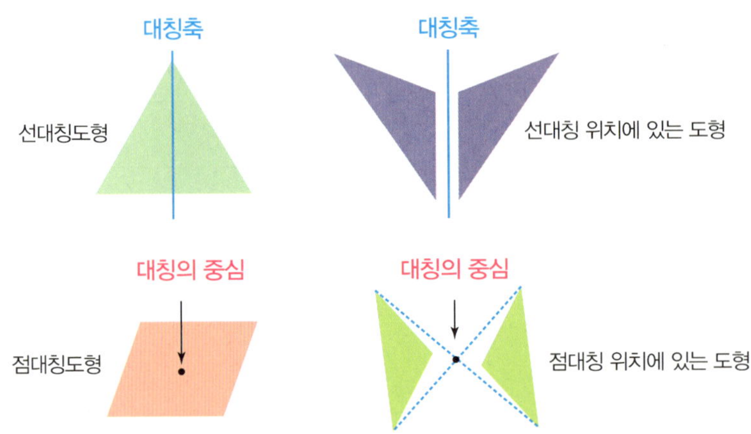

구

구는 한 점(구의 중심)과의 거리가 같은 모든 점의 집합을 나타내는 입체도형입니다. 속이 차 있는 구체는 공이라 부릅니다.

반지름의 길이가 r인 구의 부피는 $\dfrac{4}{3}\pi r^3$, 겉넓이는 $4\pi r^2$입니다.

일반적으로 중적분과 삼중적분을 이용해 구의 겉넓이와 부피를 엄밀하게 구하지만, 구의 부피 공식은 이탈리아의 수학자 보나벤투라 카발리에리가 창시한 카발리에리의 원리를 이용하여 비교적 간단하게 유도할 수 있습니다.

카발리에리의 원리는 다음과 같습니다.

(1) 두 평면도형을 하나의 정해진 직선과 평행한 직선으로 자를 때, 도형 내부에 생기는 선분의 길이의 비가 항상 $m:n$으로 일정하면 두 도형의 넓이의 비는 $m:n$이다.

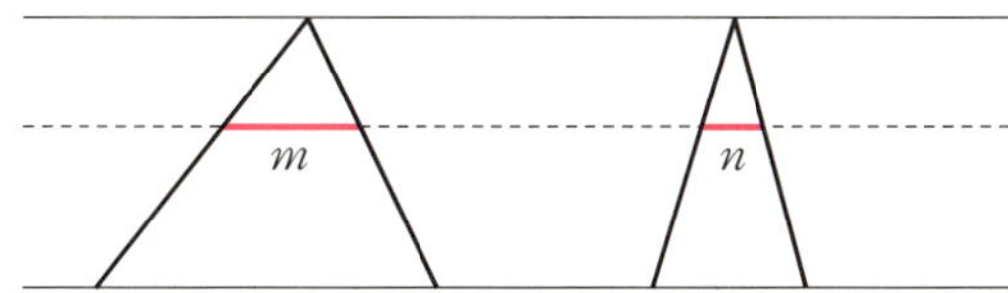

(2) 두 입체도형을 하나의 정해진 평면과 평행한 평면으로 자를 때, 단면의 넓이의 비가 항상 $m:n$으로 일정하면 두 도형의 부피의 비는 $m:n$이다.

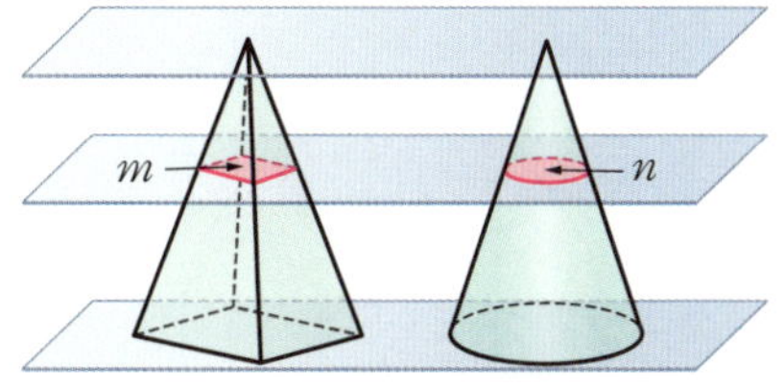

교육과정에서 구의 부피와 겉넓이 공식은 증명하지 않습니다. 대신 구 표면에 끈을 둘러 겉넓이를 구해보거나, 구 모양 그릇에 물을 가득 채운 후 다른 용기에 부어 부피를 구해보는 등 실험을 통해 설명합니다.

이 원리를 이용해 구의 부피 공식을 유도해봅시다.

다음 그림과 같이 반지름이 r인 반구와 밑면의 반지름이 r인 원기둥을 나란히 놓고, 밑면에서 y만큼 떨어진 평면으로 두 입체를 자릅니다. 잘린 단면을 보면, 구를 자른 원의 넓이($=\pi(\sqrt{(r^2-y^2)})^2$)와 원기둥에서 내접한 원뿔을 제외한 입체도형을 자른 도넛 모양의 단면의 넓이($=\pi(r^2-y^2)$)가 같음을 알 수 있습니다. 카발리에리의 원리에 따라, 반구의 부피는 원기둥에서 내접한 원뿔의 부피를 뺀 값과 같음을 알 수 있습니다. 즉 반구의 부피는 $\frac{2}{3}\pi r^3$($=$ 원기둥의 부피 $r^3\pi$ $-$ 원뿔의 부피 $\frac{1}{3}r^3\pi$) 입니다.

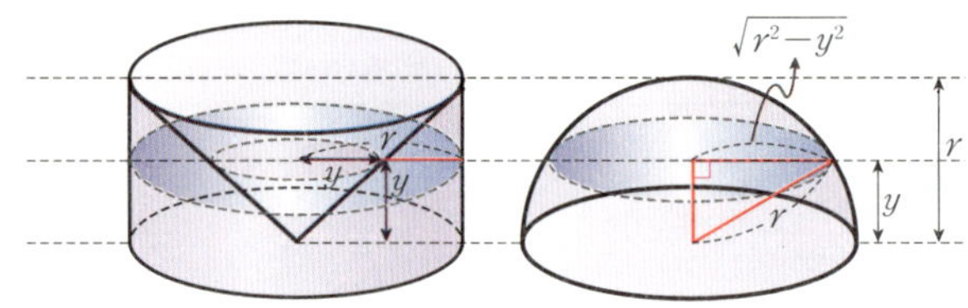

따라서, 구의 부피는 반구의 두 배인 $\frac{4}{3}\pi r^3$입니다.

이제 구의 겉넓이 공식을 증명해봅시다.

구를 아래 그림과 같이 생긴 뿔로 가득 차게 무수히 많이 쪼개었다고 가정합니다.

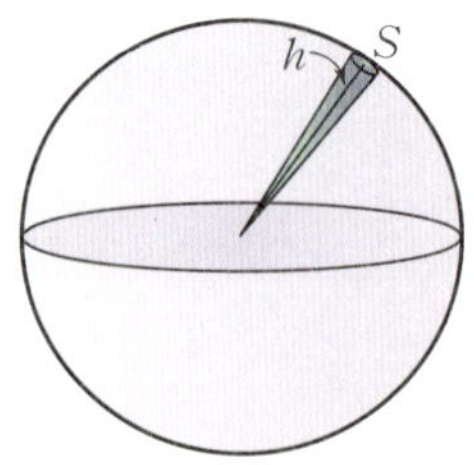

뿔의 밑면의 넓이는 S이고 높이는 h인데, 더 자잘하게 쪼갤수록 h는 구의

반지름인 r과 같아집니다. 이 수많은 뿔의 부피 합을 $\sum \frac{1}{3}Sr$이라 쓰겠습니다.[*] 이는 $\frac{r}{3}\sum S$과도 같습니다(r은 고정된 값이기 때문입니다). 그러면 뿔이 구를 가득 채웠다는 가정에 의해 다음이 성립합니다.

$$\frac{r}{3}\sum S = \frac{4}{3}\pi r^3$$

따라서 수많은 뿔의 밑면 넓이의 합인 $\sum S$는 $\frac{4}{3}\pi r^3 \times \frac{3}{r} = 4\pi r^2$입니다.

---

[*] 합의 기호 시그마(Σ)는 197쪽에서 소개합니다. 여기서는 총합을 나타낸다는 뜻으로 받아들이면 됩니다.

작도

수학에서 작도란 눈금 없는 자와 컴퍼스를 유한한 횟수만큼 이용해 도형을 그리는 일을 말합니다. 도형을 그리는 데에 이러한 제한된 도구만을 사용해야 하는 것은, 작도를 처음 연구했던 고대 그리스인들의 사상 때문입니다.

당시 그리스인들은 모든 도형 중에서 직선과 원이 가장 완벽하고 신이 그 둘을 중히 여긴다고 믿었습니다. 하늘에 떠다니는 천체들의 모양과 움직임을 모두 원과 직선으로 해석할 수 있다고 생각했고, 그런 맥락에서 천동설을 연구하기도 했습니다. 그래서 고대 그리스인들은 직선을 그릴 수 있는 자와 원을 그릴 수 있는 컴퍼스를 신성한 도구로 여겼습니다.

그렇다면 왜 하필 눈금이 없는 자를 사용해야 했을까요? 고대 그리스에는 노예제도가 있었습니다. 노예가 아닌 시민계급은 노동을 천하게 여겼고, 수학에서도 길이나 넓이 등을 재는 측량술은 노예들에게 맡기는 하찮은 기술이라 생각했습니다. 눈금을 읽는 행위 역시 고상하지 않은 행위라고 보았기 때문에, 눈금 없는 자를 쓰는 것이 작도의 조건이 된 것입니다.

4장

자료와 가능성

자료와 가능성에서는 데이터를 분류하고 정리하며, 표와 그래프를 활용해 데이터를 시각화하는 방법과 사건이 일어날 가능성을 표현하고 비교하는 방법을 배웁니다. 초등학교 1학년부터 중학교 3학년까지, 각 학년 수학 교과서의 네 번째 단원입니다.

경우의 수와 확률

확률론의 역사

확률론의 창시자로는 흔히 17세기 프랑스의 두 수학자, 페르마와 블레즈 파스칼이 꼽힙니다. 그 이전에 파치올리, 지롤라모 카르다노, 갈릴레이 등도 주사위 게임이나 도박의 확률을 연구했으나, 페르마와 파스칼이 주고받은 서신에서 앞선 연구들이 종합되고 일반화되었습니다.

확률의 기본 전제는 '각 경우가 일어날 가능성이 같다'라는 조건입니다. 이 조건은 페르마가 파스칼에게 보낸 분배 문제의 해답에서 유래한 것으로, 이후 확률을 논할 때 중요한 전제가 되었습니다.

분배 문제란 다음과 같습니다. '실력이 같은 두 사람이 같은 돈을 걸고 게임을 해서 먼저 5점을 따는 사람이 돈을 모두 가지기로 했다. 4:3의 득점 상황에서 만약 게임이 중단되었다면 돈을 어떻게 분배해야 할까?'

처음에 파스칼은 승리까지 남은 게임 수를 바탕으로 2:1 분배를 주장했습니다. 5점을 따 게임이 종료되기까지 A:B의 득점으로 가능한 경우는 5:3, 5:4, 4:5의 세 가지이고, A가 이기는 경우가 두 가지, B가 이기는 경우가 한 가지라는 논리였죠.

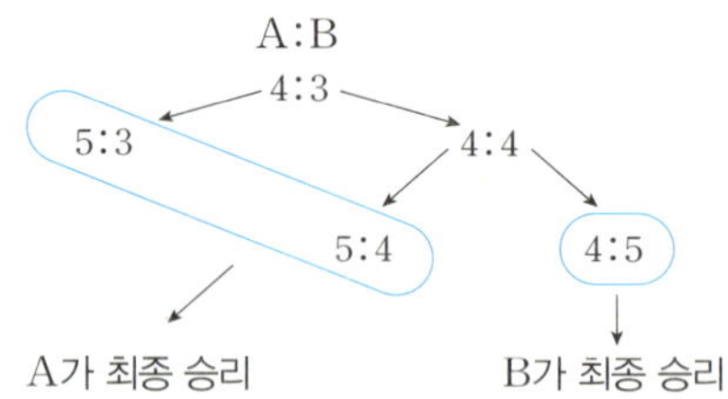

한편 페르마는 상금을 3:1로 분배해야 한다고 주장했습니다. 아래 그림 처럼, 페르마는 A가 먼저 5점을 딴 후 A 혹은 B가 각각 이길 경우까지 경우의 수로 고려했습니다. 물론 5점을 따면 승패가 정해져 후속 게임이 필요 없어집니다. 하지만 페르마는 각 경우가 일어날 가능성이 같아야 한다는 전제로 접근했습니다. 아래 그림처럼 A:B가 6:3, 5:4(5:3 이후), 5:4(4:4 이후), 4:5인 네 경우의 가능성이 같으므로, A가 최종 승리하는 경우를 세 가지, B가 최종 승리하는 경우를 한 가지라 판단했죠.

파스칼도 이후 이 답에 동의했습니다. 상금을 2:1로 분배해야 한다는 파스칼의 주장은 사실 각 경우의 가능성이 동일하지 않은 상태에서의 논리였던 것입니다.

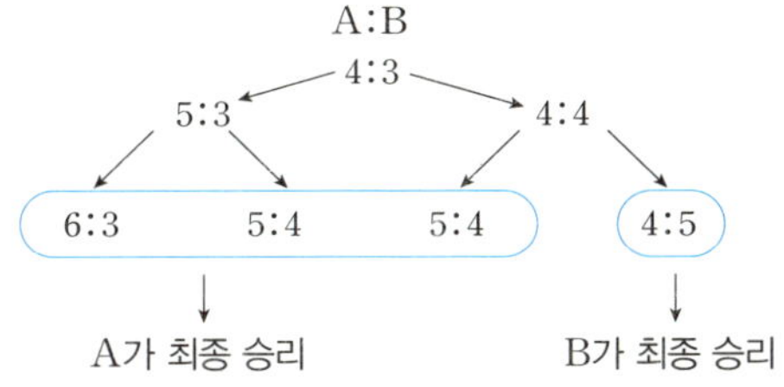

확률의 고전적인 정의를 내린 수학자는 피에르시몽 드 라플라스입니다. 19세기 초에 출간된 라플라스의 책《확률의 해석 이론》에서는 '어떤 사건이 일어날 확률은 전체 경우의 수에 대한 그 사건의 경우의 수의 비와 같다'라고 정의하였습니다. 이는 오늘날 중·고등학교에서 배우는 확률의 정의와 같습니다.

하지만 라플라스의 고전적 확률 정의에는 한계가 있습니다. '기하적 확률'이 명확히 정의되지 않는다는 점입니다. 대표적으로 19세기 프랑스의 수학자 조제프 베르트랑이 제시한 '베르트랑의 역설'이 이러한 고전적 확률 정의의 불명확함을 꼬집은 예입니다.

베르트랑의 역설이란 다음과 같습니다.

'원에 임의의 현을 그릴 때, 현의 길이가 내접한 정삼각형 한 변의 길이보다 길 확률은?'

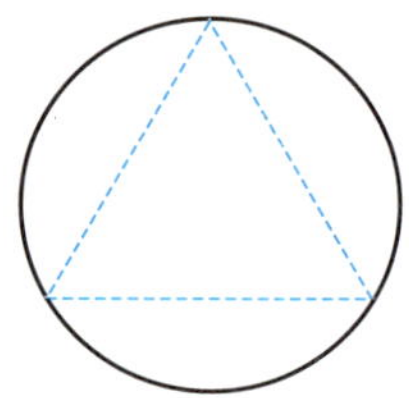

이 문제의 답은 '임의의 현'을 어떻게 판단하느냐에 따라 $\frac{1}{4}$, $\frac{1}{3}$, $\frac{1}{2}$ 등의 다양한 정답이 가능합니다(452~453쪽에서 상세히 설명합니다). 이는 확률 객체가 선이나 면과 같이 연속적일 경우, 임의성을 더욱 명확하게 정의해야 할 필요성이 있음을 시사했습니다.

이후 20세기 초에 수학자 안드레이 콜모고로프 등에 의해 확률의 공리적 정의가 등장하였고, 현대에는 해석학, 측도론과 결합하여 연속 공간에 대한 확률도 더욱 명확히 다룰 수 있게 되었습니다.

경우의 수

같은 조건에서 실험 또는 관찰을 반복했을 때, 일어날 수 있는 모든 결과의 집합을 표본공간, 표본공간의 부분집합을 사건이라 합니다. 그리고 사건에

● 교육과정에서 기하적 확률은 다루지 않습니다. 즉, 어떤 도형에서 $\frac{원하는\ 넓이}{전체\ 넓이}$ 와 같은 개념을 확률로 다루지 않습니다.

포함된 원소의 수를 그 사건의 경우의 수라고 합니다.

예를 들어 주사위 하나를 던지는 시행에서 표본공간은 $\{1, 2, 3, 4, 5, 6\}$, 짝수 눈이 나오는 사건은 $\{2, 4, 6\}$, 짝수 눈이 나오는 사건의 경우의 수는 3입니다.

두 사건 A, B가 동시에 일어나지 않을 때, 사건 A가 일어나는 경우의 수를 a, 사건 B가 일어나는 경우의 수를 b라고 하면 다음이 성립합니다. 이를 합의 법칙이라 부릅니다.

$$(\text{사건 A 또는 사건 B가 일어나는 경우의 수}) = a + b$$

예를 들어 주사위 하나를 던지는 시행에서 4 이상의 눈이 나오거나 2 이하의 눈이 나오는 사건의 경우의 수는 $5(=3+2)$입니다.

한편 사건 A가 일어나는 경우의 수를 a, 그 각각에 대하여 사건 B가 일어나는 경우의 수를 b라고 하면 다음이 성립합니다. 이를 곱의 법칙이라 부릅니다.

$$(\text{사건 A와 사건 B가 동시에 일어나는 경우의 수}) = a \times b$$

예를 들어 상의 5종류, 하의 6종류에서 각각 하나씩 골라 입는 경우의 수는 $30(=5 \times 6)$입니다.

확률

어떤 실험이나 관찰에서 각 경우가 일어날 가능성이 같을 때, 표본공간의 경우의 수를 s, 사건 A가 일어날 경우의 수를 a라고 하면 사건 A가 일어날 확률을 $\dfrac{a}{s}$라고 합니다.

예를 들어 주사위 하나를 던졌을 때 5 이하의 눈이 나올 확률은 $\dfrac{5}{6}$입니다.

표본공간의 확률은 1, 절대로 일어나지 않는 사건의 확률은 0이며, 어떤 사건 A가 일어날 확률 p는 $0 \leq p \leq 1$을 만족합니다.

사건 A가 일어날 확률을 p라고 하면 다음이 성립합니다. 이를 사건 A의 여사건의 확률이라 부릅니다.

$$(\text{사건 A가 일어나지 않을 확률}) = 1 - p$$

자료의 정리

줄기와 잎 그림

통계에서 조사 내용의 특성을 수로 나타낸 것을 변량이라 합니다. 신장, 체중처럼 구간 내의 값을 연속적으로 취할 수 있는 '연속 변량'과, 점수, 개수처럼 분리된 값을 취할 수 있는 '이산 변량'으로 구분할 수 있습니다.

변량을 높은 자리의 수와 낮은 자리의 수로 분할한 뒤 전자를 '줄기', 후자를 '잎'으로 칭하여 표로 정리한 것을 줄기와 잎 그림이라고 합니다.

예를 들어 각 가정이 보유한 도서 수를 조사했을 때 아래와 같았다고 합시다.

보유 도서 수

(단위: 권)

172	98	106	120	108
90	125	190	85	146
165	128	142	162	118
170	160	129	145	90

십의 자리 이상을 '줄기', 일의 자리를 '잎'으로 하여 줄기와 잎 그림을 다음과 같이 그릴 수 있습니다. 이때 중복되는 값은 중복되는 만큼 여러 번 표기해야 하며, '8|5는 85권'처럼 줄기와 잎의 단위가 어떻게 정의되는지 밝혀야 좋습니다.

보유 도서 수

(8|5는 85권)

줄기	잎			
8	5			
9	0	0	8	
10	6	8		
11	8			
12	0	5	8	9
14	2	5	6	
16	0	2	5	
17	0	2		
19	0			

줄기와 잎 그림을 그릴 때는 단위를 적절하게 선정하는 것이 무엇보다 중요합니다. 자칫 아래와 같이 정보 전달이 효과적으로 이루어지지 않는 그림이 그려질 수도 있으니까요.

보유 도서 수

(0|85는 85권)

줄기	잎
0	85 90 90 98
1	06 08 18 20 25 28 29 42 45 46 60 62 65 70 72 90

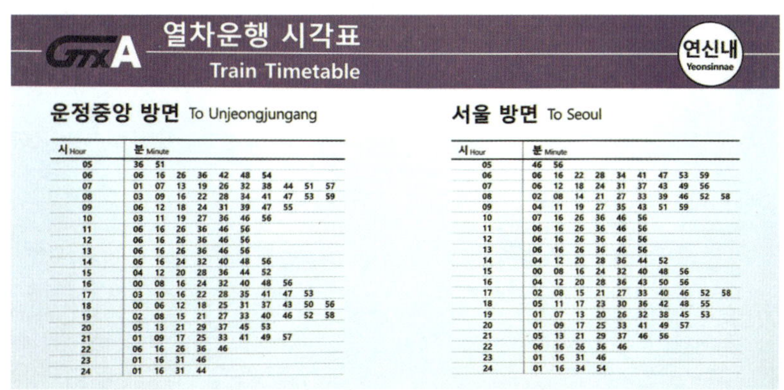

GTX A 열차운행 시각표 / Train Timetable — 연신내 Yeonsinnae

운정중앙 방면 To Unjeongjungang

시 Hour	분 Minute									
05	36	51								
06	06	16	26	36	42	48	54			
07	01	07	13	19	26	32	38	44	51	57
08	03	09	16	22	28	34	41	47	53	59
09	06	12	18	24	31	39	47	55		
10	03	11	19	27	36	46	56			
11	06	16	26	36	46	56				
12	06	16	26	36	46	56				
13	06	16	26	36	46	56				
14	06	16	24	32	40	48	56			
15	04	12	20	28	36	44	52			
16	00	08	16	24	32	40	48	56		
17	03	10	16	22	28	35	41	47	53	
18	00	06	12	18	25	31	37	43	50	56
19	02	08	15	21	27	33	40	46	52	58
20	05	13	21	29	37	45	53			
21	01	09	17	25	33	41	49	57		
22	06	16	26	36	46					
23	01	16	31	46						
24	01	16	31	44						

서울 방면 To Seoul

시 Hour	분 Minute									
05	46	56								
06	06	16	22	28	34	41	47	53	59	
07	06	12	18	24	31	37	43	49	56	
08	02	08	14	21	27	33	39	46	52	58
09	04	11	19	27	35	43	51	59		
10	07	16	26	36	46	56				
11	06	16	26	36	46	56				
12	06	16	26	36	46	56				
13	06	16	26	36	46	56				
14	04	12	20	28	36	44	52			
15	00	08	16	24	32	40	48	56		
16	04	12	20	28	36	43	50	56		
17	02	08	15	21	27	33	40	46	52	58
18	05	11	17	23	30	36	42	48	55	
19	01	07	13	20	26	32	38	45	53	
20	01	09	17	25	33	41	49	57		
21	05	13	21	29	37	46	56			
22	06	16	26	36	46					
23	01	16	31	46						
24	01	16	34	54						

줄기와 잎 그림이 활용된 열차 운행 시각표.

도수분포표

변량들을 일정한 간격(계급)으로 나눠서 계급에 속한 값들의 양(도수)을 표로 구조화한 것을 도수분포표라 합니다. 이때 각 계급의 중앙에 위치한 값을 계급값이라 하고, 각 계급의 너비를 계급의 크기라 부릅니다.

예를 들어 앞에서 본 자료를 아래와 같이 도수분포표로 나타낼 수 있습니다. 이때 각 계급의 크기는 30, 계급값은 위에서부터 차례대로 95, 125, 155, 185입니다.

보유 도서 수

보유 도서 수(권)	가정 수(가구)
80^{이상}~110^{미만}	6
110~140	5
140~170	6
170~200	3
합계	20

히스토그램

히스토그램은 표로 되어 있는 도수분포를 그래프로 나타낸 것으로, 보통 가로축을 계급, 세로축을 도수로 표현하지만 반대로 그리기도 합니다. 막대그래프와 달리 그림에서 계급(막대기)끼리는 서로 붙여서 그립니다.

예를 들어 앞의 도수분포표를 다음과 같이 히스토그램으로 표현할 수 있습니다.

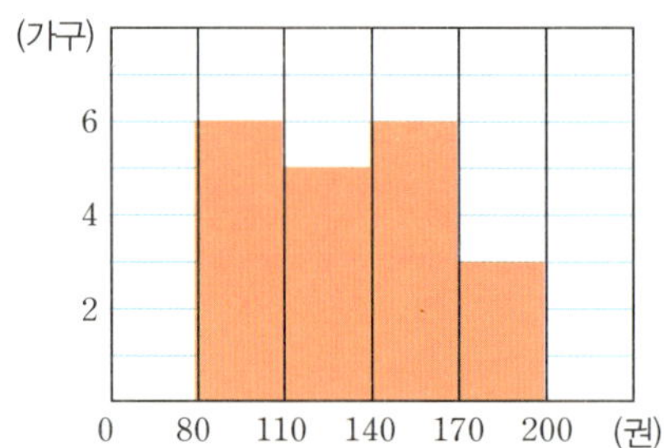

히스토그램histogram이라는 용어는 19세기 영국의 수학자 칼 피어슨이 1895년에 처음 사용한 것으로, 기둥 또는 구조를 의미하는 그리스어 'histos'와 기록 또는 그림을 의미하는 그리스어 'gramma'의 합성어로 추정됩니다. 즉, 히스토그램이란 '기둥처럼 정리된 기록' 또는 '막대 형태의 그림'이라는 의미를 담고 있습니다.

히스토그램에서 각 직사각형 윗변의 중앙에 찍은 점과 양 끝에 도수가 0인 계급이 있는 것으로 생각하고 중앙에 찍은 점을 선분으로 이은 다음과 같은 그래프를 도수분포다각형이라고 합니다.

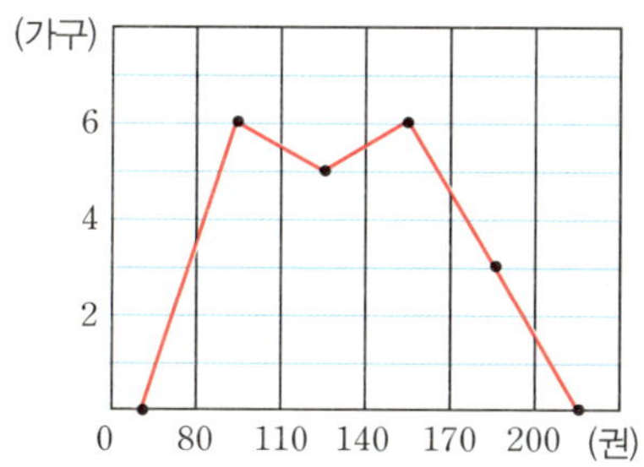

　도수분포다각형은 특히 여러 그래프를 겹쳐서 비교할 때 히스토그램보다 가독성이 좋다는 장점이 있습니다.

상대도수

도수분포표에서 전체 도수에 대한 각 계급의 도수의 비율을 그 계급의 상대도수라고 합니다.

$$(어떤\ 계급의\ 상대도수) = (그\ 계급의\ 도수) \div (도수의\ 총합)$$

　상대도수는 표본의 크기가 다른 여러 자료를 비교 분석하는 데에 용이합니다.

　예를 들어 어느 학교의 A 학과와 B 학과 학생들의 키를 각각 조사하여 나타낸 도수분포표가 다음과 같다고 합시다.

키(cm)	도수	
	A 학과	B 학과
$140^{이상}\sim 155^{미만}$	10	9
155 $\sim$ 170	24	18
170 $\sim$ 185	66	21
185 $\sim$ 200	18	12
200 $\sim$ 215	2	0
합계	120	60

이 도수분포표로부터 상대도수분포표는 다음과 같이 표현할 수 있습니다(단, 반올림하여 소수점 아래 둘째 자리까지 나타냅니다).

키(cm)	상대도수	
	A 학과	B 학과
$140^{이상}\sim 155^{미만}$	0.08	0.15
155 $\sim$ 170	0.2	0.3
170 $\sim$ 185	0.55	0.35
185 $\sim$ 200	0.15	0.2
200 $\sim$ 215	0.02	0
합계	1	1

이로부터 상대도수분포다각형을 그리면 다음과 같습니다.

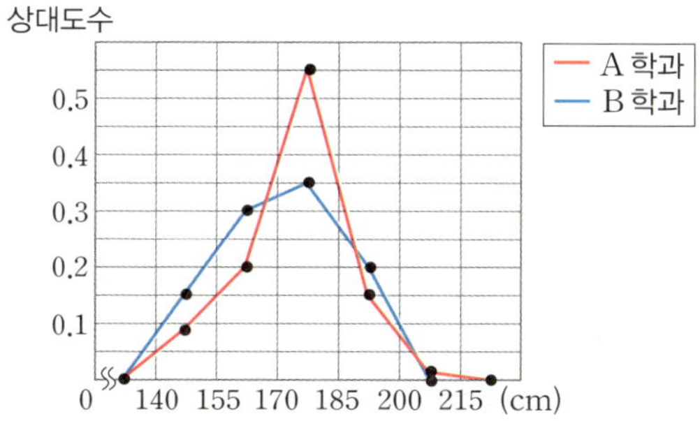

여러 가지 그래프

그림그래프는 다음과 같이 그림으로 수량을 표시하는 그래프입니다.

막대그래프는 값에 비례하여 직사각형 막대로 범주형 자료를 표현하는 그래프입니다. 히스토그램과 비슷해 보이지만, 히스토그램은 0~10, 10~20, 20~30과 같은 연속형 변수(연속변량)를, 막대그래프는 개, 고양이, 돼지와 같은 범주형 변수(질적 자료)를 표현하는 데에 주로 사용됩니다. 또한 히스토그램의 직사각형은 붙여서 그리지만, 막대그래프는 다음과 같이 떨어뜨려서 그립니다.

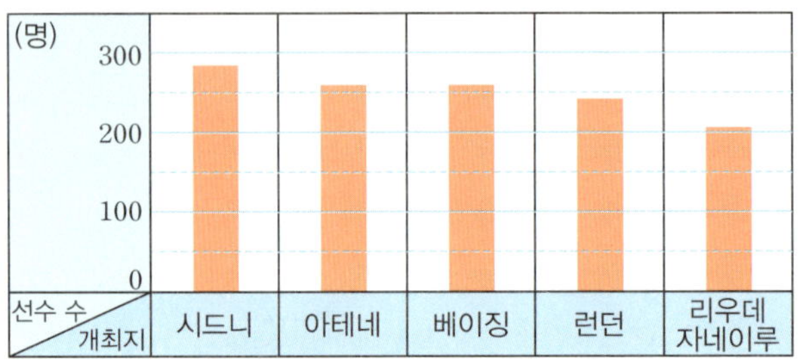

꺾은선그래프는 다음 그림처럼 수량을 점으로 표시하고 그 점들을 선분으로 이어 그린 그래프입니다. 주로 시간의 흐름에 따라 변화하는 양을 기록할 때 유용합니다. 여러 자료를 동시에 비교 분석하기도 좋습니다.

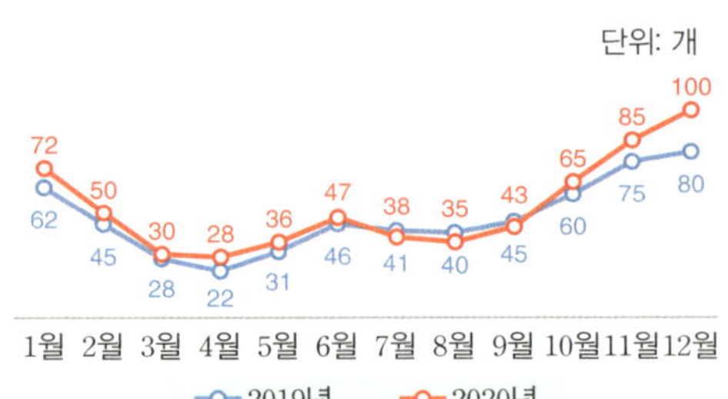

띠그래프는 전체에 대한 각 항목의 비율을 띠 모양으로 나타낸 것입니다. 원칙적으로 그래프의 왼쪽부터 비율이 큰 항목 순으로 배열하므로, 한눈에 비교하기 쉽고 해석이 직관적입니다.

학생들의 장래 희망

원그래프는 아래 그림처럼 전체에 대한 각 항목의 비율을 원 모양으로 나타낸 것입니다. 주로 백분율을 사용할 때 유용합니다.

벚꽃 축제 연령대별 방문객 비율

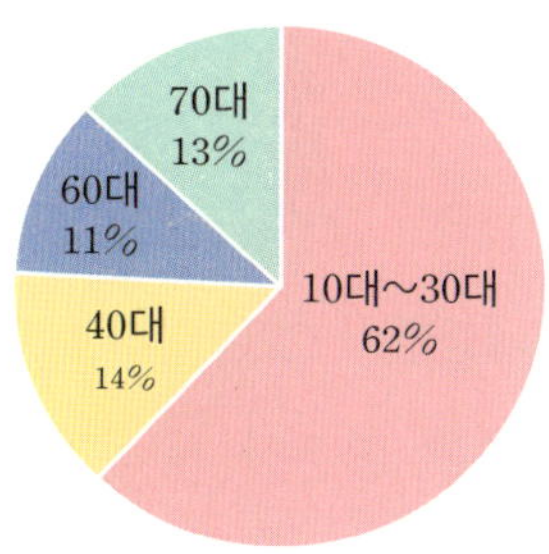

통계

통계학의 역사

통계학은 흔히 고대부터 이집트, 그리스, 로마, 중국 등지에서 인구와 농지의 수량을 조사하면서 시작되었다고 봅니다. 하지만 단순한 정보 파악을 넘어서 통계자료를 학술적으로 활용한 최초의 인물로 꼽히는 사람은 9세기 아랍 수학자 알킨디입니다. 그는 저서 《암호화된 통신의 해독》에서 아랍문자의 알파벳별 실사용 빈도를 조사한 통계자료를 바탕으로 당시 쓰이던 암호 체계를 무너뜨렸습니다. 그의 암호 해독법은 15세기에 유럽에도 소개되어 암호학의 발전에 큰 영향을 주었습니다.

17세기 영국에서 활동한 최초의 인구학자 존 그랜트는 런던의 방대한 출생 및 사망 주간 기록표를 바탕으로 인구를 통계적으로 분석했습니다. 이 방식은 선풍적인 인기를 끌었고, 프랑스와 네덜란드 등 여러 유럽 국가에 전파되었죠.

'근대 통계학의 아버지'라 불리는 벨기에의 학자 아돌프 케틀레가 19세기 초에 만든 '평균인' 개념과 표본추출을 통한 모집단 추정 방식, 그래프를 통한 통계자료의 시각화 방법 등은 본격적인 통계학의 시대를 열었고, 19세기 말에는 프랜시스 골턴을 중심으로 회귀와 상관의 개념이 도입되었습니다.

특히 케틀레의 평균인은 그전까지 천문학·자연과학 등에서 쓰이던 평균의 개념을 최초로 사회과학에 접목한 사례로, 1835년에 출간된 케틀레의 책 《인간과 인간의 능력 개발에 관한 논의》에서 처음 소개되었습니다.

오늘날 '대한민국 남성의 평균 키', '평균 IQ', '평균 체중' 등의 자료는 모두 이로부터 파생된 개념인 셈이죠.

하지만 케틀레의 평균인 개념은 사람을 우수한 집단과 열등한 집단으로 나누고, 열등한 사람들의 결혼과 출산을 막는 동시에 우수한 집단의 수를 늘리려는 운동. 즉, 우생학을 탄생시킨 어두운 이면도 함께 갖고 있습니다. 실제로 우생학은 나치의 홀로코스트를 뒷받침하는 과학적 논리로도 이용되었죠.

대푯값

대푯값은 어떤 자료를 대표하는 값입니다. 평균, 중앙값, 사분위수, 최빈값 등이 있으며, 일반적으로 대푯값은 수 하나로 표현되지만 최빈값 등은 두 개 이상의 값으로 표현되기도 합니다.

평균은 자료 전체의 중심 경향을 나타내는 값으로 산술평균$\left(\dfrac{a+b}{2}\right.$, 덧셈에 대한 평균$\left.\right)$, 기하평균($\sqrt{ab}$, 곱셈에 대한 평균), 조화평균$\left(\dfrac{2ab}{a+b}\right.$, 나눗셈 또는 비율에 대한 평균$\left.\right)$ 등이 있으며 특별한 언급이 없다면 산술평균을 평균이라 합니다.

조화평균의 예를 들어봅시다. 100km의 거리를 갈 때 10km/h, 올 때 20km/h의 속력으로 왕복했다면 평균속력은 얼마일까요? 갈 때 10시간, 올 때 5시간이 걸렸고 왕복한 거리는 200km이니, $\dfrac{200}{10+5}=\dfrac{40}{3}$ km/h 입니다. 그리고 이 값은 조화평균 값인 $\dfrac{2\times10\times20}{10+20}$ 과 같습니다.

극단적인 변량이 포함된 경우 평균은 대표성을 잃는 경향이 있습니다. 가령 99명의 연 소득이 0원이고 1명의 연 소득이 1조 원이라면 100명의 연 소득 평균은 100억 원이 됩니다. 이 값이 100명의 연 소득을 대표하는 값이라고 보기는 어렵습니다.

중앙값은 전체 변량을 크기 순서대로 정렬했을 때 정중앙에 위치한 수입니다. 만약 전체 변량의 개수(n)가 홀수일 때는 $\dfrac{n+1}{2}$ 번째의 값을, 짝수일 때는 $\dfrac{n}{2}$ 번째 값과 $\dfrac{n}{2}+1$번째 값의 평균을 중앙값으로 합니다. 예를 들어 1, 1, 2, 3, 3, 5의 중앙값은 2.5입니다. 자료에 극단적인 변량이 있을 때, 중앙값은 평균보다 유용하게 쓰입니다.

사분위수Quartile는 자료를 4등분한 세 개의 값으로 각각 Q_1, Q_2, Q_3으로 표현합니다. 이때 Q_1과 Q_3 사이를 사분위 범위라 합니다. 보간하는 방식에 따라 다양한 정의를 가지며, 가령 자료 1, 1, 2, 3, 3, 5에서 사분위수와 사분위 범위를 다음와 같이 구할 수 있습니다. 전체 자료에서 $\dfrac{1}{4}$ 지점은 1과 2 사이에 놓이며, 이 둘의 평균인 1.5가 Q_1입니다. 전체 자료의 $\dfrac{3}{4}$ 지점은 3과 3 사이에 놓이며, 이 둘의 평균인 3이 Q_3입니다. 따라서 사분위 범위는 $3-1.5=1.5$입니다.

Q_1은 1과 2의 평균, Q_2는 2와 3의 평균, Q_3은 3과 3의 평균.

최빈값은 자료에서 가장 자주 나오는 값으로, 두 개 이상일 수 있습니다. 예를 들어 1, 1, 2, 3, 3, 5의 최빈값은 1과 3입니다. 최빈값은 좋아하는 색, 혈액형, 실시간 검색어 등과 같이 자료의 값이 수가 아닌 경우에 유용한 대푯값이 됩니다.

10대 평균 순자산

8600만 원

산포도

산포도는 변량이 흩어져 있는 정도를 하나의 수로 나타낸 값입니다. 사분위 범위, 분산, 표준편차 등이 있습니다.

분산은 각 변량에서 평균을 뺀 값(편차)을 제곱하고, 그것을 모두 더한 후 변량의 총 개수로 나눈 값입니다. 즉, 변량들이 평균으로부터 얼마만큼 떨어져 있는지를 알 수 있는 값이며 그 외의 특별한 의미가 있는 수는 아니기에 일반적으로 단위를 붙이지 않습니다.

각 변량의 편차를 다소 과장되게 왜곡하는 분산의 값을 음이 아닌 제곱근의 값으로 보정한 값을 **표준편차**라 부릅니다. 표준편차는 분산과 달리 변량에서 쓰던 단위를 써주기도 합니다.

예를 들어, 다음과 같이 어느 5명이 지난 한 달 동안 택시를 이용한 횟수를 조사한 자료가 주어졌다고 합시다.

6 5 8 2 4 (단위: 회)

위 자료의 평균과 분산, 표준편차를 구하면 다음과 같습니다.

- 평균 $= \dfrac{6+5+8+2+4}{5} = 5$(회)

- 분산 $= \dfrac{(6-5)^2+(5-5)^2+(8-5)^2+(2-5)^2+(4-5)^2}{5} = 4$

- 표준편차 $= \sqrt{4} = 2$(회)

참고로 통계학에서 편차와 종종 혼동되는 용어인 '오차'는 추정값과 실젯값의 차이, 또는 근삿값과 참값의 차이를 일컫는 용어입니다.

상관관계

두 변량 x, y의 순서쌍 (x, y)를 좌표평면 위에 나타낸 그림을 두 변량 x, y의 산점도라고 합니다. 예를 들어 아래 자료는 학생 10명의 하루 평균 공부 시간과 수학 성적을 조사하여 산점도로 나타낸 것입니다.

번호	공부량(시간)	성적(점수)
1	2	64
2	4	80
3	1	36
4	5	100
5	3.5	92
6	3	60
7	1.5	20
8	3.5	84
9	4.5	72
10	2	52

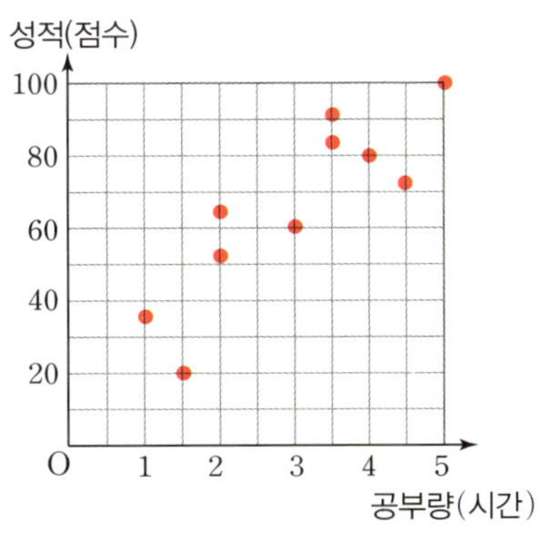

한 변량의 값이 증가함에 따라 다른 변량의 값도 증가하는 경향이 있을 때, 이 두 변량 사이에는 양의 상관관계가 있다고 합니다. 거꾸로 한 변량의 값이 증가함에 따라 다른 변량의 값이 감소하는 경향이 있을 때, 이 두 변량 사이에는 음의 상관관계가 있다고 합니다. 앞의 경우에는 하루 평균 공부

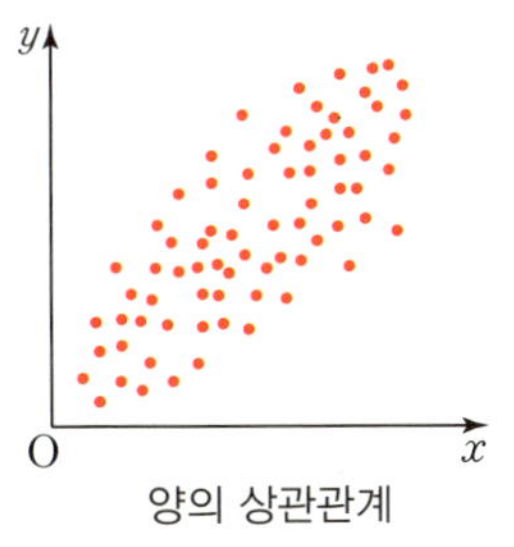

양의 상관관계

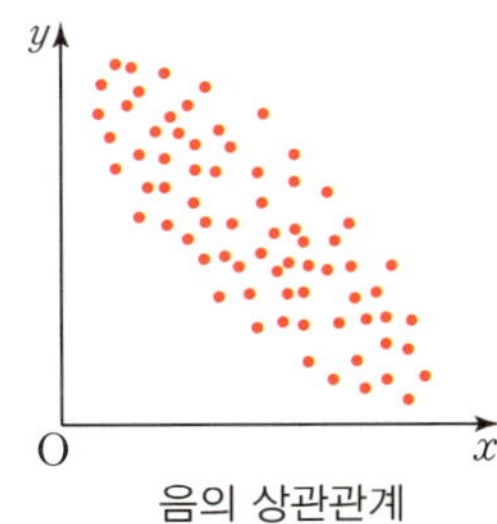

음의 상관관계

시간과 수학 성적 사이에 양의 상관관계가 있다고 파악할 수 있습니다.

  상관관계는 원인과 결과를 의미하는 인과관계와 다르므로 자료를 해석할 때 주의해야 합니다. 또한 상관관계는 수학적인 증명이 가능하지만, 인과관계는 원칙적으로 증명할 수 없죠. 다만 충분한 재현성 확인, 변인 통제, 통제군과 실험군의 설정 등을 통해서 과학적으로 신빙성을 뒷받침할 수 있을 뿐입니다.

〈과학기술 투자와 청소년 자살률 상관관계〉
과학기술 투자
청소년 자살률
과학기술이
잘못했네!

한눈에 보는 고등학교 수학의 지도

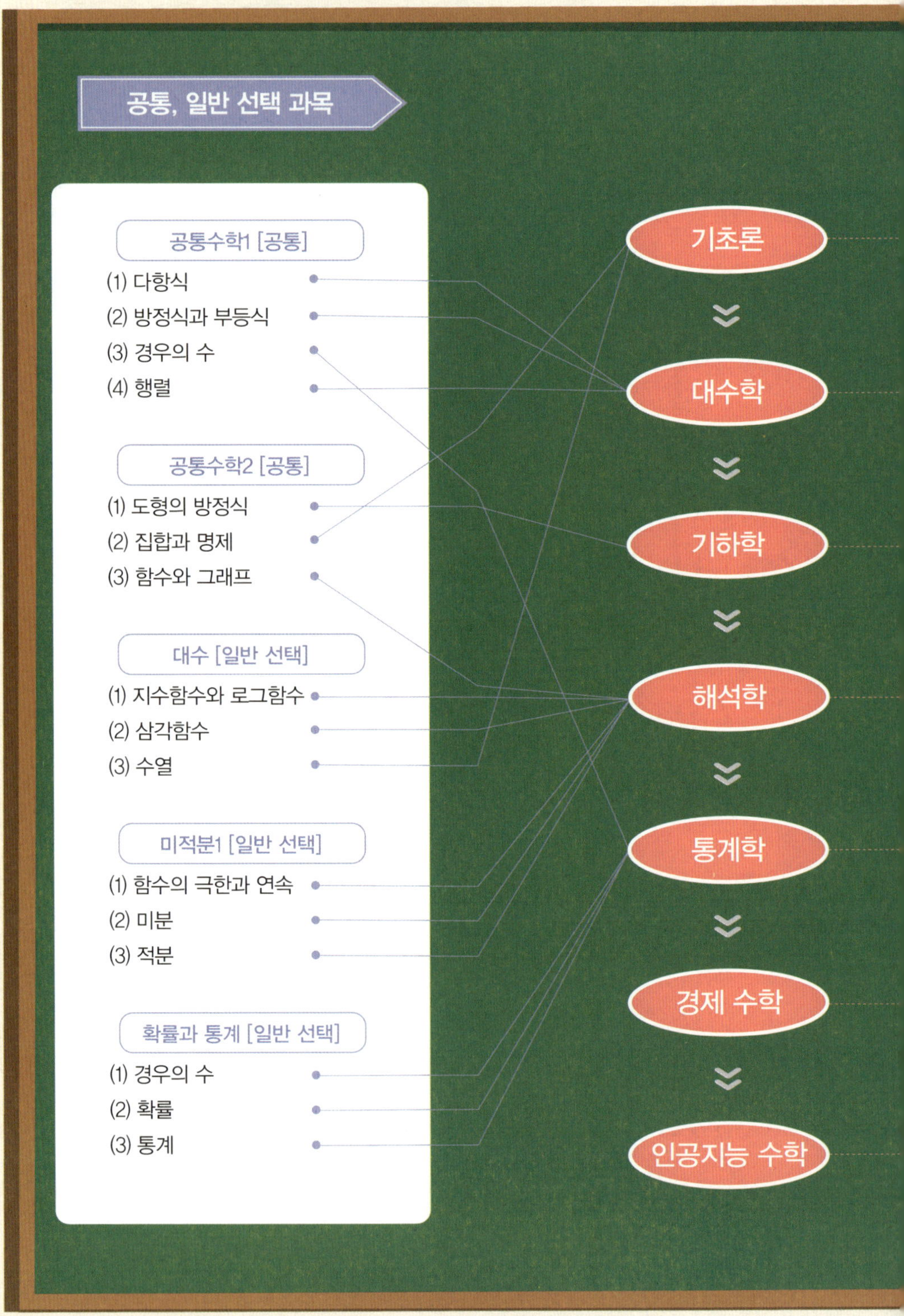

수학의 근본 전제와 논리적 구조를 다루는 분야

수, 식, 벡터, 행렬 등 수학적 대상의 연산에 관한 일반적인 규칙을 다루는 분야

도형과 공간의 성질을 다루는 분야

실수와 같이 연속성을 갖는 대상의 성질과 변화를 다루는 분야

확률론을 바탕으로 데이터를 수집·분석·해석하여 불확실한 현상 속에서 의미 있는 결론과 예측을 이끌어내는 분야

경제 및 금융의 기본 개념에 수학이 활용되는 다양한 사례를 경험하고, 경제 현상을 수학적으로 해석하고 탐구하는 과목

인공지능의 데이터 처리와 의사 결정에 수학이 활용되는 다양한 사례를 경험하며, 인공지능과 수학의 관련성을 탐구하는 과목

미적분2 [진로 선택]
- (1) 수열의 극한
- (2) 미분법
- (3) 적분법

기하 [진로 선택]
- (1) 이차곡선
- (2) 공간도형과 공간좌표
- (3) 벡터

경제 수학 [진로 선택]
- (1) 수와 경제
- (2) 함수와 경제
- (3) 행렬과 경제
- (4) 미분과 경제

인공지능 수학 [진로 선택]
- (1) 인공지능과 빅데이터
- (2) 텍스트 데이터 처리
- (3) 이미지 데이터 처리
- (4) 예측과 최적화
- (5) 인공지능과 수학 탐구

실용 통계 [융합 선택]
- (1) 통계와 통계적 문제
- (2) 자료의 수집과 정리
- (3) 자료의 분석
- (4) 통계적 탐구

※ 회색 글씨로 표시한 단원은 이 책에서 다루지 않은 부분입니다.

순수수학

고등학교 과정

2부

5장

기초론

수학 기초론은 수학의 근본 전제와 논리적 구조를 다루는 분야입니다. 이 장에서는 고등학교 수학 전반에 흩어져 있는 기초론적 내용을 모아 살펴봅니다.

집합

집합의 정의

19세기의 수학계는 여러 역설과 모순에 직면합니다. 1＋1은 왜 2인지, 수란 무엇인지, 무한대란 무엇인지 등 그동안 수학의 상당 부분을 직관에 의존해왔기 때문입니다. 수학자들은 수학에서 쓰는 용어와 문장을 명확하게 다듬어 위기를 타개하고자 했죠.

수학 용어의 명확성을 보장하기 위해 수학자들이 택한 재료는 집합이었습니다. 수학의 모든 개념 및 용어를 집합을 이용해서 정의하기 시작한 것입니다. 어떤 용어의 의미가 분명하게 정해진다는 것은 그 개념에 해당하는 것과 그렇지 않은 것이 명확히 구별된다는 의미이므로, 하나의 집합이 정해진다는 것과 같죠.

고전적으로 집합이란, '어떤 기준에 따라 대상을 분명하게 정할 수 있는 모임'이라고 합니다. 예를 들어 '키가 170cm 이상인 사람의 모임'은 집합이지만, '키가 큰 사람의 모임'은 대상을 분명하게 정할 수 없으므로 집합이라 보기 힘듭니다.

집합을 이루는 대상 하나하나를 그 집합의 원소라고 합니다. a가 집합 A의 원소일 때, a는 집합 A에 속한다고 하며, $a \in A$로 나타냅니다. 만약 a가 집합 A의 원소가 아니면 $a \notin A$로 나타냅니다. 일반적으로 집합의 원소는 서로 달라야 합니다. 즉, 중복을 허용하지 않습니다. 또한 원소의 순서는 고려되지 않습니다. 즉 집합 $\{1, 2\}$와 집합 $\{2, 1\}$은 같은 집합입니다.

집합을 나타내는 통상적인 방법은 다음과 같습니다.

(1) 원소나열법: 집합에 속하는 모든 원소를 기호 { } 안에 나열하여 집합을 나타내는 방법.

(2) 조건제시법: 집합에 속하는 원소들의 공통 성질을 조건으로 제시하여 집합을 나타내는 방법.

(3) 벤다이어그램: 19~20세기 영국 수학자 존 벤이 고안한 도식법.

예를 들어, 2 이상 10 이하 짝수들의 집합 A를 원소나열법으로는 $A=\{2, 4, 6, 8, 10\}$으로, 조건제시법으로는 $A=\{x \mid x$는 2 이상 10 이하의 짝수$\}$로, 벤다이어그램으로는 아래와 같이 나타낼 수 있습니다.

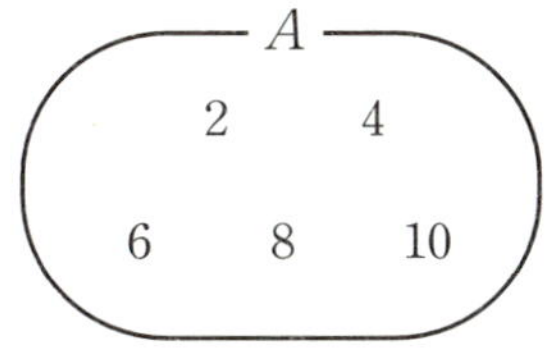

원소가 유한개인 집합을 유한집합이라 하고, 원소가 무수히 많은 집합을 무한집합이라고 합니다. 집합 A가 유한집합일 때, 집합 A의 원소의 개수를 기호 $n(A)$로 나타냅니다. 한편, 원소가 하나도 없는 집합을 공집합이라고 하며, 이것을 기호 á으로 나타냅니다. á은 노르웨이어 문자로, 그리스어 문자 Φ(피)와는 다릅니다. 이때 $n(á)=0$입니다.

ZFC

19세기에 칸토어는 고전적인 집합론을 창시하며 집합론의 기초가 되는 주요한 개념들을 발명하고 체계화했습니다. 그 전까지는 거의 연구가 금기

시되었던 무한에 관한 선구적인 이론을 정립하기도 했죠. 하지만 아이러니하게도 칸토어는 자신의 집합론에서 또 하나의 역설을 마주합니다. 바로 '모든 집합의 집합'이라는 개념을 집합이라고 보아야 하는지에 대해서였습니다.

칸토어의 역설은 러셀의 역설로도 이어집니다. 러셀의 역설이란 '자기 자신을 원소로 포함하지 않는 집합들의 집합'이 자기 자신을 원소로 포함하는지, 포함하지 않는지 묻는 역설입니다. 이로부터 수학계는 집합의 고전적인 정의가 허술함을 깨닫게 됩니다. 그리하여 19~20세기 독일의 수학자 다비트 힐베르트의 주도하에 '무엇을 집합이라고 정의할 것인가'를 결정하는 공리계가 만들어지기 시작합니다.

에른스트 체르멜로가 최초의 공리적 집합론인 ZC 공리계를 발표했고, 아브라함 프렝켈, 토랄프 스콜렘, 존 폰 노이만 등이 수정 및 보완하는 과정을 거쳐 현대 표준 공리계인 ZFC 공리계•가 만들어졌습니다.

통상적으로 ZFC 공리계는 다음의 10개 공리를 의미합니다.••

(1) 외연 공리　　　(2) 짝 공리　　　(3) 공집합 공리

(4) 정칙 공리　　　(5) 합집합 공리　　　(6) 멱집합 공리

(7) 무한 공리　　　(8) 치환 공리꼴　　　(9) 분류 공리꼴

(10) 선택 공리

하지만 ZFC를 바탕으로 해도 여러 모순이 발생한다는 사실이 이후에

• 　체르멜로Zermelo, 프렝켈Fraenkel, 선택공리axiom of Choice의 머리글자를 따왔습니다.

•• 　205~207쪽 참고.

밝혀집니다. 그리하여 MK, NBG 등 여러 추가적인 공리계가 만들어지기도 하지만, 일반적으로 표준 공리계라고 하면 여전히 ZFC가 대표로 꼽힙니다.

집합의 포함관계

집합 A의 모든 원소가 집합 B에 속할 때, 집합 A를 집합 B의 부분집합이라고 하며, 이것을 기호 $A \subset B$로 나타냅니다. '집합 A는 집합 B에 포함된다' 또는 '집합 B는 집합 A를 포함한다'라고 읽습니다. 벤다이어그램으로는 아래와 같이 나타냅니다.

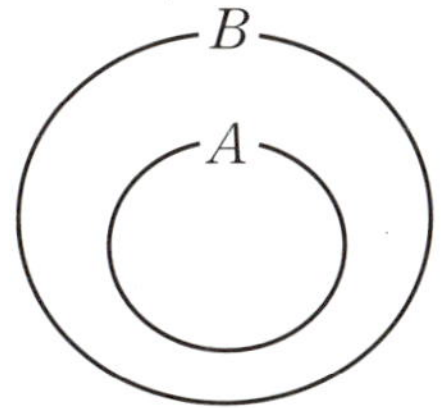

만약 집합 A가 집합 B의 부분집합이 아니면, 기호 $A \not\subset B$로 나타냅니다.

집합 A의 모든 원소는 집합 A에 속하므로 모든 집합은 자기 자신의 부분집합입니다. 또, 공집합은 모든 집합의 부분집합으로 정합니다. 즉, 임의의 집합 A에 대하여 $A \subset A$, $\acute{a} \subset A$입니다. 공집합을 모든 집합의 부분집합으로 정하는 이유는 이후에 언급할 교집합 연산을 매끄럽게 하기 위해서입니다.

두 집합 A, B에 대하여 $A \subset B$이고 $B \subset A$일 때, 두 집합 A, B는 서로 같다고 하며, 이것을 기호 $A = B$로 나타냅니다. 벤다이어그램으로는 아래와 같이 나타냅니다.

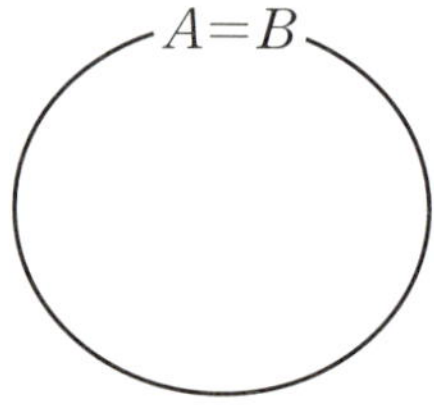

$A=B$

만약 두 집합 A와 B가 서로 같지 않으면, 기호 $A \neq B$로 나타냅니다.

두 집합 A, B에 대하여 A가 B의 부분집합이고 서로 같지 않을 때, 즉 $A \subset B$이고 $A \neq B$일 때, A를 B의 진부분집합이라고 합니다.

집합의 연산

합집합과 교집합

두 집합 A, B에 대하여 A에 속하거나 B에 속하는 모든 원소로 이루어진 집합을 A와 B의 합집합이라고 하며, 이것을 기호 $A \cup B$로 나타냅니다. 즉, $A \cup B = \{x \mid x \in A$ 또는 $x \in B\}$입니다.

두 집합 A, B에 대하여 A에도 속하고 B에도 속하는 모든 원소로 이루어진 집합을 A와 B의 교집합이라고 하며, 이것을 기호 $A \cap B$로 나타냅니다. 즉, $A \cap B = \{x \mid x \in A$ 그리고 $x \in B\}$입니다. A와 B의 합집합과 교집합을 벤다이어그램으로 나타나면 아래와 같습니다.

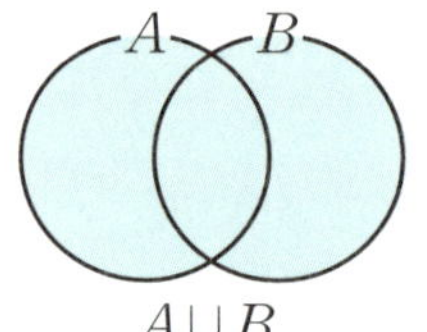

$A \cup B$

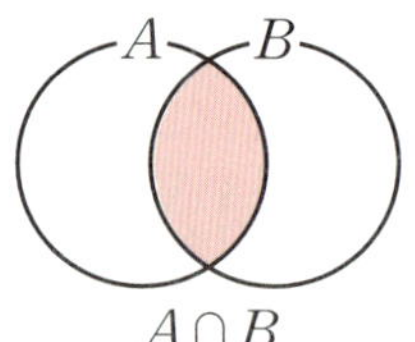

$A \cap B$

<회전 회오리 집합 기호>

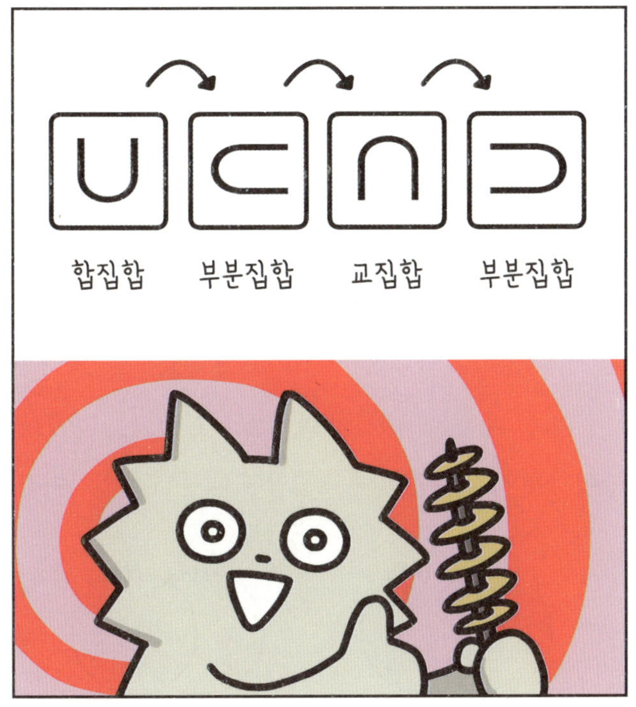

만약 두 집합 A, B에서 공통인 원소가 하나도 없을 때, 즉 $A \cap B = \varnothing$일 때, 두 집합 A와 B는 서로소라고 합니다. 벤다이어그램으로 나타나면 아래와 같습니다.

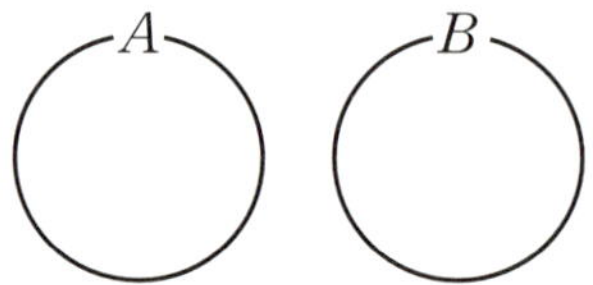

만약 공집합을 모든 집합의 부분집합이라고 하지 않으면, 두 집합 A와 B가 서로소일 때 $A \cap B$가 정의되지 않습니다. 하지만 공집합이 모든 집합의 부분집합이라고 함으로써, A와 B가 서로소일 때에도 $A \cap B = \varnothing$이라 정의됩니다.

연산법칙

일반적으로 두 집합 A, B에 대하여 $A \cup B = B \cup A$, $A \cap B = B \cap A$가 성립합니다. 이것을 각각 합집합과 교집합에 대한 교환법칙이라고 합니다.

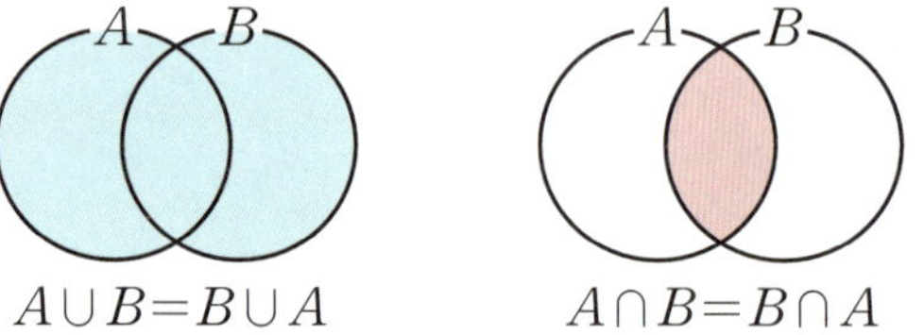

일반적으로 세 집합 A, B, C에 대하여 $(A \cup B) \cup C = A \cup (B \cup C)$, $(A \cap B) \cap C = A \cap (B \cap C)$가 성립합니다. 이것을 각각 합집합과 교집합에 대한 결합법칙이라고 합니다.

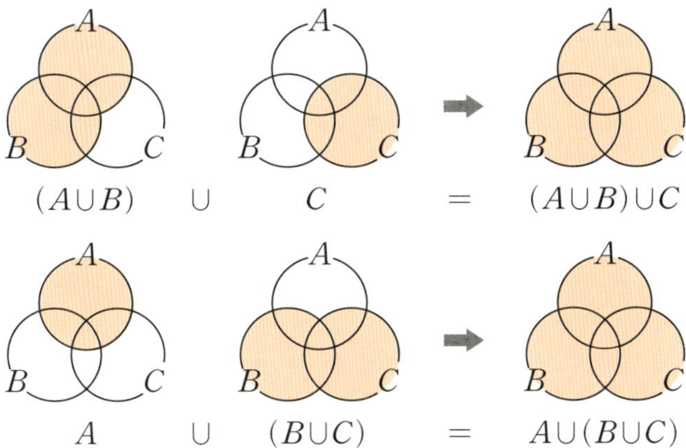

마지막으로 세 집합 A, B, C에 대하여 $A \cup (B \cap C) = (A \cup B) \cap (A \cup C)$, $A \cap (B \cup C) = (A \cap B) \cup (A \cap C)$가 성립하는데, 이것을 집합의 연산에 대한 분배법칙이라고 합니다. 증명은 다음과 같습니다.

$A \cup (B \cap C) = (A \cup B) \cap (A \cup C)$에서 좌변을 벤다이어그램으로 표현하면 아래와 같습니다.

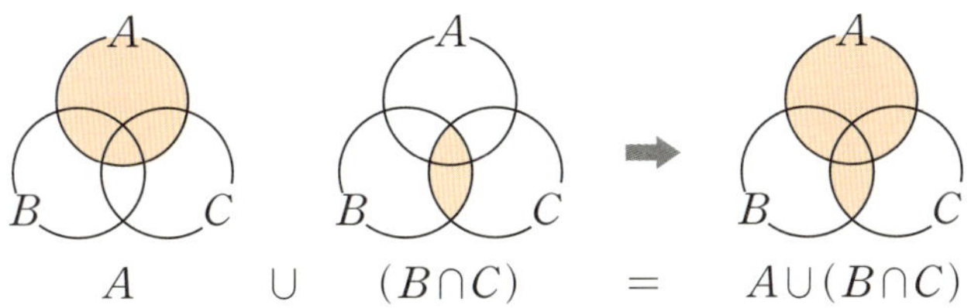

우변을 벤다이어그램으로 표현하면 아래와 같습니다.

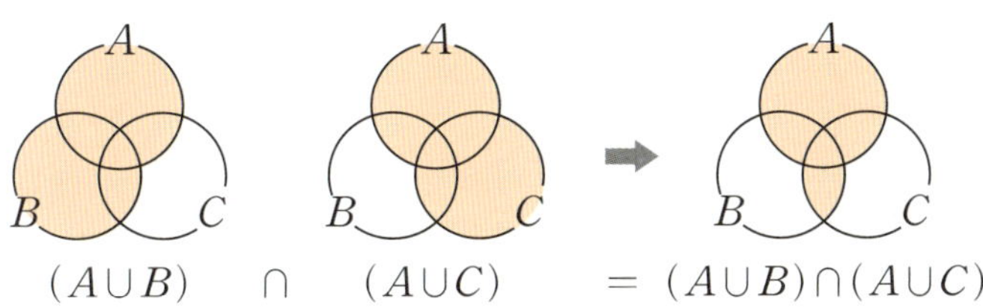

벤다이어그램에서 색칠된 영역이 같으므로, $A \cup (B \cap C) = (A \cup B) \cap (A \cup C)$가 성립합니다.

한편 $A \cap (B \cup C) = (A \cap B) \cup (A \cap C)$에서 좌변을 벤다이어그램으로 표현하면 아래와 같습니다.

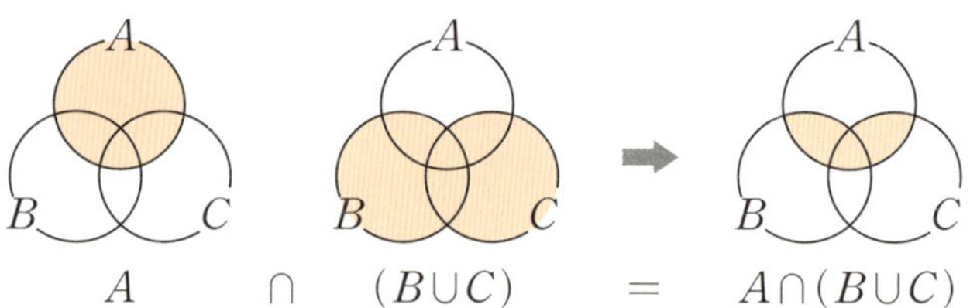

우변을 벤다이어그램으로 표현하면 아래와 같습니다.

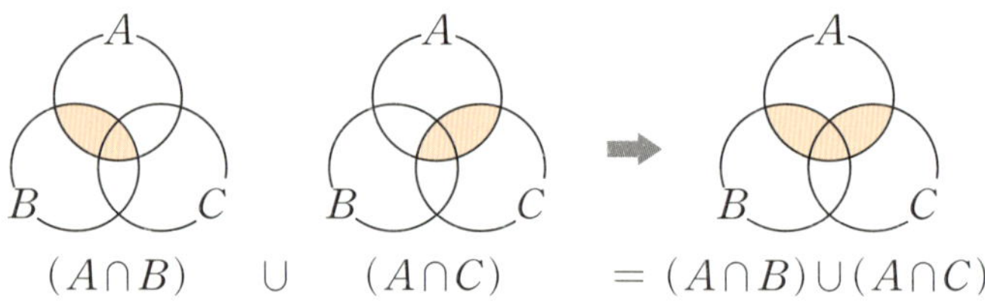

색칠된 영역이 같으므로, $A \cap (B \cup C) = (A \cap B) \cup (A \cap C)$가 성립합니다.

여집합과 차집합

어떤 집합에 대하여 그 집합의 부분집합을 생각할 때, 처음에 주어진 집합을 전체집합이라고 하며 이것을 기호 U로 나타냅니다. U는 'Universal set'의 머리글자입니다.

그리고 집합 A가 전체집합 U의 부분집합일 때, U의 원소 중에서 A에 속하지 않는 모든 원소로 이루어진 집합을 U에 대한 'A의 여집합'이라고 하며, 이를 기호로 적으면 A^C입니다. 즉, $A^C = \{x \mid x \in U \text{ 그리고 } x \notin A\}$입니다. 이때 C는 'complement'의 머리글자입니다. 벤다이어그램으로는 다음과 같이 나타냅니다.

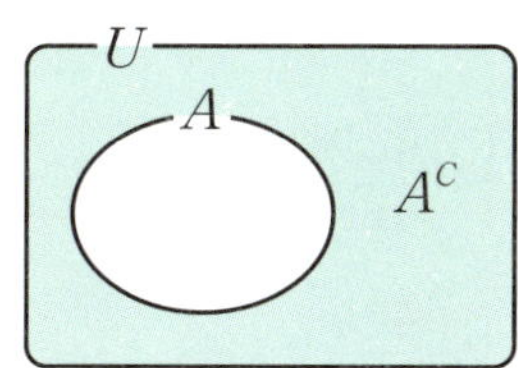

두 집합 A, B에 대하여 A에 속하지만 B에는 속하지 않는 모든 원소로 이루어진 집합을 A에 대한 B의 차집합이라고 하며, 이것을 기호 $A-B$로 나타냅니다. 즉, $A-B = \{x \mid x \in A \text{ 그리고 } x \notin B\}$입니다. 또한 $A-B = A \cap B^C$가 성립합니다. 벤다이어그램으로 나타내면 아래와 같습니다.

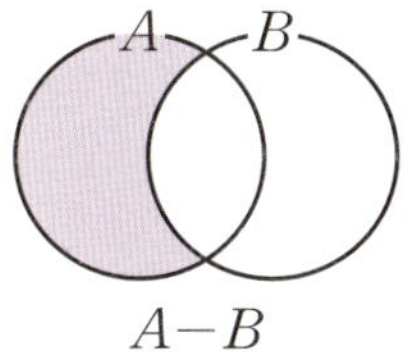

전체집합 U의 두 부분집합 A, B에 대하여 $(A \cup B)^C$과 $A^C \cap B^C$을 벤다이어그램으로 나타내면 다음과 같습니다.

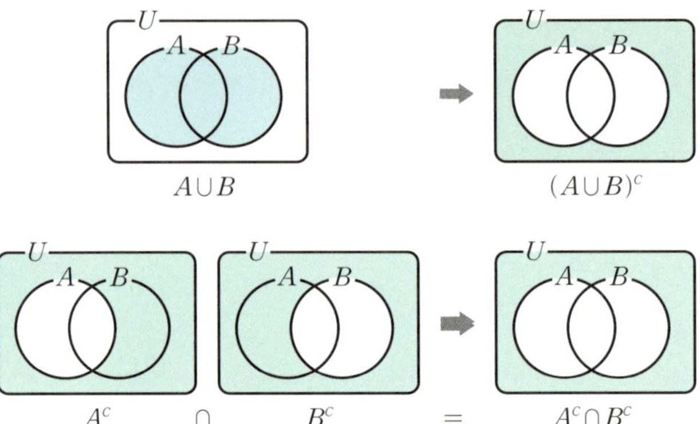

따라서 $(A \cup B)^C = A^C \cap B^C$이 성립합니다. 마찬가지로 $(A \cap B)^C = A^C \cup B^C$도 성립함을 보일 수 있으며 이를 정리한 19세기 영국 수학자의 이름을 따서 '드모르간의 법칙'이라 부릅니다.

{W, O, N, Y}

{A, B, C, D, E,
F, G, H, I, J, K,
L, M, P, Q, R, S,
T, U, V, X, Z}

명제

명제와 조건

참 또는 거짓을 명확하게 판별할 수 있는 문장이나 식을 명제라고 합니다. 한편 변수를 포함하는 문장이나 식이 변수의 값에 따라 참·거짓이 결정될 때, 이 문장이나 식을 조건이라고 합니다. 예를 들어, '$\sqrt{2}$는 유리수이다'는 거짓인 명제, '$1+1=2$'는 참인 명제, '$x>2$'는 조건이라 볼 수 있습니다.

전체집합 U의 원소 중에서 어떤 조건을 참이 되게 하는 모든 원소의 집합을 그 조건의 진리집합이라고 합니다. 예를 들어 자연수 x에 대하여, 조건 'x는 6의 약수이다'의 진리집합은 $\{1, 2, 3, 6\}$입니다.

일반적으로 조건 p는 그 자체로 참, 거짓을 판별할 수 없지만, '모든'이나 '어떤'으로 조건 p의 변수의 범위를 정하면 참·거짓이 판별되므로 명제가 됩니다. 예를 들어 전체집합 $U=\{x\,|\,x$는 자연수$\}$에 대하여, '모든 x에 대하여 $x\geq2$이다'는 $x=1$이라는 반례가 있으므로 거짓인 명제이지만, '어떤 x에 대하여 $x\geq2$이다'는 참인 명제입니다.

명제의 부정

명제 p에 대하여 'p가 아니다'를 명제 p의 부정이라고 하며, 이것을 기호 $\sim p$로 나타냅니다. 전체집합 U에 대하여 조건 p의 진리집합을 P라고 할 때, $\sim p$의 진리집합은 P^{C}입니다.

명제 '모든 x에 대하여 p이다'의 부정은 'p가 아닌 x가 있다', 즉 '어떤

x에 대하여 $\sim p$이다'입니다. 또 명제 '어떤 x에 대하여 p이다'의 부정은 'p인 x가 없다', 즉 '모든 x에 대하여 $\sim p$이다'입니다. 예를 들어, 전체집합이 $U = \{-2, -1, 0, 1, 2\}$일 때, '모든 x에 대하여 $x^2 \leq 4$이다'는 참인 명제이고, 이 명제의 부정인 '어떤 x에 대하여 $x^2 > 4$이다'는 거짓인 명제입니다.

명제 $p \to q$

$p \to q$의 참과 거짓

두 조건 p, q로 이루어진 명제 'p이면 q이다'를 기호 $p \to q$로 나타내고, p를 가정, q를 결론이라 부릅니다. 예를 들어 명제 '4의 배수는 짝수이다'는 'x가 4의 배수이면 x는 짝수이다'로 바꾸어 쓸 수 있으므로 'x는 4의 배수이다'는 가정, 'x는 짝수이다'는 결론으로 볼 수 있습니다.

명제 $p \to q$에 대하여 두 조건 p, q의 진리집합을 각각 P, Q라고 할 때 다음이 성립합니다.

(1) 명제 $p \to q$가 참이면 $P \subset Q$이고, $P \subset Q$이면 명제 $p \to q$는 참.

(2) 명제 $p \to q$가 거짓이면 $P \not\subset Q$이고, $P \not\subset Q$이면 명제 $p \to q$는 거짓.

예를 들어, 명제 'x가 4의 약수이면 x는 8의 약수이다'는 참입니다. 이때 두 조건 'p: x는 4의 약수이다', 'q: x는 8의 약수이다'의 진리집합을 각각 P, Q라고 하면 $P = \{1, 2, 4\}$, $Q = \{1, 2, 4, 8\}$이므로 $P \subset Q$입니다.

가정 p의 진리집합이 공집합이면, 명제 $p \to q$는 항상 참입니다. 이를 '공허한 참'이라 부릅니다. 이는 p의 진리집합 $\emptyset$과 q의 진리집합 Q에 대해 항상 $\emptyset \subset Q$가 성립하기 때문입니다. 다만 다른 참인 명제들과 달리,

이로부터 유의미한 함의를 끌어낼 수 없으므로 공허하다는 수식어를 붙입니다.

$$\text{실수 } x \text{에 대하여, } 3 < x < 2 \text{ 이면 } x^2 < 0 \text{이다. } \Rightarrow \text{공허한 참}$$

$p \rightarrow q$의 부정

명제 $p \rightarrow q$의 부정은 다음과 같이 유도할 수 있습니다.

$$\text{‘}p\text{이면 } q\text{이다.’} \equiv \text{‘}p\text{를 만족하는 모든 것은 } q\text{를 만족한다.’}{}^{\bullet}$$
$$\xrightarrow{\text{부정}} \text{‘}p\text{를 만족하는 어떤 것은 } q\text{를 만족하지 않는다.’}$$

역과 대우

명제 $p \rightarrow q$에서 가정과 결론을 서로 바꾸어서 만든 명제 $q \rightarrow p$를 명제 $p \rightarrow q$의 역이라고 합니다. 또 명제 $p \rightarrow q$에서 가정과 결론을 각각 부정하여 서로 바꾸어 만든 명제 $\sim q \rightarrow \sim p$를 명제 $p \rightarrow q$의 대우라고 합니다.${}^{\bullet\bullet}$ 예를 들어 ‘$x < 2$이면 $x < 1$이다’의 역은 ‘$x < 1$이면 $x < 2$이다’이고, 대우는 ‘$x \geq 1$이면 $x \geq 2$이다’입니다.

　명제 $p \rightarrow q$와 그 대우 $\sim q \rightarrow \sim p$의 참, 거짓은 항상 일치합니다.

• 　두 명제 p, q에 대해 $p \equiv q$는 p와 q가 논리적인 동치, 즉 두 명제가 항상 같은 참·거짓 값을 가질 때 사용합니다.

•• 　대對는 서로 마주한다는 뜻, 우偶는 짝이라는 뜻으로, 원래 명제와 짝을 이루어 마주 보는 형태라는 의미입니다. 영어로는 ‘contraposition’입니다.

 명제와 대우의 참·거짓은 항상 일치한다

(1) $p \to q$가 참, 즉 $P \subset Q$이면 아래 그림과 같이 $Q^C \subset P^C$가 성립합니다.

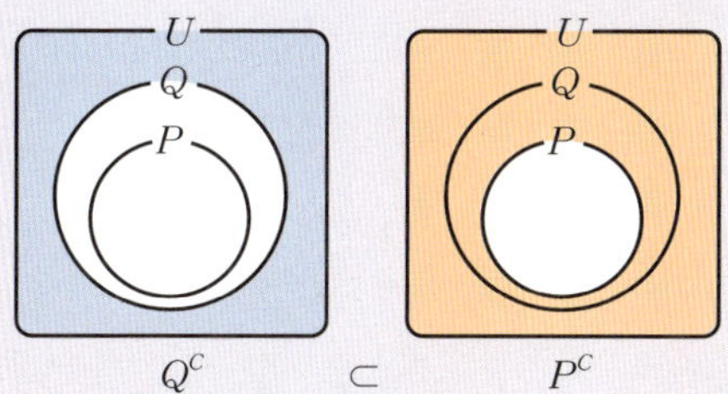

따라서 $\sim q \to \sim p$는 참입니다.

(2) $p \to q$가 거짓, 즉, $P \not\subset Q$이면 아래 그림과 같이 $Q^c \not\subset P^c$입니다.

따라서 $\sim q \to \sim p$는 거짓입니다.

즉, 명제 $p \to q$와 그 대우 $\sim q \to \sim p$의 참·거짓은 항상 일치합니다. ■

충분조건과 필요조건

명제 $p \to q$가 참일 때, 이를 기호로 $p \Rightarrow q$와 같이 나타냅니다. 이때 p는 q이기 위한 충분조건, q는 p이기 위한 필요조건이라고 합니다. 예를 들어 '$x=2 \Rightarrow x^2=4$'이므로 $x=2$는 $x^2=4$이기 위한 충분조건, $x^2=4$는 $x=2$이기 위한 필요조건입니다.

$p \Rightarrow q$이고 $q \Rightarrow p$일 때, 이것을 기호로 $p \Leftrightarrow q$와 같이 나타내고, p는

q이기 위한 필요충분조건이라고 합니다. 예를 들어 '$x=4 \Leftrightarrow 2x-3=5$' 이므로 $x=4$는 $2x-3=5$이기 위한 필요충분조건입니다.

증명

공리와 정리

공리는 증명 없이 참으로 받아들이는, 가장 기초적인 근거가 되는 명제입니다. 예를 들어, 공집합 공리는 '어떤 것도 포함하지 않는 집합(공집합)이 존재한다'라는 명제입니다.

어떤 형식 체계에 관한 논의의 전제로 주어진 공리들의 집합을 공리계라고 부릅니다. 자연수를 정의하는 페아노 공리계(203~204쪽 참고), 집합을 정의하는 ZFC 등이 그 예입니다.

한편, 공리와 용어의 정의로부터 참이라 증명이 완료된 명제는 정리라고 부릅니다. 어떤 정리를 증명하기 위해 사용되는 정리를 보조정리라 부르고, 정리로부터 쉽게 도출되는 부가적인 정리를 따름정리라 부릅니다.

또한, 용어의 정의로부터 곧바로 증명이 되는 정리는 성질property, 연산 및 공식에 특화된 정리는 법칙law이라고 불러주기도 합니다. 자연수의 정의로부터 증명되는 아르키메데스 성질(자연수는 아무리 큰 수라도 결국 그 수를 넘을 만큼 충분히 커질 수 있다), 덧셈에 대한 교환법칙과 결합법칙 등이 그 예입니다.

문장Statement

⇩

명제Proposition: 참·거짓이 분명한 문장

⇩

정리Theorem: 참인 명제

보조정리Lemma ⇨ 정리Theorem ⇨ 따름정리Corollary

여러 가지 증명법

어떤 명제가 거짓임을 보이려면 반례를 찾아주면 됩니다. 예컨대 명제 '모든 실수 x에 대하여, $x^2 > 0$이다'는 반례 $x=0$이 있으므로 거짓입니다.

명제와 그 대우는 참, 거짓이 일치하므로 명제 $p \to q$가 참임을 증명하려 할 때 그 대우 $\sim q \to \sim p$가 참임을 증명해도 됩니다.

> **증명** 자연수 n에 대하여, n^2이 3의 배수이면 n도 3의 배수이다
>
> 대우를 이용해 위 명제가 참임을 증명해봅시다.
>
> n이 3의 배수가 아니라면 임의의 자연수 k에 대해 $n=3k-2$ 또는 $n=3k-1$입니다.
>
> $n=3k-2$라면 $n^2=(3k-2)^2=9k^2-12k+4=3(3k^2-4k+2)-2$이므로 n^2은 3의 배수가 아닙니다.
>
> $n=3k-1$이라면 $n^2=(3k-1)^2=9k^2-6k+1=3(3k^2-2k+1)-2$이므로 마찬가지로 n^2은 3의 배수가 아닙니다.
>
> 따라서 명제 'n이 3의 배수가 아니라면 n^2도 3의 배수가 아니다'는 참입니다.
>
> 이로써 이 명제의 대우 명제인 'n^2이 3의 배수이면 n도 3의 배수이다'는 참

니다. ∎

　어떤 명제가 참임을 증명하기 위해, 그 명제의 부정이 모순임을 보여도
됩니다. 이와 같이 증명하는 방법을 귀류법이라고 합니다.

$$
\text{부정}\left\{\begin{array}{l} p \qquad\qquad \text{참} \\ \qquad\qquad\quad \Uparrow \\ \sim p \quad \Rightarrow \quad \text{모순(거짓)} \end{array}\right.
$$

증명 $\sqrt{3}$ 은 무리수다

귀류법으로 위 명제를 증명해봅시다.

우선 $\sqrt{3}$ 이 유리수라고 가정해봅니다.

그러면 서로소인 어떤 양의 정수 p, q 에 대해 $\sqrt{3} = \dfrac{q}{p}$ 로 나타낼 수 있습니다.

$$
\sqrt{3} = \frac{q}{p}
$$
$$
\Rightarrow p\sqrt{3} = q
$$
$$
\Rightarrow 3p^2 = q^2,
$$

따라서 q^2 은 3의 배수입니다. 그러므로 q 도 3의 배수(앞 증명 참고)이고, 자연수
k 에 대해 $q = 3k$ 로 나타낼 수 있습니다.

$$
3p^2 = q^2
$$
$$
\Rightarrow 3p^2 = (3k)^2 = 9k^2
$$
$$
\Rightarrow p^2 = 3k^2,
$$

따라서 p^2 은 3의 배수입니다. 그러므로 p 도 3의 배수입니다.

p, q 는 모두 3의 배수이므로 공약수 3을 가지며 서로소가 아닙니다. 이는 p,
q 가 서로소라는 가정에 모순입니다. 귀류법에 따라 $\sqrt{3}$ 은 유리수가 아니라 무
리수입니다. ∎

 소수의 개수는 무한하다

귀류법으로 위 명제를 증명해봅시다.

우선 소수의 개수가 유한하다고 가정해봅니다. 그러면 소수의 개수 n에 대해 모든 소수를 $p_1, p_2, \cdots, p_n$과 같이 표현할 수 있습니다.

여기서 $N = p_1 p_2 \cdots p_n + 1$이라 하면 N은 어떤 소수로 나누어도 나누어떨어지지 않고 나머지가 1이 되는 새로운 소수입니다. 즉, 소수의 개수는 $n+1$입니다.

이는 소수의 개수가 n이라는 가정에 모순이므로 귀류법에 따라 소수의 개수는 무한합니다. ∎

부등식 형태의 명제가 참임을 증명할 때는 절대부등식을 자주 이용합니다.

 a, b가 실수일 때, $a^2 - ab + b^2 \geq 0$이다

$a^2 - ab + b^2 = \left(a - \dfrac{b}{2}\right)^2 + \dfrac{3}{4}b^2$입니다.

$\left(a - \dfrac{b}{2}\right)^2 \geq 0, \dfrac{3}{4}b^2 \geq 0$이므로, (절대부등식)

$\left(a - \dfrac{b}{2}\right)^2 + \dfrac{3}{4}b^2 \geq 0$입니다.

따라서 $a^2 - ab + b^2 \geq 0$입니다. ∎

임의의 자연수에 대한 명제가 참임을 증명할 때는 수학적 귀납법을 자주 이용합니다. 이에 대해서는 200쪽에서 설명합니다.

$$
\text{------------} 4 \text{------------}
$$

수열

수열의 역사

수열은 나열의 순서를 고려해야 하고, 수의 중복도 허용된다는 점에서 집합과 구분됩니다.

인류가 수열을 연구한 역사는 자연수의 역사만큼이나 오래되었습니다. 적어도 기원전 3000년 이전부터 그 개념이 존재했을 것으로 여겨지지요. 남아 있는 가장 오래된 기록은 기원전 1650년경에 제작된 고대 이집트의 《린드 파피루스》입니다. 등차수열과 조화수열의 개념, 빵과 맥주를 노동자에게 공평하게 배분하는 응용문제가 여기에 등장합니다.

유한개의 항을 취급하는 유한수열에서 무한개의 항을 취급하는 무한수열로 수열의 개념이 더 넓어지게 된 데에는 기원전 5세기 무렵에 활동했던 고대 그리스의 학자 엘레아의 제논이 제시한 '제논의 역설'이 큰 공헌을 했습니다. 아킬레우스와 거북이의 역설, 이분법의 역설, 화살의 역설 등은 무한수열과 급수에 대한 수학자들의 연구욕을 불러일으켰습니다.

예를 들어 아킬레우스와 거북이의 역설이란 다음과 같습니다.

"아킬레우스가 거북이보다 10배 빨리 달릴 수 있다고 가정하고, 거북이를 아킬레우스보다 100m 앞에서 출발시킨다. 아킬레우스가 100m를 달려가면 거북이는 10m를 가고, 아킬레우스가 10m를 가면 그동안 거북이는 1m를 나아간다. 아킬레우스가 거북이를 따라잡으려 아무리 달려도, 그동안 거북이도

수열에 관한 가장 오래된 기록이 남아 있는 고대 이집트의 《린드 파피루스》.

움직이기 때문에 아킬레우스는 영원히 거북이를 따라잡을 수 없다."

이 문제는 등비수열의 무한합(무한등비급수)을 이용해서 쉽게 논파할 수 있습니다. 무한합의 결과가 유한할 수도 있다는 것이 역설 해결의 핵심이죠.

이러한 무한수열, 무한급수의 개념은 이후에 미적분학의 핵심 아이디어가 되기도 합니다.

수열의 개념

차례로 나열된 수의 열을 수열이라고 하며, 수열을 이루고 있는 각 수를 그 수열의 항이라고 합니다. 일반적으로 수열은 각 항에 번호를 붙여 $\{a_1, a_2, a_3, \cdots, a_n, \cdots\}$ 또는 $a_1, a_2, a_3, \cdots, a_n, \cdots$과 같이 나타내고 앞에서부터 차례로 첫째항, 둘째항, 셋째항, $\cdots$ 또는 제1항, 제2항, 제3항, $\cdots$이라고 합니다. 이때 제 n항 a_n을 이 수열의 일반항이라고 하며, 일반항이 a_n인 수열을 간단히 기호로 $\{a_n\}$과 같이 나타냅니다. 예를 들어 일반항이 $a_n=2^n+3n$인 수열의 셋째항은 $a_3=2^3+3\times3=17$입니다.

처음 몇 개의 항을 제시하고, 그다음 항을 정할 수 있는 관계식으로 수열을 정의하기도 합니다. 이를 수열의 귀납적 정의라고 합니다. 예를 들어 수열 $\{a_n\}$의 귀납적 정의가 $a_1=1$, $a_{n+1}=a_n+2$라면 $a_2=3$, $a_3=5$, $a_4=7$, $\cdots$, $a_n=2n-1$임을 알 수 있습니다.

등차수열

첫째항부터 차례로 일정한 수를 더하여 얻은 수열을 등차수열이라고 하며, 그 일정한 수를 공차라고 합니다. 첫째항이 a, 공차가 d인 등차수열의 일반항은 $a_n=a+(n-1)d$와 같이 나타낼 수 있습니다.

예를 들어 등차수열 $\{1, 4, 7, 10, 13, \cdots\}$의 일반항은 $a_n=1+3(n-1)$입니다.

등비수열

첫째항부터 차례로 일정한 수를 곱하여 얻은 수열을 등비수열이라고 하며, 그 일정한 수를 공비라고 합니다. 첫째항이 a, 공비가 r인 등비수열의 일반항은 $a_n=ar^{n-1}$과 같이 나타낼 수 있습니다.

예를 들어 등비수열 $\{2, 6, 18, 54, 162, \cdots\}$의 일반항은 $a_n=2\times3^{n-1}$입니다.

등차중항과 등비중항

세 수 a, b, c가 순서대로 등차수열을 이루면 $2b=a+c$가, 등비수열을 이

무장공비

루면 $b^2=ac$가 성립합니다. 이때의 b를 각각 등차중항, 등비중항이라 부릅니다.

수열의 합

수열 $\{a_n\}$의 제 m항부터 제 n항까지의 합 $a_m+a_{m+1}+\cdots+a_{n-1}+a_n$은 합의 기호 '$\sum$'를 사용하여 $\sum_{k=m}^{n} a_k$와 같이 나타냅니다. 만약 $m=1$이라면 $\sum_{k=1}^{n} a_k=S_n$과 같이 나타내기도 합니다. 그리고 이러한 수열의 합을 급수라고 부릅니다.

기호 $\sum$는 '시그마'라 읽는 그리스 문자로, 오일러가 본격적으로 수열의 합 기호로 사용하였고 이후 푸리에와 가우스 등도 즐겨 쓰며 오늘날처럼 일반적인 표기로 자리 잡았습니다. 오일러가 이 기호를 선택한 이유에 관해서는 합계라는 뜻을 가진 그리스어 '시노론$_{\Sigma \acute{v} \nu o \lambda o \nu}$'의 머리글자를 가져왔다는 추측, 라틴어 'summa'의 머리글자를 그리스 문자로 표현했다는 추측 등이 있습니다.

수열의 합 정의로부터 아래 성질들이 성립합니다.

- $\sum_{k=1}^{n} c = cn$ (단, c는 상수)
- $\sum_{k=1}^{n} ca_k = c\sum_{k=1}^{n} a_k$ (단, c는 상수)
- $\sum_{k=1}^{n} (a_k \pm b_k) = \sum_{k=1}^{n} a_k \pm \sum_{k=1}^{n} b_k$ (복부호 동순)
- $\sum_{k=1}^{n} k = \dfrac{n(n+1)}{2}$

[증명] $\displaystyle\sum_{k=1}^{n} k = \frac{n(n+1)}{2}$

자연수 k에 대한 항등식 $(k+1)^2 - k^2 = 2k+1$에서

$k=1$일 때, $2^2 - 1^2 = 2 \times 1 + 1$

$k=2$일 때, $3^2 - 2^2 = 2 \times 2 + 1$

$k=3$일 때, $4^2 - 3^2 = 2 \times 3 + 1$

$\qquad\vdots$

$k=n$일 때, $(n+1)^2 - n^2 = 2 \times n + 1$

$k=1, 2, \cdots, n$까지 전개한 식을 더하면 다음과 같습니다.

$$
\begin{aligned}
2^2 - 1^2 &= 2 \times 1 + 1 \\
3^2 - 2^2 &= 2 \times 2 + 1 \\
4^2 - 3^2 &= 2 \times 3 + 1 \\
\vdots \\
+\ (n+1)^2 - n^2 &= 2 \times n + 1 \\
\hline
(n+1)^2 - 1^2 &= 2\sum_{k=1}^{n} k + n
\end{aligned}
$$

$$\Rightarrow 2\sum_{k=1}^{n} k = (n+1)^2 - 1^2 - n = n^2 + n$$

$$\Rightarrow \sum_{k=1}^{n} k = \frac{n(n+1)}{2} \quad \blacksquare$$

$\bullet\ \displaystyle\sum_{k=1}^{n} k^2 = \frac{n(n+1)(2n+1)}{6}$

[증명] $\displaystyle\sum_{k=1}^{n} k^2 = \frac{n(n+1)(2n+1)}{6}$

자연수 k에 대한 항등식 $(k+1)^3 - k^3 = 3k^2 + 3k + 1$에서

$k=1$일 때, $2^3 - 1^3 = 3 \times 1^2 + 3 \times 1 + 1$

$k=2$일 때, $3^3 - 2^3 = 3 \times 2^2 + 3 \times 2 + 1$

$k=3$일 때, $4^3-3^3=3\times3^2+3\times3+1$

$$\vdots$$

$k=n$일 때, $(n+1)^3-n^3=3\times n^2+3\times n+1$

이제 $k=1, 2, \cdots, n$까지 전개한 식을 더하면,

$$(n+1)^3-1^3=3\sum_{k=1}^{n}k^2+3\sum_{k=1}^{n}k+n$$

$$\Rightarrow 3\sum_{k=1}^{n}k^2=(n+1)^3-1^3-3\sum_{k=1}^{n}k-n$$

$$\Rightarrow 3\sum_{k=1}^{n}k^2=(n+1)^3-1^3-3\times\frac{n(n+1)}{2}-n$$

$$\Rightarrow \sum_{k=1}^{n}k^2=\frac{n(n+1)(2n+1)}{6} \quad\blacksquare$$

$$\sum_{k=1}^{n}k^3=\left\{\frac{n(n+1)}{2}\right\}^2 {}^{\bullet}$$

$$\sum_{k=1}^{n}r^k=\frac{r(r^n-1)}{(r-1)}$$

증명 $\displaystyle\sum_{k=1}^{n}r^k=\frac{r(r^n-1)}{r-1}$

$$\sum_{k=1}^{n}r^k=r+r^2+\cdots+r^{n-1}+r^n$$

$$-\ \ r\sum_{k=1}^{n}r^k=r^2+r^3+\cdots+r^n+r^{n+1}$$

$$\overline{\qquad\qquad\qquad\qquad\qquad\qquad}$$

$$(1-r)\sum_{k=1}^{n}r^k=r-r^{n+1}$$

$$\Rightarrow \sum_{k=1}^{n}r^k=\frac{r-r^{n+1}}{1-r}=\frac{r(r^n-1)}{r-1} \quad\blacksquare$$

- 항등식 $(k+1)^4-k^4=4k^3+6k^2+4k+1$을 이용하여 증명할 수 있습니다. 또는 201쪽에 서술한 방법으로도 증명됩니다.

수학적 귀납법

본래 귀납법이란 특정한 사례들을 바탕으로 일반적인 법칙을 도출하는 논리적 방법을 말합니다. 예를 들어 $a_1=1$, $a_2=3$, $a_3=5$, $a_4=7$, $a_5=9$일 때, 이로부터 일반항을 $a_n=2n-1$로 추론하는 것이 그 예입니다. 하지만 귀납법의 결과는 반드시 참이 아닐 수도 있습니다. 앞의 예에서 실제 일반항이 $a_n=(n-1)(n-2)(n-3)(n-4)(n-5)+2n-1$였을 수도 있으니까요. 그래서 수학 이론 전개에서는 일반적으로 귀납법을 사용하지 않고 연역법[*]을 사용합니다.

하지만 '귀납법'이라는 명칭이 붙었음에도 수학 이론 전개에 자주 사용되는 방법이 있는데, 그것이 바로 '수학적 귀납법'입니다. 수학적 귀납법은 페아노 공리계(203~204쪽 참고)의 5번 공리로부터 유도되는, 자연수 n에 대한 어떤 명제 $p(n)$이 모든 자연수 n에 대하여 참인 것을 증명하는 방법입니다. 즉, 실제로는 연역법의 형태로서 일반적인 귀납법과 달리 반드시 참인 명제를 증명하는 데 사용됩니다.

그 방법은 다음과 같습니다.

(1) $n=1$일 때 명제 $p(n)$이 참임을 보인다.

(2) $n=k$일 때 명제 $p(n)$이 참이라고 가정하고, $n=k+1$일 때 명제 $p(n)$이 참임을 보인다.

'수학적 귀납법'이라는 용어는 라이프니츠가 처음 사용했습니다. 실제로

는 연역법이면서도 수학적 '귀납법'이라고 하는 이유는, 논리적 과정이 마치 작은 사례에서 시작해 점점 더 큰 범위로 확장하는 귀납적 과정처럼 보이기 때문입니다.

증명 **수학적 귀납법**

페아노 공리계의 5번 공리(203쪽 참고)로부터 수학적 귀납법을 증명하면 다음과 같습니다.

집합 S를 $S=\{n\in N \mid p(n)$은 참$\}$이라 정의합니다. (N은 모든 자연수의 집합)

i) $p(1)$이 참이면, S의 정의에 따라 $1\in S$입니다.

ii) $k\in S$라고 가정합니다. 그러면 S의 정의에 따라 $p(k)$는 참입니다. $k'=k+1$이라 정의합시다. $p(k+1)$이 참이면, S의 정의에 따라 $k+1\in S$입니다. 따라서 페아노 공리계의 5번 공리에 따라 S는 모든 자연수를 포함합니다.

즉, S의 정의에 따라 모든 자연수 n에 대하여 $p(n)$은 참입니다. ∎

증명 $\displaystyle\sum_{k=1}^{n} k^3 = \left\{ \frac{n(n+1)}{2} \right\}^2$

수학적 귀납법을 이용해 $\displaystyle\sum_{k=1}^{n} k^3 = \left\{ \frac{n(n+1)}{2} \right\}^2$임을 증명해봅시다.

i) $n=1$일 때 $\displaystyle\sum_{k=1}^{n} k^3 = 1^3 = 1 = \left(\frac{1\times 2}{2} \right)^2$이므로 참입니다.

ii) $n=m$일 때 $\displaystyle\sum_{k=1}^{n} k^3 = \left\{ \frac{m(m+1)}{2} \right\}^2$이라고 가정합시다. 그러면,

$$\sum_{k=1}^{m+1} k^3 = \left\{ \frac{m(m+1)}{2} \right\}^2 + (m+1)^3$$

$$= \frac{m^4 + 2m^3 + m^2}{4} + m^3 + 3m^2 + 3m + 1$$

$$= \frac{(m^4 + 6m^3 + 13m^2 + 12m + 4)}{4}$$

$$= \frac{(m^2 + 3m + 2)^2}{4}$$

$$= \left\{ \frac{(m+1)(m+2)}{2} \right\}^2$$

이므로 $n = m+1$일 때도 $\sum_{k=1}^{n} k^3 = \left\{ \dfrac{n(n+1)}{2} \right\}^2$는 참입니다.

수학적 귀납법에 따라, 모든 자연수 n에 대해 $\sum_{k=1}^{n} k^3 = \left\{ \dfrac{n(n+1)}{2} \right\}^2$는 참입니다. ∎

수학적 귀납법의 첫 번째 단계를 $n = 1$이 아니라 $n = m$(m은 2 이상의 자연수)으로 설정하여 m 이상의 모든 자연수에 대한 명제를 증명할 수도 있습니다. 또한 두 번째 단계를 $n = k$일 때 명제 $p(n)$이 참이라고 가정한 후, $n = k + m$(m은 자연수)일 때 명제 $p(n)$이 참임을 보이는 방식으로도 응용할 수 있습니다.

페아노 공리계

페아노 공리계란 주세페 페아노가 제안한, 자연수를 정의하는 공리들입니다. ZFC와 더불어 표준 공리계로 자주 쓰이며, 그 내용은 다음과 같습니다.

❶ 1은 자연수이다.

 : '1'은 무정의 용어입니다.

❷ 모든 자연수 n은 그다음 수 n'을 갖는다.

 : '그다음 수'도 무정의 용어입니다.

❸ 모든 자연수 n에 대해 1은 n'이 아니다.

 : 이 공리로부터 1은 가장 작은 자연수임이 보장됩니다.

❹ 임의의 두 자연수 n, m에 대해 n'이 m'과 같으면 n과 m은 같다.

 : 이 공리로부터 $1 \to 2 \to 3 \to 4$ 같은 순환구조가 발생하지 않으며, $1 \to 2 \to \cdots$ 같이 1 외의 최소 원소가 존재할 가능성도 차단됩니다.

❺ 다음 조건을 만족하는 집합 S는 항상 모든 자연수를 포함한다.

 i) $1 \in S$ ii) S의 임의의 원소 n에 대해 n'도 S에 포함된다.

: 이 공리로부터 1과 1로부터 생성되는 수 외의 다른 수로부터 생성되는 수는 자연수가 아니게 됩니다. 즉, 1 → 2 → 3 → 4 → …는 자연수지만, ☆ → ★ → ○ → ● → …는 자연수가 아닙니다.

페아노 공리계에 관해 더 자세히 알고 싶다면, QR코드에 연결된 동영상 강의를 참고해도 좋습니다.

ZFC 공리계

ZFC 공리계는 집합을 정의하는 공리입니다.

ZFC 공리에 사용되는 기호들의 뜻은 다음과 같습니다.

$\forall$	임의의, 모든('for All'의 A를 뒤집은 기호)
$\exists$	존재한다('there Exists'의 E를 뒤집은 기호)
$\exists!$	유일하게 존재한다
$s.t.\sim$	다음에 오는 것을 만족하는('such that'을 줄인 기호)
$\wedge$	그리고(and)
$\vee$	또는(or)
$\cup A$	A로 가능한 모든 집합의 합집합
xRy	x가 y에 관계한다
	예: 함수 $y=f(x)$는 xfy

ZFC 공리계는 다음과 같습니다.

❶ **외연 공리** $(\forall x \in A, x \in B) \wedge (\forall x \in B, x \in A) \Leftrightarrow A=B$

   : 어떤 집합을 규정하는 것은 그 집합이 갖는 성질(내포)이 아니라 포함된 원소(외연)라는 공리로, 이 공리에 의해 집합의 유일성이 보장되며 $\{A, A\}=\{A\}$입니다.

❷ **짝 공리** $\forall A, B, \exists C \ \ s.t. \ \ C=\{A, B\}$

❸ 공집합 공리 $\exists A \ \ s.t. \ \ \forall x, \ x\notin A$

　: 이 공리에서 A는 곧 á을 일컫습니다.

❹ 정칙 공리 $\forall A, \ A\neq á \ \Rightarrow \ \exists B\in A \ \ s.t. \ \ A\cap B=á$

　: 이 공리에 의해 $\not\exists A \ \ s.t. \ \ A\in A$

❺ 합집합 공리 $\forall A, \ \exists B \ \ s.t. \ \ B=\cup A$

　: 이 공리는 $A\cup B$를 정의하는 근거로 작용합니다.

❻ 멱집합 공리 $\forall A, \ \exists P \ \ s.t. \ \ \forall B\subset A \ \Rightarrow \ B\in P$

　: 이 공리로부터 임의의 집합 A에 대한 멱집합* $P(A)$가 정의됩니다.

❼ 무한 공리 $\exists A \ \ s.t. \ á\in A \ \wedge \ (\forall x\in A, x\cup\{x\}\in A)$

　: 이 공리로부터 무한집합의 존재성이 보장됩니다.

❽ 치환 공리꼴 $\forall x, \ \exists ! y \ \ s.t. \ \ xRy \ \Rightarrow \ \forall A, \ \exists B \ \ s.t.$
$$(\forall x\in A, \ \exists y\in B \ \ s.t. \ \ xRy)$$

　: 관계 R에 따라서 무수히 많은 공리가 만들어지기 때문에 공리'꼴'

　이라 부릅니다. 이 공리꼴로써 모든 정렬 가능한 집합에 대해 그 집

　합과 크기가 같은 서수가 (유일하게) 존재함이 증명됩니다.

❾ 분류 공리꼴 $\forall A, \ \exists B \ \ s.t. \ \ B=\{x\in A \,|\, p(x)\equiv t\}$

　: 이 공리꼴은 임의의 집합에 대한 부분집합의 존재성을 보장합니다.

　또한 내포 원리를 보완하여 러셀의 역설을 피하고, 임의의 두 집합

•　X의 모든 부분집합을 원소로 갖는 집합.

에 대한 교집합을 만들 수 있습니다. 즉, $\forall A, \forall B, A \cap B = \{x \in A \mid x \in B\}$입니다. 명제함수 $p(x)$에 따라 무수히 많은 공리가 만들어집니다.

❿ 선택 공리 $\forall A,\ á \notin A \ \Rightarrow\ \exists f : A \longrightarrow \cup A$

$$s.t.\ \forall B \in A,\ f(B) \in B$$

$:f$는 각각의 B에 대한 A 내의 원소를 하나씩 선택하는 역할을 합니다. 이 공리로부터 정렬원리, 초른의 보조정리 등이 증명됩니다.

ZFC 공리계에 관해 더 자세히 알고 싶다면, QR코드에 연결된 동영상 강의를 시청하길 권합니다.

피보나치수열

피보나치수열은 첫째와 둘째 항이 1이며 그 뒤의 모든 항은 바로 앞 두 항의 합인 수열(처음 여섯 항은 각각 1, 1, 2, 3, 5, 8)입니다. 이 수열의 항들은 피보나치 수라 합니다.

피보나치수열의 일반항은 오일러가 1765년에 처음 발표했으나 잊혔고, 1848년에 자크 비네가 재발표했습니다. 그 식은 다음과 같습니다.

$$a_n = \frac{\varphi^n - (1-\varphi)^n}{\sqrt{5}} \quad (\varphi \text{는 황금비})$$

피보나치 수가 처음 언급된 문헌은 기원전 5세기 인도의 수학자 핑갈라의 저서였습니다. 이후 12세기 이탈리아의 수학자 레오나르도의 저서 《산반서》에 소개되면서 대중적으로 알려집니다.

그런데 왜 이 수열의 이름이 레오나르도수열이 아니라 피보나치수열이냐고요? 전해지는 이야기에 따르면, 레오나르도 피사노의 아버지 굴리엘모가 생전 '보나치(성품이 좋다는 뜻)'라는 별명이 있었다고 합니다. 레오나르도는 《산반서》의 서문에서 자신을 '보나치의 아들 레오나르도Filius Bonacci'라고 소개했지요. 신성로마제국의 공증인 페리졸로가 이를 피보나치Fi-bonacci라고 줄여 부른 데서 오늘날 레오나르도의 별칭인 피보나치가 탄생했습니다.

현대에 피보나치수열은 컴퓨터과학(자료구조와 알고리즘의 최적화), 생물학(식물 성장의 동역학), 금융공학(주식시장의 움직임을 설명하는 엘리엇 파동이론) 등 다양한 분야에서 광범위하게 활용됩니다.

피보나치수열을 만드신 분인가요?
피보나치

아닌데요?
이 질문 지겹다…
수열 안 만듦

그리고 하나 더 말씀드릴게.

이름도 피보나치가 아닙니다.
피보나치 아님

6장

대수학

대수학은 수, 식, 벡터, 행렬 등 모든 수학적 대상의 연산에 관한 일반적인 규칙을 다루는 분야입니다. 이 장에서는 고등학교 수학 전반에 흩어져 있는 대수학적 내용을 모아 살펴봅니다.

다항식의 응용

나머지정리

17을 5로 나눈 몫은 3, 나머지는 2이므로 $17=5\times3+2$와 같이 나타낼 수 있습니다. 마찬가지로 일반적으로 다항식 $P(x)$를 일차식 $x-a$로 나누었을 때의 몫을 $Q(x)$, 나머지를 R이라고 하면 다음과 같이 나타낼 수 있습니다.

$$P(x)=(x-a)Q(x)+R$$

이 등식은 x에 대한 항등식이므로 양변에 $x=a$를 대입하면 $P(a)=(a-a)Q(a)+R=R$, 즉 $R=P(a)$입니다. 따라서 다항식 $P(x)$를 일차식 $x-a$로 나누었을 때의 나머지를 R이라 하면 항상 $R=P(a)$가 성립하며, 이를 나머지정리라 부릅니다.

예를 들어 다항식 $2x^3+x^2+x+1$을 $x+1$로 나누었을 때의 나머지를 R이라 하면 $R=P(-1)=2(-1)^3+(-1)^2+(-1)+1=-1$입니다.

한편 다항식 $P(x)$에 대하여 $P(a)=0$이면 $P(x)$는 일차식 $x-a$로 나누어떨어짐을 의미하며, $x-a$는 $P(x)$의 인수(약수를 일반화한 개념)임을 의미합니다. 이를 인수정리라 부릅니다.

예를 들어 $P(x)=x^2-2x-3$에 대하여 $P(-1)=P(3)=0$이므로 인수정리에 따라 $x+1$, $x-3$은 $P(x)$의 인수입니다.

절댓값을 포함한 식

실수 x에 대하여 $|x|$는 수직선 위에서 원점과 x를 나타내는 점 사이의 거리입니다. 이때 $x<0$이면 $|x|=-x$, $x\geq 0$이면 $|x|=x$입니다.

마찬가지로 실수 x에 대해 $|x-a|$는 다음과 같습니다.

$$|x-a|=\begin{cases} x-a & , \ x\geq a \\ -(x-a), & x<a \end{cases} \quad (a\text{는 상수})$$

예를 들어 부등식 $|x|+|x-2|\leq 4$를 풀이하면 다음과 같습니다.

(1) $x<0$이면, $|x|+|x-2|\leq 4 \Rightarrow -x-(x-2)\leq 4 \Rightarrow x\geq -1$

즉, $-1\leq x<0$

(2) $0\leq x<2$이면, $|x|+|x-2|\leq 4 \Rightarrow x-(x-2)\leq 4 \Rightarrow 2\leq 4$

즉, $0\leq x<2$

(3) $x\geq 2$이면, $|x|+|x-2|\leq 4 \Rightarrow x+(x-2)\leq 4 \Rightarrow x\leq 3$

즉, $2\leq x\leq 3$

그러므로 (1), (2), (3)에 따라 부등식의 해는 $-1\leq x\leq 3$입니다. 그래프로 나타내면 다음과 같습니다.

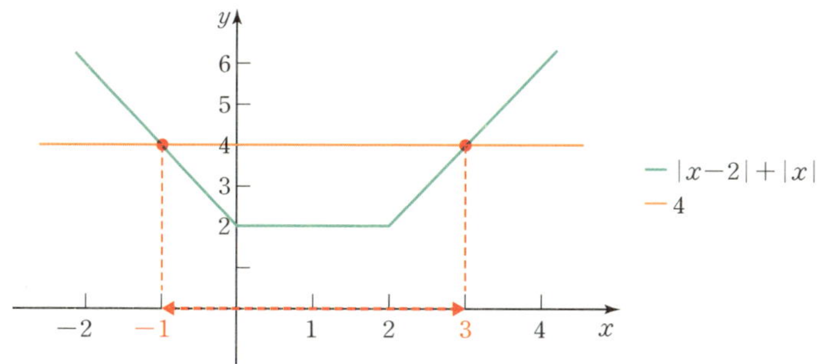

복소수

허수와 복소수

고대 그리스의 수학자 헤론은 '거듭제곱하여 음수가 되는 수'에 관한 기록을 남겼습니다. 데카르트는 이러한 수를 허수라 이름 지었고, 오일러는 $\sqrt{-1}$을 허수단위 i로 표기했습니다. 이 정의에 따르면 $i^2 = (\sqrt{-1})^2 = -1$입니다. 허수는 방정식을 연구하는 과정에서 자연스럽게 다루어지기 시작했고, 특히 삼차방정식의 해를 구하는 과정에서 필연적으로 마주할 수밖에 없었습니다.

이후 실수와 허수를 통합하는 수 체계로서 복소수가 만들어졌습니다. 실수 a, b에 대하여 $a+bi$의 꼴로 나타나는 수를 복소수라 정의합니다. 이때 a를 실수부분, b를 허수부분이라고 부릅니다. $a+bi$에서 $b=0$이면 실수이므로 실수도 복소수임을 알 수 있습니다. 그리고 실수 아닌 복소수를 허수라고 부릅니다.

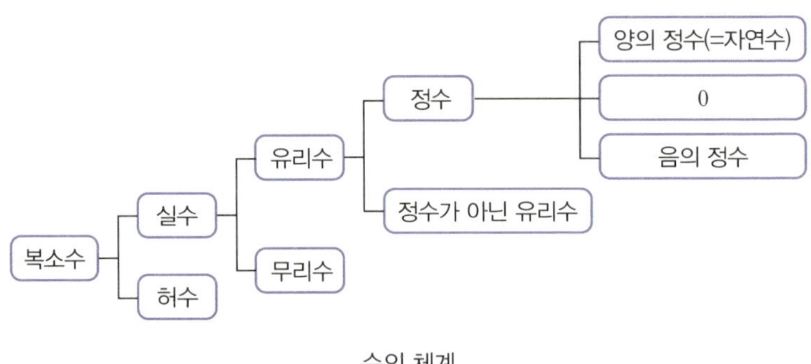

수의 체계

예를 들어 세 복소수 $\sqrt{2}$, $3-i$, $2i$ 중에서 $\sqrt{2}$는 실수, $3-i$와 $2i$는 허수입니다.

허수는 실수와 달리 방향 크기가 정의되지 않습니다. 즉, i는 0보다 크지도, 작지도, 같지도 않습니다. 만약 $i>0$이라 정의하면 다음과 같은 모순을 직면하게 됩니다.

$$i>0 \Rightarrow i^2>0 \Rightarrow -1>0$$

마찬가지로 $-i$는 i보다 작지도 크지도 같지도 않습니다. 그래서 $-i$와 i는 실수와 달리 '켤레' 또는 '짝'과 같은 관계로 보는 것이 적절합니다.

이런 관점에서 복소수 $a+bi$에서 허수부분의 부호를 바꾼 복소수 $a-bi$를 $a+bi$의 켤레복소수라고 부르고, 기호로 $\overline{a+bi}$와 같이 나타냅니다. 즉, $\overline{a+bi}=a-bi$입니다. 예를 들어 허수 $2-\sqrt{3}i$의 켤레복소수는 $\overline{2-\sqrt{3}i}=2+\sqrt{3}i$ 입니다.

복소평면

실수를 수직선으로 시각화하는 것과 유사하게, 가우스와 카스파르 베셀, 존 월리스 등의 연구로 복소수를 시각화하는 복소평면이 고안되었습니다. 이로써 수학자들은 복소수를 단순한 방정식의 풀이 도구가 아니라 완전한 수의 한 종류로 받아들이게 되었습니다.

복소평면이란 다음과 같이 서로 직교하는 실수축과 허수축으로 이루어진 좌표평면입니다.

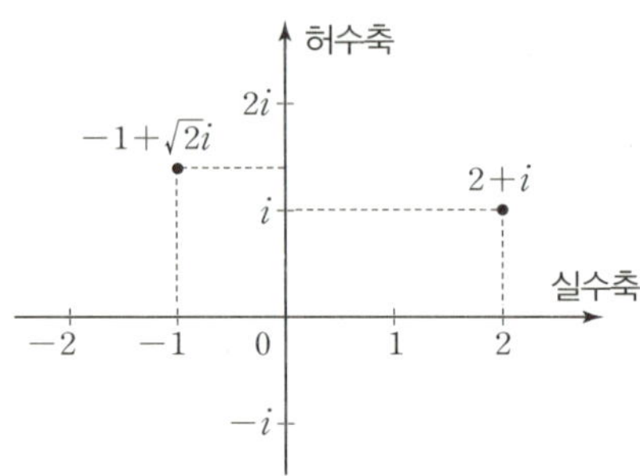

예를 들어 위의 그림과 같이 복소수 $2+i$는 복소평면상 $(2, 1)$ 위치의 점으로, $-1+\sqrt{2}i$는 $(-1, \sqrt{2})$ 위치의 점으로 대응합니다. 복소평면을 통해 복소수를 기하적으로 인식할 수 있습니다.

복소수의 연산

복소수의 덧셈, 뺄셈, 곱셈은 허수단위 i를 문자처럼 생각하여 다항식의 연산과 같은 방법으로 전개하면 됩니다.

$$(a+bi) \pm (c+di) = (a \pm c) + (b \pm d)i \qquad \text{(복부호 동순)}$$
$$(a+bi)(c+di) = (ac-bd) + (ad+bc)i$$

예를 들어 $(5-2i)-(4+3i)=1-5i$, $(1+2i)(4+i)=2+9i$와 같습니다.

복소수의 나눗셈은 분모의 켤레복소수를 분자와 분모에 각각 곱하여 분모를 실수화한 후 전개합니다.

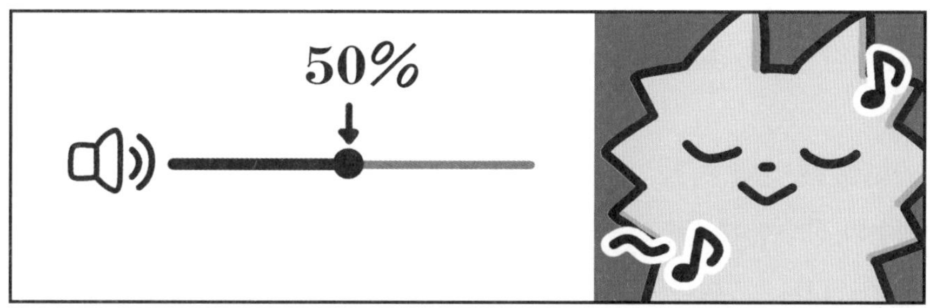

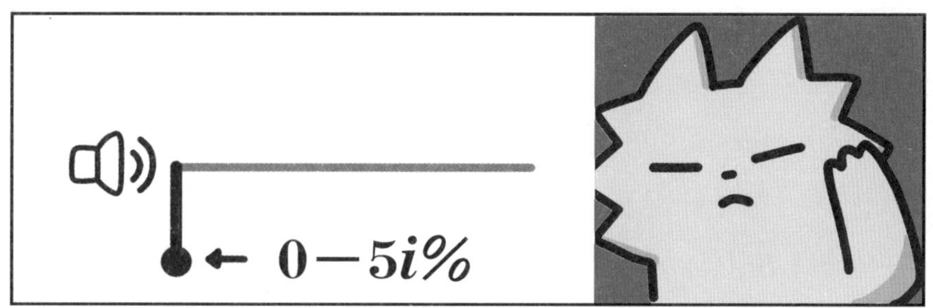

왜 안 나와?

$$\frac{a+bi}{c+di}=\frac{(a+bi)(c-di)}{(c+di)(c-di)}=\frac{ac+bd}{c^2+d^2}+\frac{bc-ad}{c^2+d^2}i$$

$$(\text{단},\, c+di\neq0)$$

예를 들어 $\dfrac{3}{1-i}=\dfrac{3(1+i)}{(1-i)(1+i)}=\dfrac{3+3i}{1+1}+\dfrac{3}{2}+\dfrac{3}{2}i$입니다.

$a>0$일 때 $-a$의 제곱근은 $\pm\sqrt{a}i$입니다. 또한 $\sqrt{-a}=\sqrt{a}i$입니다. 따라서 $\sqrt{-2}\sqrt{-3}=\sqrt{2}i\sqrt{3}i=-\sqrt{6}$입니다.

이차방정식의 허근

계수와 상수항이 실수인 이차방정식 $ax^2+bx+c=0$의 근의 공식은 다음과 같습니다.

$$x=\frac{-b\pm\sqrt{b^2-4ac}}{2a}$$

이때 $b^2-4ac\geq0$이면 x의 값은 실수, $b^2-4ac<0$이면 x의 값은 허수가 됩니다. 각각을 실근과 허근이라 합니다. 이를 구분하도록 해주는 b^2-4ac를 판별식discriminant이라 부르며, 기호 D로 나타냅니다.

예를 들어 이차방정식 $x^2-6x+k+2=0$이 실근을 갖도록 하는 실수 k의 값의 범위를 구하면, $D=(-6)^2-4\times1\times(k+2)=-4k+28\geq0$ $\Rightarrow k\leq7$입니다.

계수와 상수항이 실수인 이차방정식의 한 허근이 z이면 다른 근은 그 켤레복소수인 $\bar{z}$가 됩니다. 예를 들어 두 실수 a,b에 대해 $x^2+ax+b=0$의 한 허근이 $1+i$이었다면, 다른 근은 $1-i$이고 $a=-2,b=2$입니다.

증명 이차방정식의 한 허근이 z이면 다른 근은 그 켤레복소수인 $\bar{z}$이다

근과 계수의 관계(63~64쪽 참고)에 따라 계수와 상수항이 모두 실수인 이차방정식의 한 허근이 $a+bi$이면 다른 근 $c+di$에 대해 다음이 성립해야 합니다.

$$(a+bi)+(c+di) \Rightarrow 실수$$
$$(a+bi)\times(c+di) \Rightarrow 실수$$

(1) $(a+bi)+(c+di) \Rightarrow$ 실수

$(a+bi)+(c+di)=(a+c)+(b+d)i$가 실수이므로,

$b+d=0$, 즉 $d=-b$입니다.

(2) $(a+bi)\times(c+di) \Rightarrow$ 실수

$(a+bi)\times(c+di)=(a+bi)\times(c-bi)=(ac+b^2)-(ab-bc)i$가 실수이므로,

$ab-bc=0 \Rightarrow b(a-c)=0$

$b=0$이면 $a+bi$이 실근이므로 가정에 위배됩니다.

따라서 $a-c=0 \Rightarrow a=c$입니다.

그러므로 $c+di=a-bi$, 즉 $a+bi$의 켤레복소수입니다. ■

3

벡터

물리학적 벡터

벡터 개념은 16세기 물리학자들의 연구에서 비롯되었습니다. 당시의 물리학자들은 물체의 운동을 묘사하기 위해 방향과 크기를 가진 속도의 개념을 다루면서, 서로 다른 두 속도의 연산을 어떻게 표현할지 고민하였습니다. 방향이 같은 속도의 경우는 단순히 그 크기만을 고려하면 되지만, 방향이 다른 두 속도의 경우를 처리하는 것은 한때 난제로 여겨지기도 했죠. 예를 들어, '화물선이 서쪽으로 흐르는 강을 건너 남동쪽의 목적지에 특정 시각까지 도착하려면 어느 방향으로, 얼마만큼의 속력으로 나아가야 할까?' 같은 의문이었습니다.

19세기 아일랜드의 수학자 윌리엄 로언 해밀턴은 이처럼 방향과 크기를 모두 갖는 양을 벡터라 이름 지었습니다. 이에 대비하여 크기만을 갖는 양은 스칼라라고 했고요. 라틴어로 벡터vector는 '운반하는 것'이란 뜻, 스칼라scalar는 '눈금'이라는 의미입니다.

벡터 연산의 체계를 만들어가기 시작한 사람은 네덜란드의 수학자 시몬 스테빈, 그리고 이탈리아의 갈릴레이 등입니다. 이후 뉴턴의 책《자연철학의 수학적 원리》에서 명확하게 정립되었죠.

벡터는 물체의 운동을 묘사하는 데 쓰일 뿐만 아니라 물리적 힘이나 자기장, 전기장, 변위 등을 다루는 기초 개념으로 활용 폭이 매우 넓습니다. 물리학적 벡터의 개념은 이후 추상화와 공리화를 거쳐 벡터공간이라는 수

인생은 속도가 아닌 방향이다
인생은 속도가 아닌 방향이다
속도는 속력과 방향을 합친 벡터값입니다 방향을 이미 포함하고 있으므로 속력으로 고쳐야 합니다
인생은 속도가 아닌 방향이다
속도는 속력과 방향을 합친 벡터값입니다 방향을 이미 포함하고 있으므로 속력으로 고쳐야 합니다
인생은 속도다
인정

학 개념으로도 발전하게 됩니다.

벡터의 표현

벡터를 그림으로 나타낼 때는 아래와 같이 방향이 주어진 선분을 이용합니다.

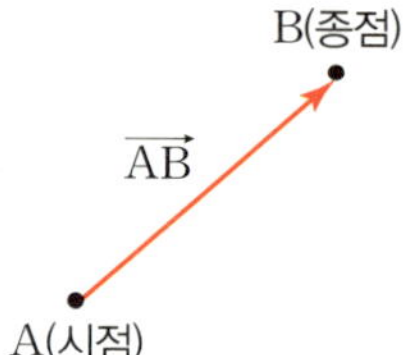

점 A에서 점 B로 향하는 방향이 주어진 선분 AB를 벡터 AB라고 하며, 이를 $\overrightarrow{AB}$로 나타냅니다. 이때 점 A를 벡터 $\overrightarrow{AB}$의 시점, 점 B를 벡터 $\overrightarrow{AB}$의 종점이라 부릅니다.

선분 AB의 길이를 벡터 $\overrightarrow{AB}$의 크기라고 하며, 이것을 $|\overrightarrow{AB}|$로 나타냅니다. 크기가 1인 벡터는 단위벡터라 합니다.

벡터를 한 문자로 $\vec{a}$와 같이 나타내기도 합니다. 벡터 $\vec{a}$의 크기는 $|\vec{a}|$로 나타냅니다.

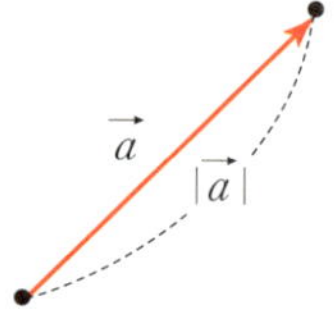

벡터 $\overrightarrow{AA}$와 같이 시점과 종점이 일치하는 벡터를 영벡터라고 합니다. 이를 $\vec{0}$이라 나타냅니다. 영벡터의 크기는 0이고 방향은 고려하지 않습니다.

평면에서의 벡터를 평면벡터, 공간에서의 벡터를 공간벡터라고 부릅니다.

벡터의 기본 연산

우선 두 벡터 $\vec{a}, \vec{b}$의 크기와 방향이 각각 같을 때, 두 벡터 $\vec{a}, \vec{b}$는 서로 같다고 하며, $\vec{a}=\vec{b}$로 나타냅니다. 예를 들어 아래 그림에서 두 벡터 $\vec{a}, \vec{b}$는 서로 같습니다.

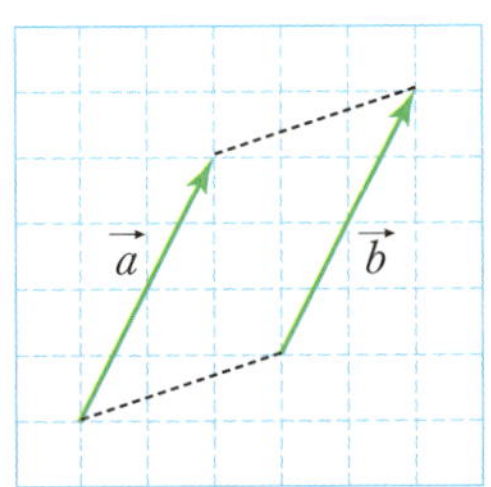

벡터의 실수 배

벡터 $\vec{a}$와 크기는 같지만 방향이 반대인 벡터를 $-\vec{a}$로 나타냅니다. 만약 $\vec{a}=\overrightarrow{AB}$라면 $-\vec{a}$는 $\overrightarrow{BA}$와 같이 표현할 수 있습니다.

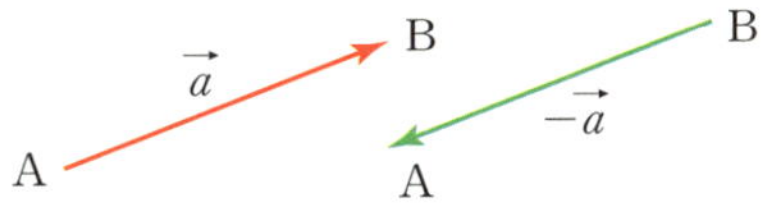

또한 실수 k와 벡터 $\vec{a}$에 대하여 벡터의 실수 배 $k\vec{a}$는 다음과 같습니다.

(1) $\vec{a}=\vec{0}$ 이면 $k\vec{a}=\vec{0}$

(2) $\vec{a}\neq\vec{0}$ 일 때,

    i) $k>0$이면 $\vec{a}$와 방향이 같고 크기가 $k|\vec{a}|$인 벡터

    ii) $k=0$이면 $\vec{0}$

    iii) $k<0$이면 $\vec{a}$와 방향이 반대이고 크기가 $k|\vec{a}|$인 벡터

예를 들어, 벡터 $\vec{a}$와 방향이 반대이고 크기가 $|\vec{a}|$의 $\frac{1}{3}$배인 벡터는 $-\frac{1}{3}\vec{a}$ 입니다.

즉, 영벡터가 아닌 두 벡터 $\vec{a}, \vec{b}$에 대하여 다음이 성립합니다.

$$\vec{a}와 \vec{b}가 \text{ 서로 평행하다.} \ (\vec{a}/\!/\vec{b})$$
$$\Leftrightarrow$$
$$\vec{a}=k\vec{b} \ (\text{단, } k\text{는 } 0\text{이 아닌 실수})$$

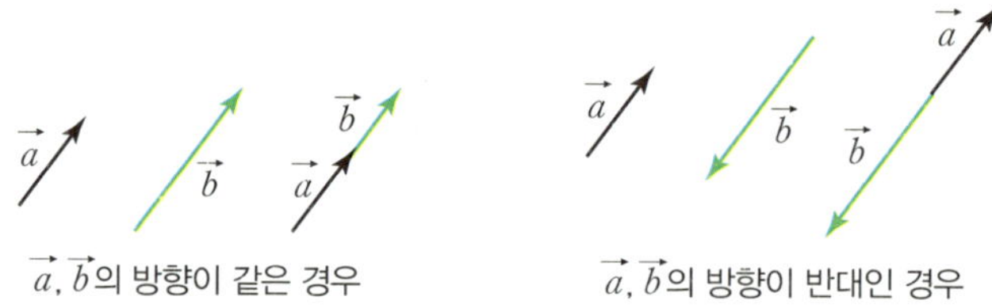

예를 들어, 영벡터가 아닌 두 벡터 $4\vec{a}-2\vec{b}, \ 2\vec{a}-\vec{b}$는 $4\vec{a}-2\vec{b}=2(2\vec{a}-\vec{b})$이므로 서로 평행함을 알 수 있습니다.

벡터의 덧셈과 뺄셈

두 벡터 $\vec{a}, \vec{b}$에 대하여 $\vec{a}=\overrightarrow{AB}, \ \vec{b}=\overrightarrow{BC}$일 때 $\vec{a}+\vec{b}=\overrightarrow{AB}+\overrightarrow{BC}=\overrightarrow{AC}$입니다. 아래와 같이 삼각형을 그려 셈할 수 있습니다.

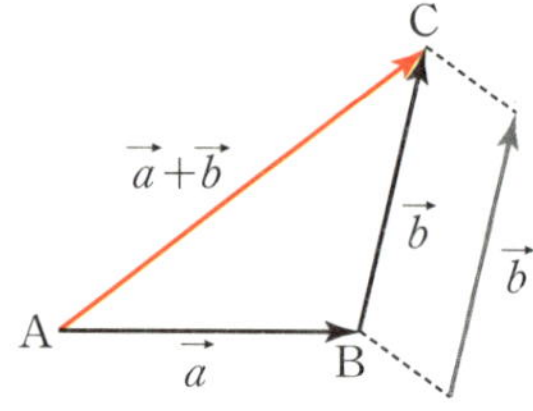

이를 다음과 같이 평행사변형을 이용하여 나타낼 수도 있습니다.

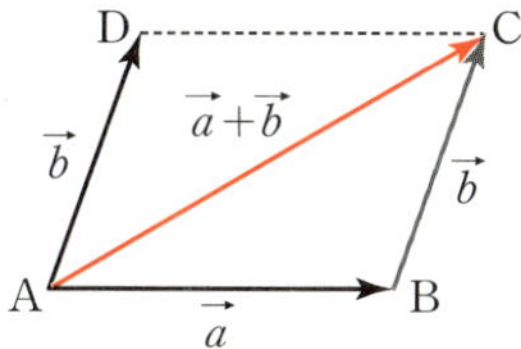

벡터는 덧셈에 대한 교환법칙과 결합법칙이 모두 성립합니다.

$$\vec{a}+\vec{b}=\vec{b}+\vec{a}$$

$$(\vec{a}+\vec{b})+\vec{c}=\vec{a}+(\vec{b}+\vec{c})$$

두 벡터 $\vec{a}$, $\vec{b}$의 뺄셈은 $\vec{a}-\vec{b}=\vec{a}+(-\vec{b})$와 같습니다.

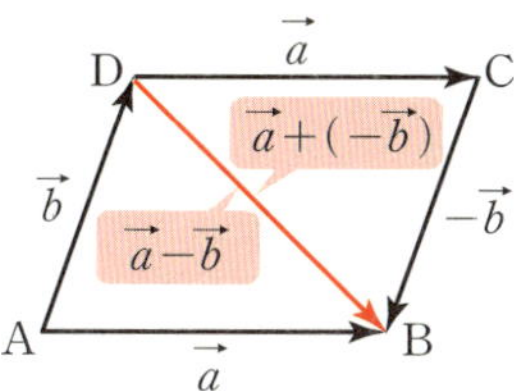

두 실수 k, l과 두 벡터 $\vec{a}$, $\vec{b}$에 대하여 다음의 연산법칙이 모두 성립합니다.

- $k(l\vec{a})=(kl)\vec{a}$
- $(k+l)\vec{a}=k\vec{a}+l\vec{a}$
- $k(\vec{a}+\vec{b})=k\vec{a}+k\vec{b}$

위치벡터

평면 또는 공간에서 한 점 O를 시점으로 정하면 임의의 점 P에 대하여 $\overrightarrow{OP}=\vec{p}$인 벡터 $\vec{p}$가 결정됩니다. 이처럼 한 점 O를 시점으로 하는 벡터

$\overrightarrow{\mathrm{OP}}$를 점 O에 대한 점 P의 위치벡터라 합니다. 이때 점 Q의 위치벡터를 $\vec{q}$라 하면, $\overrightarrow{\mathrm{PQ}}$는 $\vec{q}-\vec{p}$로 나타낼 수 있습니다.

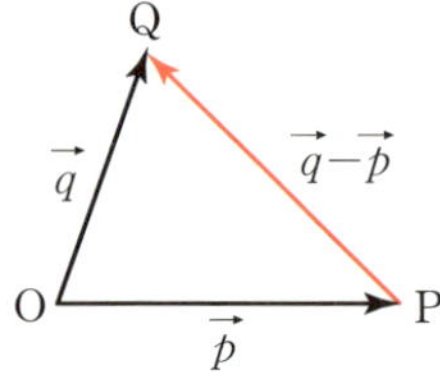

예를 들어, 세 점 A, B, C의 위치벡터를 각각 $\vec{a}$, $\vec{b}$, $\vec{c}$라고 하면, $2\overrightarrow{\mathrm{AB}}+\overrightarrow{\mathrm{AC}}=2(\vec{b}-\vec{a})+(\vec{c}-\vec{a})=-3\vec{a}+2\vec{b}+\vec{c}$입니다.

평면벡터

좌표평면에서 위치벡터 $\vec{a}$의 종점이 점 $(a_1,\ a_2)$일 때, 두 실수 a_1, a_2를 각각 벡터 $\vec{a}$의 x성분, y성분이라 합니다. 벡터 $\vec{a}$는 성분을 이용하여 $\vec{a}=(a_1,\ a_2)$와 같이 나타냅니다.

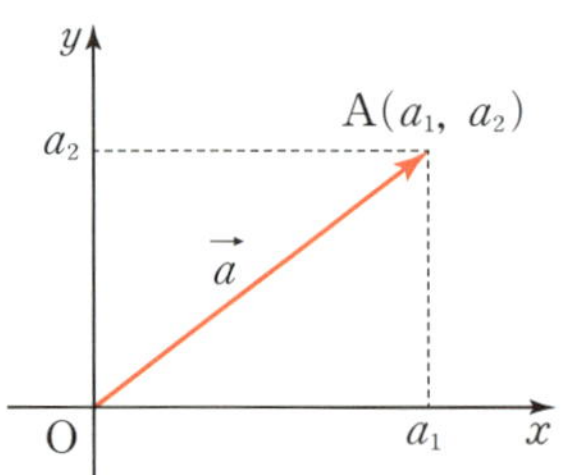

두 평면벡터 $\vec{a}=(a_1,a_2)$, $\vec{b}=(b_1,b_2)$에 대하여 다음이 성립합니다.

(1) $|\vec{a}|=\sqrt{a_1{}^2+a_2{}^2}$

(2) $\vec{a}=\vec{b} \Leftrightarrow a_1=b_1, a_2=b_2$

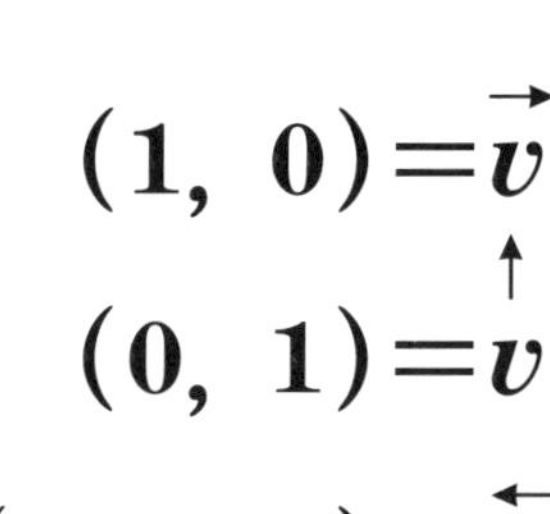

$$(1,\ 0)=\vec{v}$$

$$(0,\ 1)=\overset{\uparrow}{v}$$

$$(-1,\ 0)=\overset{\leftarrow}{v}$$

성분으로 나타낸 두 평면벡터 $\vec{a}=(a_1, a_2), \vec{b}=(b_1, b_2)$의 연산은 다음과 같습니다.

(1) $\vec{a}\pm\vec{b}=(a_1\pm b_1, a_2\pm b_2)$ (복부호 동순)

(2) $k\vec{a}=(ka_1, ka_2)$ (단, k는 실수)

(3) $|\overrightarrow{AB}|=|(b_1-a_1, b_2-a_2)|=\sqrt{(b_1-a_1)^2+(b_2-a_2)^2}$

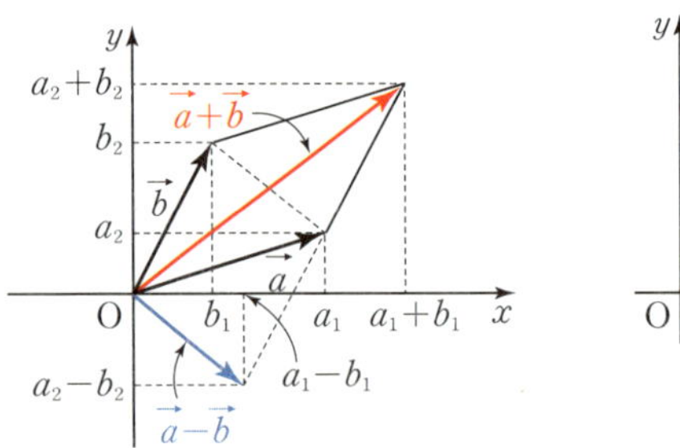
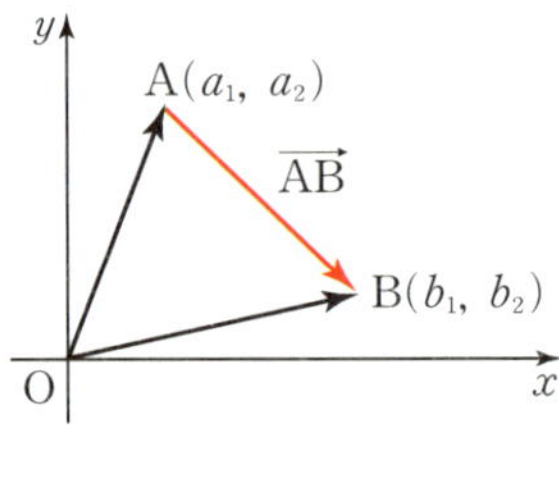

공간벡터

좌표공간*에서 위치벡터 $\vec{a}$의 종점이 점 (a_1, a_2, a_3)일 때, 세 실수 a_1, a_2, a_3을 각각 벡터 $\vec{a}$의 x성분, y성분, z성분이라 합니다. 벡터 $\vec{a}$는 성분을 이용하여 $\vec{a}=(a_1, a_2, a_3)$와 같이 나타냅니다.

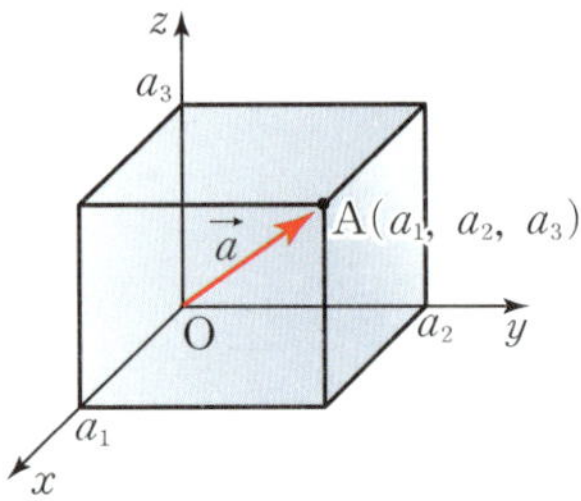

---

* 기존의 좌표평면에 z축을 도입하여 공간 위의 점을 나타낼 수 있는 좌표계.

두 공간벡터 $\vec{a}=(a_1, a_2, a_3)$, $\vec{b}=(b_1, b_2, b_3)$에 대하여 다음이 성립합니다.

(1) $|\vec{a}|=\sqrt{a_1^2+a_2^2+a_3^2}$

(2) $\vec{a}=\vec{b} \iff a_1=b_1, a_2=b_2, a_3=b_3$

성분으로 나타낸 두 공간벡터 $\vec{a}=(a_1, a_2, a_3)$, $\vec{b}=(b_1, b_2, b_3)$의 연산은 다음과 같습니다.

(1) $\vec{a}\pm\vec{b}=(a_1\pm b_1, a_2\pm b_2, a_3\pm b_3)$　(복부호 동순)

(2) $k\vec{a}=(ka_1, ka_2, ka_3)$　(단, k는 실수)

(3) $|\overrightarrow{AB}|=|(b_1-a_1, b_2-a_2, b_3-a_3)|$
$$=\sqrt{(b_1-a_1)^2+(b_2-a_2)^2+(b_3-a_3)^2}$$

벡터의 내적

수에서의 곱셈에 대응하는 벡터의 연산은 스칼라 곱, 벡터 곱, 텐서 곱 등이 있습니다. 각각 그 결과가 스칼라, 벡터, 텐서[**]로 나오는 연산입니다. 현재 고등학교 교육과정에서는 이 중에 스칼라 곱만을 다루며, 이를 '내적'이라고 부릅니다.

본래 내적이란 용어는 스칼라 곱을 추상화, 공리화하여 얻은 일반적인 함수에 붙인 명칭입니다. 즉, 고등학교 교육과정에서 다루는 스칼라 곱이란 사실은 무수히 많은 내적 연산 중의 하나일 뿐이지만, 교육과정에 따라

[**]　벡터와 행렬을 일반화한 배열.

이 책에서도 이후로는 스칼라 곱만을 내적이라 부르겠습니다.

물리학적으로 내적은 한 벡터가 다른 벡터의 방향에 대해 가한 힘에 의해 변화된 스칼라(크기)입니다. 두 벡터 $\vec{a}, \vec{b}$에 대하여 두 벡터의 내적은 $\vec{a} \cdot \vec{b}$로 나타내며, $\vec{a} \cdot \vec{b} = |\vec{a}||\vec{b}|\cos\theta$로 정의합니다. ($\theta$는 두 벡터 $\vec{a}, \vec{b}$가 이루는 각)

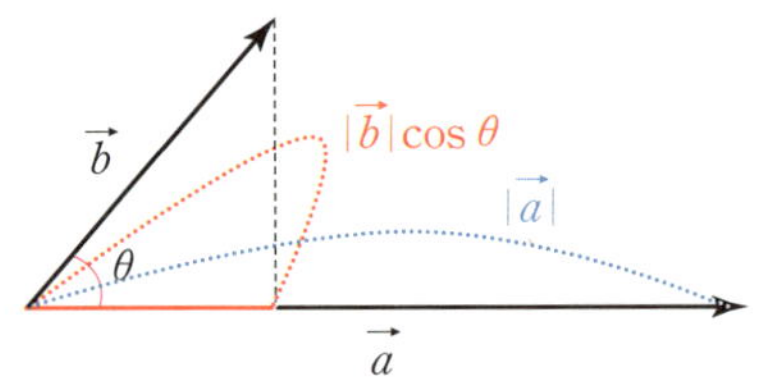

두 평면벡터 $\vec{a} = (a_1, a_2)$, $\vec{b} = (b_1, b_2)$에 대하여 $\vec{a} \cdot \vec{b} = a_1 b_1 + a_2 b_2$가 성립하고, 두 공간벡터 $\vec{a} = (a_1, a_2, a_3)$, $\vec{b} = (b_1, b_2, b_3)$에 대하여 $\vec{a} \cdot \vec{b} = a_1 b_1 + a_2 b_2 + a_3 b_3$가 성립합니다. 예를 들어 $\vec{a} = (2, 2\sqrt{3})$, $\vec{b} = (3, 0)$일 때, $\vec{a} \cdot \vec{b} = 2 \times 3 + 2\sqrt{3} \times 0 = 6$입니다.

증명 $\vec{a} \cdot \vec{b} = |\vec{a}||\vec{b}|\cos\theta = a_1 b_1 + a_2 b_2 + \cdots + a_n b_n$

두 벡터 $\vec{a} = (a_1, a_2, \cdots, a_n)$, $\vec{b} = (b_1, b_2, \cdots, b_n)$에 대해 $\vec{a} \cdot \vec{b} = |\vec{a}||\vec{b}|\cos\theta = a_1 b_1 + a_2 b_2 + \cdots + a_n b_n$이 성립함은 다음과 같이 코사인법칙(298~300쪽 참고)을 이용하여 간단히 증명할 수 있습니다.

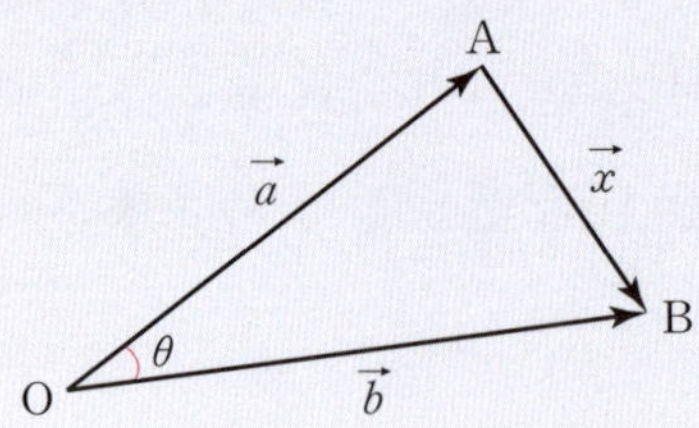

코사인법칙: $|\vec{x}|^2=|\vec{a}|^2+|\vec{b}|^2-2|\vec{a}||\vec{b}|\cos\theta$

$\vec{x}=\vec{b}-\vec{a}$이고 $|\vec{a}||\vec{b}|\cos\theta=\vec{a}\cdot\vec{b}$이므로,

$$|\vec{x}|^2=|\vec{a}|^2+|\vec{b}|^2-2|\vec{a}||\vec{b}|\cos\theta$$
$$\Rightarrow |\vec{b}-\vec{a}|^2=|\vec{a}|^2+|\vec{b}|^2-2\vec{a}\cdot\vec{b}$$
$$\Rightarrow \vec{a}\cdot\vec{b}=\frac{1}{2}\{|\vec{a}|^2+|\vec{b}|^2-|\vec{b}-\vec{a}|^2\}$$
$$=\frac{1}{2}\{(a_1^2+a_2^2+\cdots+a_n^2)+(b_1^2+b_2^2+\cdots+b_n^2)$$
$$-(b_1-a_1)^2-(b_2-a_2)^2-\cdots-(b_n-a_n)^2\}$$
$$=\frac{1}{2}(2a_1b_1+2a_2b_2+\cdots+2a_nb_n)$$
$$=a_1b_1+a_2b_2+\cdots+a_nb_n \ \blacksquare$$

세 벡터 $\vec{a},\vec{b},\vec{c}$에 대하여 다음이 성립합니다.

(1) $\vec{a}\cdot\vec{b}=\vec{b}\cdot\vec{a}$

(2) $\vec{a}\cdot(\vec{b}+\vec{c})=\vec{a}\cdot\vec{b}+\vec{a}\cdot\vec{c}$

$\quad(\vec{a}+\vec{b})\cdot\vec{c}=\vec{a}\cdot\vec{c}+\vec{b}\cdot\vec{c}$

(3) $(k\vec{a})\cdot\vec{b}=\vec{a}\cdot(k\vec{b})=k(\vec{a}\cdot\vec{b})$ (단, k는 실수)

이는 앞의 결과들을 바탕으로 각 벡터를 위치벡터로 대응해서 식을 전개하면 쉽게 증명할 수 있습니다. 예를 들어 $\vec{a}=(a_1, a_2, \cdots, a_n)$, $\vec{b}=(b_1, b_2, \cdots, b_n)$에 대하여

$$\vec{a}\cdot\vec{b}=a_1b_1+a_2b_2+\cdots+a_nb_n$$
$$=b_1a_1+b_2a_2+\cdots+b_na_n$$
$$=\vec{b}\cdot\vec{a}$$

이므로 (1)의 증명이 완료됩니다.

4

행렬

행렬의 역사

행렬이 연구된 최초의 기록은 고대 중국에서 쓰인 《구장산술》의 '방정' 장에 남아 있습니다. 여기서 행렬은 연립 일차방정식의 풀이를 위한 도구로 제시되었죠. 예를 들어 x, y에 대한 연립방정식 $\begin{cases} 2x - y = 0 \\ x + 2y = 5 \end{cases}$ 를 풀이할 때 각 계수와 상수항만을 추려 $\begin{pmatrix} 2 & -1 & 0 \\ 1 & 2 & 5 \end{pmatrix}$ 와 같이 표현한 후, 아래와 같은 절차를 통해 해를 찾았습니다.

$$\begin{pmatrix} 2 & -1 & 0 \\ 1 & 2 & 5 \end{pmatrix} \quad \cdots (2\,\text{행}) \times 2$$

$$\rightarrow \begin{pmatrix} 2 & -1 & 0 \\ 2 & 4 & 10 \end{pmatrix} \quad \cdots (1\,\text{행}) - (2\,\text{행}) \text{ 값을 } (2\,\text{행})\text{으로}$$

$$\rightarrow \begin{pmatrix} 2 & -1 & 0 \\ 0 & -5 & -10 \end{pmatrix} \quad \cdots (2\,\text{행}) \times \left(-\frac{1}{5}\right)$$

$$\rightarrow \begin{pmatrix} 2 & -1 & 0 \\ 0 & 1 & 2 \end{pmatrix} \quad \cdots (1\,\text{행}) + (2\,\text{행}) \text{ 값을 } (1\,\text{행})\text{으로}$$

$$\rightarrow \begin{pmatrix} 2 & 0 & 2 \\ 0 & 1 & 2 \end{pmatrix} \quad \cdots (1\,\text{행}) \times \left(\frac{1}{2}\right)$$

$$\rightarrow \begin{pmatrix} 1 & 0 & 1 \\ 0 & 1 & 2 \end{pmatrix} \quad \cdots 1\,\text{행에서 } x = 1, 2\,\text{행에서 } y = 2$$

$$\therefore x = 1, \ y = 2$$

《구장산술》에서 호승상소법이라 소개된 이러한 연립방정식의 풀이법은, 이후에 가우스-조던 소거법으로 재정립됩니다.

행렬이 본격적으로 연구되기 시작한 것은 19세기 중반, 영국의 수학자 아서 케일리와 제임스 조지프 실베스터가 행렬이론을 정립하면서부터라고 볼 수 있습니다. 행렬matrix이라는 이름을 붙인 사람은 실베스터로, 'matrix' 는 라틴어로 자궁, 모체라는 뜻입니다. 모든 수학적 대상의 근원과도 같다 는 뜻에서 붙여진 이름입니다.

실제로 분야를 막론하고 수많은 학문에서 이론적 대상을 행렬로 표현하 는 것이 가능합니다. 행렬이 다양한 과학·공학 분야의 기본 개념으로 자리 매김한 이유입니다. 예를 들어, 컴퓨터과학에서 사진이나 영상은 각 픽셀 에 해당하는 색상을 나타내는 수를 행렬로 변환하여 저장합니다(532~533쪽 에서 자세하게 설명합니다).

행렬의 표현

여러 개의 수를 직사각형 모양으로 배열한 것을 행렬이라 합니다. 고등학 교 과정에서는 소괄호를 이용하여 묶지만, 대괄호나 세로선으로 묶기도 하고, 아예 묶지 않고 직사각형 상태로 행렬을 표현하기도 합니다.

행렬을 이루는 각각의 수를 그 행렬의 성분이라 부릅니다. 행렬의 가로 줄은 행이라 부르고 위에서부터 차례대로 제1행, 제2행, 제3행, …이라 합 니다. 세로줄은 열이라 부르고 왼쪽에서부터 차례대로 제1열, 제2열, 제3열, …이라 합니다.

m개의 행과 n개의 열로 이루어진 행렬을 $m \times n$ 행렬 또는 m행 n열의 행렬이라고 합니다. 그중 행의 개수와 열의 개수가 같은 행렬을 정사각행

렬이라 하며, $n \times n$ 행렬을 n차 정사각행렬이라고 합니다.

　정사각행렬 중에서 $\begin{pmatrix} 1 & 0 \\ 0 & 1 \end{pmatrix}$, $\begin{pmatrix} 1 & 0 & 0 \\ 0 & 1 & 0 \\ 0 & 0 & 1 \end{pmatrix}$과 같이 왼쪽 위에서 오른쪽 아래로 내려가는 대각선 위의 성분이 모두 1이고 그 외의 성분은 모두 0인 정사각행렬을 단위행렬이라 하며, 기호 E 또는 I로 나타냅니다. E는 독일어 'Einheitsmatrix'의 머리글자고, I는 영어 'Identity matrix'의 머리글자입니다.

　행렬 A의 제i행과 제j열이 만나는 위치의 성분을 행렬 A의 (i, j) 성분이라 하며, a_{ij}로 나타냅니다. 예를 들어 2×3 행렬 A는 $A = \begin{pmatrix} a_{11} & a_{12} & a_{13} \\ a_{21} & a_{22} & a_{23} \end{pmatrix}$과 같이 나타내고, 이것을 간단히 $A = (a_{ij})$ (단, $i=1, 2, j=1, 2, 3$)로 나타내기도 합니다.

　두 행렬 A, B의 행의 수와 열의 수가 각각 같을 때, 두 행렬 A, B는 같은 꼴이라고 합니다. 두 행렬 A, B가 같은 꼴이고 대응하는 성분이 각각 같을 때, 두 행렬 A, B는 서로 같다고 하며 기호 $A = B$로 나타냅니다.

　행렬의 성분이 모두 0인 행렬은 영행렬이라 하고, 기호로는 O 또는 0으로 나타냅니다. 숫자 0과 혼동하지 않도록 주의합시다.

행렬의 연산

$m \times n$ 행렬 $A = (a_{ij})$, $B = (b_{ij})$에 대해 $A \pm B = (a_{ij} \pm b_{ij})$로 정의합니다. (복부호 동순) 또한 상수 c에 대해 $cA = (ca_{ij})$로 정의합니다. 예를 들어

$$\begin{pmatrix} 1 & 2 \\ 3 & 4 \end{pmatrix} + 2 \begin{pmatrix} 5 & 6 \\ 7 & 8 \end{pmatrix} = \begin{pmatrix} 1+2\times5 & 2+2\times6 \\ 3+2\times7 & 4+2\times8 \end{pmatrix} = \begin{pmatrix} 11 & 14 \\ 17 & 20 \end{pmatrix}$$입니다.

$m \times n$ 행렬 $A=(a_{ij})$와 $n \times r$ 행렬 $B=(b_{jk})$에 대해 두 행렬의 곱 $AB=(c_{ik})$는 $m \times r$ 행렬이며, $c_{ik}=\sum_{j=1}^{n}a_{ij}b_{jk}$로 정의합니다. 예를 들어

$$\begin{pmatrix} 1 & 2 \\ 3 & 4 \end{pmatrix}\begin{pmatrix} 5 & 6 \\ 7 & 8 \end{pmatrix}=\begin{pmatrix} 1\times5+2\times7 & 1\times6+2\times8 \\ 3\times5+4\times7 & 3\times6+4\times8 \end{pmatrix}=\begin{pmatrix} 19 & 22 \\ 43 & 50 \end{pmatrix}$$ 입니다.

행렬의 곱셈을 이렇게 정의하는 이유는, 이 방식이 행렬 이론을 전개하는 데 자연스럽고 행렬의 응용 측면에서 효율적이기 때문입니다. 다만 고등학교 과정에서 이를 설명하기에는 무리가 있으므로, 자세한 설명이 궁금하다면 QR코드의 영상을 시청하기를 권합니다(약 18분부터).

트와이스와 있지가 점심으로 중국요리를 먹는다고 합시다. 각 그룹이 주문하려는 메뉴와 주변에 있는 중국집 A, B의 가격표는 아래와 같습니다.

	짜장면	짬뽕	탕수육
트와이스	6	3	3
ITZY(있지)	1	4	2

	중국집 A	중국집 B
짜장면	7000원	8000원
짬뽕	8000원	6000원
탕수육	20000원	21000원

이때 중국집별 두 그룹의 주문 예상 금액은 다음과 같이 간단하게 행렬의 곱셈으로 표현됩니다.

$$\begin{pmatrix} 6 & 3 & 3 \\ 1 & 4 & 2 \end{pmatrix}\begin{pmatrix} 7000 & 8000 \\ 8000 & 6000 \\ 20000 & 21000 \end{pmatrix}=\begin{pmatrix} 126000 & 129000 \\ 79000 & 74000 \end{pmatrix}$$

따라서 총 금액은 중국집 A에 주문할 경우 $126000+79000=205000$원,

중국집 B에 주문할 경우 129000＋74000＝203000원으로, 중국집 B에 주문하는 편이 더 경제적임을 알 수 있습니다.

한편 행렬의 곱셈은 교환법칙이 성립하지 않습니다. 즉, 일반적으로 두 행렬 A, B에 대해서 $AB \neq BA$입니다. 예를 들어 $\begin{pmatrix} 1 & 2 \\ 3 & 4 \end{pmatrix}\begin{pmatrix} 5 & 6 \\ 7 & 8 \end{pmatrix} = \begin{pmatrix} 19 & 22 \\ 43 & 50 \end{pmatrix}$ $\neq \begin{pmatrix} 23 & 34 \\ 31 & 46 \end{pmatrix} = \begin{pmatrix} 5 & 6 \\ 7 & 8 \end{pmatrix}\begin{pmatrix} 1 & 2 \\ 3 & 4 \end{pmatrix}$입니다.[*]

---

[*] 현재 고등학교 교육과정의 공통 과목에서 다뤄지는 행렬의 내용은 여기까지입니다. 역행렬, 회전변환 행렬 등 더 많은 내용은 진로 선택 과목인 경제 수학과 인공지능 수학에서 이어집니다. 494~496쪽과 534~535쪽을 참고하기 바랍니다.

7장

기하학

기하학은 도형과 공간에 대한 성질을 다루는 분야입니다.
이 장에서는 고등학교 수학 전반에 흩어져 있는 기하학적
내용인 원뿔곡선과 도형의 이동, 공간도형과 벡터의 기하학
적 논의 등을 살펴봅니다.

원뿔곡선

원뿔곡선의 기원

해석기하학이 발전한 근대 이후로 '이차곡선'이라고도 불리는 원뿔곡선은 평면으로 원뿔을 잘랐을 때 생기는 곡선으로 포물선, 타원, 원, 쌍곡선을 일컫습니다.

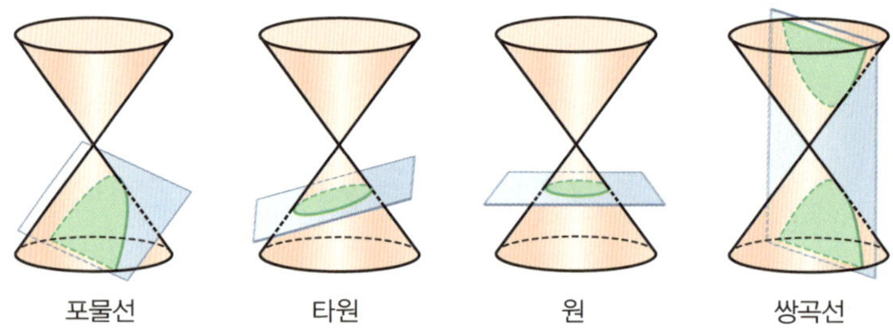

고대 그리스의 수학자들이 원뿔곡선을 연구하게 된 계기로는 주로 '정육면체의 배적 문제 기원설'과 '해시계 기원설'이 꼽힙니다.

정육면체의 배적 문제 기원설이란, 고대 그리스의 유명한 3대 작도문제 중 하나인 '정육면체 배적 문제'를 연구하는 과정에서 나타나는 곡선을 그리기 위해 원뿔을 절단해 이용했다는 추측입니다. 하지만 곡선을 그리려면 사실 원뿔 하나만으로도 충분하므로, 꼭짓점을 맞댄 두 개의 원뿔을 세로로 잘랐을 때 만들어지는 쌍곡선을 설명하기에는 다소 비약이 있습니다.

해시계 기원설이란, 그노몬gnomon(그림자의 길이나 위치로 시간이나 방향을 가리키는 데 사용하는 물건)의 원리를 이용한 고대 그리스의 해시계를 관찰하

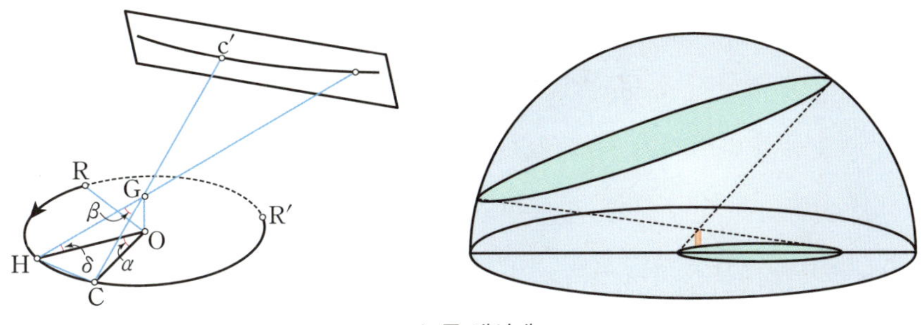

그노몬 해시계

다 원뿔곡선을 연구하게 되었다는 추측입니다. 그노몬의 꼭짓점을 기준으로 위에는 태양 광선이 만드는 원뿔, 아래는 그노몬의 그림자가 만드는 원뿔이 마주 보는 형태가 연상됩니다.

위도와 계절에 따라 그노몬의 그림자는 쌍곡선, 포물선, 타원, 원 등으로 나타납니다. 예를 들어 로마의 위도에서 여름과 겨울에 그노몬의 그림자 자취는 쌍곡선이 됩니다. 한편 저위도에서는 쌍곡선, 고위도에서는 타원, 그 사이에서는 포물선, 극지방에서는 원 형태의 그림자 자취가 관측됩니다.

아르키메데스가 포물면의 초점을 이용하여 로마의 군함을 불태웠다는 이야기는 유명합니다. 고대 그리스의 수학자 아폴로니우스도《원뿔곡선론》

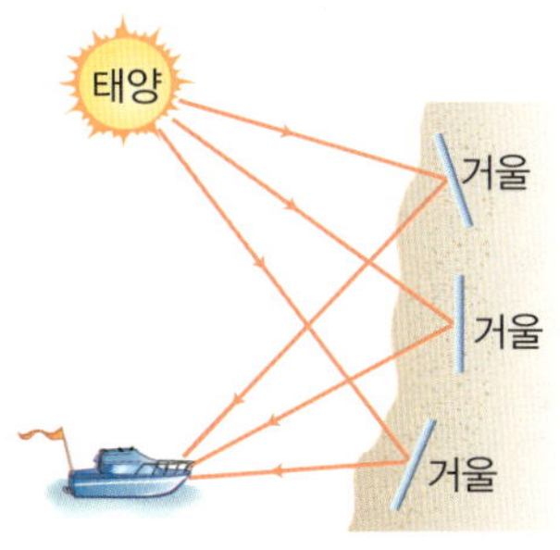

에서 원뿔곡선의 초점과 관련된 성질들을 간접적으로 언급하였습니다.

이후 광학 연구가 진행되었는데, 특히 망원경을 만들 때 원뿔곡선의 초점이 중요하게 다뤄지기 시작했습니다.

한편 원뿔곡선의 준선에 관한 연구는 고대 그리스의 수학자 파포스로부터 시작되었습니다. 파포스는 α가 준선과의 거리이고 β가 초점과의 거리일 때, $\frac{\beta}{\alpha}$의 값에 따른 자취로 포물선, 타원, 쌍곡선을 정의하였습니다. 아래 그림과 같이 $\frac{\beta}{\alpha}$가 1이면 포물선, 1보다 작은 상수이면 타원, 1보다 큰 상수이면 쌍곡선이며, 이때 사용되는 직선을 준선이라 했습니다.

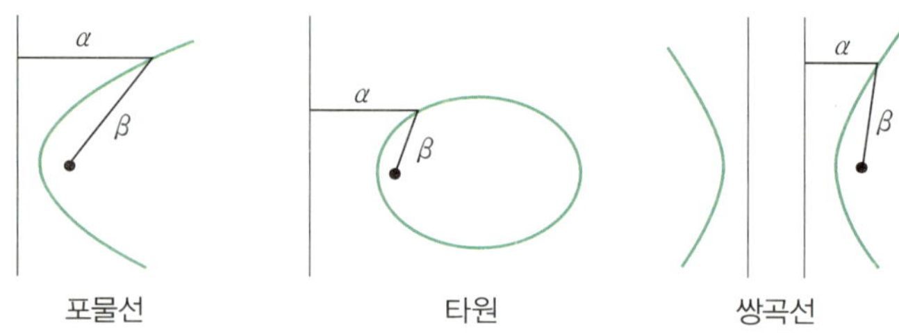

원뿔곡선의 정의

포물선

평면 위의 한 점(초점) F와 그 점을 지나지 않는 한 직선(준선) l이 있을 때, 점 F와 직선 l에 이르는 거리가 서로 같은 점들의 집합을 포물선이라 정의합니다. 이때 포물선의 초점을 지나고 준선에 수직인 직선을 포물선의 축, 축과 포물선의 교점을 포물선의 꼭짓점이라고 부릅니다.

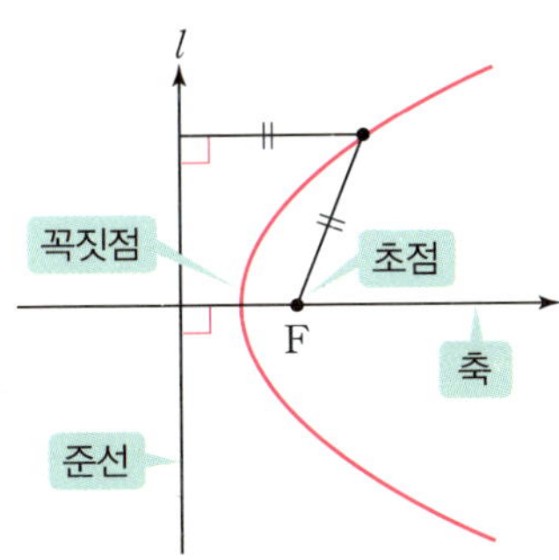

좌표평면에서 점 $\mathrm{F}(p, 0)\,(p \neq 0)$을 초점으로 하고 직선 $x = -p$를 준선으로 하는 포물선의 방정식은 $y^2 = 4px$입니다. 이때 이 포물선의 꼭짓점은 $(0, 0)$입니다.

증명 포물선의 방정식 $y^2 = 4px$

$(p, 0)$을 초점으로 하고 직선 $x = -p$를 준선으로 하는

포물선 위의 임의의 점 (x, y)에서

준선 $x = -p$까지의 거리는 $x + p$,

초점 $(p, 0)$까지의 거리는 $\sqrt{(x-p)^2 + y^2}$ 이므로,

$$x + p = \sqrt{(x-p)^2 + y^2}$$
$$\Rightarrow x^2 + 2px + p^2 = (x-p)^2 + y^2$$
$$\Rightarrow 2px = -2px + y^2$$
$$\Rightarrow y^2 = 4px \ \blacksquare$$

마찬가지로 좌표평면에서 점 $F(0, p)\,(p \neq 0)$를 초점으로 하고 직선 $y = -p$를 준선으로 하는 포물선의 방정식은 $x^2 = 4py$입니다.

예를 들어 이차함수 $y = x^2$의 그래프는 초점이 $\left(0, \dfrac{1}{4}\right)$이고 준선이 $y = -\dfrac{1}{4}$인 포물선입니다.

타원

평면 위의 서로 다른 두 점(초점) F, F′에서의 거리의 합이 일정한 점들의
집합을 타원이라 정의합니다. 이때 두 초점을 잇는 직선이 타원과 만나는
점 A, A′과, 선분 FF′의 수직이등분선이 타원과 만나는 점 B, B′을 타원
의 꼭짓점이라고 부릅니다. 여기서 선분 AA′을 타원의 장축, 선분 BB′을
타원의 단축, 장축과 단축의 교점을 타원의 중심이라 부릅니다.

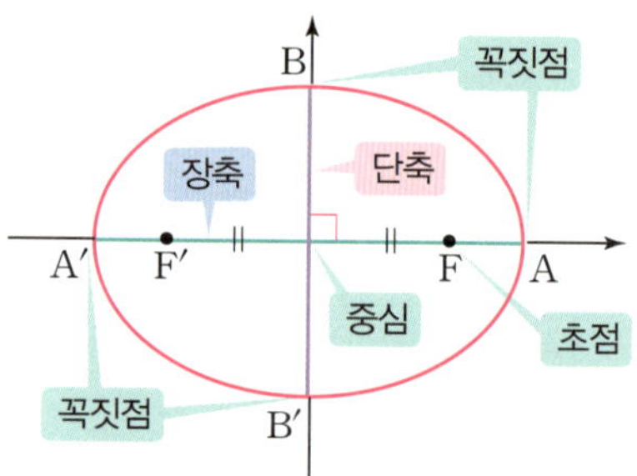

좌표평면에서 두 점 $\mathrm{F}(c, 0)$, $\mathrm{F}'(-c, 0)$을 초점으로 하고 임의의 점
(x, y)에서 두 초점 F, F′에 이르는 거리의 합이 $2a$인 타원의 방정식은
$\dfrac{x^2}{a^2} + \dfrac{y^2}{a^2 - c^2} = 1$이고, $b^2 = a^2 - c^2$이라 할 때 이 방정식은 $\dfrac{x^2}{a^2} + \dfrac{y^2}{b^2} = 1$
입니다.

증명 타원의 방정식 $\dfrac{x^2}{a^2} + \dfrac{y^2}{b^2} = 1$ (단, $b^2 = a^2 - c^2$)

타원 위의 임의의 점 (x, y)에서
두 초점 $(c, 0)$, $(-c, 0)$까지의 거리는 각각 $\sqrt{(x-c)^2 + y^2}$, $\sqrt{(x+c)^2 + y^2}$
이므로,

$$\sqrt{(x-c)^2 + y^2} + \sqrt{(x+c)^2 + y^2} = 2a$$

$$\Rightarrow \sqrt{(x-c)^2+y^2}=2a-\sqrt{(x+c)^2+y^2}$$

$$\Rightarrow (x-c)^2+y^2=4a^2-4a\sqrt{(x+c)^2+y^2}+(x+c)^2+y^2$$

$$\Rightarrow a\sqrt{(x+c)^2+y^2}=a^2+cx$$

$$\Rightarrow a^2\{(x+c)^2+y^2\}=a^4+2a^2cx+c^2x^2$$

$$\Rightarrow (a^2-c^2)x^2+a^2y^2=a^2(a^2-c^2)$$

$$\Rightarrow \frac{x^2}{a^2}+\frac{y^2}{a^2-c^2}=1$$

$$\Rightarrow \frac{x^2}{a^2}+\frac{y^2}{b^2}=1 \quad (b^2=a^2-c^2) \ \blacksquare$$

마찬가지로 두 점 $\mathrm{F}(0,c)$, $\mathrm{F}'(0,-c)$를 초점으로 하고 두 초점 F, F'에서의 거리의 합이 $2a$인 타원의 방정식은

$$\frac{x^2}{a^2-c^2}+\frac{y^2}{a^2}=1 \Leftrightarrow \frac{x^2}{b^2}+\frac{y^2}{a^2}=1$$ 입니다. (단, $b^2=a^2-c^2$)

이때 타원의 장축 길이는 $2a$, 단축 길이는 $2b$입니다. 예를 들어 방정식 $\dfrac{x^2}{25}+\dfrac{y^2}{9}=1$의 그래프는 장축의 길이가 10, 초점은 $(-4,0)$, $(4,0)$이고 단축의 길이는 6인 타원입니다.

한편 원점을 중심으로 하고 반지름의 길이가 r인 원의 방정식은 $x^2+y^2=r^2$입니다. 타원의 방정식에서 $a=r$, $c=0$인 경우로 이해할 수 있습니다.

쌍곡선

평면 위의 서로 다른 두 점(초점) F, F'에서의 거리의 차가 일정한 점들의 집합을 쌍곡선이라고 정의합니다. 이때 두 초점을 잇는 직선이 쌍곡선과 만나는 점 A, A'을 쌍곡선의 꼭짓점, 선분 AA'을 쌍곡선의 주축, 선분

$$\frac{x^2}{a^2} + \frac{y^2}{b^2} = 1$$

$\mathrm{AA'}$의 중점을 쌍곡선의 중심이라 부릅니다.

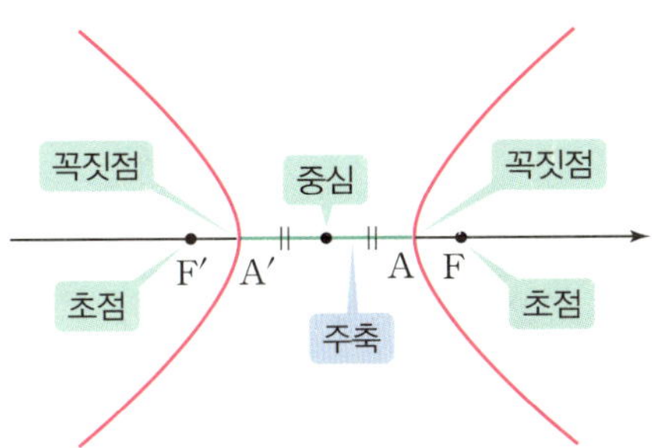

좌표평면에서 두 점 $\mathrm{F}(c, 0)$, $\mathrm{F'}(-c, 0)$을 초점으로 하고 임의의 점 (x, y)에 대해 두 초점 F, $\mathrm{F'}$에 이르는 거리의 차가 $2a$인 쌍곡선의 방정식은 $\dfrac{x^2}{a^2} + \dfrac{y^2}{a^2-c^2} = 1$이고, $a^2 + b^2 = c^2$이라 할 때, $\dfrac{x^2}{a^2} - \dfrac{y^2}{b^2} = 1$입니다.

증명 쌍곡선의 방정식 $\dfrac{x^2}{a^2} - \dfrac{y^2}{b^2} = 1$ (단, $a^2 + b^2 = c^2$)

제1, 4사분면에 있는 쌍곡선 위의 임의의 점 (x, y)에서 두 초점 $(-c, 0)$, $(c, 0)$까지의 거리는 각각 $\sqrt{(x+c)^2+y^2}$, $\sqrt{(x-c)^2+y^2}$ 이므로,

$$\sqrt{(x+c)^2+y^2} - \sqrt{(x-c)^2+y^2} = 2a$$
$$\Rightarrow \sqrt{(x+c)^2+y^2} = 2a + \sqrt{(x-c)^2+y^2}$$
$$\Rightarrow (x+c)^2+y^2 = 4a^2 + 4a\sqrt{(x-c)^2+y^2} + (x-c)^2+y^2$$
$$\Rightarrow a\sqrt{(x-c)^2+y^2} = cx - a^2$$
$$\Rightarrow a^2\{(x-c)^2+y^2\} = c^2x^2 - 2cxa^2 + a^4$$
$$\Rightarrow (a^2-c^2)x^2 + a^2y^2 = a^2(a^2-c^2)$$
$$\Rightarrow \frac{x^2}{a^2} + \frac{y^2}{a^2-c^2} = 1$$
$$\Rightarrow \frac{x^2}{a^2} - \frac{y^2}{b^2} = 1 \quad (\text{단}, -b^2 = a^2-c^2) \quad \blacksquare$$

마찬가지로 두 점 $\mathrm{F}(0, c)$, $\mathrm{F}'(0, -c)$를 초점으로 하고 두 초점 F, F'에서의 거리의 차가 $2a$인 쌍곡선의 방정식은

$$\frac{x^2}{a^2-c^2}+\frac{y^2}{a^2}=1$$

$$\Longleftrightarrow -\frac{x^2}{b^2}+\frac{y^2}{a^2}=1 \quad (\text{단}, a^2+b^2=c^2)$$

$$\Longleftrightarrow \frac{x^2}{b^2}-\frac{y^2}{a^2}=-1$$

입니다.

한편 쌍곡선에는 아래 그림과 같이 점근선[**]이 존재합니다.

쌍곡선 $\dfrac{x^2}{\alpha^2}-\dfrac{y^2}{\beta^2}=\pm 1$의 점근선 방정식은 $y=\pm\dfrac{\beta}{\alpha}x$입니다.

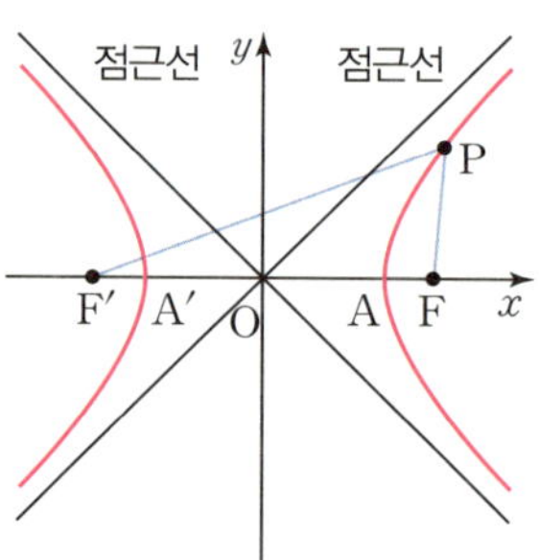

[•] 쌍곡선은 타원과 달리 중심에서 초점까지의 거리 $|c|$가 중심에서 꼭짓점까지의 거리 $|a|$보다 큽니다.

[••] 어떤 곡선이 무한히 뻗어갈 때 한없이 가까워지지만 절대로 닿지 않는 직선.

 쌍곡선 $\dfrac{x^2}{\alpha^2}-\dfrac{y^2}{\beta^2}=\pm1$의 점근선 방정식 $y=\pm\dfrac{\beta}{\alpha}x$

$$\dfrac{x^2}{\alpha^2}-\dfrac{y^2}{\beta^2}=\pm1$$

$$\Rightarrow \dfrac{y^2}{\beta^2}=\dfrac{x^2}{\alpha^2}\mp1 \Rightarrow y^2=\dfrac{\beta^2}{\alpha^2}x^2\mp\beta^2$$

$$\Rightarrow y=\pm\sqrt{\dfrac{\beta^2}{\alpha^2}x^2\mp\beta^2} \Rightarrow y=\pm\dfrac{\beta}{\alpha}x\sqrt{1\mp\dfrac{\alpha^2}{x^2}}$$

원점 $(0,0)$에서 이 쌍곡선 위의 임의의 점 (x,y)를 이은 점근선의 기울기는

$$\dfrac{y-0}{x-0}=\dfrac{y}{x}=\dfrac{\pm\dfrac{\beta}{\alpha}x\sqrt{1\mp\dfrac{\alpha^2}{x^2}}}{x}=\pm\dfrac{\beta}{\alpha}\sqrt{1\mp\dfrac{\alpha^2}{x^2}}\ \text{이고,}$$

이때 x가 양의 무한대로 한없이 커질수록 $\dfrac{\alpha^2}{x^2}$의 값은 한없이 0에 가까워지

므로, ••• $\dfrac{y}{x}=\pm\dfrac{\beta}{\alpha}\sqrt{1\mp\dfrac{\alpha^2}{x^2}}\ \xrightarrow{x\to\infty}\ \dfrac{y}{x}=\pm\dfrac{\beta}{\alpha}\sqrt{1\mp0}=\pm\dfrac{\beta}{\alpha}$ 입니다.

이 값이 곧 점근선의 기울기입니다.

한편 이 점근선은 원점 $(0,0)$을 지나므로,

점근선의 방정식은 $(y-0)=\pm\dfrac{\beta}{\alpha}(x-0) \Leftrightarrow y=\pm\dfrac{\beta}{\alpha}x$ ∎

예를 들어 방정식 $\dfrac{x^2}{16}-\dfrac{y^2}{9}=1$의 그래프는 주축의 길이가 8, 초점은 $(-5,0),(5,0)$이며 점근선의 방정식은 $y=\pm\dfrac{3}{4}x$입니다.

이차곡선

앞에서 보았듯이 좌표평면에서 원뿔곡선인 포물선, 타원, 원, 쌍곡선의 방정식은 모두 x,y에 대한 이차방정식 $Ax^2+By^2+Cxy+Dx+Ey+F=0$

••• 극한의 개념으로, 308쪽의 설명을 참고하기 바랍니다.

꼴로 표현됩니다. 그래서 원뿔곡선을 이차곡선이라고 부르기도 합니다.

하지만 만약 이차방정식 $Ax^2+By^2+Cxy+Dx+Ey+F=0$의 좌변이 두 일차식의 곱으로 인수분해된다면 이는 원뿔곡선이 아니라 두 직선을 나타냅니다. 예를 들어 x, y에 대한 이차방정식 $2x^2-y^2+xy-3y-2=0 \Leftrightarrow (x+y+1)(2x-y-2)=0$의 그래프는 좌표평면에서 두 직선 $y=-x-1, y=2x-2$의 그래프를 나타냅니다.

또한 $Ax^2+By^2+Cxy+Dx+Ey+F=0$에서 Cxy는 곡선을 회전했을 때 나타나는 항입니다. 예를 들어 0이 아닌 두 실수 x, y에 대한 이차방정식 $xy-1=0$은 $xy-1=0 \Rightarrow y=\dfrac{1}{x}$로, 다음과 같이 점근선이 x축과 y축인 쌍곡선을 나타냅니다.

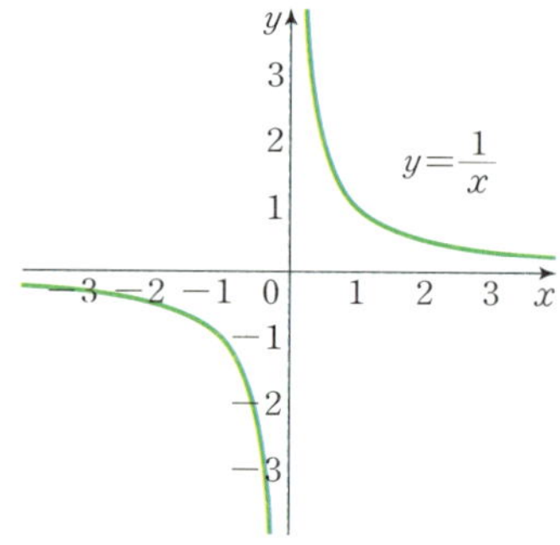

이차곡선의 접선

접선의 기울기가 주어진 경우

기울기가 m이면서 이차곡선에 접하는 접선의 방정식은 다음과 같은 과정

• x^2항과 y^2항은 쌍곡선을 45° 회전변환하는 과정에서 소거되므로 방정식에서 보이지 않습니다. 현재 고등학교 과정에서는 이러한 곡선의 회전변환을 다루지 않습니다.

으로 유도할 수 있습니다.

(1) 접선의 방정식을 $y=mx+k$와 같이 설정한다. (k는 상수)

(2) $y=mx+k$와 이차곡선의 방정식을 연립하여 이차방정식을 얻는다.

(3) 판별식 $D=0$으로부터 식을 전개해 k값을 구한다.

　　(이차곡선과 접선은 단 한 점에서만 만나므로, 판별식 값이 0입니다.)

예제 타원 $\dfrac{x^2}{9}+\dfrac{y^2}{4}=1$에 접하는 기울기 2인 접선의 방정식 구하기

접선의 방정식 $y=2x+k$를 $\dfrac{x^2}{9}+\dfrac{y^2}{4}=1$에 대입하면,

$$\frac{x^2}{9}+\frac{(2x+k)^2}{4}=1$$

$$\Rightarrow 40x^2+36kx+(9k^2-36)=0$$

이 방정식의 판별식 $D=0$이므로,

$$36^2k^2-4\times40\times(9k^2-36)=0$$

$$\Rightarrow k=\pm2\sqrt{10}$$

그러므로 접선의 방정식은 $y=2x+2\sqrt{10}$ 또는 $y=2x-2\sqrt{10}$입니다. 이를 그래프로 나타내면 아래와 같습니다.

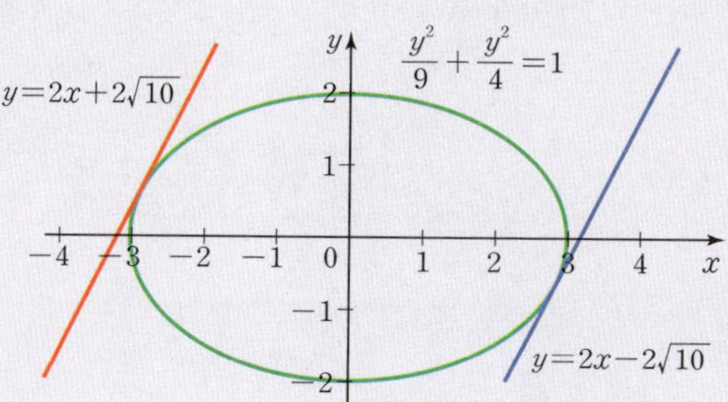

접선이 지나는 점이 주어진 경우

점 (x_1, y_1)을 지나고 이차곡선에 접하는 접선의 방정식은 다음과 같은 과정으로 유도할 수 있습니다.

(1) 접선의 방정식을 $y = m(x - x_1) + y_1$과 같이 설정한다. (m는 상수)

(2) $y = m(x - x_1) + y_1$과 이차곡선을 연립하여 이차방정식을 얻는다.

(3) 판별식 $D = 0$으로부터 식을 전개해 m값을 구한다.

예제 점 $(-2, 0)$을 지나면서 포물선 $y^2 = 4x$에 접하는 접선의 방정식 구하기

접선의 방정식 $y = m(x + 2)$를 $y^2 = 4x$에 대입하면,

$$m^2(x + 2)^2 = 4x$$
$$\Rightarrow m^2 x^2 + 4(m^2 - 1)x + 4m^2 = 0$$

이 방정식의 판별식 $D = 0$이므로,

$$4^2(m^2 - 1)^2 - 4 \times m^2 \times 4m^2 = 0$$
$$\Rightarrow m = \pm \frac{\sqrt{2}}{2}$$

그러므로 접선의 방정식은 $y = \dfrac{\sqrt{2}}{2}x + \sqrt{2}$ 또는 $y = -\dfrac{\sqrt{2}}{2}x - \sqrt{2}$입니다. 이를 그래프로 나타내면 아래와 같습니다.

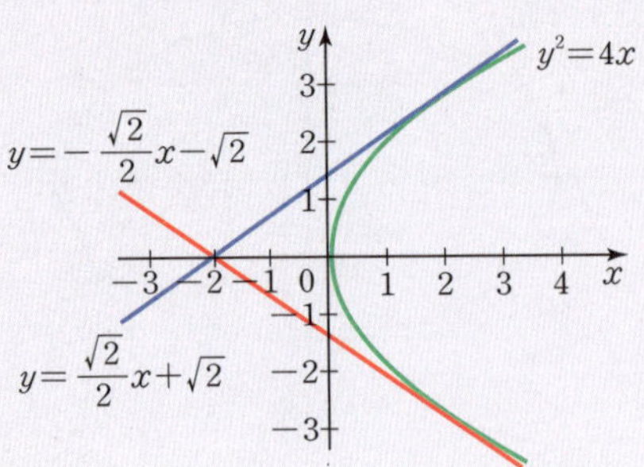

도형의 이동

평행이동

좌표평면 위의 한 점 (x, y)를 x축 방향으로 a만큼, y축 방향으로 b만큼 평행이동한 점의 좌표는 $(x+a, y+b)$입니다.

$$(2, 0) \xrightarrow[y\text{방향} -2]{x\text{방향} +1} (3, -2)$$

좌표평면 위의 방정식 $f(x, y) = 0$이 나타내는 도형을 x축 방향으로 a만큼, y축 방향으로 b만큼 평행이동한 도형의 방정식은 $f(x-a, y-b) = 0$입니다.

$$f(x, y) = 0 \xrightarrow[y\text{방향} -2]{x\text{방향} +1} f(x-1, y+2) = 0$$

예를 들어 좌표평면 위의 방정식 $x^2 + y^2 = 1$로 표현되는 원을 x축 방향으로 $+2$만큼, y축 방향으로 -1만큼 평행이동한 방정식은 $(x-2)^2 + (y+1)^2 = 1$입니다.

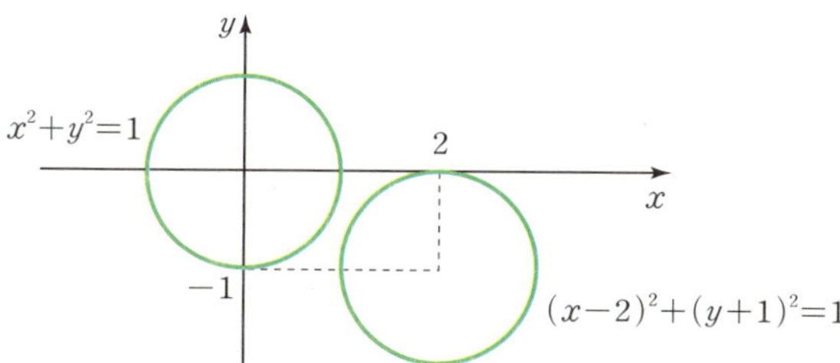

부호가 반대로 적용된 것처럼 보이지만, 이는 방정식 $f(x, y) = 0$이 가

리키는 x, y와 방정식 $f(x-a, y-b)=0$이 가리키는 x, y가 실제로는 달라 생기는 혼동입니다. $f(x, y)=0$ 위의 임의의 점 (x, y)를 x축 방향으로 a만큼, y축 방향으로 b만큼 평행이동한 점을 (x', y')이라 하면,

$$\begin{cases} x'=x+a \\ y'=y+b \end{cases} \Leftrightarrow \begin{cases} x=x'-a \\ y=y'-b \end{cases} \text{이므로}$$

$$f(x, y)=0 \Leftrightarrow f(x'-a, y'-b)=0$$

가 성립합니다. 다만 매번 x', y'과 같이 표기하는 것은 번거로우니, 편의상 $f(x'-a, y'-b)=0$을 $f(x-a, y-b)=0$이라고 씁니다.

쉽게 말해 $f(x, y)=0$에서 x, y는 평행이동 전, $f(x-a, y-b)=0$에서 x, y는 평행이동 후의 상태입니다.

대칭이동

좌표평면 위의 한 점 (x, y)를

(1) x축에 대하여 대칭이동한 점은 $(x, -y)$입니다.

(2) y축에 대하여 대칭이동한 점은 $(-x, y)$입니다.

(3) 원점에 대하여 대칭이동한 점은 $(-x, -y)$입니다.

(4) 직선 $y=x$에 대하여 대칭이동한 점은 (y, x)입니다.

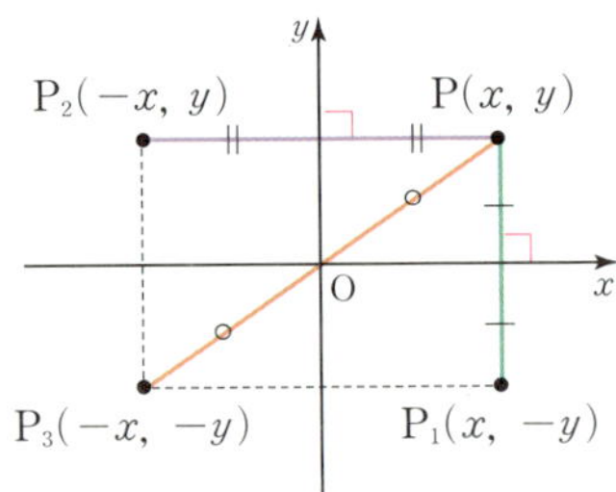

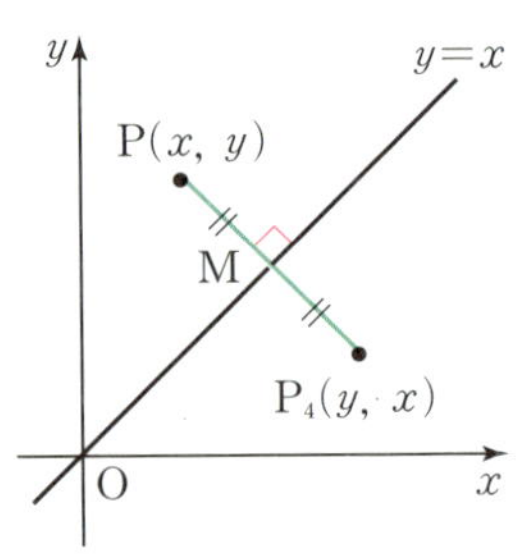

좌표평면 위의 방정식 $f(x, y)=0$이 나타내는 도형을

(1) x축에 대하여 대칭이동한 도형의 방정식은 $f(x, -y)=0$입니다.

(2) y축에 대하여 대칭이동한 도형의 방정식은 $f(-x, y)=0$입니다.

(3) 원점에 대하여 대칭이동한 도형의 방정식은 $f(-x, -y)=0$입니다.

(4) 직선 $y=x$에 대하여 대칭이동한 도형의 방정식은 $f(y, x)=0$입니다.

예를 들어 쌍곡선 $\dfrac{x^2}{9}-\dfrac{y^2}{16}=-1$을 x축 방향으로 -1만큼, y축 방향으로 $+2$만큼 평행이동한 후, 직선 $y=x$에 대하여 대칭이동한 결과는 $\dfrac{(y+1)^2}{9}-\dfrac{(x-2)^2}{9}=-1$입니다.

$$\dfrac{x^2}{9}-\dfrac{y^2}{16}=-1$$

$\xrightarrow[y\text{방향}+2]{x\text{방향}-1}$ $\dfrac{(x+1)^2}{9}-\dfrac{(y-2)^2}{9}=-1$

$\xrightarrow{y=x\ \text{대칭}}$ $\dfrac{(y+1)^2}{9}-\dfrac{(x-2)^2}{16}=-1$

(x, y)

$(x, y) \rightarrow (-y, x)$

$(x, y) \rightarrow (x, -y)$

공간도형

직선과 평면

결정 조건

공간에서 하나의 직선이 결정되는 조건은 서로 다른 두 점입니다.

공간에서 하나의 평면이 결정되는 조건은 다음과 같습니다.

(1) 한 직선 위에 있지 않은 세 점

(2) 한 직선과 그 직선 위에 있지 않은 한 점

(3) 한 점에서 만나는 두 직선

(4) 평행한 두 직선

위치 관계

공간에서 주어진 두 직선은 다음과 같은 위치 관계를 갖습니다.

(1) 한 점에서 만난다

(2) 평행하다

(3) 꼬인 위치에 있다

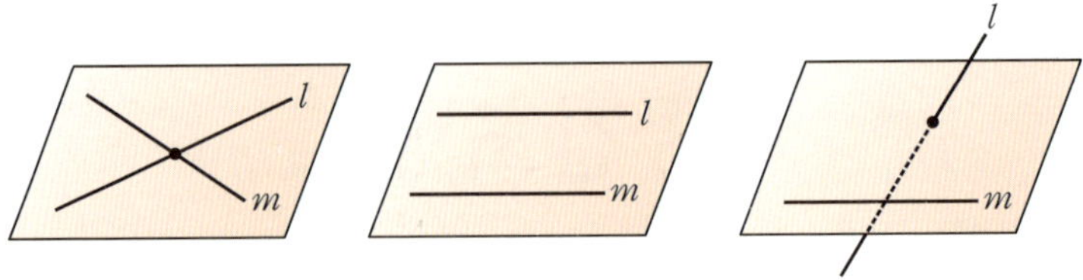

공간에서 주어진 직선과 평면은 다음과 같은 위치 관계를 갖습니다.

(1) 직선이 평면에 포함된다

(2) 한 점에서 만난다

(3) 평행하다

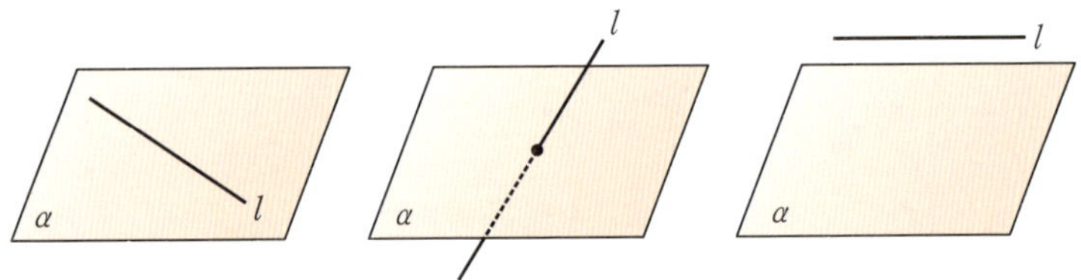

공간에서 주어진 두 평면은 다음과 같은 위치 관계를 갖습니다.

(1) **만난다** (이때 두 평면이 공유하는 직선을 두 평면의 교선이라고 부릅니다.)

(2) **평행하다** (기호로 // 라 표시합니다.)

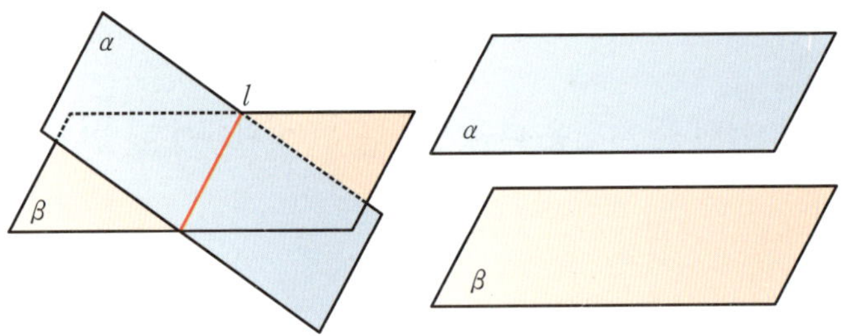

직선이 이루는 각

공간에서 두 직선이 이루는 각은 다음과 같이 정합니다.

(1) 한 점에서 만나는 서로 다른 두 직선은 한 평면을 결정하므로 그 평면 위에서 두 직선이 이루는 각을 정할 수 있습니다.

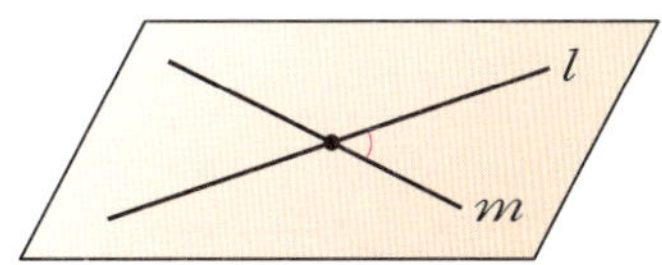

(2) 두 직선 l과 m이 꼬인 위치에 있을 때, 직선 l에 평행하면서 직선 m과 한 점에서 만나는 직선을 l'이라고 하면 두 직선 l'과 m은 한 평면을 결정합니다. 이때 두 직선 l'과 m이 이루는 각을 두 직선 l과 m이 이루는 각이라고 합니다.

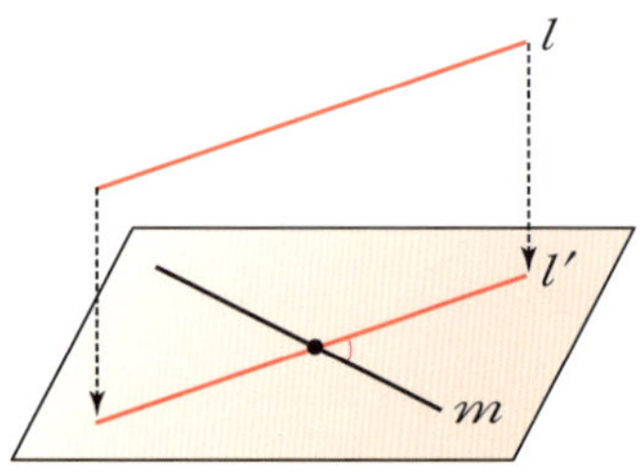

(3) 두 직선 l과 m이 이루는 각이 직각일 때 두 직선 l과 m은 서로 수직 이라 하고 기호 $l \perp m$으로 나타냅니다.

공간에서 직선 l이 평면 α 위의 모든 직선과 수직일 때, 직선 l과 평면 α는 서로 수직이라고 하며, 기호 $l \perp \alpha$로 나타냅니다. 이때 직선 l을 평면 α의 수선이라 하고, 직선 l과 평면 α가 만나는 점을 수선의 발이라고 부릅 니다. 아래 그림에서 O는 수선의 발입니다.

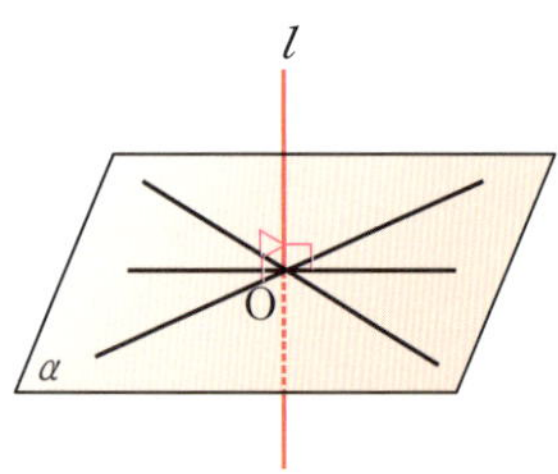

평면 α 위에 있지 않은 점 P, 평면 α 위의 점 O, 점 O를 지나지 않는 평 면 α 위의 직선 l, 직선 l 위의 점 H에 대하여 다음이 성립합니다. 이를 삼 수선의 정리라 부릅니다.

(1) $\overline{PO} \perp \alpha$, $\overline{OH} \perp l$이면 $\overline{PH} \perp l$

(2) $\overline{PO} \perp \alpha$, $\overline{PH} \perp l$이면 $\overline{OH} \perp l$

(3) $\overline{PH} \perp l$, $\overline{OH} \perp l$, $\overline{PO} \perp \overline{OH}$이면 $\overline{PO} \perp \alpha$

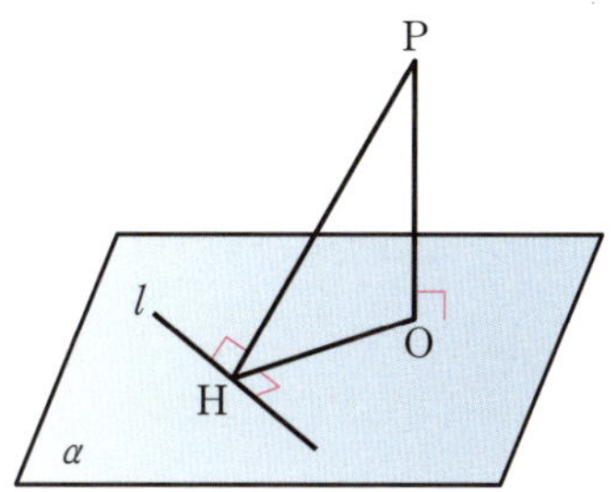

(1) $\overline{PO} \perp \alpha$, $\overline{OH} \perp l$이면 $\overline{PH} \perp l$

$\overline{PO} \perp \alpha$이고 직선 l은 평면 α 위의 직선이므로 $\overline{PO} \perp l$입니다.

또한 $\overline{OH} \perp l$이므로 직선 l은 $\overline{PO}$, $\overline{OH}$를 포함하는 평면 PHO와 수직입니다.

이때 $\overline{PH}$는 평면 PHO에 포함되므로 $\overline{PH} \perp l$입니다.

(2) $\overline{PO} \perp \alpha$, $\overline{PH} \perp l$이면 $\overline{OH} \perp l$

$\overline{PO} \perp \alpha$이고 직선 l은 평면 α 위의 직선이므로 $\overline{PO} \perp l$입니다.

또한 $\overline{PH} \perp l$이므로 직선 l은 $\overline{PO}$, $\overline{PH}$를 포함하는 평면 PHO와 수직입니다.

이때 $\overline{OH}$는 평면 PHO에 포함되므로 $\overline{OH} \perp l$입니다.

(3) $\overline{PH} \perp l$, $\overline{OH} \perp l$, $\overline{PO} \perp \overline{OH}$이면 $\overline{PO} \perp \alpha$

$\overline{PH} \perp l$, $\overline{OH} \perp l$이므로 $\overline{PH}$, $\overline{OH}$를 포함하는 평면 PHO는 직선 l과 수직입니다.

이때 $\overline{PO}$는 평면 PHO에 포함되므로 $\overline{PO} \perp l$입니다.

또한 $\overline{PO} \perp \overline{OH}$이므로 $\overline{PO}$는 직선 l과 $\overline{OH}$를 포함하는 평면 α와 수직입니다.

즉, $\overline{PO} \perp \alpha$입니다. ■

평면이 이루는 각

아래 그림과 같이 직선 l을 공유하는 두 반평면 α, β로 이루어진 도형을 이면각이라고 합니다. 이때 직선 l을 이면각의 변, 두 반평면 α, β를 각각 이면각의 면이라고 부릅니다.

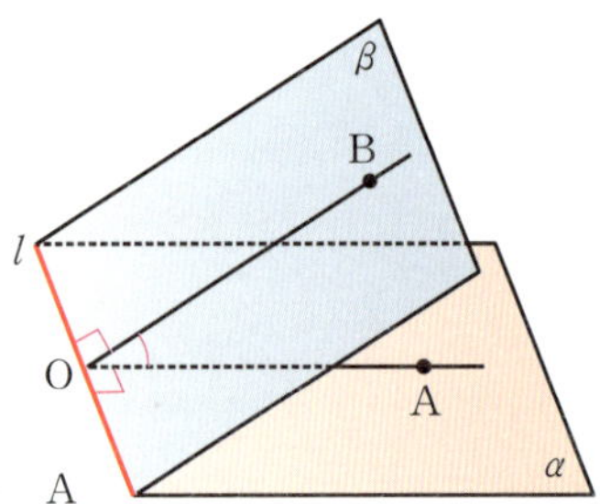

이면각의 변 l 위의 점 O를 지나고 직선 l에 수직인 두 반직선 OA, OB를 반평면 α, β 위에 각각 그으면 $\angle AOB$의 크기는 점 O의 위치에 관계없이 일정합니다. 이때 이 각의 크기를 이면각의 크기라고 합니다.

특히 두 평면 α, β가 이루는 각의 크기가 $90°$일 때, 두 평면 α와 β는 서로 수직이라고 하며 기호 $\alpha \perp \beta$로 나타냅니다.

정사영

한 점 P에서 평면 α에 내린 수선의 발을 P′이라 할 때, 점 P′을 점 P의 평면 α 위로의 정사영이라고 합니다.

도형 F에 속하는 모든 점의 평면 α 위로의 정사영으로 이루어진 도형을 F′이라고 할 때, 도형 F′을 도형 F의 평면 α 위로의 정사영이라고 합니다.

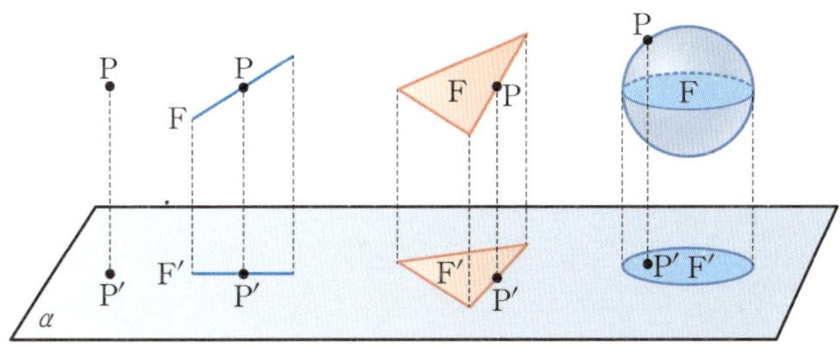

선분 AB의 평면 α 위로의 정사영을 선분 A′B′이라 하고, 직선 AB와 평면 α가 이루는 각의 크기를 θ라고 할 때 $\overline{A'B'} = \overline{AB}\cos\theta$가 성립합니다.

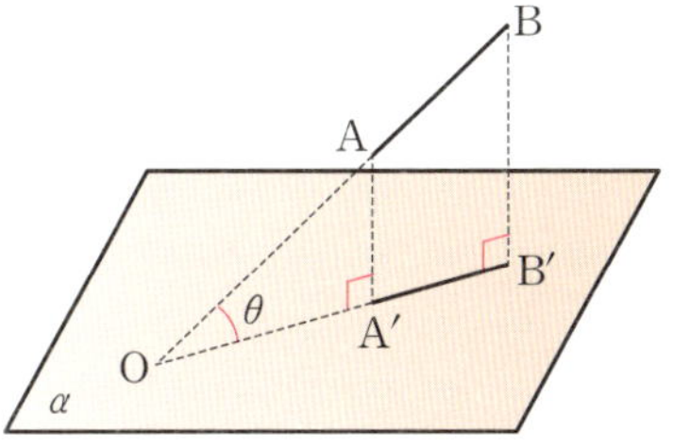

또한 평면 β 위의 도형의 넓이를 S, 이 도형의 평면 α 위로의 정사영의 넓이를 S′이라 하고, 두 평면 α, β가 이루는 각의 크기를 θ라고 할 때 $S' = S\cos\theta$가 성립합니다.

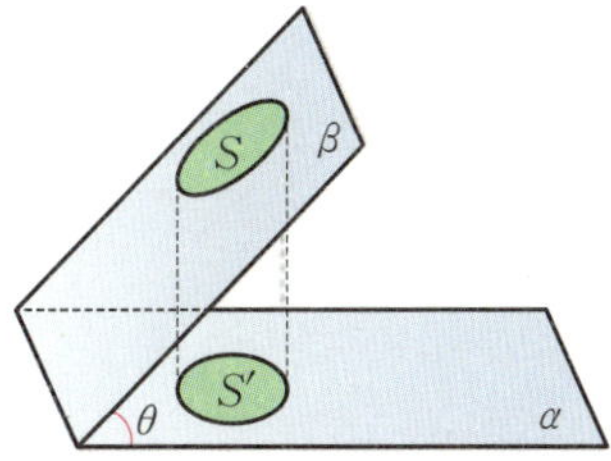

예를 들어 다음 그림과 같이 밑면의 반지름 길이가 3인 원기둥을 밑면

과 이루는 각의 크기가 60°인 평면으로 자를 때 생기는 타원의 넓이 S는
$$S' \times \frac{1}{\cos 60°} = (3^2 \pi) \times 2 = 18\pi$$ 입니다.

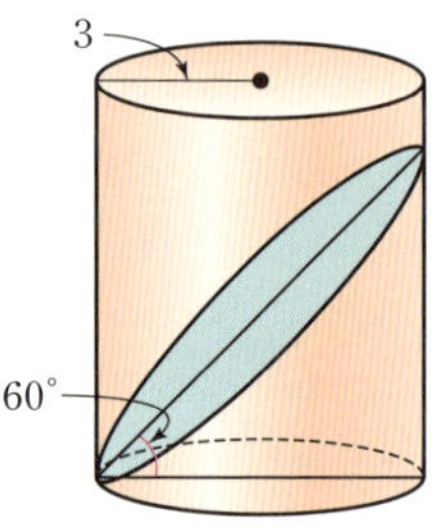

4

공간좌표와 벡터

내분점과 무게중심

두 점 A, B의 위치벡터를 각각 $\vec{a}$, $\vec{b}$라고 할 때, 선분 AB를 $m:n(m>0,$ $n>0)$으로 내분하는 점 P의 위치벡터 $\vec{p}$는 $\vec{p}=\dfrac{m\vec{b}+n\vec{a}}{m+n}$ 입니다.

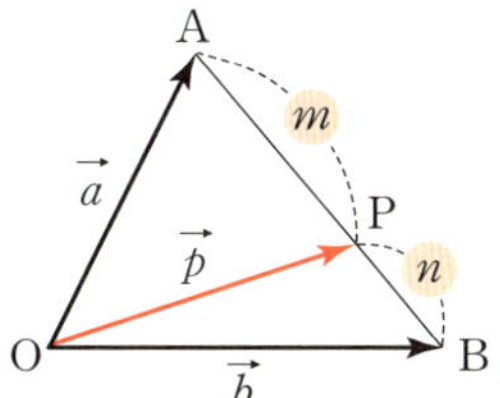

> **증명** 선분 AB를 $m:n$으로 내분하는 점 P의 위치벡터 $\vec{p}=\dfrac{m\vec{b}+n\vec{a}}{m+n}$
>
> (단, $m>0$, $n>0$)
>
> $|\overrightarrow{AP}|:|\overrightarrow{BP}|=m:n$이므로
>
> $\overrightarrow{AP}$를 $\overrightarrow{AB}$로 나타내면 $\overrightarrow{AP}=\dfrac{m}{m+n}\overrightarrow{AB}$ 입니다.
>
> 한편 세 점 A, B, P의 위치벡터가 각각 $\vec{a}$, $\vec{b}$, $\vec{p}$이므로
>
> $\overrightarrow{AP}=\dfrac{m}{m+n}\overrightarrow{AB} \Rightarrow \vec{p}-\vec{a}=\dfrac{m}{m+n}(\vec{b}-\vec{a})$
>
> $\Rightarrow \vec{p}=\vec{a}+\dfrac{m}{m+n}(\vec{b}-\vec{a})=\dfrac{m\vec{b}+n\vec{a}}{m+n}$ ∎

• 과거 교육과정에서 다루던 외분점은 현재 교육과정에서 빠졌습니다.

이를 바탕으로 세 점 A, B, C의 위치벡터를 각각 $\vec{a}, \vec{b}, \vec{c}$라고 할 때, 삼각형 ABC의 무게중심 G의 위치벡터 $\vec{g}=\dfrac{\vec{a}+\vec{b}+\vec{c}}{3}$임도 알 수 있습니다.

증명 삼각형 ABC의 무게중심 G의 위치벡터 $\vec{g}=\dfrac{\vec{a}+\vec{b}+\vec{c}}{3}$

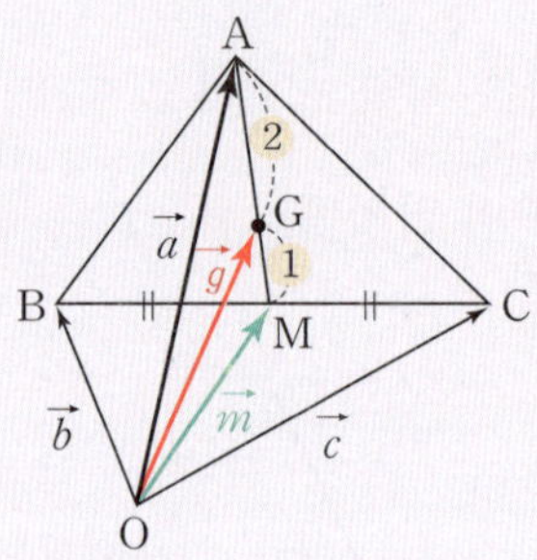

그림과 같이 선분 BC의 중점을 M이라 하고,

점 M의 위치벡터를 $\vec{m}$이라 하면 $\vec{m}=\dfrac{\vec{b}+\vec{c}}{2}$입니다.

한편 삼각형 ABC의 무게중심 G는 선분 AM을 2:1로 내분하는 점이므로,

$$\vec{g}=\frac{2\vec{m}+\vec{a}}{3}=\frac{2\times\dfrac{\vec{b}+\vec{c}}{2}+\vec{a}}{3}=\frac{\vec{a}+\vec{b}+\vec{c}}{3}\quad\blacksquare$$

두 벡터가 이루는 각의 크기

영벡터가 아닌 두 벡터 $\vec{a}$, $\vec{b}$가 이루는 각의 크기가 $\theta(0\le\theta\le\pi)$일 때 $\cos\theta=\dfrac{\vec{a}\cdot\vec{b}}{|\vec{a}||\vec{b}|}$임을 이용해 θ를 알 수 있습니다.

이로부터 영벡터가 아닌 두 벡터 $\vec{a}$, $\vec{b}$가 서로 수직인 경우엔 $\cos\dfrac{\pi}{2}=0$이므로 $\vec{a}\cdot\vec{b}=0$이 성립함을 알 수 있고, 마찬가지로 서로 평행인 경우엔 $\cos 0=1$, $\cos\pi=-1$이므로 $\vec{a}\cdot\vec{b}=\pm|\vec{a}||\vec{b}|$가 성립함을 알 수 있습니다.

직선의 방정식

방향벡터와 직선의 방정식

어떤 직선 l과 평행한 벡터 $\vec{u}$를 직선 l의 방향벡터라 합니다. 좌표평면에서 점 $A(x_1, y_1)$을 지나고 방향벡터가 $\vec{u}=(a, b)$인 직선 l의 방정식은 $\dfrac{x-x_1}{a}=\dfrac{y-y_1}{b}$ 입니다. (단, $a\neq0, b\neq0$)

증명 직선 l의 방향벡터를 $\vec{u}$라 할 때, 점 $A(x_1, y_1)$을 지나고 방향벡터가 $\vec{u}=(a, b)$인 직선 l의 방정식은 $\dfrac{x-x_1}{a}=\dfrac{y-y_1}{b}$ (단, $a\neq0, b\neq0$)

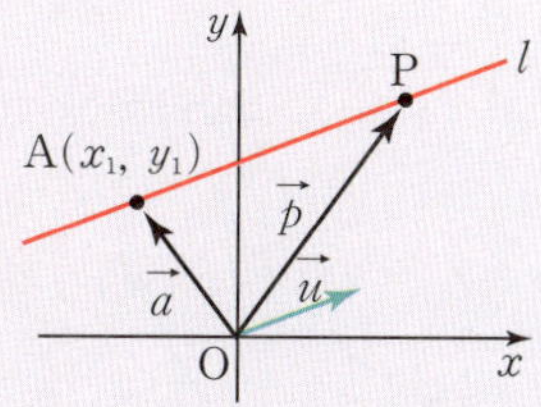

그림과 같이 직선 l 위의 임의의 점을 P라고 하면
$\overrightarrow{AP}/\!/\vec{u}$이므로 $\overrightarrow{AP}=t\vec{u}$인 실수 t가 존재합니다.
이때 두 점 A, P의 위치벡터를 각각 $\vec{a}$, $\vec{p}$라고 하면
$\overrightarrow{AP}=t\vec{u} \Rightarrow \vec{p}-\vec{a}=t\vec{u} \Rightarrow \vec{p}=\vec{a}+t\vec{u}$입니다.
이제 직선 위의 임의의 점 $P(x, y)$에 대해
$$\vec{p}=\vec{a}+t\vec{u} \Rightarrow (x, y)=(x_1, y_1)+t(a, b)$$
$$\Rightarrow (x, y)=(x_1+ta, y_1+tb)$$
$$\Rightarrow t=\frac{x-x_1}{a}=\frac{y-y_1}{b} \quad \blacksquare$$

마찬가지로 좌표공간에서 점 $A(x_1, y_1, z_1)$을 지나고 방향벡터가 $\vec{u}=(a, b, c)$인 직선의 방정식은 $\dfrac{x-x_1}{a}=\dfrac{y-y_1}{b}=\dfrac{z-z_1}{c}$ 임을 유도할

수 있습니다. (단, $a \neq 0, b \neq 0, c \neq 0$)

예를 들어 좌표공간에서 두 점 $A(2, 1, 0)$, $B(3, 4, 5)$를 지나는 직선의 방향벡터는 $\vec{u} = (1, 3, 5)$이고, 방정식은 $\dfrac{x-2}{1} = \dfrac{y-1}{3} = \dfrac{z}{5}$입니다.

법선벡터와 직선의 방정식

어떤 직선 l과 수직인 벡터 $\vec{n}$를 직선 l의 법선벡터라 합니다. 좌표평면에서 점 $A(x_1, y_1)$을 지나고 법선벡터가 $\vec{n} = (a, b)$인 직선 l의 방정식은 $a(x - x_1) + b(y - y_1) = 0$입니다.

증명 법선벡터가 $\vec{n} = (a, b)$인 직선 l의 방정식 $a(x - x_1) + b(y - y_1) = 0$

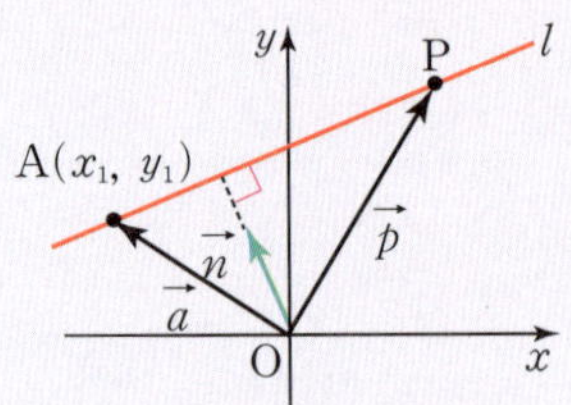

그림과 같이 직선 l 위의 임의의 점을 P라고 하면 $\overrightarrow{AP} \perp \vec{n}$ 이므로 $\overrightarrow{AP} \cdot \vec{n} = 0$입니다.

이때 두 점 A, P의 위치벡터를 각각 $\vec{a}$, $\vec{p}$라고 하면 $\overrightarrow{AP} \cdot \vec{n} = 0 \Rightarrow (\vec{p} - \vec{a}) \cdot \vec{n} = 0$입니다.

이제 직선 위의 임의의 점 $P(x, y)$에 대해
$$(\vec{p} - \vec{a}) \cdot \vec{n} = 0 \Rightarrow ((x, y) - (x_1, y_1)) \cdot (a, b) = 0$$
$$\Rightarrow (x - x_1, y - y_1) \cdot (a, b) = 0$$
$$\Rightarrow a(x - x_1) + b(y - y_1) = 0 \ \blacksquare$$

예를 들어 좌표평면에서 점 $(4, 7)$을 지나고 직선 $\dfrac{1-x}{4} = \dfrac{y-5}{3}$에

수직인 직선의 법선벡터는 $\vec{n}=(-4,\,3)$이고, 방정식은 $-4(x-4)+$
$3(y-7)=0$입니다.

좌표공간에서는 어떤 직선에 수직인 직선이 무수히 많으므로, 일반적으로 법선벡터를 이용하여 직선의 방정식을 구성하지는 않습니다.

평면의 방정식

좌표공간에서 어떤 평면 α와 수직인 벡터 $\vec{n}$을 평면 α의 법선벡터라 합니다. 좌표공간에서 점 $A(x_1,\,y_1,\,z_1)$을 지나고 법선벡터가 $\vec{n}=(a,\,b,\,c)$인 평면 α의 방정식은 $a(x-x_1)+b(y-y_1)+c(z-z_1)=0$입니다.

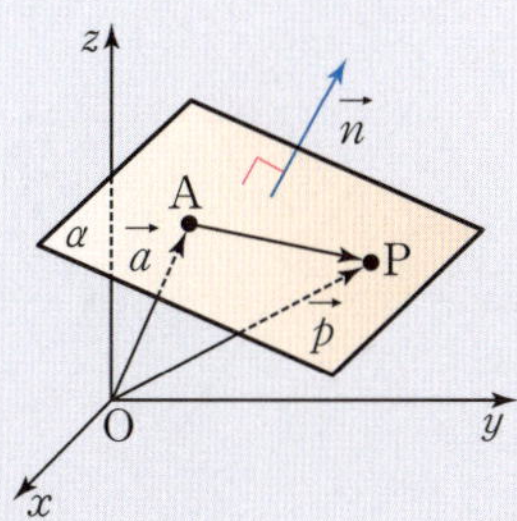

증명 법선벡터가 $\vec{n}=(a,\,b,\,c)$인 평면 α의 방정식
$$a(x-x_1)+b(y-y_1)+c(z-z_1)=0$$

그림과 같이 평면 α 위의 임의의 점을 P라고 하면
$\overrightarrow{AP}\perp\vec{n}$ 이므로 $\overrightarrow{AP}\cdot\vec{n}=0$입니다.

이때 두 점 A, P의 위치벡터를 각각 $\vec{a},\,\vec{p}$라고 하면
$\overrightarrow{AP}\cdot\vec{n}=0 \Rightarrow (\vec{p}-\vec{a})\cdot\vec{n}=0$입니다.

이제 평면 위의 임의의 점 $P(x,\,y,\,z)$에 대해

$$(\vec{p}-\vec{a})\cdot\vec{n}=0 \Rightarrow ((x,y,z)-(x_1,y_1,z_1))\cdot(a,b,c)=0$$
$$\Rightarrow (x-x_1,y-y_1,z-z_1)\cdot(a,b,c)=0$$
$$\Rightarrow a(x-x_1)+b(y-y_1)+c(z-z_1)=0 \quad \blacksquare$$

예를 들어 두 점 $(3,1,1)$, $(4,0,-1)$을 지나는 직선에 수직이고 점 $(3,1,1)$을 지나는 평면의 법선벡터는 $\vec{n}=(1,-1,-2)$이고, 방정식은 $(x-3)-(y-1)-2(z-1)=0$입니다.

한편 좌표공간에서 두 평면 α, β의 법선벡터를 각각 $\vec{n_1}$, $\vec{n_2}$라 하면, 두 평면 α, β가 이루는 각의 크기 θ는 아래 그림과 같이 $\cos\theta=\dfrac{\vec{n_1}\cdot\vec{n_2}}{|\vec{n_1}||\vec{n_1}|}$를 이용해 구할 수 있습니다. $(\theta=\theta')$

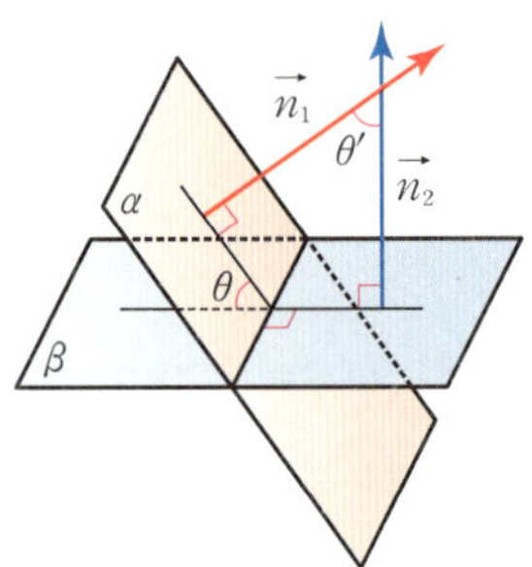

구의 방정식

좌표공간에서 중심이 C이고 반지름의 길이가 r인 구 위의 한 점 P에 대하여 두 점 C, P의 위치벡터를 각각 $\vec{c}$, $\vec{p}$라고 할 때, 이 구를 벡터로 나타낸 방정식은 $|\vec{p}-\vec{c}|=r$입니다.

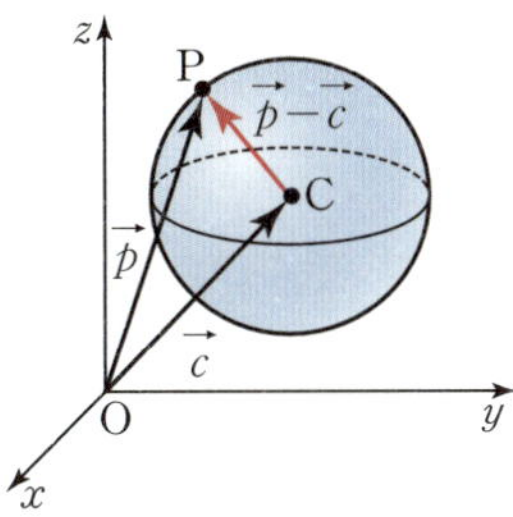

이때 두 점 C, P를 각각 $C(x_1, y_1, z_1)$, $P(x, y, z)$라고 하면 구의 방정식은 $(x-x_1)^2+(y-y_1)^2+(z-z_1)^2=r^2$과 같이 나타낼 수 있습니다.

아래 그림과 같이 두 점 A, B를 지름의 양 끝 점으로 하는 구 위의 임의의 점 P에 대해, $\overrightarrow{AP} \cdot \overrightarrow{BP}=0$임을 이용해서 구의 방정식을 유도할 수도 있습니다.

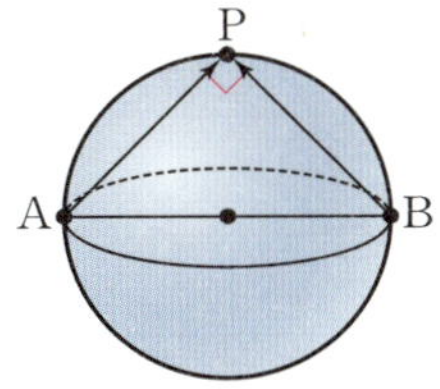

교점, 교선, 교면

좌표평면 또는 좌표공간에서 직선, 평면, 구 등이 서로 만나서 생기는 교점, 교선, 교면 등의 좌표 또는 방정식은 대상의 방정식들을 연립하여 구할 수 있습니다.

> **예제** 평면 $x-y+2z+2=0$ 과 직선 $\dfrac{x-1}{2}=\dfrac{y}{3}=z+2$의 교점의 좌표 구하기

상수 t에 대해 $\dfrac{x-1}{2}=\dfrac{y}{3}=z+2=t$라 하면,

직선 위의 점 (x,y,z)를

$(x,y,z)=(2t+1,3t,t-2)$와 같이 나타낼 수 있습니다.

이를 평면의 방정식에 대입하면,

$$x-y+2z+2=0$$
$$\Rightarrow (2t+1)-3t+2(t-2)+2=0$$
$$\Rightarrow t=1$$

그러므로 교점의 좌표는 $(2t+1,3t,t-2)=(3,3,-1)$입니다.

점, 직선, 평면 사이의 거리

좌표공간에서 점, 직선, 평면 사이의 거리를 구하는 방법은 다음과 같습니다.

	점	직선	평면
점	(1)	(2)	(3)
직선		(4), (5)	(6)
평면			(7)

(1) 점과 점 사이의 거리

두 점 (x_1,y_1,z_1), (x_2,y_2,z_2) 사이의 거리는

$\sqrt{(x_2-x_1)^2+(y_2-y_1)^2+(z_2-z_1)^2}$입니다.

이는 시점이 (x_1,y_1,z_1) 이고 종점이 (x_2,y_2,z_2)인 벡터의 크기로 쉽게 유도할 수 있습니다.

(2) 점과 직선 사이의 거리

아래의 절차대로 구할 수 있습니다.

ⅰ) 점 A에서 직선 $\dfrac{x-x_1}{a}=\dfrac{y-y_1}{b}=\dfrac{z-z_1}{c}=t$에 그은 수선의 발 좌표를 $H=(ta+x_1,\ tb+y_1,\ tc+z_1)$라 둡니다.

ⅱ) $\overrightarrow{AH}\perp(a,b,c)$임을 이용하여 t를 구합니다.

ⅲ) $|\overrightarrow{AH}|$를 구합니다.

(3) 점과 평면 사이의 거리

점 (x_1,y_1,z_1)과 평면 $ax+by+cz+d=0$ 사이의 거리는

$\dfrac{|ax_1+by_1+cz_1+d|}{\sqrt{a^2+b^2+c^2}}$ 입니다.

증명 점 (x_1,y_1,z_1)과 평면 $ax+by+cz+d=0$ 사이의 거리는

$\dfrac{|ax_1+by_1+cz_1+d|}{\sqrt{a^2+b^2+c^2}}$ 이다

점 $A(x_1,y_1,z_1)$에서 평면 $ax+by+cz+d=0$에 내린 수선의 발을 $H(x_2,y_2,z_2)$라 하면,

평면의 법선벡터 $\vec{n}=(a,b,c)$에 대해 $\vec{n}\,/\!/\,\overrightarrow{AH}$ 이므로,

$$\vec{n}\cdot\overrightarrow{AH}=\pm|\vec{n}|\,|\overrightarrow{AH}|$$

$$\Rightarrow |\overrightarrow{AH}|=\frac{|\vec{n}\cdot\overrightarrow{AH}|}{|\vec{n}|}$$

$$\Rightarrow |\overrightarrow{AH}|=\frac{|(a,\,b,\,c)\cdot(x_2-x_1,\,y_2-y_1,\,z_2-z_1)|}{\sqrt{a^2+b^2+c^2}}$$

$$\Rightarrow |\overrightarrow{AH}|=\frac{|a(x_2-x_1)+b(y_2-y_1)+c(z_2-z_1)|}{\sqrt{a^2+b^2+c^2}}$$

한편 $H(x_2,y_2,z_2)$는 평면 위의 점이기 때문에

$ax_2+by_2+cz_2+d=0 \Rightarrow ax_2+by_2+cz_2=-d$가 성립하므로,

$$|\overrightarrow{\mathrm{AH}}| = \frac{|a(x_2-x_1)+b(y_2-y_1)+c(z_2-z_1)|}{\sqrt{a^2+b^2+c^2}}$$

$$\Rightarrow |\overrightarrow{\mathrm{AH}}| = \frac{|-ax_1-by_1-cz_1-d|}{\sqrt{a^2+b^2+c^2}}$$

$$\Rightarrow |\overrightarrow{\mathrm{AH}}| = \frac{|ax_1+by_1+cz_1+d|}{\sqrt{a^2+b^2+c^2}} \quad \blacksquare$$

(4) 평행한 두 직선 사이의 거리

평행한 두 직선 사이의 거리는 한 직선 위에 적당한 점을 특정하고, 그 점으로부터 다른 직선까지의 거리를 구하면 됩니다.

(5) 꼬인 위치에 있는 두 직선 사이의 거리

아래의 절차대로 구할 수 있습니다.

　ⅰ) 두 직선 위의 점 P, Q를 각각 매개변수 t, s를 이용하여 표현합니다.

　ⅱ) 두 직선의 방향벡터 $\overrightarrow{u_1}, \overrightarrow{u_2}$에 대해 $\overrightarrow{\mathrm{PQ}} \perp \overrightarrow{u_1}, \overrightarrow{\mathrm{PQ}} \perp \overrightarrow{u_2}$임을 이용하여 t, s를 구합니다.

　ⅲ) $|\overrightarrow{\mathrm{PQ}}|$를 구합니다.

(6) 직선과 평면 사이의 거리

직선 위에 적당한 점을 특정하고, 그 점으로부터 평면까지의 거리를 구하면 됩니다.

(7) 평면과 평면 사이의 거리

두 평면 $\alpha: ax+by+cz+d=0$, $\beta: ax+by+cz+d'=0$ 사이의 거리는 $\dfrac{|d-d'|}{\sqrt{a^2+b^2+c^2}}$ 입니다.

증명 두 평면 $\alpha: ax+by+cz+d=0$, $\beta: ax+by+cz+d'=0$

사이의 거리는 $\dfrac{|d-d'|}{\sqrt{a^2+b^2+c^2}}$ 이다

평면 α 위의 점 (x_1, y_1, z_1)과 평면 β 사이의 거리는

$\dfrac{|ax_1+by_1+cz_1+d'|}{\sqrt{a^2+b^2+c^2}}$ 입니다.

한편 $ax_1+by_1+cz_1+d=0 \Rightarrow ax_1+by_1+cz_1=-d$가 성립하므로,

$$\dfrac{|ax_1+by_1+cz_1+d'|}{\sqrt{a^2+b^2+c^2}} = \dfrac{|d-d'|}{\sqrt{a^2+b^2+c^2}}\ \blacksquare$$

구와 거리

구 외부의 한 점으로부터 구에 그은 접선의 길이는 아래 그림과 같이 피타고라스 정리를 이용해 구할 수 있습니다.

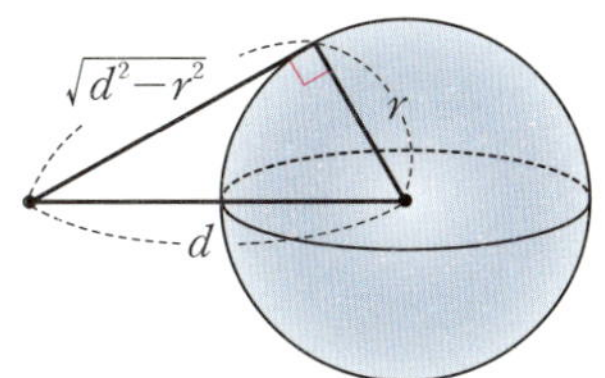

점, 직선, 평면과 구 사이의 최단, 최장 거리는 구의 중심까지의 거리 d와 구의 반지름 r에 대해 각각 $d-r, d+r$입니다.

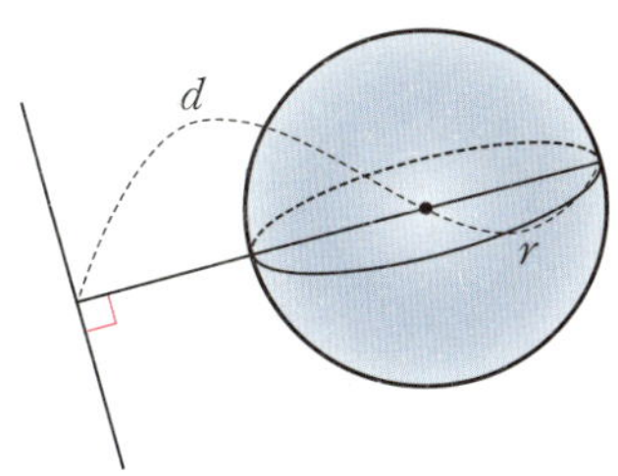

마지막으로 두 구의 반지름 길이 r_1, $r_2(r_1 > r_2)$와 중심 사이의 거리 d로부터 두 구의 위치 관계를 다음과 같이 알 수 있습니다.

- $r_1 + r_2 > d \Rightarrow$ 서로 외부에 있습니다.
- $r_1 + r_2 = d \Rightarrow$ 외접합니다.
- $r_1 - r_2 < d < r_1 + r_2 \Rightarrow$ 교선(원)을 만듭니다.
- $r_1 - r_2 = d \Rightarrow$ 내접합니다.
- $r_1 - r_2 > d \Rightarrow$ 내부에 있습니다.

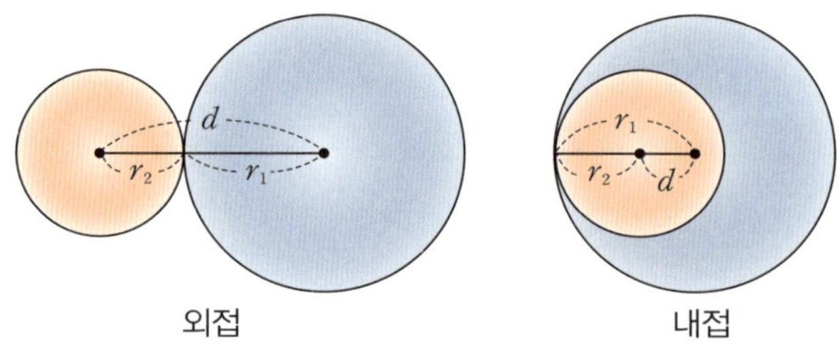

8장

해석학

해석학은 실수와 같이 연속성을 갖는 대상의 성질과 변화를 극한을 이용해 다루는 분야입니다. 이 장에서는 고등학교 수학 전반에 흩어져 있는 해석학적 내용을 모아 살펴봅니다. 실수 변수 위에서 정의되는 다양한 함수를 소개하고, 극한과 연속 개념을 거쳐 미분과 적분을 다룹니다.

함수

대응과 함수

2장 5절 함수의 변천사(78~79쪽)에서 설명한 대로, 이 책에서 다루는 고등학교 과정의 함수 개념은 19세기 후반 무렵에 정립된 내용입니다. 더 일반화된 함수 개념은 교육과정에서 다루지 않습니다.

우선 두 집합 X, Y에 대하여 X의 원소에 Y의 원소를 짝짓는 것을 X에서 Y로의 대응이라 합니다. X의 원소 x에 대해 Y의 원소 y가 대응하면, 이를 $x \mapsto y$라 표현합니다.

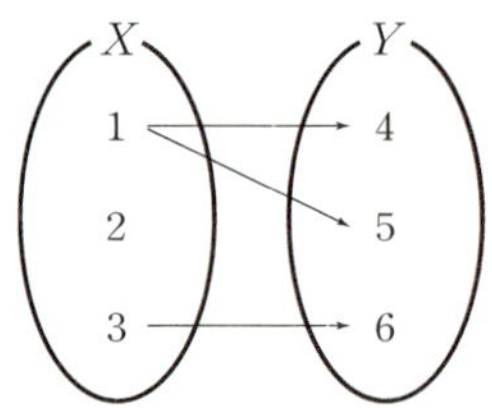

예를 들어 위 그림에서 1에 4와 5가 대응하고, 3에 6이 대응합니다. 2에 대응하는 Y의 원소는 없습니다.

두 집합 X, Y에 대하여 X의 모든 원소에 Y의 원소가 하나씩 대응할 때, 이 대응을 X에서 Y로의 함수라 하며, 이를 $f: X \longrightarrow Y$라 표현합니다. 이때 함수 $f: X \longrightarrow Y$에서 X를 f의 정의역, Y를 f의 공역이라 합니다.

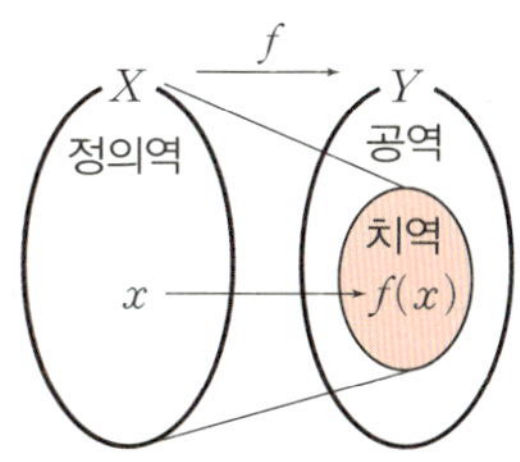

함수 $f: X \longrightarrow Y$에서 X의 원소 x에 Y의 원소 y가 대응할 때, 이를 기호로 $y = f(x)$라 표현하며 $f(x)$를 x의 함숫값이라 합니다. 함숫값 전체의 집합 $\{f(x) \mid x \in X\}$는 함수 f의 치역이라 합니다.

여러 가지 함수

항등함수와 상수함수

함수 $f: X \longrightarrow X$가 $f(x) = x$일 때, f를 항등함수라 합니다.

함수 $f: X \longrightarrow Y$가 상수 $c \in Y$에 대해 $f(x) = c$일 때, f를 상수함수라 합니다.

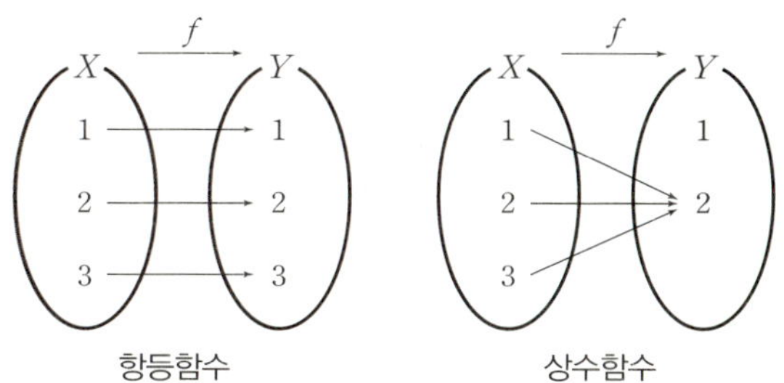

일대일함수와 일대일대응

함수 $f: X \longrightarrow Y$가 $x_1, x_2 \in X$에 대해 $x_1 \neq x_2 \Rightarrow f(x_1) \neq f(x_2)$를 만족하면, f를 일대일함수라 합니다. 함수 f가 일대일함수이며 치역과 공역이 같을 때, f를 일대일대응이라 합니다.

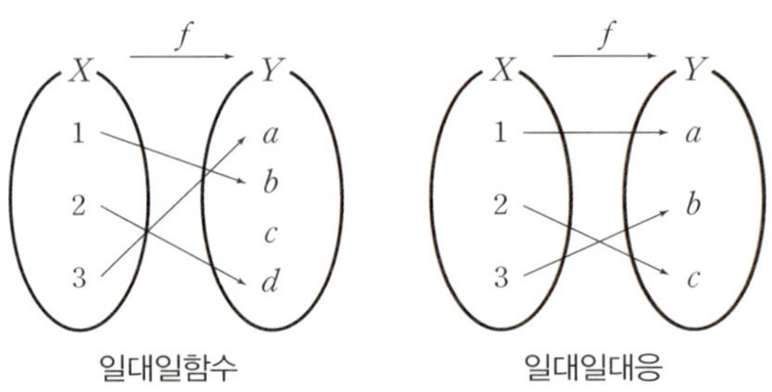

합성함수

두 함수 $f:X \to Y$, $g:Y \to Z$의 합성함수는 $g \circ f:X \to Z$라 표기합니다. 이때 $g \circ f:X \to Z$에서 x의 함숫값은 $(g \circ f)(x) = g(f(x))$입니다.

역함수

함수 $f:X \to Y$가 일대일대응일 때 f의 역함수 $f^{-1}:Y \to X$가 존재하며, $y = f(x) \Leftrightarrow x = f^{-1}(y)$가 성립합니다.

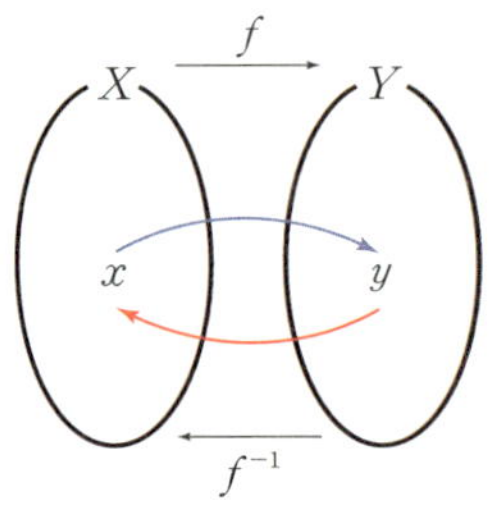

이 정의로부터 다음과 같이 역함수와의 합성함수 $f^{-1} \circ f$와 $f \circ f^{-1}$는 항등함수임을 알 수 있습니다.

$$(f^{-1} \circ f)(x) = f^{-1}(f(x)) = f^{-1}(y) = x$$
$$(f \circ f^{-1})(y) = f(f^{-1}(y)) = f(x) = y$$

$$f(f(x))$$

유리함수와 무리함수

유리함수

두 다항식 A, B에 대하여 $\dfrac{A}{B}$ (단, $B \neq 0$)의 꼴로 나타낸 식을 유리식이라 합니다. 즉, 다항식도 유리식입니다. 예를 들어 $\dfrac{1}{x}$, $\dfrac{x+1}{2}$, $\dfrac{x-1}{2x+3}$ 은 모두 유리식입니다.

함수 $y=f(x)$에서 $f(x)$가 x에 대한 유리식일 때, 이 함수를 유리함수라 합니다.

예를 들어 xy평면에서 유리함수 $y=\dfrac{k}{x}$ $(k \neq 0)$의 그래프는 아래와 같습니다. 이때 x축과 y축은 점근선이며, 정의역과 치역은 모두 0을 제외한 실수 전체의 집합입니다.

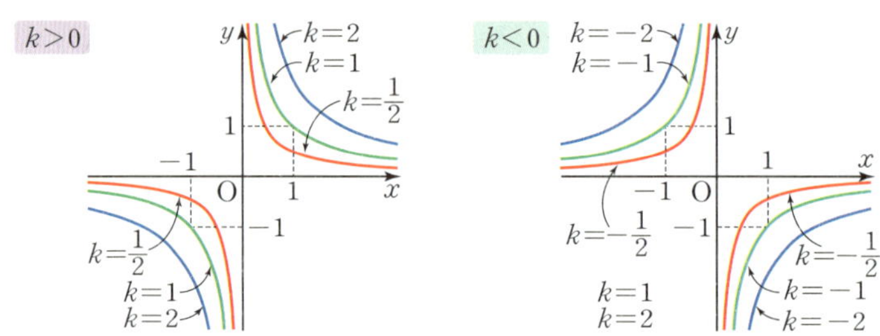

무리함수

근호 안에 문자를 포함하는 식 중에서 유리식으로 나타낼 수 없는 식을 무리식이라고 합니다. 예를 들어 $\sqrt{2x}$, $\dfrac{1}{\sqrt{x+1}}$, $\sqrt{-x+2}$는 모두 무리식입니다. 특별한 언급이 없으면 무리식을 계산할 때, (근호 안의 식의 값)≥ 0,

$y=\dfrac{1}{x}$
y
x
만날 수 없어~
만나고 싶은데

그런 슬픈
기분인걸?

(분모의 값)$\neq 0$인 범위에서만 생각합니다.

함수 $y=f(x)$에서 $f(x)$가 x에 대한 무리식일 때, 이 함수를 무리함수라고 합니다.

예를 들어 xy평면에서 무리함수 $y=\sqrt{ax}\,(a\neq 0)$의 그래프는 다음과 같습니다. 이때 $y=\dfrac{x^2}{a}\,(a\neq 0,\ x\geq 0)$의 그래프와는 $y=x$에 대하여 대칭(역함수)입니다.

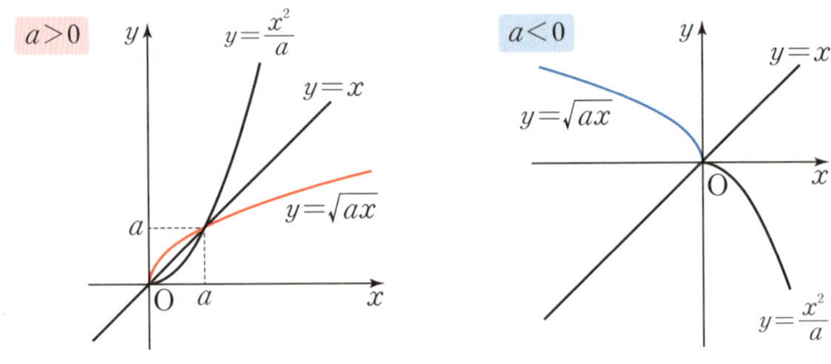

지수와 지수함수

제곱과 제곱근

$x^n = a$일 때 x를 밑, n을 지수라 부르고, a를 'x의 n제곱', x를 'a의 n제곱근'이라 부릅니다. $\sqrt[n]{x}$는 'n제곱근 x'라 읽습니다. 단, n이 2일 때는 두 제곱근이라고 하지 않고 그냥 '제곱근'이라고 부릅니다. 예를 들어 '3의 제곱근'은 '제곱근 3'($=\sqrt{3}$)과 '마이너스 제곱근 3'($=-\sqrt{3}$)이 있습니다.

$a, a^2, a^3, \cdots$을 통틀어 a의 거듭제곱이라 하고, $\sqrt{a}, \sqrt[2]{a}, \sqrt[3]{a}, \cdots$을 통틀어 a의 거듭제곱근이라 합니다.

지수법칙

자연수 지수법칙

1장 6절 이항연산의 '거듭제곱' 파트(48쪽)에서 다루었다시피, $a \neq 0$이고 m, n이 자연수일 때, 다음이 모두 성립합니다.

- $a^m \times a^n = a^{m+n}$
- $a^m \div a^n = a^{m-n}$ (단, $m > n$)
- $(a^m)^n = a^{mn}$
- $(ab)^m = a^m b^m$
- $\left(\dfrac{a}{b}\right)^m = \dfrac{a^m}{b^m}$ (단, $b \neq 0$)

참고로 모든 자연수 m에 대해 $0^m = 0$입니다.

정수 지수법칙

이제 자연수 지수법칙에 다음을 추가합니다.

- $a^0 = 1$ (단, $a \neq 0$)
- $a^m \div a^n = a^{m-n}$ (m, n은 정수)
- $a^{-m} = \dfrac{1}{a^m}$ (단, $a \neq 0$)

예를 들어 $\left(-\dfrac{3}{2}\right)^{-2} = \left(-\dfrac{2}{3}\right)^{2} = \dfrac{4}{9}$입니다.

참고로 0^0은 일반적으로 정의하지 않습니다. 이는 임의의 자연수 n에 대해 $0^0 = 0^{n-n} = 0^n \div 0^n = 0 \div 0$이므로, $0 \div 0$을 정의하지 않는 이유와 같습니다.

유리수 지수법칙

정수 지수법칙에 다음을 추가합니다.

- $a^{\frac{1}{n}} = \sqrt[n]{a}$ (단, $n \neq 0$)
- $a^{\frac{m}{n}} = \sqrt[n]{a^m}$ (단, $m, n \neq 0$)

참고로 근호는 지수로 바꾸어 계산하면 편리할 때가 많습니다. 예를 들어 $\sqrt{28} = (2^2 \times 7)^{\frac{1}{2}} = 2 \times 7^{\frac{1}{2}}$과 같이 전개합니다.

$$3^0 = 1 \qquad 0^3 = 0$$
$$2^0 = 1 \qquad 0^2 = 0$$
$$1^0 = 1 \qquad 0^1 = 0$$

$$0^0 = \,?$$

실수 지수법칙

유리수 지수법칙을 실수에 대해서도 일반화할 수 있습니다. 단, 고등학교 교육과정에서는 밑이 양의 실수인 경우로 제한합니다.

예를 들어 $3^{\sqrt{5}} \times 3^{2-\sqrt{5}} = 3^{\sqrt{5}+(2-\sqrt{5})} = 3^2 = 9$입니다.

지수함수

고등학교 교육과정에서 정의하는 x에 대한 지수함수는 $y = a^x (a > 0, a \neq 1)$입니다. a를 1이 아닌 양의 실수로 제한하는 이유는 함숫값을 실수로 제한하기 위함입니다.

xy평면에서 지수함수 $y = a^x (a > 0, a \neq 1)$의 그래프는 다음과 같습니다. 이때 정의역은 실수 전체의 집합이고, 치역은 양의 실수 전체의 집합입니다. 또한 x축을 점근선으로 갖습니다.

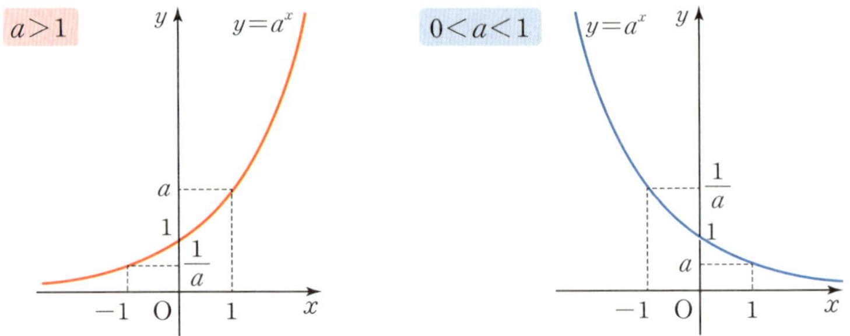

로그와 로그함수

로그

로그의 정식 명칭인 로가리듬logarithm은 비를 의미하는 그리스어 'logos'와 수를 의미하는 그리스어 'arithmos'의 합성어입니다. 직역하면 '비를 센 수'이지요. 처음 로그는 곱셈과 나눗셈을 간소화하기 위하여 15~16세기 독일의 수도사 미하엘 슈티펠, 16~17세기 영국의 수학자 존 네이피어 등이 고안했습니다. 미하엘 슈티펠은 그의 저서 《산술총서》에서 다음과 같은 두 수열 A, B의 각 항을 대응하는 방식으로 로그의 원시적 개념을 소개하였습니다.

A	0	1	2	3	4	5	$\cdots$
B	1	2	4	8	16	32	$\cdots$

$$\Rightarrow A: 2+3=5$$
$$\uparrow \quad \uparrow \quad \downarrow$$
$$B: 4\times 8=32$$

일반적으로 $a>0$, $a\neq 1$일 때, 양수 N에 대하여 $a^x=N$을 만족시키는 실수 x는 오직 하나 존재합니다. 이 실수 x를 $\log_a N$으로 나타내고 a를 밑으로 하는 N의 로그라고 합니다. 이때 N을 $\log_a N$의 진수라고 합니다.

$$a^x=N \Leftrightarrow x=\log_a N$$

로그의 성질

(1) $a > 0$, $a \neq 1$, $M > 0$, $N > 0$일 때, 다음이 성립합니다.

  i) $\log_a 1 = 0$, $\log_a a = 1$

  ii) $\log_a MN = \log_a M + \log_a N$

  iii) $\log_a \dfrac{M}{N} = \log_a M - \log_a N$

  iv) $\log_a M^k = k \log_a M$ (단, k는 실수)

(2) $a > 0$, $a \neq 1$, $c > 0$, $c \neq 0$일 때, $\log_a b = \dfrac{\log_c b}{\log_c a}$ 가 성립합니다.

 로그의 성질

(1)의 i), ii), iii)은 지수법칙으로부터 쉽게 유도할 수 있습니다.

iv) $\log_a M^k = k \log_a M$은 다음과 같이 증명합니다.

  $\log_a M^k = n$이라 하면,

  $a^n = M^k \Rightarrow a^{\frac{n}{k}} = M \Rightarrow \log_a M = \dfrac{n}{k} \Rightarrow k \log_a M = n$

  그러므로 $\log_a M^k = k \log_a M$입니다. ■

(2) $\log_a b = \dfrac{\log_c b}{\log_c a}$ 는 다음과 같이 증명합니다.

  $\log_a b = n$이라 하면 $a^n = b$이므로,

  $\dfrac{\log_c b}{\log_c a} = \dfrac{\log_c a^n}{\log_c a} = \dfrac{n \log_c a}{\log_c a} = n$

  그러므로 $\log_a b = \dfrac{\log_c b}{\log_c a}$ 입니다. ■

987^7
이걸 언제 계산해?

$\log(987^7) = 7 \times \log(987)$
로그는 계산 노동을
획기적으로 줄여줌!

상용로그

10을 밑으로 하는 로그를 상용로그라고 하며, 상용로그 $\log_{10} N$은 보통 밑 10을 생략하여 기호 $\log N$으로 나타냅니다. 예를 들어 $\log_{10} 2 = \log 2$ 입니다.

과거 수학 계산이 필요했던 공학, 과학, 금융 등의 분야에서 밑이 10인 로그를 보편적으로 사용했기 때문에 '상용'로그라는 이름이 붙었습니다.

따로 계산기를 이용하지 않고도 상용로그표를 이용해서 상용로그의 어림값을 쉽게 알 수 있는데, 예를 들어 $\log 1.25$의 어림값은 아래와 같이 0.0969입니다.

수	0	$\cdots$	5	$\cdots$	9
1.0	.0000	$\cdots$	.0212	$\cdots$	.0374
1.1	.0414	$\cdots$	.0607	$\cdots$	.0755
1.2	.0792	$\cdots$	.0969	$\cdots$	.1106
	$\vdots$	$\cdots$	$\vdots$	$\cdots$	$\vdots$
9.9	.9956	$\cdots$	.9978	$\cdots$	.9996

자연로그

무리수 e

무리수 e는 어림값 2.718282로, $\displaystyle\lim_{x \to \infty}\left(1 + \frac{1}{x}\right)^x$ 이라 정의됩니다. 자연로그의 밑, 오일러의 수, 자연상수, 상수 e, 극한값 e 등으로 불리기도 합니다.

e의 값이 계산된 최초의 기록은 존 네이피어가 발간한 로그표이고, 이것이 특정한 상수임을 발견한 수학자는 17세기 스위스의 야코프 베르누이입

니다. 오일러가 그의 저서 《메카니카》에서 기호 e를 처음 도입하였습니다.

베르누이는 다음과 같이 투자금 1, 투자 기간 1, 이자율 1에 대한 연속 복리 문제를 연구하는 과정에서 e를 발견하였습니다.

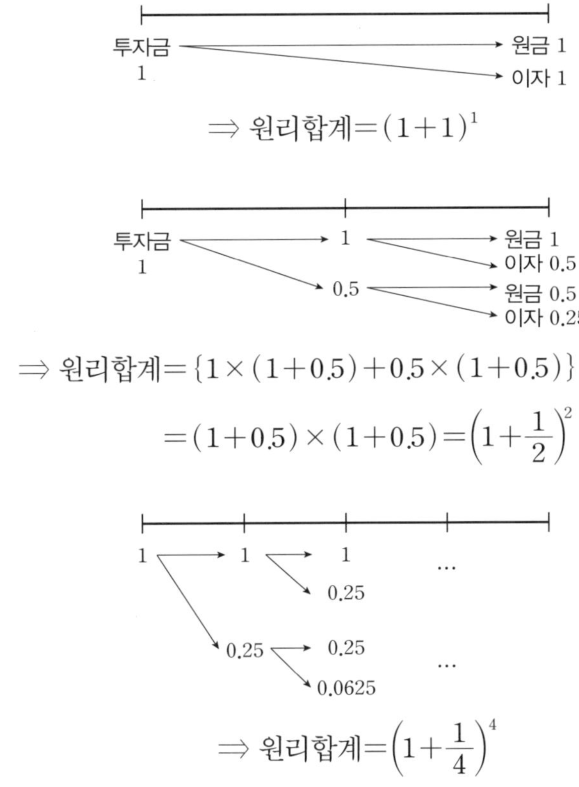

그림과 마찬가지 방식으로 무한히 투자 기간을 쪼갰을 때, 원리합계는 $\displaystyle\lim_{n \to \infty}\left(1+\frac{1}{n}\right)^n$ 이고 이 값은 e에 수렴합니다.

즉, $e = \displaystyle\lim_{n \to \infty}\left(1+\frac{1}{n}\right)^n$ 은 '투자금 1을 연속 복리 이율 1로 투자 기간 1 동안 무한히 재투자할 때, 원리합계가 한없이 가까워지는 값'이라고도 해석할 수 있습니다.

자연로그

무리수 e를 밑으로 하는 로그 $\log_e x$를 자연로그라 하며, 주로 $\ln x$라 표현합니다. $\ln$은 자연로그를 뜻하는 라틴어 'logarithmus naturalis'의 줄임말입니다. '자연'이라는 수식어는 e와 $\ln x$가 수학의 여러 분야에서 계산 및 이론 전개를 자연스럽게 해준다는 데서 붙었습니다. 구체적으로 어떻게 이론 전개가 자연스러워지는지는 이후에 다룰 미분과 적분 이론에서 가볍게 엿볼 수 있습니다.

로그함수

지수함수 $y=a^x(a>0,\, a\neq 1)$의 역함수 $y=\log_a x$를 a를 밑으로 하는 로그함수라고 합니다. 지수함수와 로그함수의 관계를 이용하여 로그함수 $y=\log_a x$의 그래프를 그리면 다음과 같습니다. 이때 정의역은 양의 실수 전체의 집합이고, 치역은 실수 전체의 집합입니다. 또한 y축을 점근선으로 갖습니다.

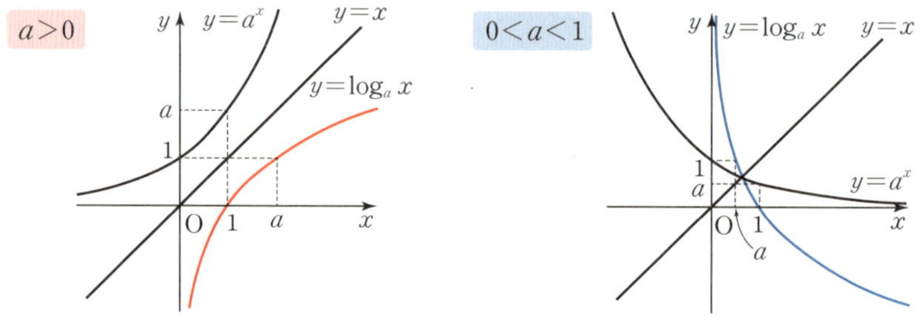

손금 봐줄게.

어때?

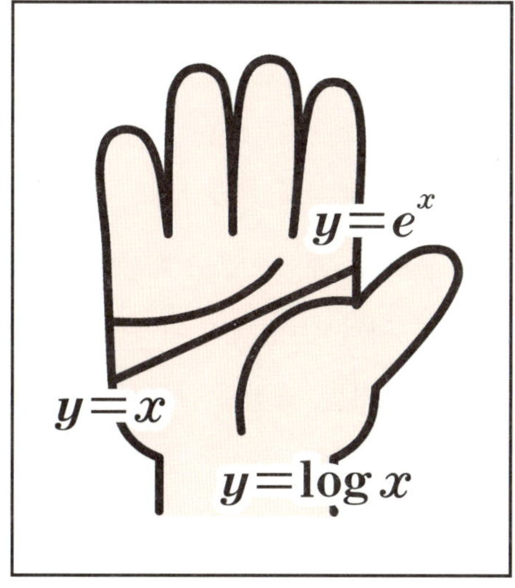
$y=e^x$
$y=x$
$y=\log x$

일반각과 삼각함수

일반각

기존의 각 개념$(0°\sim360°)$은 기하학에서 도형을 다룰 때 많이 쓰였지만, 다음과 같은 이유로 수학자들은 각을 음수 및 $360°$ 너머로 일반화할 필요성을 느꼈습니다.

첫째, 회전운동과 주기적 현상을 표현해야 했습니다. 특히 물리학과 공학에서 회전운동을 설명할 때 각도가 $360°$를 넘어가는 경우가 많습니다. 예를 들어, 바퀴가 한 바퀴$(360°)$를 돌고 계속 회전할 때, $720°$, $1080°$ 같은 각도로 표현할 필요가 있습니다.

둘째, 음수 각도가 필요했습니다. 반시계 방향을 양의 방향으로 정의하면, 시계 방향으로 회전하는 경우를 음의 각도로 표현해야 합니다. 예를 들어, $30°$ 시계 방향 회전은 $-30°$처럼요.

셋째, 좌표평면에서 각을 확장할 필요가 있었습니다. 각을 일반화하면 삼각함수를 단순히 삼각형에서만 정의하는 것이 아니라, 좌표평면 위의 점과 벡터의 방향을 나타내는 개념으로도 확장할 수 있기 때문입니다.

그리하여 우선 다음 그림과 같이 평면 위에서 두 반직선 OX, OP에 의하여 결정된 ∠XOP의 크기를, 고정된 반직선(시초선) OX의 위치에서 점 O를 중심으로 반직선(동경) OP가 회전한 양으로 정의합니다.

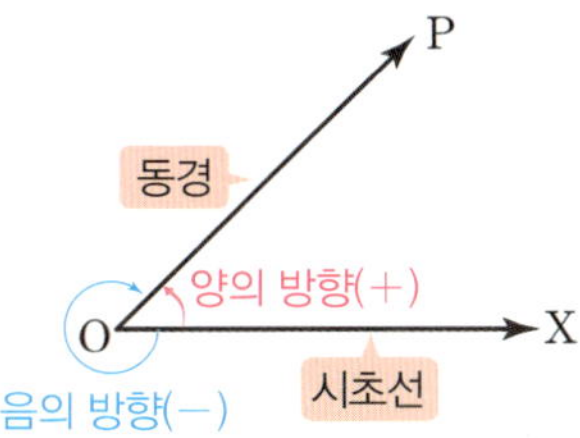

그리고 시초선 OX와 동경 OP가 나타내는 한 각의 크기를 $a°$ 또는 $\theta(\text{rad})$라고 할 때, $\angle$XOP의 크기를 $360°\times n+a°$ 또는 $2\pi n+\theta$ (n은 정수)의 꼴로 나타냅니다. 이를 동경 OP가 나타내는 일반각이라 정의합니다.

$$45° \Rightarrow 45°+360°\times n$$

$$\frac{\pi}{3} \Rightarrow \frac{\pi}{3}+2\pi n$$

삼각함수

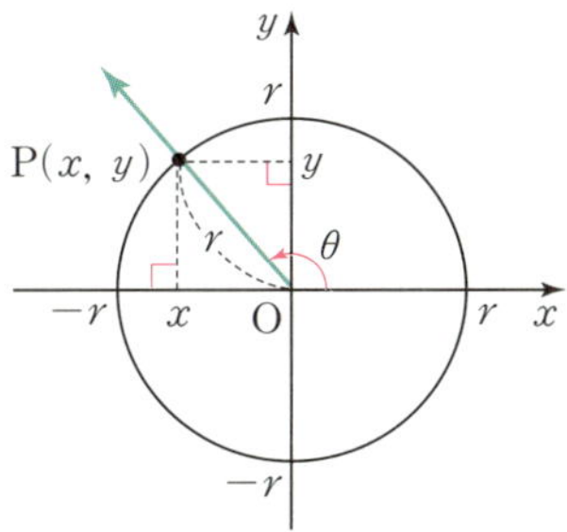

위 그림과 같이 좌표평면의 원점 O에서 x축의 양의 방향을 시초선으로 잡을 때, 동경 OP가 나타내는 일반각 중 하나의 크기를 θ라고 합시다. 원점 O를 중심으로 하고 반지름의 길이가 r인 원과 동경 OP의 교점을 P(x, y)라고 하면 $\dfrac{y}{r}$, $\dfrac{x}{r}$, $\dfrac{y}{x}$ ($x\neq0$)는 r의 값에 관계없이 θ의 값에 따라

각각 결정됩니다.

따라서 $\theta \longrightarrow \dfrac{y}{r}$, $\theta \longrightarrow \dfrac{x}{r}$, $\theta \longrightarrow \dfrac{y}{x}\,(x \neq 0)$와 같은 대응은 각각 θ에 대한 함수이며, 이를 차례대로 θ의 사인함수, 코사인함수, 탄젠트함수라고 합니다. 즉, $\sin\theta = \dfrac{y}{r}$, $\cos\theta = \dfrac{x}{r}$, $\tan\theta = \dfrac{y}{x}\,(x \neq 0)$입니다. 이와 같은 함수들을 통틀어 θ에 대한 삼각함수라고 합니다.

예를 들어 $\sin\dfrac{3}{4}\pi = \dfrac{\sqrt{2}}{2}$, $\cos\dfrac{4}{3}\pi = -\dfrac{1}{2}$, $\tan\dfrac{13}{6}\pi = \dfrac{\sqrt{3}}{3}$과 같습니다.

삼각함수 $y = \sin x$, $y = \cos x$, $y = \tan x$의 성질은 다음과 같습니다.

	$y = \sin x$	$y = \cos x$	$y = \tan x$
정의역	실수 전체의 집합	실수 전체의 집합	$nx + \dfrac{\pi}{2}$ (n은 정수)를 제외한 실수 전체의 집합
치역	$\{y \mid -1 \leq y \leq 1\}$	$\{y \mid -1 \leq y \leq 1\}$	실수 전체의 집합
주기	2π	2π	π
대칭성	원점 대칭	y축 대칭	원점 대칭
점근선			$x = n\pi + \dfrac{\pi}{2}$ (n은 정수)

$0 \leq x \leq 2\pi$에서 $y = \sin x$, $y = \cos x$, $y = \tan x$의 그래프는 각각 다음과 같습니다.

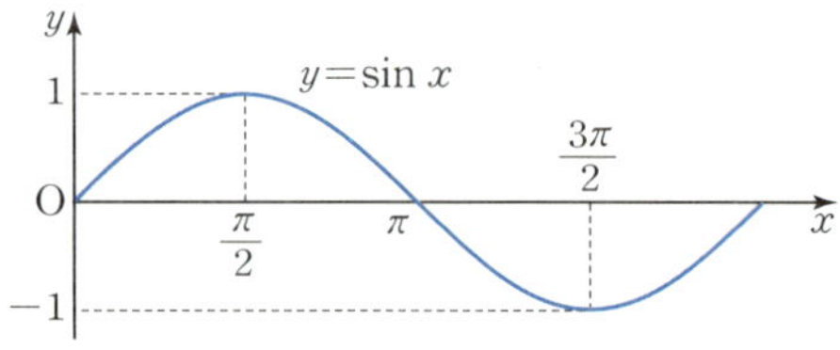

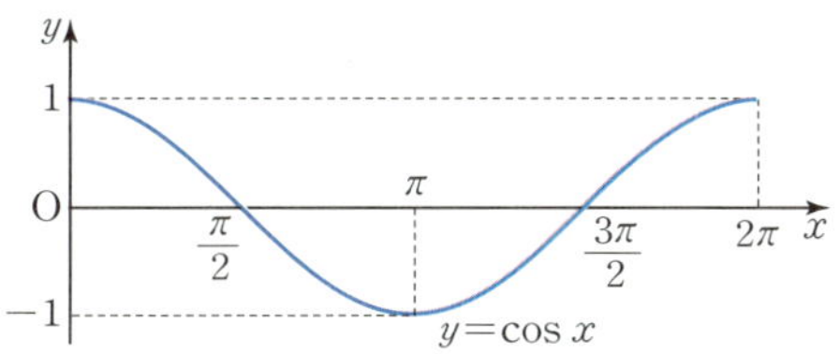

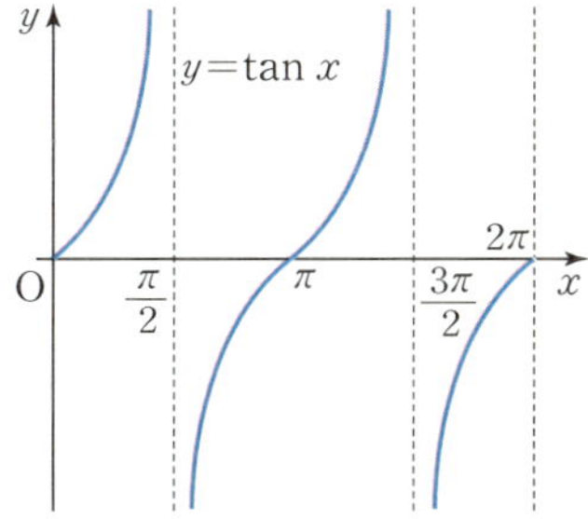

각 삼각함수의 역수는 다음과 같이 정의합니다.

코시컨트 함수 $\csc\theta := \dfrac{1}{\sin\theta}\ (\sin\theta \neq 0)$

시컨트 함수 $\sec\theta := \dfrac{1}{\cos\theta}\ (\cos\theta \neq 0)$

코탄젠트 함수 $\cot\theta := \dfrac{1}{\tan\theta}\ (\tan\theta \neq 0)$

참고로 사인의 어원은 라틴어 'sinus'로 곡선을 의 미합니다. 본래 인도에서 '활의 현'을 의미했던 단어 를 아랍어로, 후에 라틴어로 번역하는 과정에서 의미 가 왜곡되었다는 설이 있습니다.

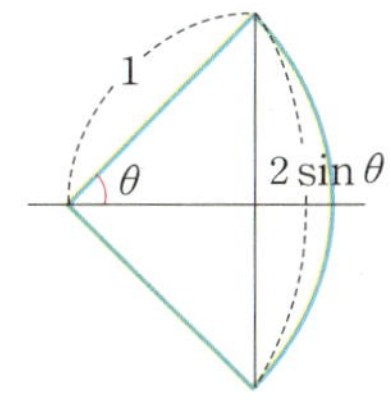

코사인은 'complementary sine'의 줄임말로 사인의 보각$(90°-\theta)$값임을 의미합니다. 영어로 'co-'는 보조complement를 의미합니다. 탄젠트의 어원은 라틴어 'tangens'로 '접하다'라는 의미이며, 시컨트의 어원은 라틴어

'secantem'으로 '자르다'라는 의미입니다.

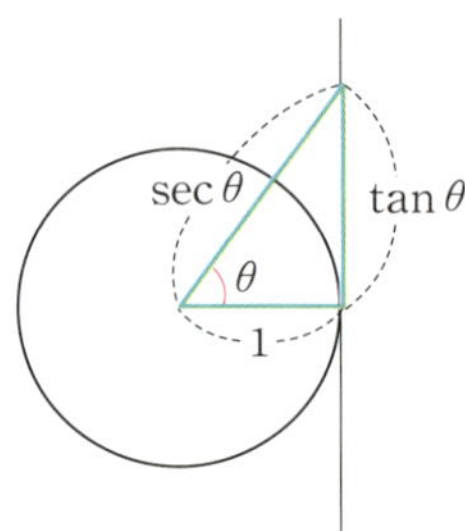

이때 삼각함수의 정의에 따라 $\sin^2 x + \cos^2 x = 1$이 항상 성립합니다. 원점 O를 중심으로 하고 반지름의 길이가 r인 원과 동경 OP의 교점을 $P(x, y)$라고 하면

$$x^2 + y^2 = r^2$$
$$\Leftrightarrow \left(\frac{x}{r}\right)^2 + \left(\frac{y}{r}\right)^2 = 1$$
$$\Leftrightarrow \sin^2 x + \cos^2 x = 1$$

이기 때문입니다. 마찬가지로 $\tan^2 x + 1 = \sec^2 x$, $1 + \cot^2 x = \csc^2 x$도 항상 성립하는데, 이는 $\sin^2 x + \cos^2 x = 1$의 양변을 각각 $\cos^2 x$, $\sin^2 x$로 나눈 결과입니다.

사인법칙과 코사인법칙

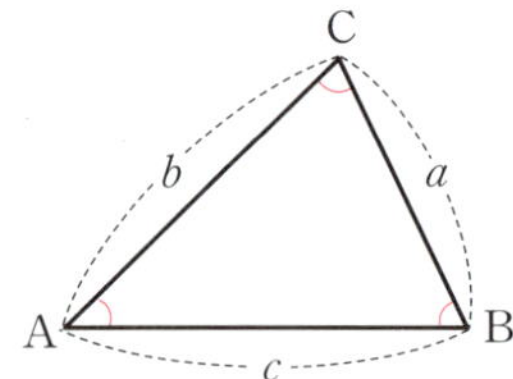

그림과 같은 삼각형 ABC에서 외접원의 반지름의 길이를 R이라 하면 $\dfrac{a}{\sin A}=\dfrac{b}{\sin B}=\dfrac{c}{\sin C}=2R$이 성립합니다. 이를 사인법칙이라 합니다. 사인법칙은 천문학, 항해술 등에서 삼각형의 두 각과 한 변의 비율을 알 때, 나머지 변이나 각을 쉽게 구하기 위해 개발되었습니다.

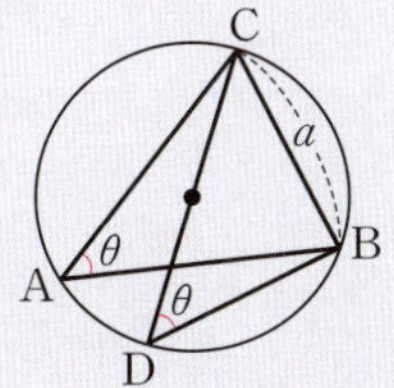

그림과 같이 삼각형 ABC와 $\overline{\mathrm{BC}}$를 공유하고 원의 중심을 지나는 현을 그어 삼각형 BCD를 만들면 $\angle\mathrm{A}=\angle\mathrm{D}$이고 $\angle\mathrm{DBC}=90°$입니다.

즉, $\sin A=\sin D=\dfrac{a}{2R}$이고, $\dfrac{a}{\sin A}=\dfrac{a}{\dfrac{a}{2R}}=2R$ ■

같은 방식으로 $\dfrac{b}{\sin B}$, $\dfrac{c}{\sin C}$도 각각 $2R$임을 유도할 수 있습니다.

또한 앞의 삼각형 ABC에서 다음이 모두 성립합니다. 이를 코사인법칙이라 합니다.

$$a^2=b^2+c^2-2bc\cos A$$
$$b^2=c^2+a^2-2ca\cos B$$
$$c^2=a^2+b^2-2ab\cos C$$

코사인법칙은 피타고라스 정리를 직각삼각형이 아닌 삼각형에 대해서로 일반화한 개념으로, 지질학, 건축 등에서 개발되어 주로 쓰였습니다.

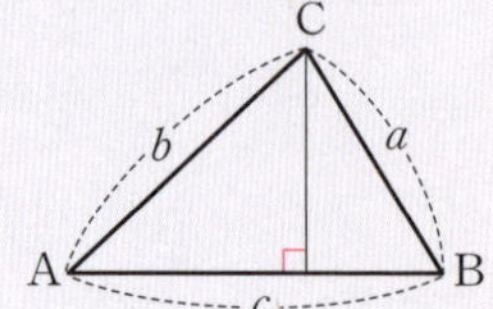

일반적인 삼각형 ABC에서 다음이 모두 성립함은 쉽게 보일 수 있습니다.

$$\begin{cases} c = b\cos A + a\cos B \\ a = c\cos B + b\cos C \\ b = c\cos A + a\cos C \end{cases}$$

이제 $c = b\cos A + a\cos B$의 양변에 c를 곱하고,

$a = c\cos B + b\cos C$의 양변에 a를 곱하고,

$b = c\cos A + a\cos C$의 양변에 b를 곱하여 다음과 같이 전개합니다.

$$c^2 = bc\cos A + ac\cos B$$
$$a^2 = ac\cos B + ab\cos C \Rightarrow ac\cos B = a^2 - ab\cos C$$
$$b^2 = bc\cos A + ab\cos C \Rightarrow bc\cos A = b^2 - ab\cos C$$
$$\therefore c^2 = bc\cos A + ac\cos B = (b^2 - ab\cos C) + (a^2 - ab\cos C)$$
$$\Rightarrow c^2 = a^2 + b^2 - 2ab\cos C \quad \blacksquare$$

마찬가지로 $a^2 = b^2 + c^2 - 2bc\cos A$와 $b^2 = c^2 + a^2 - 2ca\cos B$도 유도할 수 있습니다.

삼각함수의 덧셈정리

두 각 α, β에 대하여 다음이 모두 성립합니다. 이를 삼각함수의 덧셈정리라 부릅니다.

$$a^2 = b^2 + c^2$$

$$a^2 = b^2 + c^2 - 2bc \cos A$$

$$(1)\ \sin(\alpha\pm\beta)=\sin\alpha\cos\beta\pm\cos\alpha\sin\beta \quad \text{(복부호 동순)}$$

$$(2)\ \cos(\alpha\pm\beta)=\cos\alpha\cos\beta\mp\sin\alpha\sin\beta \quad \text{(복부호 동순)}$$

$$(3)\ \tan(\alpha\pm\beta)=\frac{\tan\alpha\pm\tan\beta}{1\mp\tan\alpha\tan\beta} \quad \text{(복부호 동순)}$$

증명 삼각함수의 덧셈정리

다음과 같은 도형을 그립니다.

1단계: 임의의 각 $\angle\alpha$와 $\angle\beta$를 그립니다.

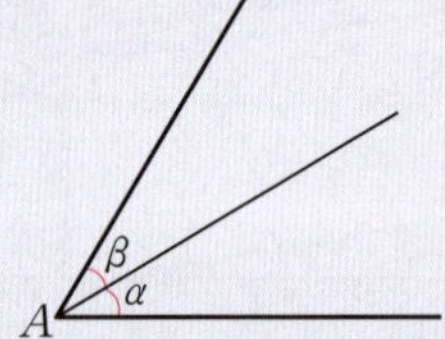

2단계: $\overline{AD}$ 길이를 1로 놓고, D에서 수선의 발 F와 C를 내리고, C에서 수선의 발 B를 내립니다.

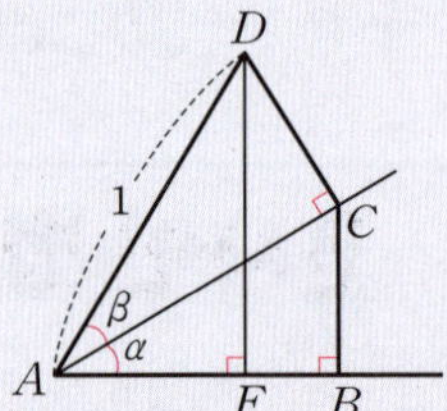

3단계: C에서 수선의 발 E를 내립니다.

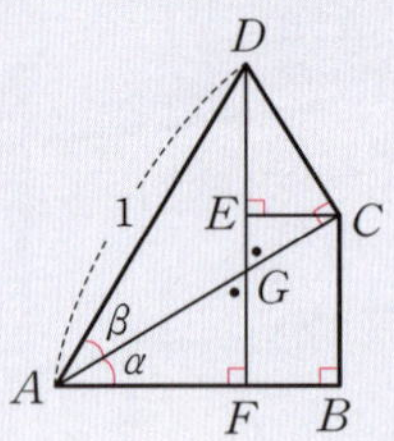

(1) $\sin(\alpha\pm\beta)=\sin\alpha\cos\beta\pm\cos\alpha\sin\beta$

그림에서 $\sin(\alpha+\beta)=\dfrac{\overline{\mathrm{DF}}}{\overline{\mathrm{AD}}}=\overline{\mathrm{DF}}=\overline{\mathrm{DE}}+\overline{\mathrm{EF}}$

$\angle\mathrm{AGF}$와 $\angle\mathrm{DGC}$는 맞꼭지각이므로 크기가 같고, $\angle\mathrm{AFG}$와 $\angle\mathrm{DCG}$는 직각이므로 삼각형 AGF와 삼각형 DGC는 닮음입니다(AA).

따라서 $\angle\mathrm{GAF}(=\angle\alpha)$와 $\angle\mathrm{GDC}$의 크기는 같습니다.

$$\begin{aligned}
\sin(\alpha+\beta)&=\overline{\mathrm{CD}}\cos\alpha+\overline{\mathrm{BC}}\\
&=\sin\beta\cos\alpha+\overline{\mathrm{AC}}\sin\alpha\\
&=\sin\beta\cos\alpha+\cos\beta\sin\alpha
\end{aligned}$$

이 식에 β 대신 $-\beta$를 대입하면,

$$\begin{aligned}
\sin(\alpha-\beta)&=\sin(-\beta)\cos\alpha+\cos(-\beta)\sin\alpha\\
&=-\sin\beta\cos\alpha+\cos\beta\sin\alpha\text{이므로}
\end{aligned}$$

$\sin(\alpha\pm\beta)=\sin\alpha\cos\beta\pm\cos\alpha\sin\beta$입니다. ■

(2) $\cos(\alpha\pm\beta)=\cos\alpha\cos\beta\mp\sin\alpha\sin\beta$

$$\begin{aligned}
\cos(\alpha+\beta)&=\dfrac{\overline{\mathrm{AF}}}{\overline{\mathrm{AD}}}=\overline{\mathrm{AB}}-\overline{\mathrm{FB}}=\overline{\mathrm{AC}}\cos\alpha-\overline{\mathrm{EC}}\\
&=\cos\beta\cos\alpha-\overline{\mathrm{DC}}\sin\alpha=\cos\beta\cos\alpha-\sin\beta\sin\alpha
\end{aligned}$$

이 식에 β 대신 $-\beta$를 대입하면,

$$\begin{aligned}
\cos(\alpha-\beta)&=\cos(-\beta)\cos\alpha-\sin(-\beta)\sin\alpha\\
&=\cos\beta\cos\alpha+\sin\beta\sin\alpha\text{이므로}
\end{aligned}$$

$\cos(\alpha\pm\beta)=\cos\alpha\cos\beta\mp\sin\alpha\sin\beta$입니다. ■

(3) $\tan(\alpha\pm\beta)=\dfrac{\tan\alpha\pm\tan\beta}{1\mp\tan\alpha\tan\beta}$

$$\tan(\alpha+\beta)=\dfrac{\sin(\alpha+\beta)}{\cos(\alpha+\beta)}=\dfrac{\sin\alpha\cos\beta+\cos\alpha\sin\beta}{\cos\alpha\cos\beta-\sin\alpha\sin\beta}$$

$$=\dfrac{\dfrac{\sin\alpha\cos\beta}{\cos\alpha\cos\beta}+\dfrac{\cos\alpha\sin\beta}{\cos\alpha\cos\beta}}{1-\dfrac{\sin\alpha\sin\beta}{\cos\alpha\cos\beta}}=\dfrac{\tan\alpha+\tan\beta}{1-\tan\alpha\tan\beta}$$

예를 들어 $\sin 75°$는 덧셈정리에 따라

$$\sin 75°=\sin(45°+30°)=\sin 45°\cos 30°+\cos 45°\sin 30°$$

$$=\frac{\sqrt{2}}{2}\frac{\sqrt{3}}{2}+\frac{\sqrt{2}}{2}\frac{1}{2}=\frac{\sqrt{6}+\sqrt{2}}{4}$$

입니다.

삼각함수의 덧셈정리는 특히 천문학 연구에 유용했습니다. 1~2세기경의 그리스 천문학자 프톨레마이오스가 그리스 천문학을 집대성해 정리한 《알마게스트》에 그 개념이 처음 등장하였습니다.

삼각함수의 덧셈정리로부터 아래 정리들도 유도되는데, 이를 배각공식이라고 부릅니다.

(1) $\sin 2\alpha=2\sin\alpha\cos\alpha$

(2) $\cos 2\alpha=2\cos^2\alpha-1=1-2\sin^2\alpha$

(3) $\tan 2\alpha=\dfrac{2\tan\alpha}{1-\tan^2\alpha}$

증명 삼각함수의 배각공식

(1) $\sin(\alpha+\alpha)=\sin 2\alpha=\sin\alpha\cos\alpha+\cos\alpha\sin\alpha=2\sin\alpha\cos\alpha$ ∎

(2) $\cos(\alpha+\alpha)=\cos 2\alpha=\cos\alpha\cos\alpha-\sin\alpha\sin\alpha=\cos^2\alpha-\sin^2\alpha$

한편 $\sin^2\alpha+\cos^2\alpha=1$이므로,

$$\cos^2\alpha - \sin^2\alpha = \cos^2\alpha - (1-\cos^2\alpha) = 2\cos^2\alpha - 1 \text{ 또는}$$

$$\cos^2\alpha - \sin^2\alpha = (1-\sin^2\alpha) - \sin^2\alpha = 1 - 2\sin^2\alpha \text{ 입니다. } \blacksquare$$

$$(3)\ \tan(\alpha+\alpha) = \tan 2\alpha = \frac{\tan\alpha + \tan\alpha}{1-\tan\alpha\tan\alpha} = \frac{2\tan\alpha}{1-\tan^2\alpha} \quad \blacksquare$$

더 나아가 코사인의 배각공식에서 아래 정리들이 유도되는데, 이는 반각공식이라고 부릅니다.

$$(1)\ \sin^2\frac{\alpha}{2} = \frac{1-\cos\alpha}{2}$$

$$(2)\ \cos^2\frac{\alpha}{2} = \frac{1+\cos\alpha}{2}$$

$$(3)\ \tan^2\frac{\alpha}{2} = \frac{1-\cos\alpha}{1+\cos\alpha}$$

증명 삼각함수의 반각공식

$$(1)\ \cos 2\alpha = 1 - 2\sin^2\alpha \Rightarrow \sin^2\alpha = \frac{1-\cos 2\alpha}{2}$$

$$\Rightarrow \sin^2\frac{\alpha}{2} = \frac{1-\cos\alpha}{2} \quad \blacksquare$$

$$(2)\ \cos 2\alpha = 2\cos^2\alpha - 1 \Rightarrow \cos^2\alpha = \frac{1+\cos 2\alpha}{2}$$

$$\Rightarrow \cos^2\frac{\alpha}{2} = \frac{1+\cos\alpha}{2} \quad \blacksquare$$

$$(3)\ \tan^2\frac{\alpha}{2} = \frac{\sin^2\frac{\alpha}{2}}{\cos^2\frac{\alpha}{2}} = \frac{\dfrac{1-\cos\alpha}{2}}{\dfrac{1+\cos\alpha}{2}} = \frac{1-\cos\alpha}{1+\cos\alpha} \quad \blacksquare$$

기하학은 도대체 배워서
어디에 쓰나요?

건축 예술
공학 토목
컴퓨터
그래픽
3D 렌더링
로봇공학
자율주행
AI 데이터
알고리즘

극한

극한의 등장

서양에서는 고대 그리스 엘레아학파의 연구를, 동양에서는 고대 중국 명가의 연구를 극한 연구의 시초로 꼽습니다. 엘레아의 제논은 기원전 5세기경 '제논의 역설'(193쪽 참고)을 발표했고, 기원전 4세기경 명가의 혜시는《장자: 천하편》에서 무한대를 '바깥이 없는 것', 무한소를 '내부가 없는 것'이라 기하적으로 정의했습니다. 기원전 3세기경 명가의 공손룡은 '새는 날고 있지만 순간을 보면 언제나 움직이지 않는다. 따라서 새는 움직이지 않고도 난다'라는 '움직이지 않는 새 역설'을 내놓기도 했습니다.

기원전 3세기경, 아르키메데스는 극한의 개념을 활용하여 도형의 넓이를 계산하는 실진법[*]을 이용해 원주율의 근삿값을 계산했습니다. 3세기, 위나라의 유휘는 극한의 개념을 활용한 할원술[**]로 아르키메데스보다 더 정확하게 원주율 근삿값을 계산하였습니다.

미적분학의 개념은 페르마, 아이작 배로, 뉴턴과 라이프니츠 등으로 이어지며 정립되는데, 그 시작은 더할 수 없이 작은 수인 '무한소'의 개념을 활용한 방법이었습니다. 하지만 이후에 무한소의 수학적 정합성에 문제가

---

[*] 어떤 도형의 넓이나 부피를 작은 조각들로 나누고 합하여 근사하는 방법.

[**] 원을 정다각형으로 세분하여 원의 넓이를 근사하는 방법.

있음이 알려졌고,[•] 베르나르트 볼차노, 코시, 카를 바이어슈트라스 등이 극한의 개념을 엄밀하게 정의합니다. 이렇게 정의된 극한의 개념으로부터 미적분학이 재정립되고, 해석학이 탄생했습니다.

함수의 수렴과 발산

수렴

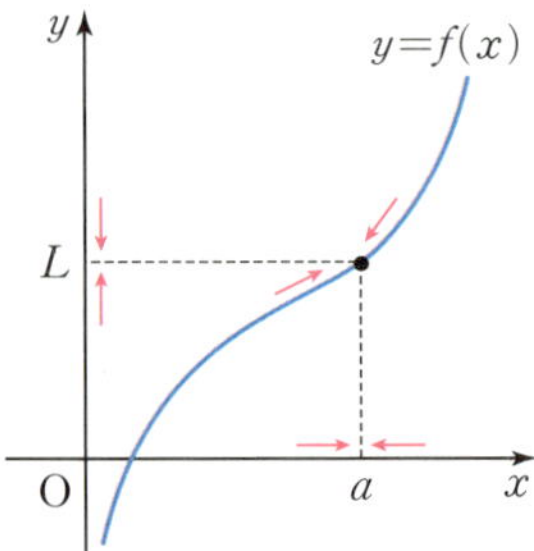

함수 $f(x)$에서 a는 아닌 x의 값이 a에 가까워질 때, $f(x)$의 값이 일정한 값 L에 한없이 가까워지면 함수 $f(x)$는 L에 수렴한다고 합니다. 이때 L을 $x=a$에서의 함수 $f(x)$의 극한값 또는 극한이라고 하며, 기호 $\lim_{x \to a} f(x) = L$ 또는 $x \to a$일 때 $f(x) \to L$로 나타냅니다. 예를 들어 $\lim_{x \to 1} 2x = 2$입니다.

$$\lim_{x \to a} f(x) = L$$

x가 a에 가까워질 때, $f(x)$는 L에 한없이 가까워진다. (단 $x \neq a$)

고등학교 교육과정을 벗어난, 엄밀한 $\lim_{x \to a} f(x) = L$의 정의는 다음과 같습니다.

$$\text{임의의 양수 } \varepsilon \text{에 대해 } 0 < |x-a| < \delta \text{이면}$$
$$|f(x) - L| < \varepsilon \text{을 만족하는 양수 } \delta \text{가 존재한다.}^{**}$$

이는 아무리 작은 양수를 가져와도 $f(x)$와 L의 차이를 그 양수보다도 작게 만들어주는 x와 a의 간격(>0)을 잡아줄 수 있다는 의미로, '한없이 가깝다'라는 뜻을 '무한소' 같은 용어를 이용한 직접법이 아니라 간접법으로 표현한 정의입니다.

'0에 한없이 가깝다'를 표현하는 방법	
무한소	극한
0에 한없이 가까운 수를 무한소 ε이라고 하자. (직접법)	아무리 작은 양수 ε을 가져와도 언제나 그것보다 더 0에 가깝다. (간접법)

만약 함수 $f(x)$에서 x의 값이 한없이 커질 때, $f(x)$의 값이 일정한 값 L에 한없이 가까워지면 함수 $f(x)$는 L에 수렴한다고 하며, 기호 $\lim_{x \to \infty} f(x) = L$ 또는 $x \to \infty$일 때 $f(x) \to L$로 나타냅니다. 여기서 ∞는 한없이 커지는 상태를 나타내는 기호로 무한대라고 읽습니다.

참고로 수학에서 무한대는 분야마다 정의를 달리하지만, $\lim_{x \to a} f(x) = \infty$의 정의는 다음과 같이 할 수 있습니다.

** ε과 δ는 그리스 문자로, 각각 '엡실론', '델타'라고 읽습니다.

어떤 함수 $f(x)$와 임의의 양수 M에 대해,

$0<|x-a|<\delta$이면 $f(x)>M$을 만족하는 양수 δ가 존재한다.

예를 들어, 양의 실수 x에 대해 정의된 $f(x)=\dfrac{1}{x}$에 대하여 $\lim\limits_{x\to 0} f(x)=\infty$입니다.

발산

만약 함수 $f(x)$에서 a는 아닌 x의 값이 a에 한없이 가까워질 때, $f(x)$의 값이 수렴하지 않으면 함수 $f(x)$는 발산한다고 이야기합니다. 특히 $\lim\limits_{x\to a} f(x)=\infty$(또는 $x\to a$일 때 $f(x)\to\infty$)의 경우 양의 무한대로 발산한다고 하며, $\lim\limits_{x\to a} f(x)=-\infty$(또는 $x\to a$일 때 $f(x)\to-\infty$)의 경우 음의 무한대로 발산한다고 합니다.

또한 함수 $f(x)$에서 x의 값이 한없이 커지거나 x의 값이 음수이면서 그 절댓값이 한없이 커질 때, $f(x)$가 양의 무한대 또는 음의 무한대로 발산하면 기호 $\lim\limits_{x\to\infty} f(x)=\infty$, $\lim\limits_{x\to\infty} f(x)=-\infty$, $\lim\limits_{x\to-\infty} f(x)=\infty$, $\lim\limits_{x\to-\infty} f(x)=-\infty$로 나타냅니다.

우극한과 좌극한

함수 $f(x)$에서 x의 값이 a보다 크면서 a에 한없이 가까워질 때, $f(x)$의 값이 일정한 값 L에 한없이 가까워지면 L을 $x=a$에서의 함수 $f(x)$의 우극한이라고 하며, 기호 $\lim\limits_{x\to a^+} f(x)=L$ 또는 $x\to a+$일 때 $f(x)\to L$로 나타냅니다.

또 함수 $f(x)$에서 x의 값이 a보다 작으면서 a에 한없이 가까워질 때,

비관주의
낙관주의
$$\lim_{x \to \frac{1}{2}^{-}} x$$
$$\lim_{x \to \frac{1}{2}^{+}} x$$

$f(x)$의 값이 일정한 값 M에 한없이 가까워지면 M을 $x=a$에서의 함수 $f(x)$의 좌극한이라고 하며, 기호 $\lim\limits_{x \to a^-} f(x)=M$ 또는 $x \to a-$일 때 $f(x) \to M$으로 나타냅니다.

우극한과 좌극한은 일반적으로 같지 않으나, 같은 경우 극한값이 존재하며 그 값을 극한값이라 합니다. 같지 않은 경우엔 극한값이 존재하지 않는다고 합니다.

$$\lim_{x \to a} f(x)=L \Leftrightarrow \lim_{x \to a^+} f(x)=\lim_{x \to a^-} f(x)=L$$

예를 들어 함수 $f(x)=\dfrac{|x|}{x}$는 $x=0$에서의 극한값이 존재하지 않습니다. 좌극한은 $\lim\limits_{x \to 0^-} \dfrac{|x|}{x}=\lim\limits_{x \to 0^-} \dfrac{-x}{x}=\lim\limits_{x \to 0^-} (-1)=-1$이고, 우극한은 $\lim\limits_{x \to 0^+} \dfrac{|x|}{x}=\lim\limits_{x \to 0^+} \dfrac{x}{x}=\lim\limits_{x \to 0^+} (1)=1$이기 때문입니다.

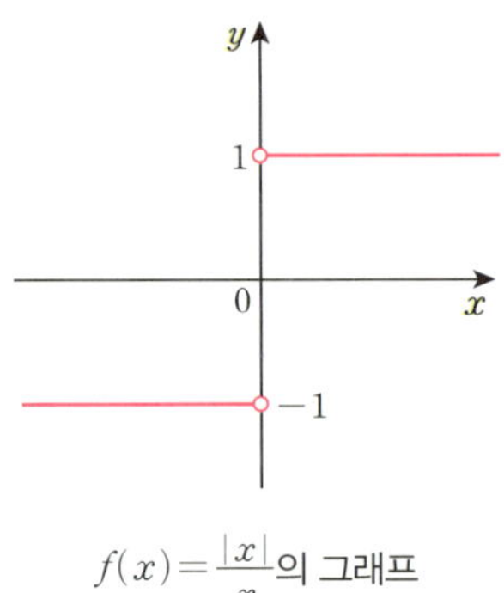

$f(x)=\dfrac{|x|}{x}$의 그래프

좌극한!
가자!
우극한!

좌극한과 우극한이 같지 않음

함수의 극한에 대한 성질

두 함수 $f(x)$, $g(x)$에서 $\lim\limits_{x \to a} f(x) = L$, $\lim\limits_{x \to a} g(x) = M$ (L, M은 실수)일 때, 다음이 성립합니다.

(1) $\lim\limits_{x \to a} cf(x) = c \lim\limits_{x \to a} f(x) = cL$ (단, c는 상수)

(2) $\lim\limits_{x \to a} \{f(x) \pm g(x)\} = \lim\limits_{x \to a} f(x) \pm \lim\limits_{x \to a} g(x) = L \pm M$ (복부호 동순)

(3) $\lim\limits_{x \to a} f(x)g(x) = \lim\limits_{x \to a} f(x) \times \lim\limits_{x \to a} g(x) = LM$

(4) $\lim\limits_{x \to a} \dfrac{f(x)}{g(x)} = \dfrac{\lim\limits_{x \to a} f(x)}{\lim\limits_{x \to a} g(x)} = \dfrac{L}{M}$ (단, $M \neq 0$)

예제 극한의 성질을 이용해 $\lim\limits_{x \to 2} \dfrac{\sqrt{x+2}-2}{x-2}$의 값 구하기

$\lim\limits_{x \to 2} \dfrac{\sqrt{x+2}+2}{\sqrt{x+2}+2} = 1$이므로,

$$\lim_{x \to 2} \frac{\sqrt{x+2}-2}{x-2} = \lim_{x \to 2} \frac{(\sqrt{x+2}-2)(\sqrt{x+2}+2)}{(x-2)(\sqrt{x+2}+2)}$$

$$= \lim_{x \to 2} \frac{x+2-2^2}{(x-2)(\sqrt{x+2}+2)} = \lim_{x \to 2} \frac{x-2}{(x-2)(\sqrt{x+2}+2)}$$

$$= \lim_{x \to 2} \frac{1}{\sqrt{x+2}+2} = \frac{1}{\sqrt{2+2}+2} = \frac{1}{\sqrt{4}+2} = \frac{1}{4}$$

한편, 두 함수 $f(x)$, $g(x)$에서 $\lim\limits_{x \to a} f(x) = L$, $\lim\limits_{x \to a} g(x) = M$ (L, M은 실수)일 때, a에 가까운 모든 실수 x에 대하여 다음이 성립합니다.

---

(1) $f(x) \leq g(x)$이면 $L \leq M$이다.

(2) 함수 $h(x)$가 $f(x) \leq h(x) \leq g(x)$이고 $L=M$이면 $\lim\limits_{x \to a} h(x) = L$이다.

특히 샌드위치 정리 또는 압착 정리로 부르는 두 번째 정리는 아르키메데스가 원주율의 근삿값을 구하는 데에 사용한 것으로 유명합니다.

예제 샌드위치 정리

$f(x) = -x^2, g(x) = x^2, h(x) = \dfrac{1}{2}x^2$이라 하면,

0에 가까운 모든 실수 x에 대하여 $f(x) \leq h(x) \leq g(x)$이며

$\lim\limits_{x \to 0} f(x) = \lim\limits_{x \to 0} g(x) = 0$이므로 $\lim\limits_{x \to 0} h(x) = 0$입니다.

수열의 수렴과 발산

수열 $\{a_n\}$은 자연수의 집합을 정의역으로 갖는 함수 $f(n)$이라 정의할 수 있습니다. 예를 들어 등차수열 $\{2,\ 4,\ 6,\ \cdots\}$은 자연수 n에 대한 함수 $f(n) = 2n$을 일반항으로 갖는 수열 $\{f(n)\}$과도 같죠. 따라서 수열에 대해서도 우리는 앞에서 보았던 함수의 극한을 적용할 수 있습니다.

만약 수열 $\{a_n\}$에서 n의 값이 한없이 커질 때, 일반항 a_n의 값이 일정한 값 a에 한없이 가까워지면 수열 $\{a_n\}$은 a에 수렴한다고 합니다. 이때 a를 수열 $\{a_n\}$의 극한값 또는 극한이라고 하며, 기호 $\lim\limits_{n \to \infty} a_n = a$ 또는 $n \to \infty$일 때 $a_n \to a$로 나타냅니다.

예를 들어 두 수열 $\left\{\dfrac{1}{n}\right\}, \left\{\left(\dfrac{1}{2}\right)^n\right\}$에 대하여 $\lim\limits_{n \to \infty} \dfrac{1}{n} = 0, \lim\limits_{n \to \infty} \left(\dfrac{1}{2}\right)^n = 0$입니다.

마찬가지로 수열 $\{a_n\}$에서 n의 값이 한없이 커질 때, 일반항 a_n의 값이 한없이 커지면 수열 $\{a_n\}$은 양의 무한대로 발산한다고 하며, 기호 $\lim\limits_{n \to \infty} a_n = \infty$ 또는 $n \to \infty$일 때 $a_n \to \infty$로 나타냅니다. 또한 수열 $\{a_n\}$에서 n의 값이 한없이 커질 때, 일반항 a_n의 값이 음수이면서 그 절댓값이 한없이 커진다면 수열 $\{a_n\}$은 음의 무한대로 발산한다고 하며, 기호 $\lim\limits_{n \to \infty} a_n = -\infty$ 또는 $n \to \infty$일 때 $a_n \to -\infty$로 나타냅니다.

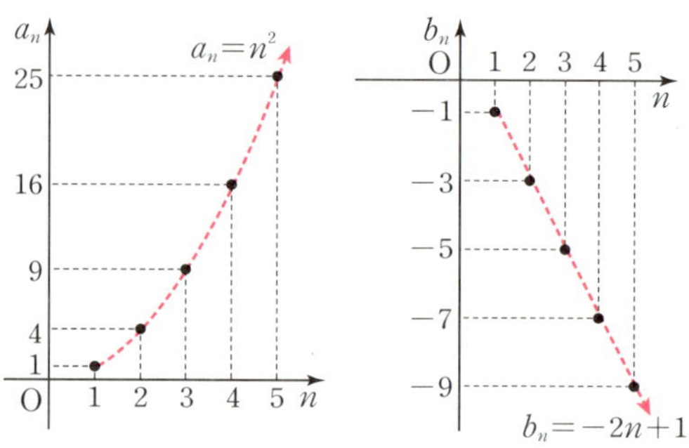

양의 무한대로 발산하는 수열 $a_n = n^2$(왼쪽),
음의 무한대로 발산하는 수열 $b_n = -2n+1$(오른쪽)

만약 어떤 수열이 수렴하지도 않고, 양의 무한대 또는 음의 무한대로 발산하지도 않을 때, 그 수열은 진동한다고 합니다(이 역시 발산의 한 형태입니다).

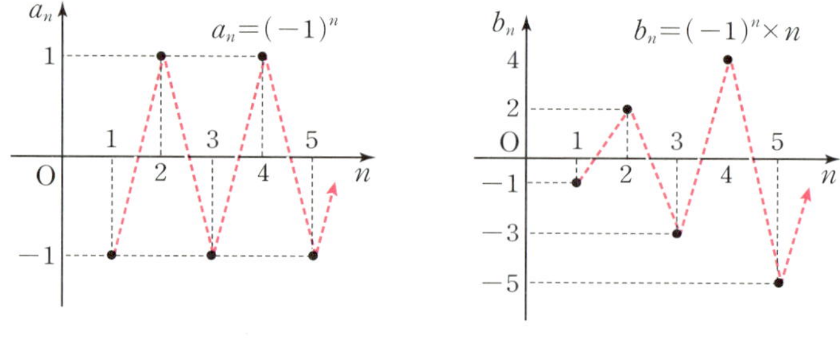

진동하는 수열의 예시

예시 $\displaystyle\lim_{x \to 8^+} \frac{1}{x-8} = \infty$

문제 $\displaystyle\lim_{x \to 2^+} \frac{1}{x-2} = 2$

고등학교 교육과정에서는 등비수열의 극한을 특별히 강조합니다. 등비수열 $\{r^n\}$에 대해서는 다음이 성립합니다.

(1) $r>1$일 때, $\lim\limits_{n\to\infty} r^n=\infty$ (양의 무한대로 발산)

(2) $r=1$일 때, $\lim\limits_{n\to\infty} r^n=1$

(3) $-1<r<1$일 때, $\lim\limits_{n\to\infty} r^n=0$

(4) $r\le-1$일 때, $\{r^n\}$은 진동

예를 들어 $\lim\limits_{n\to\infty}\left(\dfrac{1}{2}\right)^n=0$, $\lim\limits_{n\to\infty} 2^n=\infty$, $\lim\limits_{n\to\infty}(-2)^n$은 진동입니다.

수열의 극한에 대한 성질

함수 극한의 성질과 마찬가지로 수렴하는 두 수열 $\{a_n\}$, $\{b_n\}$에 대하여 $\lim\limits_{n\to\infty} a_n=\alpha$, $\lim\limits_{n\to\infty} b_n=\beta$ (α, β는 실수)일 때 다음이 성립합니다.

(1) $\lim\limits_{n\to\infty} ca_n=c\lim\limits_{n\to\infty} a_n=c\alpha$ (단, c는 상수)

(2) $\lim\limits_{n\to\infty}(a_n\pm b_n)=\lim\limits_{n\to\infty} a_n\pm\lim\limits_{n\to\infty} b_n=\alpha\pm\beta$ (복부호 동순)

(3) $\lim\limits_{n\to\infty} a_n b_n=\lim\limits_{n\to\infty} a_n\times\lim\limits_{n\to\infty} b_n=\alpha\beta$

(4) $\lim\limits_{n\to\infty}\dfrac{a_n}{b_n}=\dfrac{\lim\limits_{x\to\infty} a_n}{\lim\limits_{x\to\infty} b_n}=\dfrac{\alpha}{\beta}$ (단, $b_n\ne0, \beta\ne0$)

예제 극한의 성질을 이용해 $\lim\limits_{n\to\infty}(\sqrt{n^2+4n}-n)$의 값 구하기

$$\lim_{n\to\infty}\frac{\sqrt{n^2+4n}+n}{\sqrt{n^2+4n}+n}=1$$이므로,

$$\lim_{n\to\infty}(\sqrt{n^2+4n}-n)=\lim_{n\to\infty}\frac{(\sqrt{n^2+4n}-n)(\sqrt{n^2+4n}+n)}{\sqrt{n^2+4n}+n}$$

$$=\lim_{n\to\infty}\frac{(n^2+4n)-n^2}{\sqrt{n^2+4n}+n}=\lim_{n\to\infty}\frac{4n}{\sqrt{n^2+4n}+n}=\lim_{n\to\infty}\frac{4}{\sqrt{1+\dfrac{4}{n}}+1}$$

이때 $\lim\limits_{n\to\infty}\dfrac{1}{n}=0$이므로,

$$\lim_{n\to\infty}\frac{4}{\sqrt{1+\dfrac{4}{n}}+1}=\frac{4}{\sqrt{1+0}+1}=2$$

수렴하는 두 수열 $\{a_n\}$, $\{b_n\}$에 대하여 $\lim\limits_{n\to\infty}a_n=\alpha$, $\lim\limits_{n\to\infty}b_n=\beta$ (α,β는 실수)일 때 다음이 성립합니다.

(1) 모든 자연수 n에 대하여 $a_n\leq b_n$이면 $\alpha\leq\beta$이다.

(2) 수열 $\{c_n\}$이 모든 자연수 n에 대하여 $a_n\leq c_n\leq b_n$이고 $\alpha=\beta$이면 $\lim\limits_{n\to\infty}c_n=\alpha$이다.

급수의 수렴과 발산

급수와 부분합

수열 $\{a_n\}$의 각 항을 차례대로 덧셈 기호 $+$로 연결한 식 $a_1+a_2+a_3+\cdots+a_n+\cdots$을 (무한)급수라고 하며, 기호 $\sum$를 사용하여 $\sum\limits_{n=1}^{\infty}a_n$으로 나타냅니다. 또한 급수 $\sum\limits_{n=1}^{\infty}a_n$에서 첫째항부터 제$n$항까지의 합 S_n을 이 급수의 제n항까지의 부분합이라고 합니다.

예를 들어 $\sum\limits_{n=1}^{5}\dfrac{n}{2}=\dfrac{1}{2}+\dfrac{2}{2}+\dfrac{3}{2}+\dfrac{4}{2}+\dfrac{5}{2}$입니다.

재미있는 사실은, 수열 $\{a_n\}$에 대한 급수의 부분합을 나열한 $S_1, S_2, S_3,$ $\cdots$ 역시 수열 $\{S_n\}$으로 볼 수 있다는 점입니다. 예를 들어 $a_n=\left(\dfrac{1}{2}\right)^n$에 대하여 $S_n=\dfrac{\dfrac{1}{2}\left\{1-\left(\dfrac{1}{2}\right)^n\right\}}{1-\dfrac{1}{2}}=1-\left(\dfrac{1}{2}\right)^n$이므로(199쪽의 등비수열의 합 공식

참고), $\{S_n\}=\left\{1-\left(\dfrac{1}{2}\right)^n\right\}$ 입니다. 즉, S_n은 $S_1=\dfrac{1}{2}$, $S_2=\dfrac{3}{4}$, $S_3=\dfrac{7}{8}$, $\cdots$과 같이 나열되는 수열입니다. 따라서 수열의 극한과 마찬가지로 급수에 대해서도 극한을 적용할 수 있습니다.

급수 $\displaystyle\sum_{n=1}^{\infty} a_n$의 부분합으로 이루어진 수열 $\{S_n\}$이 일정한 값 S에 수렴할 때, 즉 $\displaystyle\lim_{n\to\infty} S_n=\lim_{n\to\infty}\sum_{k=1}^{n} a_k=S$일 때, 이 급수는 S에 수렴한다고 합니다. 이때 S를 급수의 합이라고 하며 $\displaystyle\sum_{n=1}^{\infty} a_n=S$ 또는 $a_1+a_2+a_3+\cdots+a_n+\cdots=S$처럼 나타냅니다.

또한 급수 $\displaystyle\sum_{n=1}^{\infty} a_n$의 부분합으로 이루어진 수열 $\{S_n\}$이 발산할 때 이 급수는 발산한다고 하며, 고등학교 과정에서는 발산하는 급수에 대해서 그 합을 생각하지 않습니다.

예제 급수 $\displaystyle\sum_{n=1}^{\infty} \dfrac{1}{n(n+1)}$의 값 구하기

$$\sum_{n=1}^{\infty} \dfrac{1}{n(n+1)}=\sum_{n=1}^{\infty}\left(\dfrac{1}{n}-\dfrac{1}{(n+1)}\right)^{\bullet}$$

$$=\left(\dfrac{1}{1}-\dfrac{1}{2}\right)+\left(\dfrac{1}{2}-\dfrac{1}{3}\right)+\left(\dfrac{1}{3}-\dfrac{1}{4}\right)+\cdots$$

$$=1-\lim_{n\to\infty}\dfrac{1}{n+1}=1-0$$

$$=1$$

한편 등비급수 $\displaystyle\sum_{n=1}^{\infty} ar^{n-1}\,(a\neq0)$은 다음이 성립합니다.

• 통분되어 있는 분수를 다른 분수들의 합과 차로 분해하는 '부분분수 분해'를 이용하면, $\dfrac{1}{AB}=\dfrac{1}{B-A}\left(\dfrac{1}{A}-\dfrac{1}{B}\right)$로 나타낼 수 있습니다.

$\sum_{n=1}^{\infty} 3\left(\frac{1}{4}\right)^n = 1$임을 증명해볼게.
합 공식을
쓰려는
거지?

(1) $|r| < 1$일 때 수렴하고, 그 합은 $\dfrac{a}{1-r}$ 이다.

(2) $|r| \geq 1$일 때 발산한다.

예를 들어 $\displaystyle\sum_{n=1}^{\infty} 3\left(\dfrac{1}{4}\right)^n = \dfrac{3 \times \dfrac{1}{4}}{1 - \dfrac{1}{4}} = \dfrac{\dfrac{3}{4}}{\dfrac{3}{4}} = 1$입니다. 등비수열의 극한과 달리 공비가 1인 경우에도 발산한다는 점에 주의해야 합니다.

급수의 성질

급수 $\displaystyle\sum_{n=1}^{\infty} a_n$이 수렴하면 $\displaystyle\lim_{n \to \infty} a_n = 0$입니다. 하지만 그 역은 일반적으로 성립하지 않습니다.

예를 들어 $\displaystyle\lim_{n \to \infty} \dfrac{1}{n} = 0$이지만 $\displaystyle\sum_{n=1}^{\infty} \dfrac{1}{n}$은 양의 무한대로 발산합니다.

증명 $\displaystyle\sum_{n=1}^{\infty} \dfrac{1}{n}$은 양의 무한대로 발산한다

$$
\begin{aligned}
\sum_{n=1}^{\infty} \frac{1}{n} &= \frac{1}{1} + \frac{1}{2} + \frac{1}{3} + \frac{1}{4} + \frac{1}{5} + \frac{1}{6} + \frac{1}{7} + \frac{1}{8} + \cdots \\
&> 1 + \frac{1}{2} + \left(\frac{1}{4} + \frac{1}{4}\right) + \left(\frac{1}{8} + \frac{1}{8} + \frac{1}{8} + \frac{1}{8}\right) + \cdots \\
&= 1 + \frac{1}{2} + \frac{1}{2} + \frac{1}{2} + \cdots = 1 + 1 + 1 + 1 + \cdots \longrightarrow \infty \ \blacksquare
\end{aligned}
$$

또한 두 급수 $\displaystyle\sum_{n=1}^{\infty} a_n, \ \sum_{n=1}^{\infty} b_n$이 수렴하면 다음이 성립합니다.

(1) $\displaystyle\sum_{n=1}^{\infty} c a_n = c \sum_{n=1}^{\infty} a_n$ (단, c는 상수)

(2) $\displaystyle\sum_{n=1}^{\infty} (a_n \pm b_n) = \sum_{n=1}^{\infty} a_n \pm \sum_{n=1}^{\infty} b_n$ (복부호 동순)

주의해야 할 점은 함수의 극한, 수열의 극한 성질과 달리 일반적으로

$$\sum_{n=1}^{\infty}(a_n \times b_n) \neq \sum_{n=1}^{\infty} a_n \times \sum_{n=1}^{\infty} b_n, \ \sum_{n=1}^{\infty}\frac{a_n}{b_n} \neq \frac{\sum\limits_{n=1}^{\infty} a_n}{\sum\limits_{n=1}^{\infty} b_n}$$ 이라는 점입니다.

증명 $\displaystyle\sum_{n=1}^{\infty}(a_n \times b_n) \neq \sum_{n=1}^{\infty} a_n \times \sum_{n=1}^{\infty} b_n$

예를 들어 $a_n = \begin{cases} 1, & n\text{은 홀수} \\ 0, & n\text{은 짝수} \end{cases}$, $b_n = \begin{cases} 0, & n\text{은 홀수} \\ 1, & n\text{은 짝수} \end{cases}$ 이라 하면,

$$\sum_{n=1}^{\infty}(a_n \times b_n) = (1 \times 0)+(0 \times 1)+(1 \times 0)+(0 \times 1)+\cdots$$
$$= 0+0+0+0+\cdots = 0 \text{이지만,}$$

$$\sum_{n=1}^{\infty} a_n = 1+0+1+0+1+0+\cdots \longrightarrow \infty$$

$$\sum_{n=1}^{\infty} b_n = 0+1+0+1+0+1+\cdots \longrightarrow \infty$$

이므로, $\displaystyle\sum_{n=1}^{\infty} a_n \times \sum_{n=1}^{\infty} b_n$ 는 양의 무한대로 발산합니다.

즉, $\displaystyle\sum_{n=1}^{\infty}(a_n \times b_n) \neq \sum_{n=1}^{\infty} a_n \times \sum_{n=1}^{\infty} b_n$ 입니다. ∎

함수의 연속

연속과 불연속

'끊어지지 않고 이어져 있다', '연속이다'라는 사실을 수학적으로 어떻게 표현할 수 있을까요? 앞서 살펴본 극한의 개념을 이용하면 '극한이 존재하고 그 값이 함숫값과 같을 때 연속이다'라고 명쾌하게 설명할 수 있습니다.

즉, 함수 $f(x)$가 실수 a에 대하여 다음을 모두 만족시킬 때, $f(x)$는 $x=a$에서 연속입니다.

(1) $x=a$에서 함숫값이 정의된다.

(2) 극한값 $\lim\limits_{x \to a} f(x)$가 존재한다.

(3) $\lim\limits_{x \to a} f(x) = f(a)$

예를 들어 함수 $f(x)=2x$는 $f(2)=4$, $\lim\limits_{x \to 2^-} f(x) = \lim\limits_{x \to 2^+} f(x) = 4$로, $f(2)=\lim\limits_{x \to 2} f(x)$이므로 $x=2$에서 연속입니다.

함수 $f(x)$가 $x=a$에서 연속이 아닐 때, $f(x)$는 $x=a$에서 불연속이라고 합니다. 즉, 위의 세 조건 중 어느 하나라도 만족시키지 않으면 불연속입니다.

고등학교 교육과정 범위를 벗어나면, 불연속점을 함수의 좌극한과 우극한이 존재하는 '제1종 불연속점'과 좌극한 또는 우극한이 존재하지 않는 '제2종 불연속점'으로 분류하기도 합니다. 여기서 제1종 불연속점은 다시

$\lim\limits_{x \to a^-} f(x) = \lim\limits_{x \to a^+} f(x)$인 '제거 가능 불연속점'과 $\lim\limits_{x \to a^-} f(x) \neq \lim\limits_{x \to a^+} f(x)$인 '비약 불연속점'으로, 제2종 불연속점은 '무한 불연속점'과 '진동 불연속점'으로 나뉩니다. 제거 가능 불연속점은 현대 해석학의 중요한 연구 대상이기도 합니다.

예를 들어 함수 $f(x) = x \times \dfrac{1}{x}$는 $x = 0$에서 불연속입니다. 다만 이는 제거 가능 불연속점으로, $f(x) = \begin{cases} x \times \dfrac{1}{x}, & x \neq 0 \\ 1, & x = 0 \end{cases}$ 이라고 재정의하면 $x = 0$에서 연속입니다.

구간

두 실수 a, $b(a < b)$에 대하여 집합 $\{x \mid a \leq x \leq b\}$, $\{x \mid a < x < b\}$, $\{x \mid a \leq x < b\}$, $\{x \mid a < x \leq b\}$를 각각 구간이라고 하며, 이것을 각각 기호 $[a, b]$, (a, b), $[a, b)$, $(a, b]$로 나타냅니다. 이때 $[a, b]$를 닫힌구간, (a, b)를 열린구간이라고 하며, $[a, b)$, $(a, b]$를 반닫힌구간 또는 반열린구간이라고 합니다.

또한 실수 a에 대하여 집합 $\{x \mid x \leq a\}$, $\{x \mid x < a\}$, $\{x \mid x \geq a\}$, $\{x \mid x > a\}$도 각각 구간이라고 하며, 이것을 각각 기호 $(-\infty, a]$, $(-\infty, a)$, $[a, \infty)$, (a, ∞)로 나타냅니다. 실수 전체의 집합도 하나의 구간이며, 기호 $(-\infty, \infty)$로 나타냅니다.

연속함수

함수 $f(x)$가 어떤 구간에 속하는 모든 실수 x에서 연속일 때, $f(x)$는 그 구간에서 연속 또는 연속함수라고 합니다. 특히, 함수 $f(x)$가 다음을 모두 만족시킬 때, 함수 $f(x)$는 닫힌구간 $[a, b]$에서 연속이라고 합니다.

(1) 함수 $f(x)$는 열린구간 (a, b)에서 연속이다.

(2) $\lim\limits_{x \to a^+} f(x) = f(a)$, $\lim\limits_{x \to b^-} f(x) = f(b)$

예를 들어 함수 $f(x) = \sqrt{x}$는 구간 $[0, \infty)$에서 연속함수입니다.

함수의 연속성은 미적분학으로부터 시작된 해석학의 근본 개념 중 하나입니다. 따라서 이후 소개할 미분·적분에 관한 대부분의 정리는 연속성이 보장되지 않으면 성립하지 않습니다. 167쪽에서 해석학을 '실수와 같이 연속성을 갖는 대상의 성질과 변화를 연구하는 학문'이라 설명한 이유이기도 합니다. 참고로, 연속적이지 않은 대상의 성질을 연구하는 수학 분야는 이산수학이라 부릅니다.

연속함수의 성질

두 함수 $f(x)$, $g(x)$가 $x=a$에서 연속이면 다음 함수도 모두 $x=a$에서 연속입니다(고등학교 과정에서 이에 대한 증명을 다루진 않습니다).

(1) $cf(x)$ (단, c는 상수)

(2) $f(x) \pm g(x)$

(3) $f(x)g(x)$

(4) $\dfrac{f(x)}{g(x)}$ (단, $g(a) \neq 0$)

예를 들어 두 함수 $f(x)=x^2+1$, $g(x)=x-3$에 대하여, f와 g가 실수 전체 구간에서 연속함수이기 때문에 함수 $f(x)\pm g(x)$, $f(x)g(x)$ 역시 실수 전체 구간에서 연속입니다. 하지만 함수 $\dfrac{f(x)}{g(x)}$는 $g(x)=0$인 x값, 즉, $x=3$에서 불연속이므로 두 열린구간 $(-\infty,\,3)$, $(3,\,\infty)$에서 연속입니다.

아래 그림과 같이 함수 $f(x)$가 닫힌구간 $[a,\,b]$에서 연속이면 $f(x)$는 이 구간에서 반드시 최댓값과 최솟값을 갖습니다. 이를 최대·최소 정리라 부릅니다(고등학교 과정에서 이에 대한 증명을 다루진 않습니다).

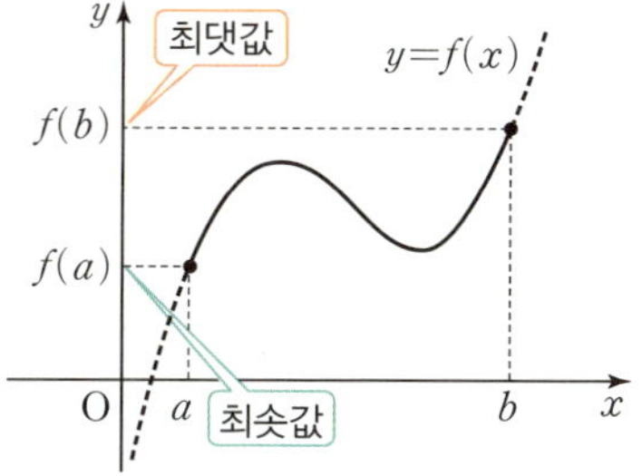

또한 아래 그림과 같이 함수 $f(x)$가 닫힌구간 $[a,\,b]$에서 연속이고 $f(a)\neq f(b)$이면 $f(a)$와 $f(b)$사이의 임의의 값 k에 대하여 $f(x)=k$인 c가 열린구간 (a,b)에 적어도 하나 존재합니다. 이를 사잇값 정리라 부릅니다(고등학교 과정에서 이에 대한 증명을 다루진 않습니다).

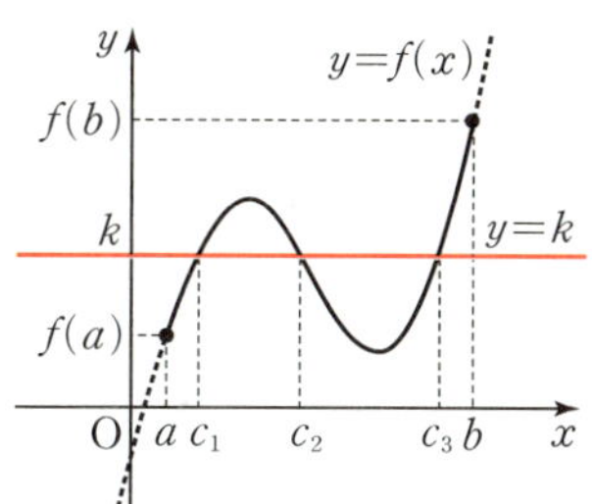

예를 들어 함수 $f(x)=x^3-x^2+6x-1$은 실수 전체 구간에서 연속함수이고 $f(-1)=-9$, $f(1)=5$이므로, 사잇값 정리에 따라 방정식 $f(x)=0$은 구간 $(-1, 1)$에서 적어도 하나의 실근을 가짐을 알 수 있습니다.

미분

미분과 미분계수

미분 개념의 발생

미적분학의 창시자로는 뉴턴과 라이프니츠가 주로 꼽힙니다. 이 둘은 한때 서신을 주고받으며 미적분학 연구를 했고, 그래서 이후 '누가 진정한 미적분학의 창시자인가'를 두고 오랜 논란이 일기도 했습니다. 현재는 둘의 공헌이 모두 존중되는 분위기입니다.

뉴턴은 운동학적 관점으로 미분 개념에 접근했습니다. '움직이는 물체의 순간속도'에 관심을 두고 연구했죠. 뉴턴은 움직이는 물체가 아주 짧은 순간 동안에는 언제나 등속운동을 한다고 봤고, 순간속도를 $\dfrac{\text{위치의 순간 변화량}}{\text{시간의 순간 변화량}}$ 으로 계산해 물체의 운동을 분석했습니다.

한편 라이프니츠는 기하학적 관점으로 미분 개념에 접근했습니다. '곡선의 접선 기울기'가 주요 관심사였죠. 라이프니츠는 접점과 접점으로부터 무한소만큼 떨어진 곡선 위의 점을 이은 직선의 기울기가 곧 접선의 기울기와 같다고 믿었고, 접선 기울기를 $\dfrac{y\text{의 순간 변화량}}{x\text{의 순간 변화량}}$ 으로 계산해 곡선을 연구했습니다.

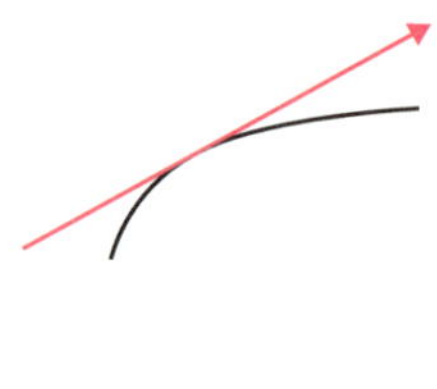

뉴턴은 물체가 운동할 때의 순간속도를 중심으로 미분을 연구했고(왼쪽), 라이프니츠는 곡선에 접하는 직선의 기울기를 계산하는 기하학적 관점으로 미분을 연구했다(오른쪽).

뉴턴의 순간속도와 라이프니츠의 접선 기울기는 본질적으로 '무한히 작은 어떤 값, 즉, 무한소에 대한 변화율'이라는 개념을 공유합니다. 하지만 두 수학자 모두 무한소의 개념을 구체화하지는 않았습니다. 뉴턴은 운동의 순간성에 관한 질문이 형이상학과 연결되어 있는 것이라며 정의를 피했고, 라이프니츠 역시 무한소를 '그럴듯한 허구'라 간주하며 엄밀한 논의를 피했습니다.

평균변화율과 미분계수

표준해석학적으로 미분이란 '평균변화율의 극한'으로 정의합니다.

함수 $y=f(x)$에서 x의 값이 a에서 b까지 변할 때의 평균변화율은 $\dfrac{\Delta y}{\Delta x}$ $=\dfrac{f(b)-f(a)}{b-a}=\dfrac{f(a+\Delta x)-f(a)}{\Delta x}$ 입니다. 이때 Δx, Δy를 각각 x의 증분, y의 증분이라 부릅니다. Δ는 차difference의 첫 글자 d에 해당하는 그리스 문자로, '델타'라 읽습니다.

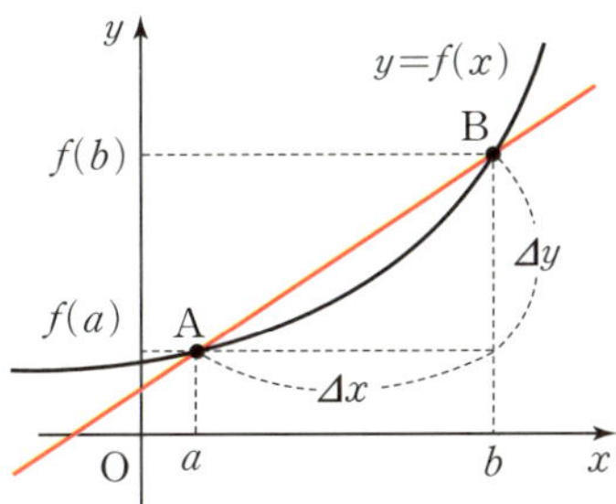

함수 $y=f(x)$의 $x=a$에서의 미분계수(순간변화율)는 다음과 같이 정의합니다.

$$f'(a)=\lim_{\Delta x\to 0}\frac{f(a+\Delta x)-f(a)}{\Delta x}=\lim_{x\to a}\frac{f(x)-f(a)}{x-a}$$

만약 이 극한값이 존재하면 함수 $y=f(x)$가 $x=a$에서 미분가능하다고 합니다.

예를 들어 $f(x)=x^2$이라면,

$$f'(1)=\lim_{\Delta x\to 0}\frac{(1+\Delta x)^2-1^2}{\Delta x}=\lim_{\Delta x\to 0}\frac{2\Delta x+\Delta x^2}{\Delta x}=\lim_{\Delta x\to 0}(2+\Delta x)=2$$

이므로 f는 $x=1$에서 미분가능하고, 미분계수는 2입니다.

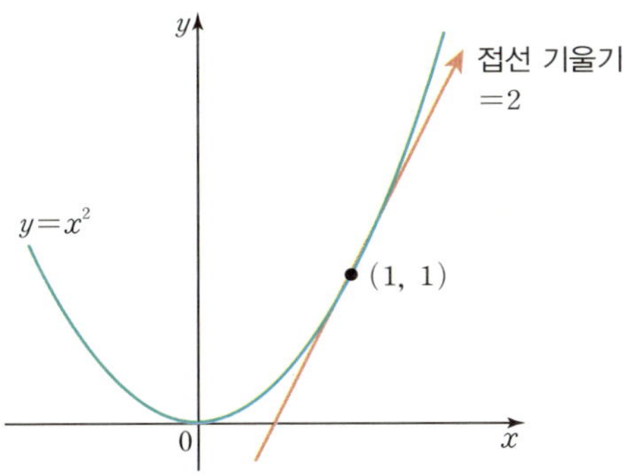

$f'(a)$는 'f 프라임 a'라고 읽습니다. 프라임 기호는 프랑스의 수학자 조제프루이 라그랑주가 도입한 미분 기호입니다. 라이프니츠는 x에 대한 y의 미분을 기호 $\dfrac{dy}{dx}$라 표시하였습니다. 이는 '디와이 디엑스' 또는 '디엑스 분의 디와이'로 읽습니다. 물론 실수 체계에서 무한소란 존재할 수 없으므로 dy, dx 또한 수로서 존재할 수 없고, 따라서 $\dfrac{dy}{dx}$는 분수가 아닙니다. 한편 뉴턴은 y에 대한 미분을 $\dot{y}$로 표시하였으며, 오일러는 Dy라 표시하였습니다. 고등학교 교육과정에서는 주로 라그랑주와 라이프니츠의 미분 표기법인 $f'(x)$, $\dfrac{dy}{dx}$를 씁니다.

미분가능성과 연속성

함수 $y=f(x)$가 어떤 열린구간에 속하는 모든 x에서 미분가능하면 함수 $y=f(x)$는 그 구간에서 미분가능하다고 합니다. 특히 함수 $y=f(x)$가 정의역에 속하는 모든 x에서 미분가능하면 함수 $y=f(x)$는 미분가능한 함수라고 합니다.

함수 $f(x)$가 $x=a$에서 미분가능하면 $f(x)$는 $x=a$에서 연속입니다. 필요조건과 충분조건을 이용해 나타내면 '미분가능 $\Rightarrow$ 연속'입니다.

증명 함수 $f(x)$가 $x=a$에서 미분가능하면 $f(x)$는 $x=a$에서 연속이다

함수 $f(x)$가 $x=a$에서 미분가능하면

$x=a$에서의 미분계수 $f'(a)=\lim\limits_{x \to a}\dfrac{f(x)-f(a)}{x-a}$가 존재하고,

이때 다음의 식이 성립합니다.

$$\lim_{x \to a}\{f(x)-f(a)\}=\lim_{x \to a}\left\{\frac{f(x)-f(a)}{x-a}\times(x-a)\right\}$$

$$=\lim_{x \to a}\frac{f(x)-f(a)}{x-a}\times\lim_{x \to a}(x-a)=f'(a)\times 0=0$$

따라서 $\lim_{x \to a}\{f(x)-f(a)\}=0$

$$\Rightarrow \lim_{x \to a}f(x)=\lim_{x \to a}f(a)$$

$$\Rightarrow \lim_{x \to a}f(x)=f(a)$$

따라서 함수 $f(x)$는 $x=a$에서 연속입니다. ∎

하지만 이 명제의 역은 일반적으로 성립하지 않습니다. 즉, 함수 $f(x)$가 $x=a$에서 연속이어도 $f(x)$가 $x=a$에서 미분가능하지 않을 수 있습니다.

예를 들어 함수 $f(x)=|x|$는 $x=0$에서 연속이지만, 아래와 같이 미분 계수의 좌극한과 우극한 값이 서로 다릅니다.

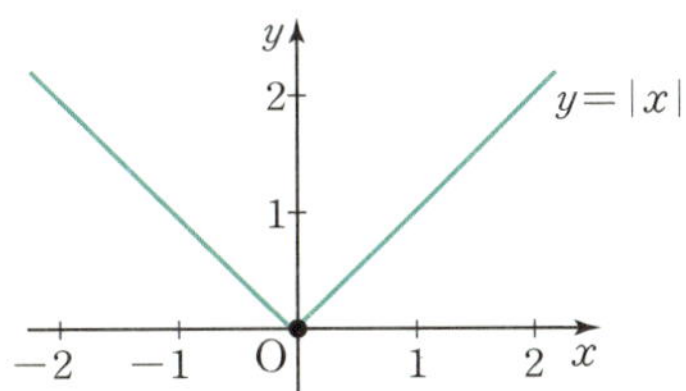

$$\lim_{x \to 0^-}\frac{f(x)-f(0)}{x-0}=\lim_{x \to 0^-}\frac{|x|}{x}=\lim_{x \to 0^-}\frac{-x}{x}=-1$$

$$\neq\lim_{x \to 0^+}\frac{f(x)-f(0)}{x-0}=\lim_{x \to 0^+}\frac{|x|}{x}=\lim_{x \to 0^+}\frac{x}{x}=1$$

따라서 $f(x)=|x|$는 $x=0$에서 연속이지만 $x=0$에서 미분가능하지 않습니다.

저는 연속인데
왜 미분 불가
판결인 거죠?
그냥 미분해주시면
안 돼요?
미분 불가

안 돼, 돌아가.

도함수

도함수의 정의

매번 극한 정의를 이용해서 미분계수를 구하는 과정은 번거로우므로, 미분계수를 쉽게 구할 수 있는 함수, 즉 도함수를 정의합니다.

미분가능한 함수 $y=f(x)$에 대해, 정의역의 각 원소 x에 미분계수 $f'(x)$를 대응시키는 함수 $f': X \to \mathbb{R}^{\bullet}$ 을 함수 $y=f(x)$의 도함수라고 하며, 기호 $f'(x), y', \dfrac{dy}{dx}, \dfrac{d}{dx}f(x)$ 등으로 나타냅니다. 함수식은 다음과 같습니다.

$$f'(x) = \lim_{\Delta x \to 0} \frac{f(x+\Delta x) - f(x)}{\Delta x}$$

이때 Δx를 간단히 h로 표기하기도 하는데, 그렇게 쓰게 된 근거는 불명확합니다. 다만 19세기 초에 활동한 프랑스 수학자 실베스트르 프랑수아 라크루아의 미적분 교재 영어 번역본에서 h가 기호로 쓰인 것이 최초라 여겨집니다. 하지만 정작 라크루아의 프랑스어 원서에서는 k를 사용하였습니다. 한편 페르마는 e를, 뉴턴은 o를, 라이프니츠와 오일러는 dx를, 라그랑주는 i를 썼습니다. 이러한 문자 기호들은 편의를 위해서 큰 의미 없이 사용된 기호들이라고도 볼 수 있습니다.

여러 함수의 도함수

함수 $y=x^n$의 도함수는 $y'=nx^{n-1}$입니다.

$$\frac{d}{dx}\left(\frac{d}{dx}\left(\frac{d}{dx}\left(\frac{d}{dx}\left(\frac{d}{dx}\left(\frac{d}{dx}(x^2)\right)\right)\right)\right)\right)$$

예를 들어 $(x^3)'=3x^2$, $(3x^2)'=3\times 2x^1=6x$입니다.

이때 n은 실수라면 모두 성립합니다. 예를 들어 $(x^{\sqrt{3}})'=\sqrt{3}\,x^{\sqrt{3}-1}$, $(\sqrt{x})'=(x^{\frac{1}{2}})'=\dfrac{1}{2}x^{-\frac{1}{2}}=\dfrac{1}{2\sqrt{x}}$입니다. 이에 대한 증명은 346쪽에서 다룹니다.

함수 $y=e^x$의 도함수는 $y'=e^x$입니다. 즉 함수와 도함수가 동일합니다.

함수 $y=a^x$의 도함수는 $y'=a^x\ln a$입니다. (단, $a>0, a\neq 1$)

예를 들어 $(2^x)'=2^x\ln 2$, $(\sqrt{3}^x)'=\sqrt{3}^x\ln\sqrt{3}$입니다.

증명 함수 $y=e^x$, $y=a^x$의 도함수

$f(x)=e^x$에 대해

$$f'(x)=\lim_{h\to 0}\frac{f(x+h)-f(x)}{h}=\lim_{h\to 0}\frac{e^{x+h}-e^x}{h}$$

$$=\lim_{h\to 0}\frac{e^x(e^h-1)}{h}=e^x\times\lim_{h\to 0}\frac{e^h-1}{h}$$

이때 $e^h-1=X$로 치환하면 $h\to 0$일 때 $X\to 0$이며,

$$e^h-1=X \Rightarrow e^h=X+1 \Rightarrow h=\ln(X+1)$$

따라서,

$$\lim_{h\to 0}\frac{e^h-1}{h}=\lim_{X\to 0}\frac{X}{\ln(X+1)}$$

$$=\lim_{X\to 0}\frac{1}{\dfrac{1}{X}\ln(X+1)}=\lim_{X\to 0}\frac{1}{\ln(X+1)^{\frac{1}{X}}}$$

무리수 e의 정의를 상기하면 $e=\lim_{x\to\infty}\left(1+\dfrac{1}{x}\right)^x=\lim_{x\to 0}(1+x)^{\frac{1}{x}}$ 이므로,

$$\lim_{X\to 0}\frac{1}{\ln(X+1)^{\frac{1}{X}}}=\frac{1}{\ln e}=1$$

그러므로 $f'(x)=e^x\times\lim_{h\to 0}\dfrac{e^h-1}{h}=e^x\times 1=e^x$ ∎

$g(x)=a^x$에 대해서도 같은 논리로

$$g'(x)=\lim_{h\to 0}\frac{a^{x+h}-a^x}{h}=\cdots=a^x\times\lim_{h\to 0}\frac{a^h-1}{h}$$

$$=a^x\times\lim_{h\to 0}\frac{e^{h\ln a}-1}{h}$$

여기서 $e^{h\ln a}-1=X$로 치환하면 $h\to 0$일 때 $X\to 0$이며,

$$e^{h\ln a}-1=X \Rightarrow h\ln a=\ln(X+1) \Rightarrow h=\frac{\ln(1+X)}{\ln a}$$

따라서,

$$a^x\times\lim_{h\to 0}\frac{e^{h\ln a}-1}{h}=a^x\times\lim_{X\to 0}\frac{X}{\dfrac{\ln(1+X)}{\ln a}}$$

$$=a^x\times\lim_{X\to 0}\frac{\ln a}{\ln(1+X)^{\frac{1}{X}}}$$

$$=a^x\ln a \ \blacksquare$$

함수 $y=\ln x$의 도함수는 $y'=\dfrac{1}{x}$입니다.

함수 $y=\log_a x$의 도함수는 $y'=\dfrac{1}{x\ln a}$입니다. (단, $a>0,\,a\neq 1$)

예를 들어 $(\log_2 x)'=\dfrac{1}{x\ln 2}$입니다.

증명 $y=\ln x,\ y=\log_a x$의 도함수

$f(x)=\ln x$에 대해

$$f'(x)=\lim_{h\to 0}\frac{\ln(x+h)-\ln x}{h}=\lim_{h\to 0}\frac{\ln\dfrac{x+h}{x}}{h}=\lim_{h\to 0}\ln\left(1+\frac{h}{x}\right)^{\frac{1}{h}}$$

$$=\lim_{h\to 0}\ln\left(1+\frac{h}{x}\right)^{\frac{x}{h}\times\frac{1}{x}}=\lim_{h\to 0}\left\{\frac{1}{x}\times\ln\left(1+\frac{h}{x}\right)^{\frac{x}{h}}\right\}$$

나랑 사귀면
변하겠지?
d/dx
e^x

여기서 $\dfrac{h}{x}=X$라 치환하면 $h \longrightarrow 0$일 때 $X \longrightarrow 0$이므로

$$\lim_{h \to 0} \ln\left(1+\dfrac{h}{x}\right)^{\frac{x}{h}} = \lim_{X \to 0} \ln(1+X)^{\frac{1}{X}} = \ln e = 1$$

따라서 $f'(x) = \lim_{h \to 0} \left\{ \dfrac{1}{x} \times \ln\left(1+\dfrac{h}{x}\right)^{\frac{x}{h}} \right\} = \dfrac{1}{x} \times 1 = \dfrac{1}{x}$ ∎

한편 $\log_a x = \dfrac{\ln x}{\ln a}$이므로 $g(x) = \log_a x$에 대해서

$$g'(x) = \left(\dfrac{\ln x}{\ln a}\right)' = \dfrac{1}{\ln a}(\ln x)' = \dfrac{1}{\ln a} \times \dfrac{1}{x} = \dfrac{1}{x \ln a}$$ ∎

삼각함수의 도함수는 다음과 같습니다.

$f(x)$	$f'(x)$	$f(x)$	$f'(x)$
$\sin x$	$\cos x$	$\csc x$	$-\csc x \cot x$
$\cos x$	$-\sin x$	$\sec x$	$\sec x \tan x$
$\tan x$	$\sec^2 x$	$\cot x$	$-\csc^2 x$

증명 삼각함수의 도함수

$f(x) = \sin x$에 대해서

$$
\begin{aligned}
f'(x) &= \lim_{h \to 0} \dfrac{\sin(x+h) - \sin x}{h} \\[2mm]
&= \lim_{h \to 0} \dfrac{\sin x \cos h + \cos x \sin h - \sin x}{h} \\[2mm]
&= \lim_{h \to 0} \dfrac{\sin x(\cos h - 1) + \cos x \sin h}{h} \\[2mm]
&= \sin x \times \lim_{h \to 0} \dfrac{\cos h - 1}{h} + \cos x \times \lim_{h \to 0} \dfrac{\sin h}{h}
\end{aligned}
$$

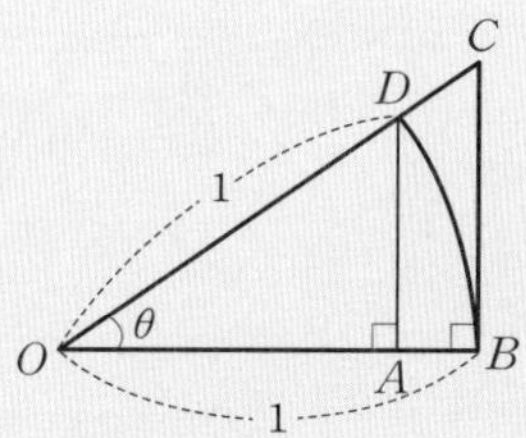

(1) $\displaystyle\lim_{h \to 0} \frac{\sin h}{h}$

그림에서, 삼각형 OAD의 넓이 < 부채꼴 OBD의 넓이

즉, $\dfrac{1}{2} \times \cos\theta \times \sin\theta < \dfrac{1}{2} \times 1^2 \times \theta$

$\Rightarrow \dfrac{\sin\theta}{\theta} < \dfrac{1}{\cos\theta}$

또한, 부채꼴 OBD의 넓이 < 삼각형 OBC의 넓이

따라서, $\dfrac{1}{2} \times 1^2 \times \theta < \dfrac{1}{2} \times 1^2 \times \tan\theta = \dfrac{1}{2} \times 1^2 \times \dfrac{\sin\theta}{\cos\theta}$

$\Rightarrow \cos\theta < \dfrac{\sin\theta}{\theta}$

$\cos\theta < \dfrac{\sin\theta}{\theta} < \dfrac{1}{\cos\theta}$ 이고, $\displaystyle\lim_{\theta \to 0}\cos\theta = \lim_{\theta \to 0}\dfrac{1}{\cos\theta} = 1$이므로

샌드위치 정리에 따라 $\displaystyle\lim_{\theta \to 0}\frac{\sin\theta}{\theta} = 1$, 즉 $\displaystyle\lim_{h \to 0}\frac{\sin h}{h} = 1$

(2) $\displaystyle\lim_{h \to 0}\frac{\cos h - 1}{h}$

$\displaystyle\lim_{h \to 0}\frac{1 - \cos h}{h} = \lim_{h \to 0}\left(\frac{1 - \cos h}{1 + \cos h} \times \frac{1 + \cos h}{h} \right)$

$\displaystyle = \lim_{h \to 0}\left(\frac{1^2 - \cos^2 h}{h} \times \frac{1}{1 + \cos h} \right) = \lim_{h \to 0}\left(\frac{\sin^2 h}{h^2} \times \frac{h}{1 + \cos h} \right)$

$\displaystyle = \lim_{h \to 0}\frac{\sin h}{h} \times \lim_{h \to 0}\frac{\sin h}{h} \times \lim_{h \to 0}\frac{h}{1 + \cos h} = 1 \times 1 \times \frac{0}{1 + 1} = 0$

따라서 $\displaystyle\lim_{h \to 0}\frac{\cos h - 1}{h} = -\lim_{h \to 0}\frac{1 - \cos h}{h} = 0$

(1)과 (2)에 의해

$$f'(x) = \sin x \times \lim_{h \to 0} \frac{\cos h - 1}{h} + \cos x \times \lim_{h \to 0} \frac{\sin h}{h}$$

$$= \sin x \times 0 + \cos x \times 1 = \cos x \ \blacksquare$$

한편 $g(x) = \cos x$에 대해서

$$g'(x) = \lim_{h \to 0} \frac{\cos(x+h) - \cos x}{h}$$

$$= \lim_{h \to 0} \frac{\cos x \cos h - \sin x \sin h - \cos x}{h}$$

$$= \lim_{h \to 0} \frac{\cos x (\cos h - 1) - \sin x \sin h}{h}$$

$$= \cos x \times \lim_{h \to 0} \frac{\cos h - 1}{h} - \sin x \times \lim_{h \to 0} \frac{\sin h}{h}$$

$$= \cos x \times 0 - \sin x \times 1 = -\sin x \ \blacksquare$$

$\tan x, \csc x, \sec x, \cot x$의 도함수 증명은 345쪽에서 이어집니다.

미분법

여기서는 미분을 간편하게 하기 위한 여러 가지 공식을 다룹니다.

기본 연산

미분가능한 두 함수 $f(x), g(x)$에 대하여 다음이 성립합니다.

- $\{cf(x)\}' = cf'(x)$ (c는 상수)

- $\{f(x) \pm g(x)\}' = f'(x) \pm g'(x)$ (복부호 동순)

- $\{f(x)g(x)\}' = f'(x)g(x) + f(x)g'(x)$: 곱의 미분법

- $\left\{\dfrac{f(x)}{g(x)}\right\}' = \dfrac{f'(x)g(x) - f(x)g'(x)}{g(x)^2}$: 몫의 미분법

$$(f(x)g(x))' = f'(x)g(x) + f(x)g'(x)$$

곱의 미분법

- $\{cf(x)\}'=\displaystyle\lim_{h\to0}\frac{cf(x+h)-cf(x)}{h}=c\times\lim_{h\to0}\frac{f(x+h)-f(x)}{h}$

$\qquad\qquad =cf'(x)$ ∎

- $\{f(x)\pm g(x)\}'=\displaystyle\lim_{h\to0}\frac{\{f(x+h)\pm g(x+h)\}-\{f(x)\pm g(x)\}}{h}$

$\qquad\qquad\quad =\displaystyle\lim_{h\to0}\frac{\{f(x+h)-f(x)\}\pm\{g(x+h)-g(x)\}}{h}$

$\qquad\qquad\quad =\displaystyle\lim_{h\to0}\frac{f(x+h)-f(x)}{h}\pm\lim_{h\to0}\frac{g(x+h)-g(x)}{h}$

$\qquad\qquad\quad =f'(x)\pm g'(x)$ ∎

- $\{f(x)g(x)\}'=\displaystyle\lim_{h\to0}\frac{f(x+h)g(x+h)-f(x)g(x)}{h}$

$\quad =\displaystyle\lim_{h\to0}\frac{f(x+h)g(x+h)-f(x)g(x+h)+f(x)g(x+h)-f(x)g(x)}{h}$

$\quad =\displaystyle\lim_{h\to0}\frac{\{f(x+h)-f(x)\}g(x+h)+f(x)\{g(x+h)-g(x)\}}{h}$

$\quad =\displaystyle\lim_{h\to0}\frac{f(x+h)-f(x)}{h}\lim_{h\to0}g(x+h)+f(x)\lim_{h\to0}\frac{g(x+h)-g(x)}{h}$

$\quad =f'(x)g(x)+f(x)g'(x)$ ∎

- $\left\{\dfrac{f(x)}{g(x)}\right\}'=\displaystyle\lim_{h\to0}\frac{\dfrac{f(x+h)}{g(x+h)}-\dfrac{f(x)}{g(x)}}{h}$

$\quad =\displaystyle\lim_{h\to0}\left\{\frac{1}{h}\times\frac{f(x+h)g(x)-f(x)g(x+h))}{g(x+h)g(x)}\right\}$

$\quad =\displaystyle\lim_{h\to0}\left\{\frac{1}{g(x+h)g(x)}\right.$

$\qquad\left.\times\dfrac{f(x+h)g(x)-f(x)g(x)+f(x)g(x)-f(x)g(x+h)}{h}\right\}$

$\quad =\displaystyle\lim_{h\to0}\frac{1}{g(x+h)g(x)}$

$\qquad\times\displaystyle\lim_{h\to0}\left\{\frac{\{f(x+h)-f(x)\}g(x)}{h}-\frac{f(x)\{g(x+h)-g(x)\}}{h}\right\}$

$\quad =\dfrac{1}{g(x)^2}\times\{f'(x)g(x)-f(x)g'(x)\}$ ∎

 삼각함수의 도함수 2

340~342쪽에서 다루지 않은 삼각함수의 도함수는 아래와 같이 몫의 미분법을 이용해서 유도할 수 있습니다.

$$(\tan x)' = \left(\frac{\sin x}{\cos x}\right)' = \frac{\cos^2 x + \sin^2 x}{\cos^2 x} = \frac{1}{\cos^2 x} = \sec^2 x \quad \blacksquare$$

$$(\csc x)' = \left(\frac{1}{\sin x}\right)' = \frac{0 \times \sin x - 1 \times \cos x}{\sin^2 x} = \frac{-\cos x}{\sin^2 x}$$

$$= -\frac{1}{\sin x}\frac{\cos x}{\sin x} = -\csc x \cot x \quad \blacksquare$$

$$(\sec x)' = \left(\frac{1}{\cos x}\right)' = \frac{0 \times \cos x - 1 \times (-\sin x)}{\cos^2 x} = \frac{\sin x}{\cos^2 x}$$

$$= \frac{1}{\cos x}\frac{\sin x}{\cos x} = \sec x \tan x \quad \blacksquare$$

$$(\cot x)' = \left(\frac{\cos x}{\sin x}\right)' = \frac{-\sin^2 x - \cos^2 x}{\sin^2 x} = \frac{-1}{\sin^2 x} = -\csc^2 x \quad \blacksquare$$

합성함수의 미분법

$\{f(g(x))\}' = f'(g(x))g'(x)$입니다. 이를 $y=f(u)$, $u=g(x)$에 대해서 종종 $\dfrac{dy}{dx} = \dfrac{dy}{du} \times \dfrac{du}{dx}$와 같이 표기하기도 합니다.

예를 들어 $\{\sin(x^2+3x)\}' = \cos(x^2+3x) \times (2x+3)$이고, $(2^{\cos x})' = 2^{\cos x} \ln 2 \times (-\sin x)$입니다.

 합성함수의 미분법

$$\{f(g(x))\}' = \lim_{h \to 0} \frac{f(g(x+h)) - f(g(x))}{h}$$

$$= \lim_{h \to 0} \left\{ \frac{f(g(x+h)) - f(g(x))}{g(x+h) - g(x)} \times \frac{g(x+h) - g(x)}{h} \right\}$$

$$= \lim_{h \to 0} \frac{f(g(x+h)) - f(g(x))}{g(x+h) - g(x)} \times \lim_{h \to 0} \frac{g(x+h) - g(x)}{h}$$

이때 $h \to 0$ 이면 $g(x+h) \to g(x)$ 이므로

$$\lim_{h \to 0} \frac{f(g(x+h)) - f(g(x))}{g(x+h) - g(x)} = \lim_{g(x+h) \to g(x)} \frac{f(g(x+h)) - f(g(x))}{g(x+h) - g(x)}$$
$$= f'(g(x)) \text{가 성립합니다.}$$

따라서 $\{f(g(x))\}' = f'(g(x)) \times g'(x)$ 입니다. ■

증명 함수 $y = x^n$의 도함수

$x > 0$에서 정의된 함수 $y = x^n$(n은 실수)의 양변에 자연로그를 취하면

$\ln y = \ln x^n \Rightarrow \ln y = n \ln x$ 입니다.

이제 양변을 x에 대해 미분하면

$$(\ln y)' = (n \ln x)' \Rightarrow \frac{1}{y} \times y' = n \times \frac{1}{x} \text{이므로,}$$

$$y' = \frac{n}{x} \times y \Rightarrow y' = \frac{n}{x} \times x^n \Rightarrow y' = nx^{n-1} \text{입니다.} \quad ■$$

매개변수로 나타낸 함수의 미분법

어떤 함수나 방정식에서 독립변수와 종속변수를 직접 연결하지 않고 제3의 변수를 이용해 나타낼 때, 이 변수를 매개변수라 합니다. '중간 역할을 하는 변수'라고 생각하면 됩니다.

고등학교 때 다루는 함수는 대부분 $y = f(x)$ 형태로 나타납니다. 이러한 형식의 함수를 양함수라 합니다. 하지만 x와 y를 양함수 꼴로 나타내기 어려운 때가 있습니다. 이 경우엔 음함수(349쪽 참고)로, 또는 매개변수를

• x가 음수인 경우에 대해서는 고등학교 과정에서 다루지 않습니다.

$$\frac{dy}{dx} = \frac{dy}{dt}\,\frac{dt}{dx}$$

깊이 이해해보기

dt는 수가 아닙니다. 당연히 약분할 수 있는 대상도 아닙니다.

이용해서 처리하는 것이 일반적입니다.

예를 들어 원의 방정식 $x^2+y^2=1$을 하나의 양함수로 표현하기는 곤란하지만, 매개변수 t를 사용해서 $x=\cos t,\ y=\sin t$와 같이 간단하게 나타낼 수 있습니다. $t=\dfrac{\pi}{3}$라면 $(x, y)=\left(\dfrac{1}{2},\ \dfrac{\sqrt{3}}{2}\right)$, $t=\dfrac{5\pi}{6}$라면 $(x,\ y)=\left(-\dfrac{\sqrt{3}}{2},\ \dfrac{1}{2}\right)$과 같습니다.

이처럼 매개변수로 나타낸 두 함수 $y=f(t),\ x=g(t)$가 만약 t에 대하여 미분가능하고 $g'(t)\neq0$이면 $\dfrac{dy}{dx}=\dfrac{\dfrac{dy}{dt}}{\dfrac{dx}{dt}}=\dfrac{f'(t)}{g'(t)}$가 성립합니다.

예를 들어 $x=t+2\cos t,\ y=\sin t$일 때 $\dfrac{dy}{dx}=\dfrac{\cos t}{1-2\sin t}$입니다. $\left(\text{단, }\sin t\neq\dfrac{1}{2}\right)$

$$\frac{dy}{dx}=\lim_{\Delta x\to0}\frac{\Delta y}{\Delta x}=\lim_{\Delta x\to0}\frac{\dfrac{\Delta y}{\Delta t}}{\dfrac{\Delta x}{\Delta t}}$$

$x=g(t)$일 때, $\Delta x=b-a=g(\beta)-g(\alpha)$라고 하면,

일반적으로 $\Delta x\longrightarrow0\Leftrightarrow b\longrightarrow a\Leftrightarrow\beta\longrightarrow\alpha$가 성립합니다.

따라서 $\Delta x\longrightarrow0$이면 $x=g(t)$로부터 $\Delta t\longrightarrow0$이 일반적으로 성립하므로,

$$\lim_{\Delta x\to0}\frac{\dfrac{\Delta y}{\Delta t}}{\dfrac{\Delta x}{\Delta t}}=\lim_{\Delta t\to0}\frac{\dfrac{\Delta y}{\Delta t}}{\dfrac{\Delta x}{\Delta t}}=\frac{\lim\limits_{\Delta t\to0}\dfrac{\Delta y}{\Delta t}}{\lim\limits_{\Delta t\to0}\dfrac{\Delta x}{\Delta t}}=\frac{f'(t)}{g'(t)}$$ 입니다. ∎

음함수의 미분법

$y=f(x)$ 함수의 형태를 양함수라 합니다. 그리고 이처럼 변수들 사이의 관계가 명시적으로 구분되지 않은, $f(x,y)=0$과 같은 함수의 형태를 음함수라 합니다. $x^2+y^2-1=0$ 같은 식이 음함수의 예시입니다.

$$x^2+y^2-1=0 \Leftrightarrow f(x,y)=0$$

음함수를 미분할 때는, y를 x에 대한 함수로 보고 각 항을 x에 대해 미분하여 $\dfrac{dy}{dx}$를 구할 수 있습니다. 예를 들어 음함수 $x^2-3y^2+xy-1=0$에서 $\dfrac{dy}{dx}$를 구하는 과정은 다음과 같습니다.

$$\frac{d(x^2-3y^2+xy-1)}{dx}=\frac{d0}{dx}$$

$$\Rightarrow \frac{dx^2}{dx}+\frac{d(-3y^2)}{dx}+\frac{dxy}{dx}+\frac{d(-1)}{dx}=0$$

$$\Rightarrow 2x+\left\{\frac{d(-3y^2)}{dy}\,\frac{dy}{dx}\right\}+\left\{\frac{dx}{dx}\times y+x\times\frac{dy}{dx}\right\}+0=0$$

＊두 번째 항은 합성함수의 미분법,
　세 번째 항은 곱의 미분법을 써서 정리했습니다.

$$\Rightarrow 2x-6y\,\frac{dy}{dx}+y+x\,\frac{dy}{dx}=0$$

$$\Rightarrow 2x+y=(6y-x)\frac{dy}{dx}$$

$$\Rightarrow \frac{dy}{dx}=\frac{2x+y}{6y-x}\quad(\text{단}, x\neq 6y)$$

역함수의 미분법

어떤 함수 $y=f(x)$의 역함수 $x=g(y)$의 도함수를 알고 싶으나, 이를 직접 구하기 어려운 경우가 많습니다. 예를 들어 $f(x)=x^3+2x$라고 하면

이 함수의 역함수 $f^{-1}(x)$를 직접 풀어 구하기는 쉽지 않죠. 이럴 때 역함수의 미분법을 사용해서 $\{f^{-1}(x)\}'$을 쉽게 구할 수 있습니다.

미분가능한 함수 $f(x)$의 역함수 $f^{-1}(x)$가 존재하고 미분가능할 때, $y=f^{-1}(x)$의 도함수는 $(f^{-1})'(x)=\dfrac{1}{f'(y)}$가 성립합니다. (단, $f'(y)\neq0$)

$\dfrac{dy}{dx}=\dfrac{1}{\dfrac{dx}{dy}}$와 같이 표현하기도 합니다. $\left(\text{단, } \dfrac{dx}{dy}\neq0\right)$ 이를 역함수의 미분법이라 합니다.

증명 역함수의 미분법

$f(f^{-1}(x))=x$의 양변을 x에 대해 미분하면,

$$f'(f^{-1}(x))\{f^{-1}(x)\}'=1$$

$$\Rightarrow \{f^{-1}(x)\}'=\frac{1}{f'(f^{-1}(x))}$$

$$\Rightarrow \{f^{-1}(x)\}'=\frac{1}{f'(y)} \blacksquare$$

예를 들어 함수 $f(x)=x^3+2x$의 역함수를 $f^{-1}(x)$라고 할 때, $(f^{-1})'(3)$을 구해봅시다.

역함수의 미분법에 따라 $(f^{-1})'(3)=\dfrac{1}{f'(f^{-1}(3))}$,

$f^{-1}(3)=x \Rightarrow f(x)=3 \Rightarrow x^3+2x=3 \Rightarrow x=1$이므로

$$\frac{1}{f'(f^{-1}(3))}=\frac{1}{f'(1)}=\frac{1}{3\times1^2+2}=\frac{1}{5}$$입니다.

접선의 기울기

접선의 방정식

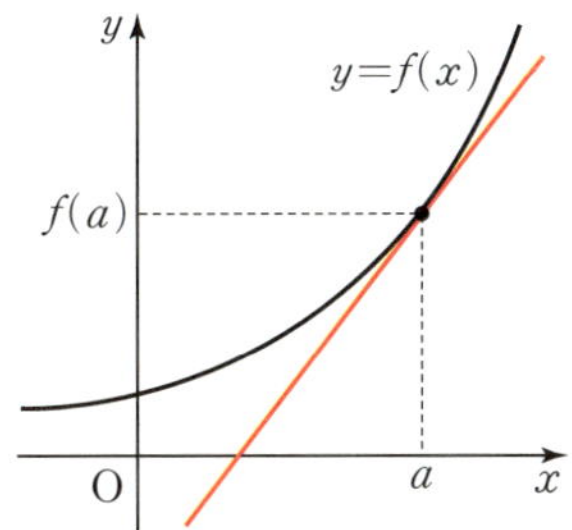

라이프니츠의 기하학적 관점에서, 미분은 접선의 기울기로부터 나온 개념입니다. 즉, 함수 $f(x)$가 $x=a$에서 미분가능할 때, 곡선 $y=f(x)$ 위의 점 $(a, f(a))$에서의 접선의 기울기는 $f'(a)$입니다. 따라서 접선의 방정식은 $y-f(a)=f'(a)(x-a)$와 같이 나타낼 수 있습니다.

예제 원점에서 곡선 $y=\ln x$에 그은 접선의 방정식 구하기

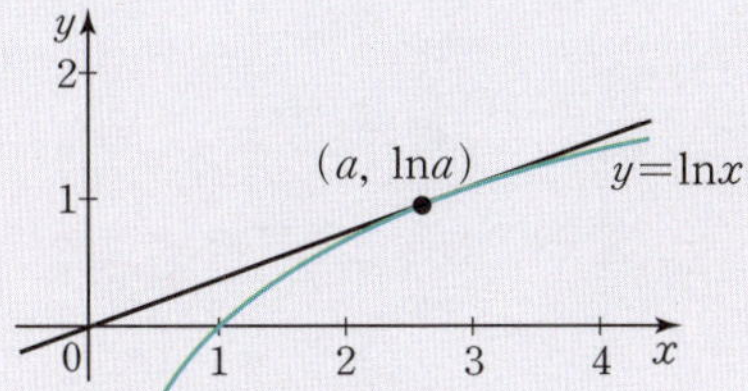

접점의 좌표를 $(a, \ln a)$라고 하면,

$y'=\dfrac{1}{x} \xrightarrow{x=a} \dfrac{1}{a}$ 이므로 접선의 기울기는 $\dfrac{1}{a}$ 입니다.

따라서 접선의 방정식은 $y-\ln a=\dfrac{1}{a}(x-a)$ 입니다.

이 접선이 원점 $(0,0)$을 지나므로 $0-\ln a=\dfrac{1}{a}(0-a)$가 성립하며,

이를 정리하면 $0-\ln a=\dfrac{1}{a}(0-a) \Rightarrow 1=\ln a \Rightarrow a=e$입니다.

그러므로 원점을 지나며 곡선 $y=\ln x$에 접하는 접선의 방정식은

$y-1=\dfrac{1}{e}(x-e) \Rightarrow y=\dfrac{1}{e}x$입니다.

롤의 정리, 평균값 정리

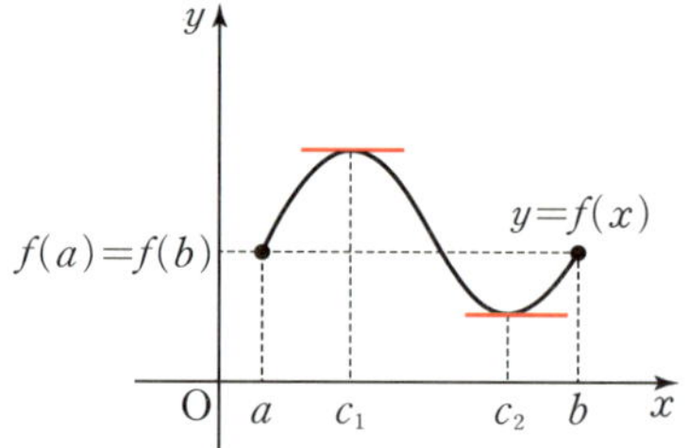

함수 $f(x)$가 닫힌구간 $[a, b]$에서 연속이고 열린구간 (a, b)에서 미분가능할 때, $f(a)=f(b)$이면 $f'(c)=0$인 c가 열린구간 (a, b)에 적어도 하나 존재합니다. 이를 이 정리를 처음 발표한 수학자의 이름을 붙여 롤의 정리라고 합니다.

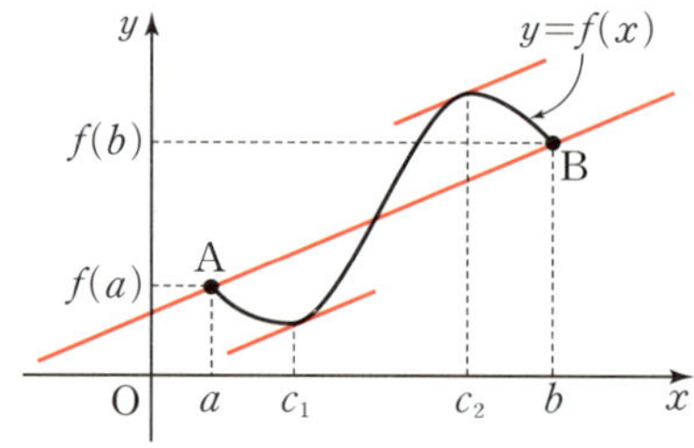

롤의 정리를 일반화하여, 함수 $f(x)$가 닫힌구간 $[a, b]$에서 연속이고 열린구간 (a, b)에서 미분가능할 때, $\dfrac{f(b)-f(a)}{b-a}=f'(c)$인 c가 열린구

간 (a, b)에 적어도 하나 존재합니다. 이를 평균값 정리라고 합니다. 롤의 정리에서 '(미분계수)$=0$'이 핵심이었다면, 평균값 정리에서는 '(미분계수)$=$(평균변화율)'이 핵심이죠.

이 두 정리는 미분과 연속성의 핵심적인 개념들을 포함하고 있기에 해석학의 응용에 자주 사용됩니다. 예를 들어 롤의 정리는 함수의 극값 존재성을 보장해주고, 평균값 정리는 미분방정식의 존재성과 유일성을 보장할 뿐 아니라 선형 근사, 테일러 전개 같은 미분 개념의 확장에도 핵심적인 역할을 합니다(고등학교 과정에서 이 두 정리에 대한 증명을 다루진 않습니다).

증가와 감소

'어떤 함수가 증가한다'라는 것을 어떻게 명확히 설명할 수 있을까요? 수학에서는 흔히 함수 $f(x)$가 어떤 구간에 속하는 임의의 두 실수 x_1, x_2에 대하여 $x_1 < x_2$일 때, $f(x_1) < f(x_2)$이면 함수 $f(x)$가 이 구간에서 증가한다고 합니다. 또, $x_1 < x_2$일 때, $f(x_1) > f(x_2)$이면 함수 $f(x)$는 이 구간에서 감소한다고 합니다.

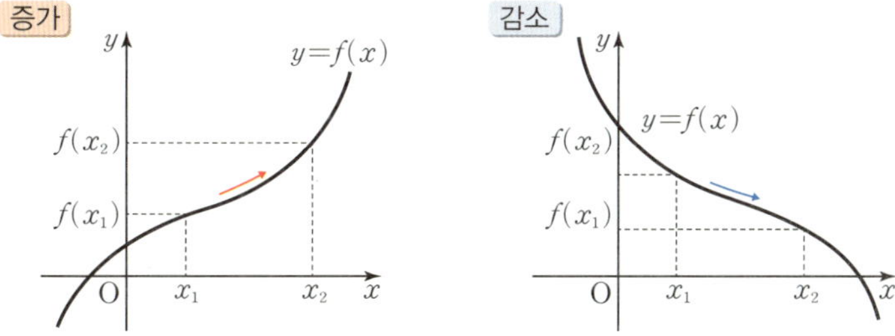

미분 개념을 활용하여 증가와 감소를 설명할 수도 있습니다. 만약 함수 $f(x)$가 어떤 열린구간에서 미분가능하고, 이 구간에 속하는 모든 x에 대

하여 $f'(x) > 0$이면 $f(x)$는 이 구간에서 증가하게 됩니다. 마찬가지로 $f'(x) < 0$이면 $f(x)$는 이 구간에서 감소하죠.

하지만 그 역은 일반적으로 성립하지 않습니다. 예를 들어 함수 $f(x) = x^3$은 구간 $(-\infty, \infty)$에서 증가하지만 $f'(0) = 0$입니다.

극대와 극소

함수 $f(x)$가 $x = a$를 포함하는 어떤 열린구간에 속하는 모든 x에 대하여 $f(x) \leq f(a)$이면 함수 $f(x)$는 $x = a$에서 극대라 하고, 그때의 함숫값 $f(a)$를 극댓값이라 합니다. 마찬가지로 $f(x) \geq f(b)$이면 $x = b$에서 극소, 그때의 $f(b)$를 극솟값이라 합니다. 그리고 극댓값과 극솟값을 통틀어서 극값이라고 부릅니다.

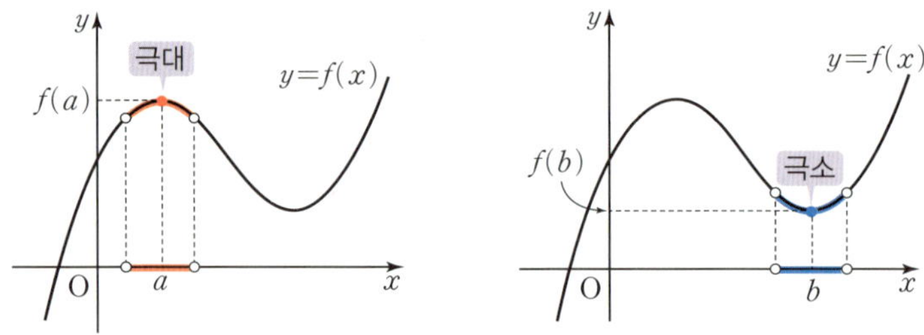

함수 $f(x)$가 닫힌구간 $[a, b]$에서 연속이면 최대·최소 정리에 따라 이 구간에서 최댓값과 최솟값을 갖습니다. 주의해야 할 점은 극댓값과 최댓값, 극솟값과 최솟값의 개념을 혼동하지 말아야 한다는 점입니다.

닫힌구간 $[a, b]$에서 연속인 함수 $f(x)$에 대해, 함수 $f(x)$의 극값과 양 끝점에서의 함숫값 $f(a), f(b)$ 중 가장 큰 값은 $f(x)$의 최댓값이고, 가장 작은 값은 $f(x)$의 최솟값입니다.

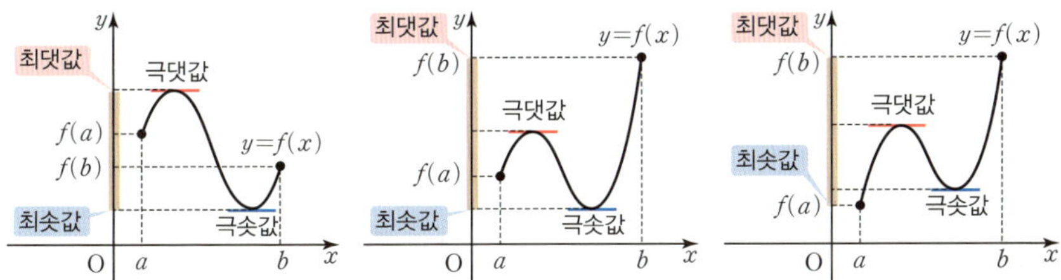

만약 미분가능한 함수 $f(x)$가 $x=a$에서 극값을 가지면 $f'(a)=0$입니다. 하지만 그 역은 일반적으로 성립하지 않습니다.

예를 들어 함수 $f(x)=x^3$에서 $f'(0)=0$이지만 아래 그래프에서 보다시피 $f(0)$은 극값이 아닙니다.

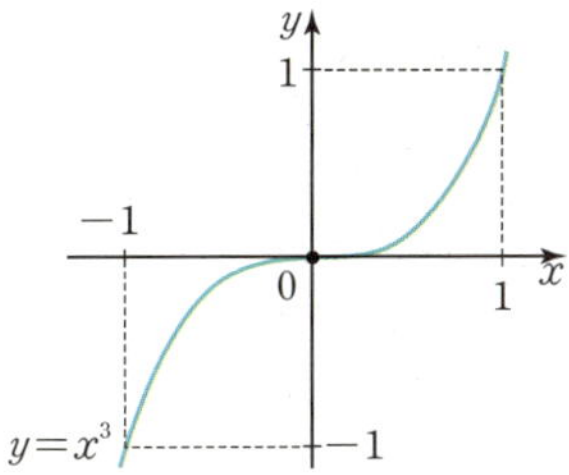

이계도함수

이계도함수의 정의

일반적으로 함수 $f(x)$의 도함수 $f'(x)$가 미분가능할 때, $f'(x)$의 도함수 $\lim\limits_{h\to0}\dfrac{f'(x+h)-f'(x)}{h}$를 함수 $f(x)$의 이계도함수라고 하며, 기호 $f''(x),\ y'',\ \dfrac{d^2y}{dx^2},\ \dfrac{d^2}{dx^2}f(x)$ 등으로 나타냅니다. 쉽게 말해 도함수를 한 번 더 미분한 함수가 이계도함수입니다.

$f''(x)=\dfrac{d}{dx}\left(\dfrac{dy}{dx}\right)=\dfrac{d^2y}{dx^2}$

미분을 한 번 하면 점 하나,
두 번 하면 점 둘.
뉴턴
$$\frac{dy}{dx} = \dot{y}$$
$$\frac{d^2y}{dx^2} = \ddot{y}$$

$$\frac{d^\pi y}{dx^\pi} = \overset{\pi}{y}$$
와이파이?
뉴턴

미분을 π번 하면요?

이계도함수와 극값

이계도함수를 갖는 함수 $f(x)$에 대하여 $f'(a)=0$일 때 $f''(a)<0$이면 $f(x)$는 $x=a$에서 극대입니다. 마찬가지로 $f'(a)=0$일 때 $f''(a)>0$이면 $x=a$에서 극소입니다.

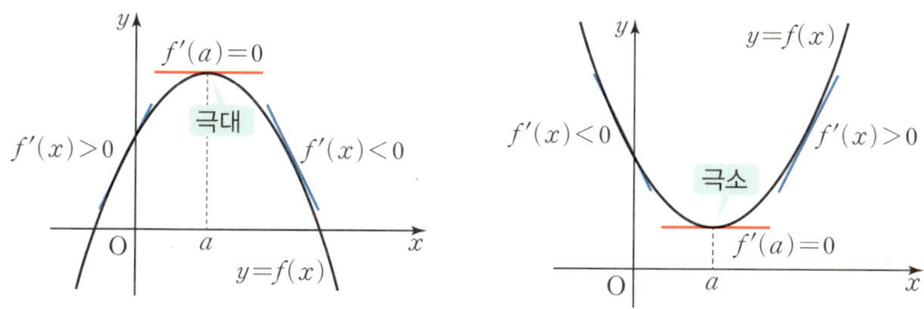

예를 들어 함수 $f(x)=\dfrac{\ln x}{x}$는 $f'(e)=0$, $f''(e)=-\dfrac{1}{e^3}<0$이므로 $x=e$에서 극대입니다. 극댓값은 $f(e)=\dfrac{1}{e}$입니다.

볼록성과 변곡점

어떤 구간에서 곡선 위의 임의의 서로 다른 두 점 P, Q를 잇는 곡선 부분이 항상 선분 PQ의 아래쪽에 있으면 곡선은 이 구간에서 아래로 볼록하다고 하고, 위쪽에 있으면 위로 볼록하다고 합니다.

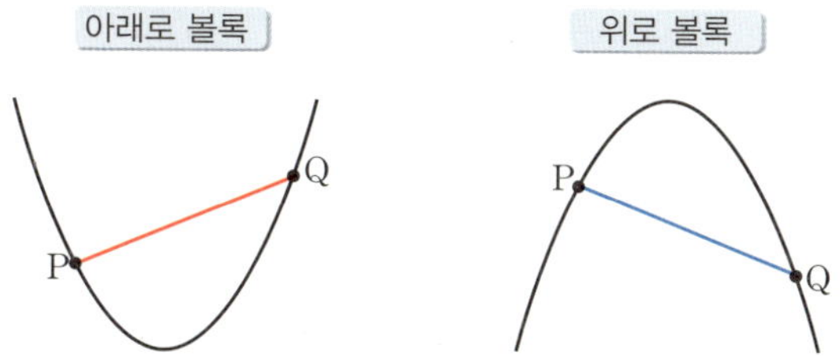

이계도함수를 갖는 함수 $f(x)$가 만약 어떤 구간에서 $f''(x)>0$이면 곡선 $y=f(x)$는 이 구간에서 아래로 볼록합니다. 마찬가지로 $f''(x)<0$이면 위로 볼록합니다.

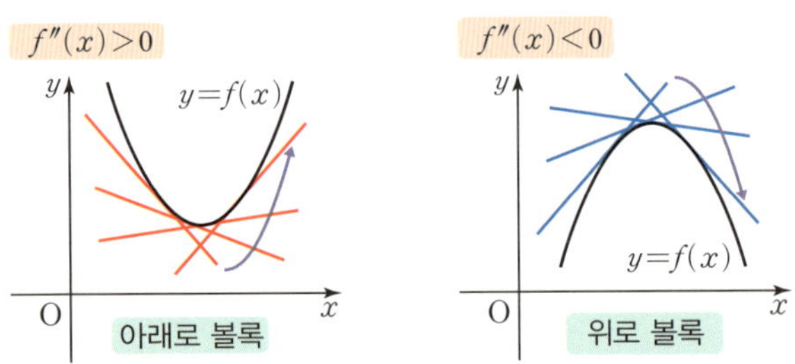

곡선 $y=f(x)$ 위의 점 $(a, f(a))$에 대하여 $x=a$의 좌우에서 곡선의 모양이 아래로 볼록에서 위로 볼록으로 변하거나 위로 볼록에서 아래로 볼록으로 변할 때, 이 점을 $y=f(x)$의 변곡점이라 부릅니다. 즉, 이계도함수를 갖는 함수 $y=f(x)$에서 $f''(a)=0$이고, $x=a$의 좌우에서 $f''(x)$의 부호가 바뀌면 점 $(a, f(a))$는 곡선 $y=f(x)$의 변곡점입니다.

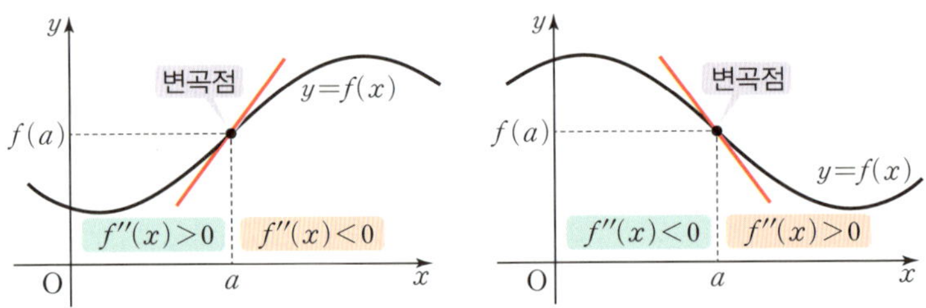

예를 들어 곡선 $y=xe^x$에 대해서, $y'=e^x+xe^x$이고, $y''=e^x+e^x+xe^x=e^x(2+x)$입니다. 즉, $x=-2$일 때 $y''=0$이 됨을 알 수 있는데, 실제로 $(x, y)=(-2, -2e^{-2})$은 곡선 $y=xe^x$의 변곡점입니다.

함수의 볼록성과 변곡점 개념은 최적화 문제에 유용하므로, 수학뿐 아

변곡점

??
변곡점

니라 경제학, 과학, 공학, 의학 등 다양한 분야에서 핵심적으로 활용됩니다. 예를 들어 주가 변동 그래프에서 변곡점이 나타나는 지점은 추세 변화의 신호가 됩니다. 상품 가격과 수요의 관계에서 수요곡선의 변곡점을 찾으면 소비자들의 구매 패턴 변화를 예측할 수 있으며, 인구 성장 모델에서도 초기에는 빠르게 증가하지만 변곡점 이후에는 증가율이 점점 낮아지는 패턴을 보이므로 경제·사회 정책 결정에 중요한 포인트가 됩니다. 컴퓨터 그래픽에서 이미지의 경계를 감지할 때도 유용하며, 3D 모델을 생성할 때 변곡점을 이용하면 더 부드러운 형상을 만들 수 있습니다. 얼굴 인식 기술에서도 변곡점을 분석해서 특징점을 추출하곤 합니다.

적분

적분의 역사

길이와 넓이, 부피 등을 구하는 적분의 아이디어는 고대 그리스 시대의 실진법에서 시작합니다. 안티폰, 에우독소스 등이 고안한 실진법은 어떤 도형의 넓이를 쪼개서 그 부분들의 합으로 근삿값을 구하는 개념이었죠.

실진법에 극한의 아이디어를 첨가한 개념을 구적법이라고 부릅니다. 실진법은 유한개로 도형을 쪼개서 넓이 합 또는 부피 합을 구했다면, 구적법은 무한하게 쪼갠다는 차이점이 있습니다. 구적법은 이후에 아르키메테스의 무한소 논법, 카발리에리의 원리(139~141쪽 참고) 등으로도 발전합니다.

17세기 영국의 수학자 존 월리스는 곡선 $y=x^n$(n은 자연수)과 x축 사이의 넓이에 대한 구적법을 체계화했습니다. 아이작 배로는 이를 바탕으로 $y=x^n$의 적분식과 미분식의 역연산 관계를 파악하고 미적분학의 제1 기본 정리를 증명했죠. 또한 뉴턴과 라이프니츠는 정적분을 편리하게 구할 수 있는 부정적분을 연구하여 미적분학의 제2 기본 정리를 증명합니다(369쪽 참고). 이로써 근대적인 미적분학의 토대가 완성됩니다.

특히 라이프니츠는 라틴어 'summa(합)'의 첫 문자 s를 길게 늘인 $\int$('인티그럴'이라 읽습니다)을 적분기호로 처음 도입하고 적분을 $\int y\,dx$와 같은 형태로 사용하였습니다.

앞에서 다루었듯 무한소 개념이 수학적 정합성 문제에 직면하게 되면서, 미분뿐만 아니라 적분 역시 극한을 중심으로 개념이 재정립됩니다. 베른하르트 리만, 장가스통 다르부, 코시 등이 이를 주도했습니다. 그래서 오늘날 고등학교와 대학교에서 배우는 적분을 '리만 적분'이라 부르기도 합니다.[•]

구분구적법

영역을 구분_{區分}하고 쌓아서_積 구하는_求 방법_法인 구분구적법은 리만 적분에 기반한 구적법입니다.

아래 그림과 같이 주어진, 닫힌구간 $[a, b]$에서 연속인 함수 $y=f(x)$와 x축 및 $x=a, x=b$에 둘러싸인 넓이를 구한다고 합시다.

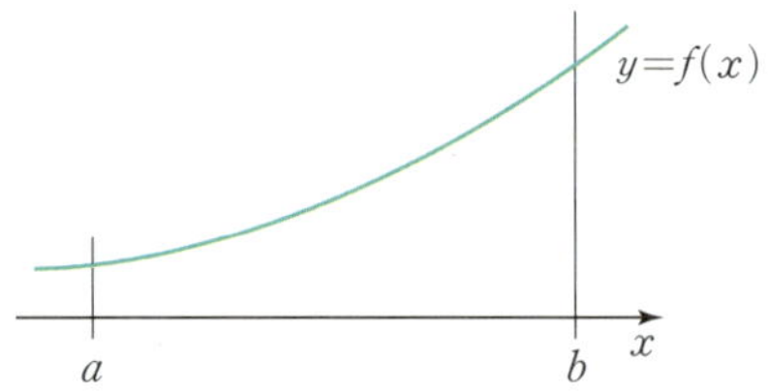

$x=a$와 $x=b$ 사이를 n등분하여 다음 그림과 같이 직사각형을 만듭니다.

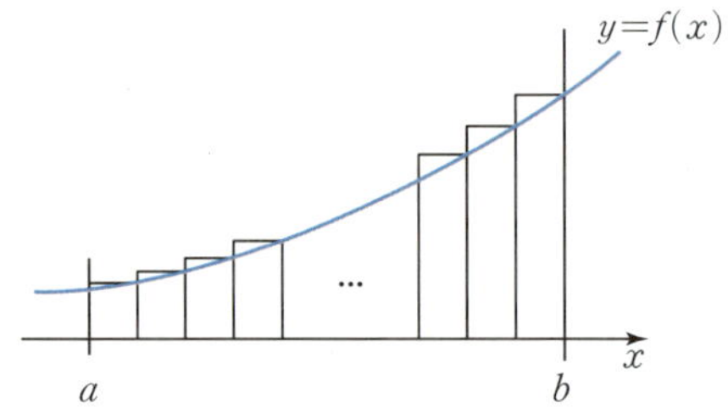

---

a부터 b까지의 길이인 $b-a$를 n등분하였으므로, 각 직사각형의 밑변 길이는 $\dfrac{b-a}{n}$로 동일합니다. 직사각형의 높이는 직사각형 오른쪽 변의 길이이므로, 다음과 같이 일반화할 수 있습니다.

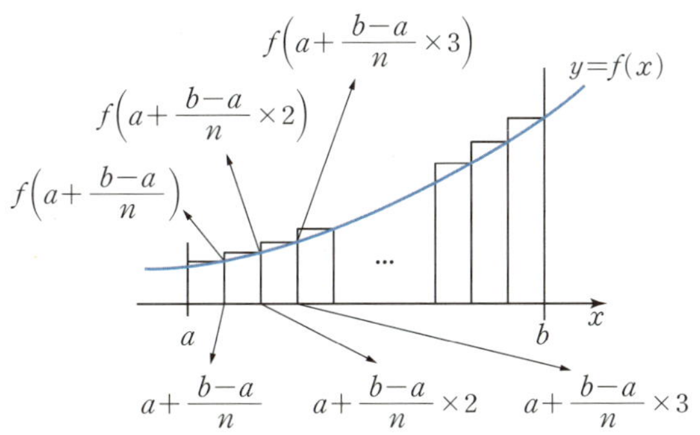

$$\text{첫 번째 사각형의 넓이}=f\left(a+\frac{b-a}{n}\right)\times\frac{b-a}{n}$$

$$\text{두 번째 사각형의 넓이}=f\left(a+\frac{b-a}{n}\times 2\right)\times\frac{b-a}{n}$$

$$\text{세 번째 사각형의 넓이}=f\left(a+\frac{b-a}{n}\times 3\right)\times\frac{b-a}{n}$$

$$\vdots$$

$$k \text{ 번째 사각형의 넓이}=f\left(a+\frac{b-a}{n}\times k\right)\times\frac{b-a}{n}$$

그러므로 n개의 직사각형 넓이를 모두 더한 값은 다음과 같이 나타낼 수 있습니다.

$$\sum_{k=1}^{n} f\left(a+\frac{b-a}{n}k\right)\frac{b-a}{n}$$

물론 직사각형의 넓이 총합은 구하고자 하는 넓이와 일치하지 않습니다. 하지만 쪼개는 개수가 늘어날수록, 즉, n의 값이 커질수록 직사각형들의 넓이 총합은 구하고자 하는 넓이와 가까워지게 됩니다.

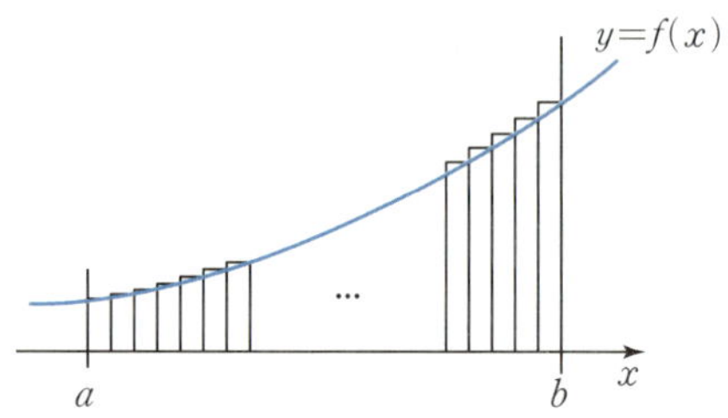

쪼개는 개수가 무한히 많아지면, 즉, n의 값이 무한히 커지면 어떻게 될까요? 처음 구하고자 했던 넓이와 한없이 가까워지게 됩니다. 즉 다음 극한값은 우리가 구하고자 했던 넓이라 볼 수 있습니다.

$$\lim_{n \to \infty} \sum_{k=1}^{n} f\left(a + \frac{b-a}{n}k\right)\frac{b-a}{n}$$

이 결과를 일반화하여 다음과 같이 정의합니다.

$$\int_a^b f(x)dx := \lim_{n \to \infty} \sum_{k=1}^{n} f(x_k)\Delta x$$

$\int_a^b f(x)dx$를 '함수 $f(x)$를 $x=a$부터 $x=b$까지 적분한 값'이라 말합니다.

예제 $\int_0^2 2xdx$ 구하기

정의에 따라 $\int_0^2 2xdx = \lim_{n \to \infty} \sum_{k=1}^{n} 2\left(0 + \frac{2-0}{n}k\right)\frac{2-0}{n}$ 이고,

$$\lim_{n \to \infty} \sum_{k=1}^{n} 2\left(0 + \frac{2-0}{n}k\right)\frac{2-0}{n} = \lim_{n \to \infty} \sum_{k=1}^{n} 2\frac{2k}{n}\frac{2}{n} = \lim_{n \to \infty}\left(\frac{8}{n^2}\sum_{k=1}^{n} k\right)$$

$$=\lim_{n\to\infty}\left\{\frac{8}{n^2}\,\frac{n(n+1)}{2}\right\}$$

$$=4\times\lim_{n\to\infty}\left(1+\frac{1}{n}\right)$$

$$=4\times(1+0)=4$$

따라서 $\displaystyle\int_0^2 2x\,dx=4$입니다.

이 결과를 기하적으로 해석하면 아래와 같은 직각삼각형의 넓이가 4임을 의미합니다.

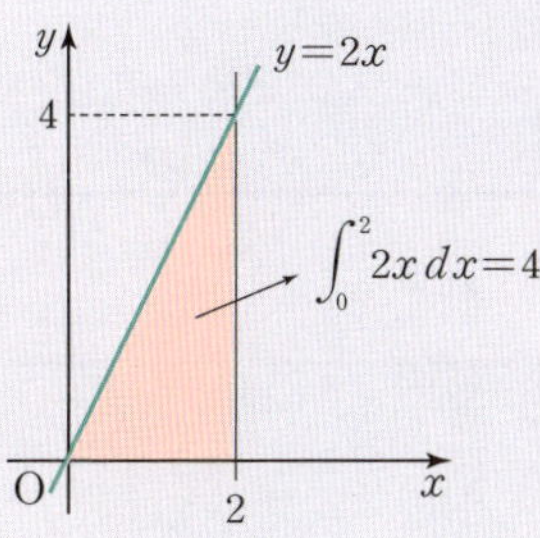

미적분학의 기본정리

미분과 적분

적분의 정의에 따라, 함수 $f(t)=2t$를 $t=0$부터 $t=x$까지 적분한 결과는 $\displaystyle\int_0^x 2t\,dt=x^2$입니다.

증명 함수 $f(t)=2t$일 때, $\displaystyle\int_0^x f(t)\,dt=x^2$

$$\int_0^x 2t\,dt=\lim_{n\to\infty}\sum_{k=1}^{n}2\left(0+\frac{x-0}{n}k\right)\frac{x-0}{n}=\lim_{n\to\infty}\sum_{k=1}^{n}2\,\frac{xk}{n}\,\frac{x}{n}$$

$$=\lim_{n\to\infty}\frac{2x^2}{n^2}\sum_{k=1}^{n}k=\lim_{n\to\infty}\frac{2x^2}{n^2}\,\frac{n(n+1)}{2}=x^2\lim_{n\to\infty}\left(1+\frac{1}{n}\right)=x^2\ \blacksquare$$

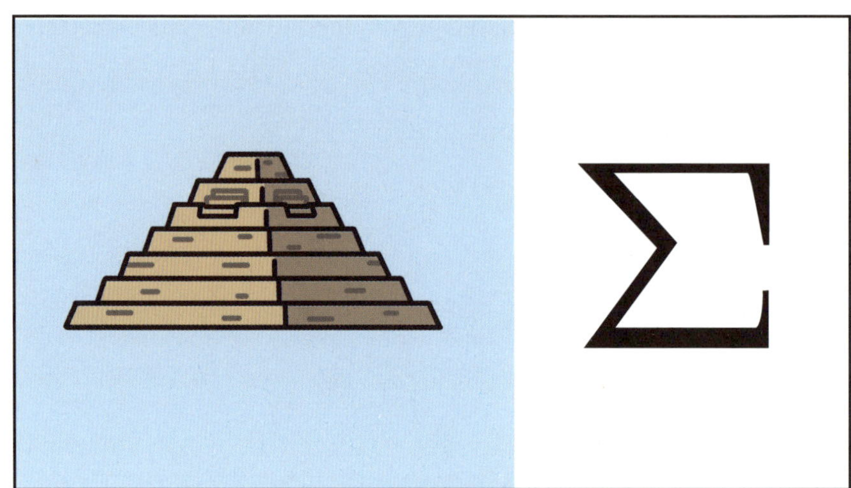

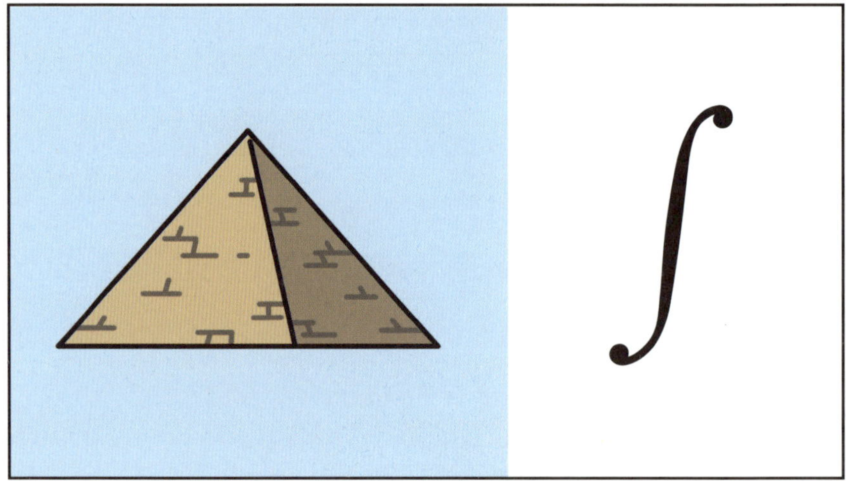

재미있는 사실은 x^2을 x에 대해 미분하면 $2x$이고, 이는 $f(x)$와 같다는 점입니다.

$$\underset{\text{적분}}{\overset{}{\longrightarrow}} \qquad \underset{\text{미분}}{\overset{}{\longrightarrow}}$$

$$f(t)=2t \qquad\qquad x^2 \qquad\qquad 2x=f(x)$$

마찬가지로 함수 $g(t)=3t^2$을 $t=0$부터 $t=x$까지 적분한 결과는 $\displaystyle\int_0^x 3t^2\,dt=x^3$입니다.

증명 함수 $g(t)=3t^2$일 때, $\displaystyle\int_0^x g(t)dt=x^3$

$$\int_0^x 3t^2\,dt=\lim_{n\to\infty}\sum_{k=1}^{n}3\left(0+\frac{x-0}{n}k\right)^2\frac{x-0}{n}=\lim_{n\to\infty}\sum_{k=1}^{n}3\frac{x^2k^2}{n^2}\frac{x}{n}$$

$$=\lim_{n\to\infty}\frac{3x^3}{n^3}\sum_{k=1}^{n}k^2=\lim_{n\to\infty}\frac{3x^3}{n^3}\frac{n(n+1)(2n+1)}{6}$$

$$=\frac{x^3}{2}\lim_{n\to\infty}\left(2+\frac{3}{n}+\frac{1}{n^2}\right)=\frac{x^3}{2}\times 2=x^3 \ \blacksquare$$

이때 x^3을 x에 대해 미분하면 $3x^2$이며, 이는 $g(x)$와 같다는 것을 포착할 수 있습니다.

$$\underset{\text{적분}}{\overset{}{\longrightarrow}} \qquad \underset{\text{미분}}{\overset{}{\longrightarrow}}$$

$$g(t)=3t^2 \qquad\qquad x^3 \qquad\qquad 3x^2=g(x)$$

존 월리스, 아이작 배로 등은 이 관계를 발견하고 '혹시 적분과 미분이 서로 역연산 관계에 있는 건 아닐까?' 하는 추측으로 연구를 진행합니다. 그 결과 미분과 적분의 역연산 관계가 일반적인 함수들에 대해서도 성립한다는 사실을 증명하였고, 이는 기존에 전혀 다른 분야로 다뤄지던 미분

역연산 관계

학과 적분학이 미적분학으로 통합되는 발판이 되었습니다.

미적분학의 제1 기본 정리

연속함수 $f(x)$와 상수 a에 대해 $F(x)=\int_0^x f(t)\,dt$라 하면, $F(x)$는 미분가능하고 $F'(x)=f(x)$가 성립합니다.

즉, 미적분학의 제1 기본 정리는 적분과 미분이 서로 역연산 관계임을 시사합니다. 이를 증명한 아이작 배로의 제자 아이작 뉴턴은 '이 정리를 처음 접했을 때 그 놀라움에 심장이 멎는 것 같았다'는 회고를 남기기도 했습니다(고등학교 과정에서 이 정리에 대한 증명을 다루진 않습니다).

미적분학의 제2 기본 정리

미분가능한 함수 $F(x)$에 대해 $F'(x)=f(x)$이면

$$\int_a^b f(x)dx=\left[F(x)\right]_a^b=F(b)-F(a)$$

가 성립합니다. 이때 함수 $F(x)$를 함수 $f(x)$의 역도함수라 합니다.

이 정리에 따르면, 정적분 값을 매번 극한 정의를 이용해서 구할 필요 없이 역도함수의 함숫값을 이용해서 간편하게 구할 수 있습니다. 이는 마치 미분계수를 매번 극한 정의를 이용해서 구하지 않고 도함수의 함숫값을 이용해서 간편하게 구하는 것과 같습니다.

$$\int_a^b f(x)dx=\lim_{n\to\infty}\sum_{k=1}^{n} f\left(a+\frac{b-a}{n}k\right)\frac{b-a}{n} \ \Rightarrow \text{정의를 이용} \quad \text{(복잡)}$$

$$=F(b)-F(a) \ \Rightarrow \text{역도함수를 이용} \qquad \text{(간편)}$$

예를 들어 $\int_1^2 (2x-1)dx$의 값을 구한다고 하면, $F(x)=x^2-x$일 때 $F'(x)=2x-1$이므로, $\int_1^2 (2x-1)dx=F(2)-F(1)=(2^2-2)-(1^2-1)=2$입니다. 이때 $F(x)=x^2-x+1$이나 $F(x)=x^2-x+2$ 등으로 하여도 $F'(x)=2x-1$을 만족하므로 문제가 되지 않지만, 최종 값에 영향을 주지 않기 때문에 편의상 관습적으로 역도함수의 상수항은 0으로 둡니다.

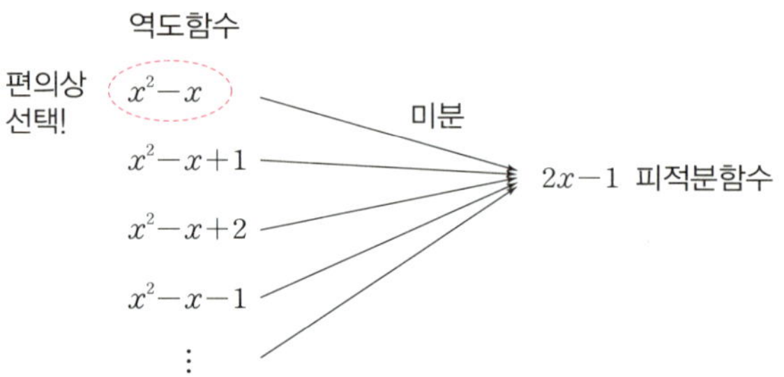

부정적분

부정적분의 정의

부정적분은 어떤 함수를 도함수로 하는 모든 역도함수를 구하는 연산입니다. 미분의 역연산이라고 이해할 수 있으며, 함수 $f(x)$에 대한 부정적분은 $\int f(x)dx$와 같이 표현합니다. 단, 역도함수의 상수항은 모든 값이 가능하므로 이를 표현하기 위해서 적분상수 C를 붙입니다.

$$f(x)=2x-1 \xrightarrow{\;\text{부정적분}\;} \int f(x)dx=x^2-x+C$$

예를 들어 x^2의 도함수는 $2x$이지만, $2x$의 부정적분은 x^2+C입니다. 기본 함수들의 부정적분 결과를 표로 정리하면 다음과 같습니다.

원래
주는 거 아냐?

적분하면 적분상수가
무료!!

ᄃ 받아
가세요.

적분
상수

피적분함수	부정적분 (C는 적분상수)
x^n (n은 실수)	$\begin{cases} \dfrac{1}{n+1}x^{n+1}+C, & n\neq -1 \\ \ln|x|+C, & n=-1 \end{cases}$
e^x	e^x+C
a^x ($a>0,\ a\neq 1$)	$\dfrac{a^x}{\ln a}+C$
$\sin x$	$-\cos x+C$
$\cos x$	$\sin x+C$

두 함수 $f(x),g(x)$에 대하여 다음이 모두 성립합니다.

(1) $\displaystyle\int kf(x)dx=k\int f(x)dx$ (단, k는 0이 아닌 실수)

(2) $\displaystyle\int \{f(x)\pm g(x)\}dx=\int f(x)dx\pm\int g(x)dx$ (복부호 동순)

치환적분법

때로는 피적분함수가 너무 복잡하여 그 자체로 부정적분이 곤란할 때가 있습니다. 이럴 때 복잡한 부분을 새로운 문자 하나로 치환하여 간단하게 만든 후, 부정적분을 하는 방법을 치환적분법이라 합니다.

즉, 미분가능한 함수 $g(t)$에 대하여 $x=g(t)$로 놓으면 $\displaystyle\int f(x)dx=\int f(g(t))g'(t)dt$입니다.

적분이 어려울 땐
나만 외워!
$\int x^n dx = \frac{1}{n+1} x^{n+1} + C$

미안
$\frac{1}{x}$

 치환적분법

함수 $f(x)$의 한 역도함수를 $F(x)$라고 하면 $\int f(x)dt = F(x) + C$입니다.
이때 미분가능한 함수 $g(t)$에 대하여 $g(t) = x$라 놓으면 $F(g(t)) = F(x)$
입니다.
$F(g(t))$를 t에 대하여 미분하면, 합성함수의 미분법에 따라

$$\frac{d}{dt}F(g(t)) = F'(g(t))g'(t) = f(g(t))g'(t)$$이므로

$$\int f(g(t))g'(t)dt = F(g(t)) + C = F(x) + C$$

그러므로 $\int f(x)dx = \int f(g(t))g'(t)dt$입니다. ∎

예를 들어, $\int \tan x\,dx = \int \dfrac{\sin x}{\cos x}dx = \int \dfrac{1}{\cos x}\sin x\,dx$입니다.
$f(x) = \dfrac{1}{x}$, $g(x) = \cos x$라 하면 이를 $\int f(g(x))\{-g'(x)\}dx$라고 볼
수 있습니다. $\cos x = t$로 치환하면 $\int \dfrac{1}{\cos x}\sin x\,dx = \int \dfrac{-1}{t}dt =$
$-\ln|t| + C$이므로, $\int \tan x\,dx = -\ln|\cos x| + C$입니다.

부분적분법

부분적분법은 치환으로는 부정적분이 어려운 피적분함수가 곱셈의 형식
일 때, 곱을 분리하여 적분하는 방법입니다.

즉, 미분가능한 두 함수 $f(x), g(x)$에 대하여

$$\int f(x)g'(x)dx = f(x)g(x) - \int f'(x)g(x)dx$$입니다.

두 함수 $f(x),\ g(x)$가 미분가능할 때,

함수의 곱의 미분법에 따라 $\{f(x)g(x)\}'=f'(x)g(x)+f(x)g'(x)$

이 식의 양변을 x에 대하여 적분하면

$$f(x)g(x)=\int f'(x)g(x)dx+\int f(x)g'(x)dx$$

따라서 $\displaystyle\int f(x)g'(x)dx=f(x)g(x)-\int f'(x)g(x)dx$ ■

피적분함수가 $p(x)q(x)$의 형태일 때, p와 q 중에 어느 것을 f로, 다른 것을 g'으로 볼지 판단이 어려울 수 있습니다. 이럴 때는 로그함수, 다항함수, 삼각함수, 지수함수 순서로, 앞에 있는 함수가 미분하기에 좋고 뒤에 있는 함수가 적분하기에 좋다는 점을 기억하면 됩니다.

미분하기 좋음
$\longleftarrow$

| 로그함수 | 다항함수 | 삼각함수 | 지수함수 |

$\longrightarrow$
적분하기 좋음

예를 들어 $\displaystyle\int \ln x\,dx=\int 1\times\ln x\,dx$입니다(1을 상수항만 있는 다항함수로 보았습니다). 로그함수인 $y=\ln x$보다 다항함수인 $y=1$이 적분하기 좋으므로, 부분적분 공식에서 $f(x)=\ln x$, $g'(x)=1$로 둡니다.

따라서 $\displaystyle\int 1\times\ln x\,dx=x\ln x-\int x\times\frac{1}{x}dx=x\ln x-\int 1\,dx$,

즉 $\displaystyle\int \ln x\,dx=x\ln x-x+\mathrm{C}$입니다.

$$\int f(x)g'(x)\,dx = f(x)g(x) - \int f(x)'g(x)\,dx$$

부분적분법

정적분

기본 성질

우선 두 함수 $f(x), g(x)$가 닫힌구간 $[a, b]$에서 연속일 때 다음이 성립합니다.

$$(1) \int_a^b kf(x)dx = k\int_a^b f(x)dx \ (k\text{는 실수})$$

$$(2) \int_a^b \{f(x) \pm g(x)\}dx = \int_a^b f(x)dx \pm \int_a^b g(x)dx \ (\text{복부호 동순})$$

또한 함수 $f(x)$가 세 실수 a, b, c를 포함하는 구간에서 연속일 때 $\int_a^c f(x)dx + \int_c^b f(x)dx = \int_a^b f(x)dx$가 성립합니다.

증명 $\displaystyle\int_a^c f(x)dx + \int_c^b f(x)dx = \int_a^b f(x)dx$

$f(x)$의 역도함수를 $F(x)$라고 하면,

$$\int_a^c f(x)dx + \int_c^b f(x)dx = \{F(c) - F(a)\} + \{F(b) - F(c)\}$$

$$= F(b) - F(a) = \int_a^b f(x)dx \ \blacksquare$$

치환적분법

닫힌구간 $[a, b]$에서 연속인 함수 $f(x)$에 대하여 미분가능한 함수 $g(t)$가 $a = g(\alpha), b = g(\beta)$이고, 그 도함수 $g'(t)$가 연속함수이면

$$\int_a^b f(x)dx = \int_\alpha^\beta f(g(t))g'(t)dt \text{입니다.}$$

증명 $\displaystyle\int_a^b f(x)dx=\int_\alpha^\beta f(g(t))g'(t)dt$

$$\int_a^b f(x)dx=F(b)-F(a)$$
$$=F(g(\beta))-F(g(\alpha))$$
$$=[F(g(t))]_\alpha^\beta$$
$$=\int_\alpha^\beta f(g(t))g'(t)dt \;\blacksquare$$

예를 들어 $\displaystyle\int_0^{\frac{\pi}{2}}\sin^2 x\cos x\,dx$를 구하기 위하여 $\sin x=t$로 치환해봅시다. 그러면 $\sin 0=0$, $\sin\dfrac{\pi}{2}=1$이므로 치환적분법에 따라

$$\int_0^{\frac{\pi}{2}}\sin^2 x\cos x\,dx=\int_0^1 t^2\,dt=\left[\frac{1}{3}t^3\right]_0^1=\frac{1}{3}$$ 입니다.

부분적분법

미분가능한 두 함수 $f(x)$, $g(x)$에 대하여 $f'(x)$, $g'(x)$가 닫힌구간 $[a, b]$에서 연속일 때 $\displaystyle\int_a^b f(x)g'(x)dx=[f(x)g(x)]_a^b-\int_a^b f'(x)g(x)dx$ 입니다.

증명 $\displaystyle\int_a^b f(x)g'(x)dx=[f(x)g(x)]_a^b-\int_a^b f'(x)g(x)dx$

$$\int_a^b\{f'(x)g(x)+f(x)g'(x)\}dx=[f(x)g(x)]_a^b$$
$$\Rightarrow \int_a^b f(x)g'(x)dx=[f(x)g(x)]_a^b-\int_a^b f'(x)g(x)dx \;\blacksquare$$

예를 들어 $\displaystyle\int_0^{\frac{\pi}{2}}2x\cos x\,dx$를 부분적분법으로 구하면 다음과 같습니다.

$$\int_0^{\frac{\pi}{2}} 2x\cos x\,dx = \left[2x\sin x\right]_0^{\frac{\pi}{2}} - \int_0^{\frac{\pi}{2}} 2\sin x\,dx = \pi - 2$$

넓이와 부피

두 함수 $f(x)$, $g(x)$가 닫힌구간 $[a,\ b]$에서 연속일 때, $y=f(x)$, $y=g(x)$ 및 $x=a, x=b$로 둘러싸인 도형의 넓이 S는 $S=\displaystyle\int_a^b |f(x)-g(x)|\,dx$입니다. 만약 $g(x)=0$이면 x축과 둘러싸인 도형의 넓이가 됩니다.

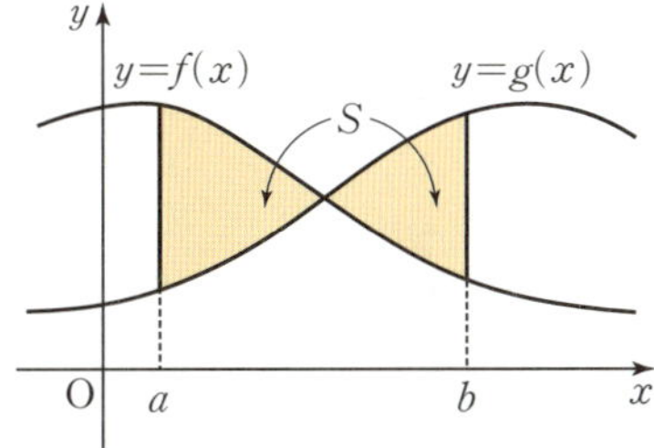

예를 들어 두 곡선 $y=\sin x, y=\cos x$와 두 직선 $x=0, x=\pi$로 둘러싸인 도형의 넓이를 구해봅시다. $0<x<\dfrac{\pi}{4}$에서 $\cos x>\sin x$이고, $\dfrac{\pi}{4}<x<\pi$에서 $\cos x<\sin x$이므로,

$$\int_0^{\pi} |\sin x - \cos x|\,dx$$
$$= \int_0^{\frac{\pi}{4}} (\cos x - \sin x)\,dx + \int_{\frac{\pi}{4}}^{\pi} (\sin x - \cos x)\,dx$$
$$= \left[\sin x + \cos x\right]_0^{\frac{\pi}{4}} + \left[-\cos x - \sin x\right]_{\frac{\pi}{4}}^{\pi}$$
$$= \left(\frac{\sqrt{2}}{2} + \frac{\sqrt{2}}{2} - 1\right) + \left(1 + \frac{\sqrt{2}}{2} + \frac{\sqrt{2}}{2}\right) = 2\sqrt{2}\text{입니다.}$$

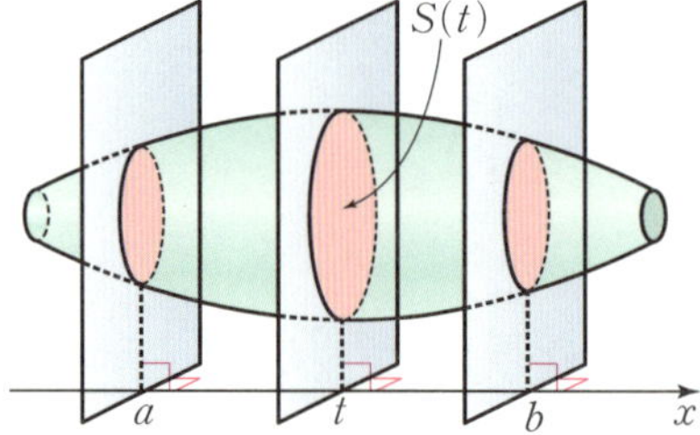

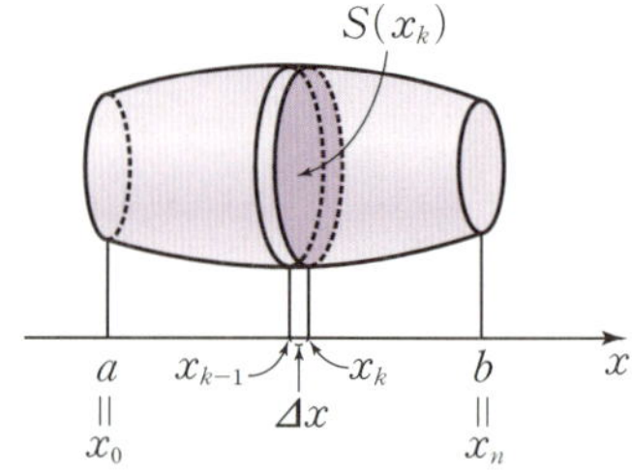

한편, 닫힌구간 $[a, b]$에서 x좌표가 t인 점을 지나고 x축에 수직인 평면으로 잘랐을 때의 단면의 넓이가 $S(t)$인 입체도형의 부피 V는

$$V = \int_a^b S(x)dx$$ 입니다.

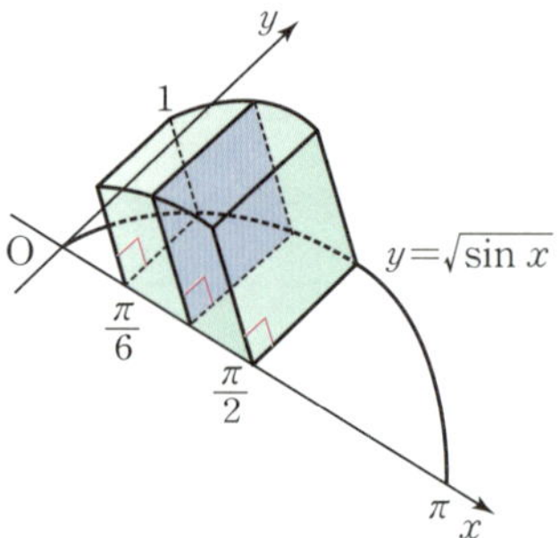

예를 들어 위 그림과 같이 곡선 $y = \sqrt{\sin x}\,(0 \leq x \leq \pi)$와 x축 및 두 직선 $x = \dfrac{\pi}{6}$, $x = \dfrac{\pi}{2}$로 둘러싸인 도형을 밑면으로 하는 입체도형이 있습니다. 이 입체도형을 x축에 수직인 평면으로 잘랐을 때의 단면이 모두 정사각형일 때, 이 입체도형의 부피는 다음과 같습니다.

$$\int_{\frac{\pi}{6}}^{\frac{\pi}{2}} (\sqrt{\sin x})^2 dx = \int_{\frac{\pi}{6}}^{\frac{\pi}{2}} \sin x\, dx = \left[-\cos x\right]_{\frac{\pi}{6}}^{\frac{\pi}{2}} = \frac{\sqrt{3}}{2}$$

거리, 속도, 가속도

위치와 속도

뉴턴의 운동학적 관점에서 미적분은 물체의 이동속도와 가속도 및 이동 거리로부터 시작된 개념입니다. 수직선 위를 움직이는 점 P의 시각 t에서의 위치 x가 $x=f(t)$일 때, 시각 t에서의 점 P의 속도 v는 $v=\dfrac{dx}{dt}=f'(t)$와 같습니다. 이때 속력은 $|v|=\left|\dfrac{dx}{dt}\right|=|f'(t)|$입니다.

가령, 수직선 위를 움직이는 점 P의 시각 t에서의 위치 x가 $x=3t-\sin t$이면 속도 $v=\dfrac{dx}{dt}=3-\cos t$이므로, 시각 $t=\dfrac{\pi}{3}$에서의 점 P의 속도는 $3-\dfrac{1}{2}=\dfrac{5}{2}$입니다.

한편 좌표평면 위를 움직이는 점 P의 시각 t에서의 위치 $(x,\ y)$가 $x=f(t),\ y=g(t)$로 나타날 때, 시각 t에서의 점 P의 속도와 속력은 각각 다음과 같습니다.

(1) 속도: $\left(\dfrac{dx}{dt},\ \dfrac{dy}{dt}\right)=(f'(t),\ g'(t))$

(2) 속력: $\sqrt{\left(\dfrac{dx}{dt}\right)^2+\left(\dfrac{dy}{dt}\right)^2}=\sqrt{\{f'(t)\}^2+\{g'(t)\}^2}$

이는 다음과 같이 좌표평면에서의 기하학적 분석을 통해 이해할 수 있습니다.

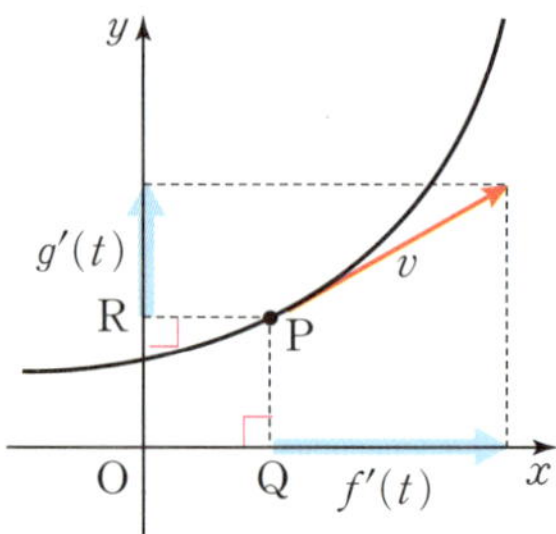

예를 들어 좌표평면 위를 움직이는 점 P의 시각 t에서의 위치 (x, y)가 $x=t+\ln t,\ y=t^2+\ln t$일 때 속도는 $\left(\dfrac{dx}{dt},\ \dfrac{dy}{dt}\right)=\left(1+\dfrac{1}{t},\ 2t+\dfrac{1}{t}\right)$이 므로, 시각 $t=1$에서의 점 P의 속도는 $(1+1, 2+1)=(2, 3)$이고 속력은 $\sqrt{2^2+3^2}=\sqrt{13}$입니다.

가속도

가속도는 시간의 경과에 따른 '속도의 변화율'을 나타내는 물리량입니다. 만약 앞으로 주행하던 자동차가 점점 빨라진다면 속도가 증가하는 중이 고, 양$(+)$의 가속도를 갖는다고 합니다. 점점 느려진다면 속도가 감소하 는 중이고, 음$(-)$의 가속도를 갖는다고 합니다. 일정한 속도로 주행한다 면 가속도는 0입니다.

수직선 위를 움직이는 점 P의 시각 t에서의 위치 x가 $x=f(t)$일 때, 시 각 t에서의 점 P의 가속도 a는 $a=\dfrac{dv}{dt}=f''(t)$와 같습니다.

예를 들어 수직선 위를 움직이는 점 P의 시각 t에서의 위치 x가 $x=3t-\sin t$이면 속도는 $v=3-\cos t$이고 가속도는 $a=\sin t$이므로, 시 각 $t=\dfrac{\pi}{3}$에서의 점 P의 가속도는 $\sin\dfrac{\pi}{3}=\dfrac{\sqrt{3}}{2}$입니다.

한편, 좌표평면 위를 움직이는 점 P의 시각 t에서의 위치 (x, y)를

$x=f(t)$, $y=g(t)$로 나타낼 수 있을 때, 시각 t에서의 점 P의 가속도와 가속도의 크기는 각각 다음과 같습니다.

(1) 가속도: $\left(\dfrac{d^2x}{dt^2}, \dfrac{d^2y}{dt^2}\right)=(f''(t), g''(t))$

(2) 가속도의 크기: $\sqrt{\left(\dfrac{d^2x}{dt^2}\right)^2+\left(\dfrac{d^2y}{dt^2}\right)^2}=\sqrt{\{f''(t)\}^2+\{g''(t)\}^2}$

예를 들어 좌표평면 위를 움직이는 점 P의 시각 t에서의 위치 (x, y)가 $x=t+\ln t$, $y=t^2+\ln t$일 때 속도는 $\left(\dfrac{dx}{dt}, \dfrac{dy}{dt}\right)=\left(1+\dfrac{1}{t}, 2t+\dfrac{1}{t}\right)$이고 가속도는 $\left(\dfrac{d^2x}{dt^2}, \dfrac{d^2y}{dt^2}\right)=\left(-\dfrac{1}{t^2}, 2-\dfrac{1}{t^2}\right)$이므로, 시각 $t=1$에서의 점 P의 가속도는 $(-1, 2-1)=(-1, 1)$이고 가속도의 크기는 $\sqrt{(-1)^2+1^2}=\sqrt{2}$입니다.

속도와 거리

수직선 위를 움직이는 점 P의 시각 t에서의 속도가 $v(t)$이고 시각 $t=a$에서의 위치가 x_0일 때, 시각 t에서의 점 P의 위치 x와 시각 $t=a$에서 $t=b$까지 점 P가 움직인 거리 s는 각각 아래와 같습니다.

$$x=x_0+\int_a^b v(t)dt$$

$$s=\int_a^b |v(t)|dt$$

속도를 적분하면 위치의 변화를, 속력을 적분하면 이동 거리를 알 수 있다고 이해하면 됩니다.

예를 들어 원점을 출발하여 수직선 위를 움직이는 점 P의 시각 t에서의 속도가 $v(t)=e^t-e^2$라고 합시다. 즉, 이 점은 0초에서 2초까지는 음의 방향으로, 2초부터 4초까지는 양의 방향으로 움직입니다.

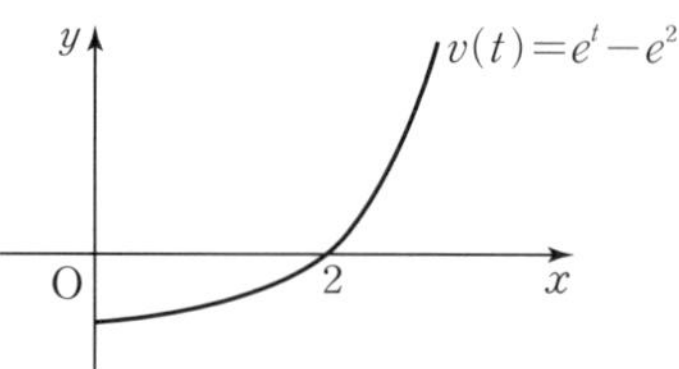

점 P의 시각 $t=2$에서의 위치는 $\displaystyle\int_0^2 (e^t-e^2)\,dt=[e^t-e^2 t]_0^2=-e^2-1$ 입니다.

시각 $t=0$에서 $t=4$까지 이 점이 움직인 거리는

$$\int_0^4 |e^t-e^2|\,dt=\int_0^2 (e^2-e^t)\,dt+\int_2^4 (e^t-e^2)\,dt$$
$$=[e^2 t-e^t]_0^2+[e^t-e^2 t]_2^4=e^4-2e^2+1$$

입니다.

좌표평면 위를 움직이는 점 P의 시각 t에서의 위치 $(x,\,y)$를 함수 $x=f(t),\,y=g(t)$로 나타낼 수 있을 때, 시각 $t=a$에서 $t=b$까지 점 P가 움직인 거리 s는 $s=\displaystyle\int_a^b \sqrt{\left(\dfrac{dx}{dt}\right)^2+\left(\dfrac{dy}{dt}\right)^2}\,dt=\int_a^b \sqrt{f'(t)^2+g'(t)^2}\,dt$ 입니다.

예를 들어 좌표평면 위를 움직이는 점 P의 시각 t에서의 위치 $(x,\,y)$가 $x=t-\dfrac{1}{3}t^3,\,y=t^2$일 때, 시각 $t=1$에서 $t=4$까지 점 P가 움직인 거리는 다음과 같습니다.

$$\int_1^4 \sqrt{(1-t^2)^2+(2t)^2}\,dt=\int_1^4 \sqrt{(1+t^2)^2}\,dt$$

$$= \int_1^4 (1+t^2)dt = \left[t + \frac{1}{3}t^3 \right]_1^4 = 24$$

곡선의 길이

좌표평면에서 점 P가 움직인 거리는 곧 점 P가 이동하며 그리는 자취의 길이라고 볼 수 있습니다. 즉, 곡선 $x=f(t), y=g(t)\,(a\leq t\leq b)$가 서로 겹치는 부분이 없을 때 곡선의 길이 l은 $l=\int_a^b \sqrt{\left(\dfrac{dx}{dt}\right)^2+\left(\dfrac{dy}{dt}\right)^2}\,dt=\int_a^b \sqrt{f'(t)^2+g'(t)^2}\,dt$입니다.

만약 x와 y의 관계가 $y=h(x)\,(\alpha\leq x\leq\beta)$와 같이 양함수 꼴로 표현된다면, 곡선의 길이 l은 $l=\int_\alpha^\beta \sqrt{1+h'(x)^2}\,dx$입니다. 이때 $\alpha=f(a)$, $\beta=f(b)$입니다.

> **증명** $y=h(x)\,(\alpha\leq x\leq\beta)$일 때, $l=\int_\alpha^\beta \sqrt{1+h'(x)^2}\,dx$
>
> $$l=\int_a^b \sqrt{\left(\frac{dx}{dt}\right)^2+\left(\frac{dy}{dt}\right)^2}\,dt=\int_{f(a)}^{f(b)} \sqrt{\left(\frac{dx}{dx}\right)^2+\left(\frac{dy}{dx}\right)^2}\,dx$$
>
> $$=\int_\alpha^\beta \sqrt{1^2+\left(\frac{dy}{dx}\right)^2}\,dx=\int_\alpha^\beta \sqrt{1+h'(x)^2}\,dx \ \blacksquare$$

예를 들어 곡선 $y=\dfrac{2}{3}x\sqrt{x}\,($단, $0\leq x\leq 3)$에 대해, $y'=\left(\dfrac{2}{3}x^{\frac{3}{2}}\right)'=x^{\frac{1}{2}}=\sqrt{x}$ 이므로, 곡선의 길이는 $\int_0^3 \sqrt{1+(\sqrt{x})^2}\,dx=\int_0^3 \sqrt{1+x}\,dx$이고, 여기서 $1+x=t$로 치환하면, $\int_1^4 \sqrt{t}\,dt=\left[\dfrac{2}{3}t^{\frac{3}{2}}\right]_1^4=\dfrac{2}{3}(8-1)=\dfrac{14}{3}$ 입니다.

코흐 눈송이

스웨덴 수학자 헬게 폰 코흐가 1904년에 발표한 코흐 눈송이는 최초로 논의된 프랙털 중 하나입니다(프랙털이란 자기 유사성을 갖는 기하학적 구조로, 일부 작은 조각이 전체와 비슷한 형태를 말합니다). 기본적으로 정삼각형에서 시작하여 다음과 같은 절차를 거쳐 코흐 눈송이를 만들 수 있습니다.

(1) 정삼각형의 각 변을 3등분합니다.

(2) (1)에서 3등분한 중간 부분을 밑변으로 하고 바깥쪽을 가리키는 정삼각형을 그립니다.

(3) (2)에서 삼각형의 밑변인 선분을 제거합니다.

(4) (1)~(3)의 과정을 계속 되풀이합니다.

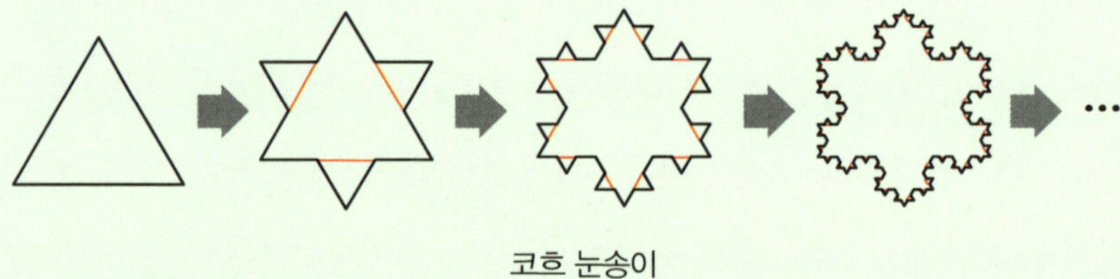

코흐 눈송이

처음 정삼각형의 한 변 길이가 1이었다면, 이 과정을 무한히 거쳐 얻게 되는 코흐 눈송이의 내부 넓이는 $\dfrac{2\sqrt{3}}{5}$ 으로 수렴합니다. 하지만 둘레 길이는 양의 무한대로 발산하죠. 넓이는 유한하지만 둘레의 길이는 무한한 재미있는 도형입니다.

한편 부피는 유한하지만 겉넓이는 무한한 도형도 있습니다. 가브리엘의 뿔, 혹은 토리첼리의 나팔이라 불리는 아래 도형이 대표적입니다. 이는 $f(x)=\dfrac{1}{x}\,(x\geq1)$의 그래프를 x축에 대해서 회전시킨 도형으로, 부피는 π로 수렴하고 겉넓이는 양의 무한대로 발산합니다. 페인트를 이용해서 나팔의 내부를 가득 채울 수는 있어도, 겉을 다 칠할 수는 없는 재미있는 도형입니다.

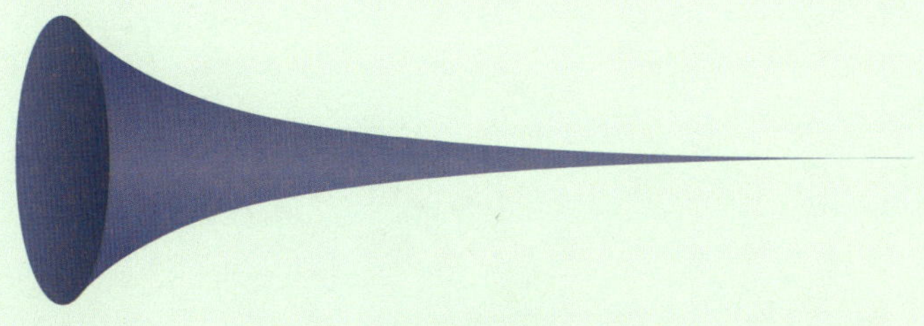

가브리엘의 뿔

3부

응용수학

고등학교 과정+

9장

통계학

통계학은 확률론을 바탕으로 데이터를 수집·분석·해석하여 불확실한 현상 속에서 의미 있는 결론과 예측을 이끌어내는 분야입니다. 이 장에서는 고등학교에서 배우는 통계학적 내용을 정리해 살펴봅니다.

경우의 수

사건과 경우의 수

주사위나 동전을 던지는 것과 같이 동일한 조건에서 여러 차례 반복할 수 있고, 그 결과가 우연으로 결정되는 실험이나 관찰을 '시행'이라고 합니다. 이때 어떤 시행에서 일어날 수 있는 모든 결과의 집합을 '표본공간'이라 하고, 표본공간의 부분집합을 '사건'이라고 합니다. 그리고 어떤 사건 A가 일어나는 가짓수를 A의 '경우의 수'라고 하며 $n(A)$와 같이 나타냅니다.

표본공간 S의 두 사건 A, B에 대하여 A 또는 B가 일어나는 사건은 기호 $A \cup B$로 나타내고, A와 B가 동시에 일어나는 사건은 기호 $A \cap B$로 나타냅니다.

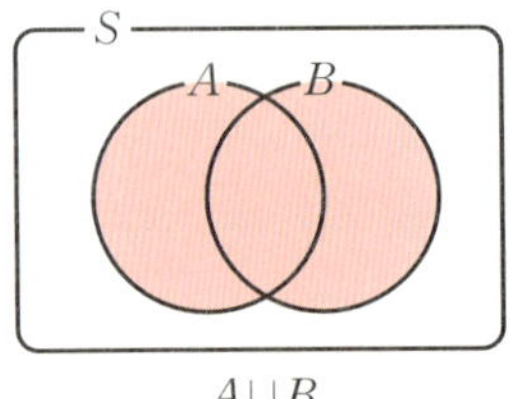

$A \cup B$

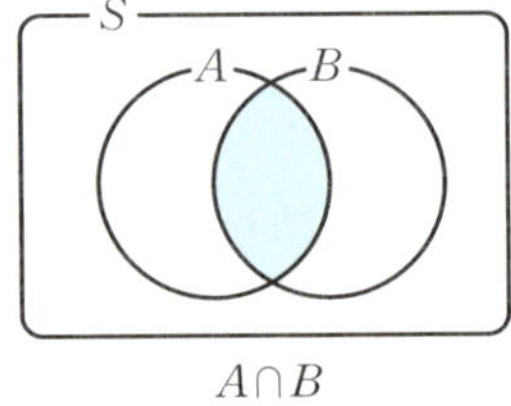

$A \cap B$

만약 사건 A와 사건 B가 동시에 일어나지 않을 때, 즉 $A \cap B = \acute{a}$일 때, 이 두 사건을 서로 배반사건이라고 합니다.

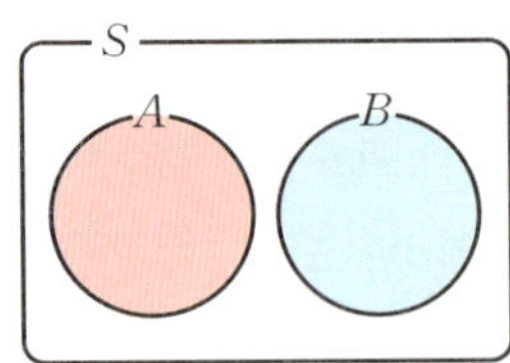

사건 A에 대하여 A가 일어나지 않는 사건을 A의 여사건이라고 하며, 기호 A^C로 나타냅니다.

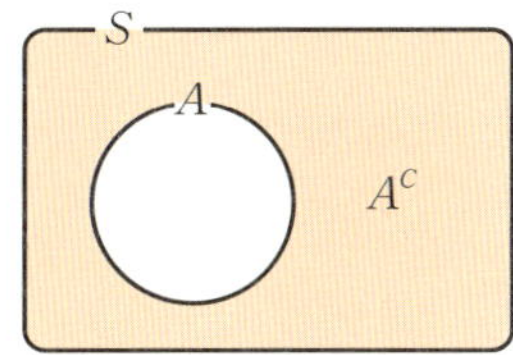

예를 들어 한 개의 주사위를 던지는 시행에서 표본공간 S는 $S=\{1, 2, 3, 4, 5, 6\}$입니다. 이때 짝수의 눈이 나오는 사건을 A, 5의 약수의 눈이 나오는 사건을 B라고 하면 A와 B는 서로 배반사건이며 $n(A)=3$, $n(B)=2, n(A^C)=3$입니다.

순열과 조합

순열

서로 다른 n개에서 $r(0<r\leq n)$개를 택하여 일렬로 나열하는 것을 n개에서 r개를 택하는 순열이라고 합니다. 이때 순열의 가짓수를 순열의 수라고 하며, 기호 $_n\mathrm{P}_r$로 나타냅니다. P는 순열을 의미하는 영어 단어 'permutation' 의 머리글자입니다.

$_n\mathrm{P}_r$는 $_n\mathrm{P}_r=n(n-1)(n-2)\cdots(n-r+1)$로 계산합니다. 특히 $_n\mathrm{P}_n$ $=n(n-1)(n-2)\times\cdots\times2\times1$은 $n!$로 나타냅니다. 이때 $n!$은 'n 팩토리얼' 또는 'n의 계승'이라고 읽습니다.

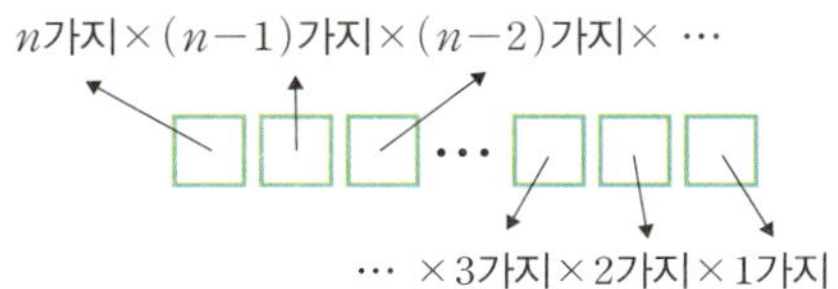

예를 들어 10명 중 4명이 앞으로 나와서 일렬로 서는 순열의 수는 $_{10}P_4 = 10 \times 9 \times 8 \times 7 = 5040$입니다.

순열은 특정한 대상들의 배열 방식을 연구하는 것이기 때문에, 고대부터 게임, 도박, 달력 계산, 점성술, 병력 배치 등 다양한 실생활 문제와 밀접한 관련이 있었습니다. 8세기에 활동한 아랍 언어학자 알파라히디(알칼릴)는 암호 해독을 위해 아랍문자의 순열을 사용하기도 했습니다.

팩토리얼 기호(!)는 프랑스 수학자 크리스티앙 크람프가 1808년에 처음 사용했습니다. 왜 하필 느낌표 기호인지에 대해서는 명확한 기록이 없지만, n의 값이 커질수록 $n!$의 값은 놀라운 속도로 커진다는 의미를 담았다는 설이 있습니다.

$_nP_r$은 팩토리얼을 이용해서 $_nP_r = \dfrac{n!}{(n-r)!}$로 나타낼 수도 있습니다. 이때 $r=0$이면 $_nP_0 = \dfrac{n!}{(n-0)!} = \dfrac{n!}{n!} = 1$이 됩니다.

한편 $0! = 1$로 정의하는데, 이는 $n! = \dfrac{(n+1)!}{n+1}$로부터 $0! = \dfrac{1!}{1} = \dfrac{1}{1} = 1$과 같이 일반화한 결과입니다.

같은 것이 있는 순열

n개 중에서 서로 같은 것이 각각 p개, q개, $\cdots$, r개씩 있을 때, 이 n개를 일렬로 나열하는 순열의 수는 $\dfrac{n!}{p!q!\cdots r!}$ 입니다. (단, $p+q+\cdots+r=n$)

예를 들어 다음 그림과 같이 직사각형 모양으로 연결된 도로망의 A 지점에서 B 지점까지 최단 거리로 가는 경우의 수를 생각해봅시다.

1/0 !

1/0!

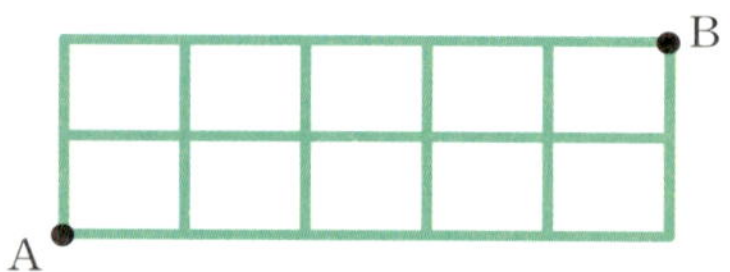

A 지점에서부터 →→→→↑↑ 와 같이 이동하면 B 지점에 도착합니다. 그런데 →↑→↑→→로 이동해도, ↑↑→→→→→로 이동해도 B 지점에 도착합니다. 즉, 모든 경우의 수는 '→' 5개와 '↑' 2개를 일렬로 나열하는 순열의 수와 같습니다. 따라서 구하고자 하는 경우의 수는 $\dfrac{7!}{5!2!}=21$입니다.

참고로 같은 것의 개수만큼 순열의 수를 나눠주는 원리는 곱의 법칙(147쪽 참고)과 근본적으로 맞닿아 있습니다. 함께 고려하는 사건의 경우의 수는 곱하여 계산하듯, 배제하는 사건의 경우의 수는 나누어 계산하는 원리입니다.

조합

서로 다른 n개에서 순서를 생각하지 않고 $r(0<r\leq n)$개를 택하는 것을 n개에서 r개를 택하는 조합이라고 합니다. 이때 조합의 가짓수를 조합의 수라고 하며, 기호 $_n\mathrm{C}_r$로 나타냅니다. $_n\mathrm{C}_0=1$로 정의합니다. C는 조합을 의미하는 영어 단어 'combination'의 머리글자입니다.

순열과 달리 나열하는 경우의 수는 고려되지 않기 때문에,

$$_n\mathrm{C}_r=\frac{_n\mathrm{P}_r}{r!}=\frac{n!}{r!(n-r)!}$$

과 같이 계산할 수 있습니다.

예를 들어 10명의 사람 중에 4명을 뽑는 조합의 수는

$$_{10}\mathrm{C}_4=\frac{10\times9\times8\times7}{4\times3\times2\times1}=210$$입니다.

$0\leq r\leq n$일 때 n개 중에 r개를 선택하는 경우의 수와 n개 중에 $n-r$개를 선택하지 않는 경우의 수는 같으므로 $_n\mathrm{C}_r=\,_n\mathrm{C}_{n-r}$이 성립합니다.

또한 $1\leq r<n$일 때 $_n\mathrm{C}_r=\,_{n-1}\mathrm{C}_{r-1}+\,_{n-r}\mathrm{C}_r$이 성립합니다. 이는 n개 중에서 특정 원소 하나를 포함할지($_{n-1}\mathrm{C}_{r-1}$) 안 할지($_{n-r}\mathrm{C}_r$)를 나눠서 생각하는 원리입니다. 예를 들어 A, B, C, D, E 중에서 3개를 선택하는 조합의 수 $_5\mathrm{C}_3$은, A를 무조건 포함하고 나머지 B, C, D, E 중에서 2개를 선택하는 조합의 수 $_4\mathrm{C}_2$와 A를 배제하고 나머지 B, C, D, E 중에서 3개를 선택하는 조합의 수 $_4\mathrm{C}_3$을 더한 것과 같습니다. 즉, $_5\mathrm{C}_3=\,_4\mathrm{C}_2+\,_4\mathrm{C}_3=6+4=10$입니다.

중복순열과 중복조합

중복순열

서로 다른 n개에서 중복을 허용하여 r개를 택하는 순열을 중복순열이라고 하며, 이 중복순열의 수를 기호 $_n\Pi_r$로 나타냅니다. Π는 순열permutation의 머리글자 p에 해당하는 그리스 문자 π의 대문자입니다. 중복순열에서는 순열과 달리 선택한 대상을 또 선택할 수 있으므로, $_n\Pi_r=n^r$입니다.

예를 들어 네 개의 숫자 1, 2, 3, 4 중에서 중복을 허용하여 세 개를 택해 만들 수 있는 세 자리의 자연수의 개수는 $4\times4\times4=4^3=64$입니다.

중복조합

서로 다른 n개에서 중복을 허용하여 r개를 택하는 조합을 중복조합이라고 하며, 이 중복조합의 수를 $_n\mathrm{H}_r$로 나타냅니다. H는 '동일한 종류의'라는 의미를 가진 영단어 'homogeneous'의 머리글자입니다.

이때 $_n\mathrm{H}_r = {}_{n-1+r}\mathrm{C}_r$이 성립합니다. 칸막이 개수 $n-1$개와 빈자리 개수 r개를 더한 개수 $n-1+r$에서 빈자리가 될 r개를 고르는 조합의 수라고 이해할 수 있습니다.

예제 3개의 메뉴 A, B, C 중 중복을 허용하여 5개를 택하는 조합의 수($_3\mathrm{H}_5$) 구하기

이 경우, 칸막이 개수는 $3-1=2$이고 빈자리 개수는 5개입니다.
만약 다음과 같이 칸막이와 빈자리가 나열되어 있으면 A가 2개, B가 1개, C가 2개 선택된 것입니다.

$$\underset{A}{\bigcirc\ \bigcirc}\,/\,\underset{B}{\bigcirc}\,/\,\underset{C}{\bigcirc\ \bigcirc}$$

그리고 만약 다음과 같이 칸막이와 빈자리가 나열되어 있으면 A가 3개, B가 2개, C는 0개 선택된 것입니다.

$$\underset{A}{\bigcirc\ \bigcirc\ \bigcirc}\,/\,\underset{B}{\bigcirc\ \bigcirc}\,/\,\underset{C}{}$$

즉, 다음과 같이 총 7개(=칸막이 2개＋빈자리 5개)의 자리 중에서 빈자리가 놓일 위치 5개를 고르면 자동적으로 메뉴 선택이 완료됩니다. 물론 7개의 자리 중에서 칸막이가 놓일 위치 2개를 고른다고 생각해도 무방합니다.

$$\square\ \square\ \square\ \square\ \square\ \square\ \square$$

$\Rightarrow$ 어디에 빈자리($\bigcirc$) 5개를 배치할 것인가? $= {}_7\mathrm{C}_5$
어디에 칸막이($/$) 2개를 배치할 것인가? $= {}_7\mathrm{C}_2 (= {}_7\mathrm{C}_5)$

그러므로 $_3\mathrm{H}_5 = {}_{(3-1)+5}\mathrm{C}_5 = {}_7\mathrm{C}_5$입니다.

이항정리

$(a+b)^{10}$을 전개했을 때 a^7b^3항의 계수는 무엇일까요? 조합을 이용해서 이를 쉽게 알 수 있습니다. 10개의 $(a+b)$에서 a를 7개 선택하는 조합의 수인 $_{10}C_7$이 바로 a^7b^3항의 계수가 됩니다. 마찬가지로 $(a+b)^3$을 전개했을 때 a^2b항의 계수는 $_3C_2=3$입니다.

이처럼 자연수 n에 대하여 $(a+b)^n=_nC_0a^nb^0+_nC_1a^{n-1}b^1+\cdots+_nC_n a^0b^n$로 전개할 수 있는데, 이를 이항정리라 하고 각 항의 계수 $_nC_0$, $_nC_1$, $\cdots$, $_nC_n$을 이항계수라 부릅니다.

$n=1, 2, 3, \cdots$ 일 때, $(a+b)^n$의 이항계수를 아래 그림과 같이 삼각형 모양으로 배열한 것을 파스칼의 삼각형이라고 합니다.

이때 $_nC_r=_{n-1}C_{r-1}+_{n-1}C_r$ $(1\leq r<n)$임을 쉽게 확인할 수 있습니다. 예를 들어 $_5C_3=_4C_2+_4C_3$이고, 마찬가지로 $_6C_3=_5C_2+_5C_3=10+10=20$이겠죠.

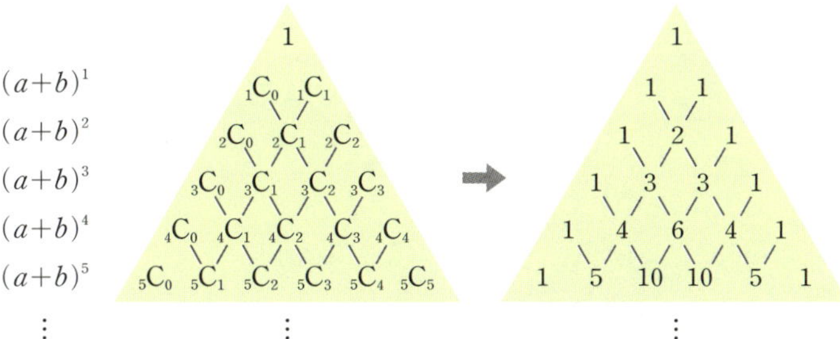

여담으로, 파스칼의 삼각형은 파스칼이 만든 것이 아닙니다. 문헌으로 확인할 수 있는 최초의 연구자는 13세기경 송나라의 수학자 양휘입니다. 아랍의 수학자 알카라지(10~11세기경)와 알사마왈(12세기경), 인도 수학자 할라유다(10세기경) 등도 이를 연구하였습니다. 다만 파스칼이 이런 내용을 서구 수학계에 전파해 그의 이름이 대표로 붙었습니다.

이항정리를 이용해서 $(1+x)^n$을 전개하면 $(1+x)^n={}_nC_0x^0+{}_nC_1x^1+\cdots+{}_nC_nx^n$이므로, 다음과 같은 이항계수의 성질들을 유도할 수 있습니다.

(1) ${}_nC_0+{}_nC_1+\cdots+{}_nC_n=2^n$

(2) ${}_nC_0-{}_nC_1+{}_nC_2-\cdots+(-1)^n{}_nC_n=0$

(3) ${}_nC_0+{}_nC_2+{}_nC_4+\cdots={}_nC_1+{}_nC_3+{}_nC_5+\cdots=2^{n-1}$

(4) ${}_nC_1+2{}_nC_2+3{}_nC_3+\cdots+n{}_nC_n=n\times2^{n-1}$

(5) ${}_nC_1-2{}_nC_2+3{}_nC_3-\cdots+(-1)^{n-1}n{}_nC_n=0$

증명 이항계수의 성질

(1) ${}_nC_0+{}_nC_1+\cdots+{}_nC_n=2^n$

$(1+x)^n={}_nC_0x^0+{}_nC_1x^1+\cdots+{}_nC_nx^n$의 양변에 $x=1$을 대입하면

$2^n={}_nC_0+{}_nC_1+\cdots+{}_nC_n$ ∎

(2) ${}_nC_0-{}_nC_1+{}_nC_2-\cdots+(-1)^n{}_nC_n=0$

$(1+x)^n={}_nC_0x^0+{}_nC_1x^1+\cdots+{}_nC_nx^n$의 양변에 $x=-1$을 대입하면

$0={}_nC_0-{}_nC_1+{}_nC_2-\cdots+(-1)^n{}_nC_n$ ∎

(3) ${}_nC_0+{}_nC_2+{}_nC_4+\cdots={}_nC_1+{}_nC_3+{}_nC_5+\cdots=2^{n-1}$

$$
\begin{aligned}
& 2^n={}_nC_0+{}_nC_1+\cdots+{}_nC_n \\
+\ & 0={}_nC_0-{}_nC_1+\cdots+(-1)^n{}_nC_n \\
\hline
& 2^n=2({}_nC_0+{}_nC_2+{}_nC_4+\cdots)
\end{aligned}
$$

$\Rightarrow 2^{n-1}={}_nC_0+{}_nC_2+\cdots$

마찬가지로 $2^{n-1}={}_nC_1+{}_nC_3+{}_nC_5+\cdots$ ∎

(4) $_n\mathrm{C}_1+2_n\mathrm{C}_2+3_n\mathrm{C}_3+\cdots+n_n\mathrm{C}_n=n\times2^{n-1}$

$(1+x)^n={}_n\mathrm{C}_0x^0+{}_n\mathrm{C}_1x^1+\cdots+{}_n\mathrm{C}_nx^n$의 양변을 x에 대해 미분하면

$n(1+x)^{n-1}={}_n\mathrm{C}_1+2_n\mathrm{C}_2x+3_n\mathrm{C}_3x^2+\cdots+n_n\mathrm{C}_nx^{n-1}$이고

이 식의 양변에 $x=1$을 대입하면,

$n\times2^{n-1}={}_n\mathrm{C}_1+2_n\mathrm{C}_2+3_n\mathrm{C}_3+\cdots+n_n\mathrm{C}_n$ ■

(5) $_n\mathrm{C}_1-2_n\mathrm{C}_2+3_n\mathrm{C}_3-\cdots+(-1)^{n-1}n_n\mathrm{C}_n=0$

$n(1+x)^{n-1}={}_n\mathrm{C}_1+2_n\mathrm{C}_2x+3_n\mathrm{C}_3x^2+\cdots+n_n\mathrm{C}_nx^{n-1}$의 양변에 $x=-1$

을 대입하면

$0={}_n\mathrm{C}_1-2_n\mathrm{C}_2+3_n\mathrm{C}_3-\cdots+(-1)^{n-1}n_n\mathrm{C}_n$ ■

한정된 재료로
으리으리한
울타리 만들기 K!

공학자
견고한 정사각형
울타리!

물리학자
제한된 둘레일 때 가장 넓은
면적을 가지는 도형은
원이니까 원형 울타리!

수학자
내 몸이 포함된 영역을
'바깥'이라 정의한다.

확률

수학적 확률과 통계적 확률

어떤 시행에서 사건 A가 일어날 가능성을 수로 나타낸 것을 사건 A의 확률이라고 하며, 기호 $P(A)$로 나타냅니다. P는 확률을 의미하는 영어 단어 'probability'의 머리글자입니다.

어떤 시행의 표본공간 S에 대하여 각 원소가 일어날 가능성이 모두 같을 때, 사건 A가 일어날 확률 $P(A)$는 $P(A)=\dfrac{n(A)}{n(S)}$로 정의하고, 이것을 사건 A가 일어날 수학적 확률이라고 합니다. 임의의 사건 A에 대하여 $0 \leq P(A) \leq 1$을 만족하며, $P(S)=1$, $P(á)=0$입니다.

또한 일반적으로 같은 시행을 n번 반복할 때, 사건 A가 일어난 횟수를 r_n이라고 하면 n이 충분히 커짐에 따라 상대도수 $\dfrac{r_n}{n}$이 일정한 값 p에 가까워진다고 알려져 있습니다. 이때 이 일정한 값 p를 사건 A가 일어날 통계적 확률이라고 합니다. 하지만 현실적으로는 시행 횟수 n을 한없이 크게 할 수 없으므로 n이 충분히 클 때의 상대도수 $\dfrac{r_n}{n}$을 통계적 확률로 간주합니다.

예를 들어 압정 한 개를 던지는 시행을 200번 반복하였을 때 평평한 면이 바닥에 닿은 횟수가 122번이라고 하면, 이 압정을 한 번 던져서 평평한

단, 고등학교 과정에서는 표본공간이 공집합이 아닌 유한집합인 경우에 대해서만 수학적 확률을 정의합니다. 이는 452~453쪽에서 소개한 베르트랑의 역설처럼 무한집합을 대상으로 하는 경우에 고전적 확률의 정의만으로는 문제가 명확해지지 않는 경우들이 발생하기 때문입니다.

면이 바닥에 닿을 통계적 확률은 $\dfrac{122}{200}=0.61$입니다.

표본집단의 크기가 커지면 그 표본평균이 모평균(관심 대상의 전체집합인 '모집단'의 평균값)에 가까워지는데, 이를 큰수의 법칙이라 부릅니다. 예를 들어 주사위를 한 번만 던지면 1에서 6 사이의 눈이 무작위로 나오지만, 여러 번 던지면 던질수록 각 눈이 나오는 횟수는 거의 비슷해지고 그 평균값은 $\dfrac{1+2+3+4+5+6}{6}=3.5$에 수렴합니다. 스위스의 수학자 야코프 베르누이가 처음으로 이 법칙의 수학적인 증명을 기술하였으며, 파프누티 체비셰프, 안드레이 마르코프, 콜모고로프 등이 이 법칙을 확률의 전반적인 이론으로 일반화했습니다.

다음은 확률의 기본적인 성질들입니다.

(1) 표본공간 S의 두 사건 A, B에 대하여
$$P(A \cup B)=P(A)+P(B)-P(A \cap B)$$
(2) 두 사건 A, B가 서로 배반사건이면
$$P(A \cup B)=P(A)+P(B)$$
(3) 표본공간 S의 사건 A에 대하여 여사건 A^{C}의 확률은
$$P(A^{C})=1-P(A)$$

예제 여학생 6명, 남학생 8명으로 구성된 어느 학교 동아리에서 임의로 2명의 학생을 뽑을 때, 적어도 1명은 여학생일 확률 구하기

우선 표본공간 S의 원소 개수는 총 14명 중에서 2명을 뽑는 조합의 수인 $_{14}C_{2}=\dfrac{14 \times 13}{2 \times 1}=91$입니다.

임의로 뽑은 두 명의 학생 중에 적어도 한 명은 여학생인 사건을 A라고 하

면, 두 명의 학생이 모두 남학생인 사건은 A^c입니다. 남학생의 수는 8이므로 $n(A^c)={}_8C_2=\dfrac{8\times7}{2\times1}=28$이며, $P(A^c)=\dfrac{n(A^c)}{n(S)}=\dfrac{28}{91}=\dfrac{4}{13}$ 입니다.

따라서 $P(A)=1-P(A^c)=1-\dfrac{4}{13}=\dfrac{9}{13}$ 입니다.

조건부확률

조건부확률의 개념은 17세기 도박 문제에서 시작되었고 18세기 토머스 베이즈의 사후 확률 개념을 거쳐 20세기 콜모고로프에 의해 수학적으로 완성된 개념입니다. 현재는 통계학, 인공지능, 기계 학습, 경제학, 심리학 등 수많은 분야의 핵심 개념으로 쓰이고 있습니다.

표본공간 S의 두 사건 A, B에 대하여 확률이 0이 아닌 사건 A가 일어났다고 가정할 때, 사건 B가 일어날 확률을 '사건 A가 일어났을 때의 사건 B의 조건부확률'이라고 하며, 기호 $P(B\mid A)$로 나타냅니다. $P(B\mid A)=\dfrac{P(A\cap B)}{P(A)}$ 입니다. (단, $P(A)>0$)

쉽게 말해 조건부 확률 $P(B\mid A)$란, 전체 공간이 표본공간 S에서 사건 A로 변화했을 때 B의 확률이라고 볼 수 있습니다.

어떤 정보를 알기 전에 예측하는 사전 확률과 대비하여, 사후 확률은 정보나 증거가 주어진 다음 특정 사건이 일어날 확률을 예측하는 것입니다. 가령 '이 사람이 감기에 걸릴 확률은 10%이다'가 사전 확률의 개념이라면, '이 사람이 지금 기침을 하고 있는데, 감기에 걸렸을 확률은 몇 %일까?'는 사후 확률의 개념입니다.

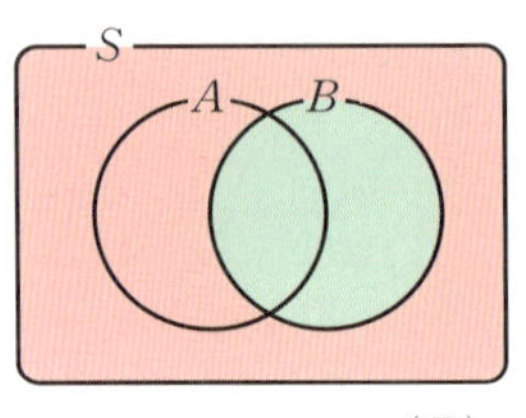 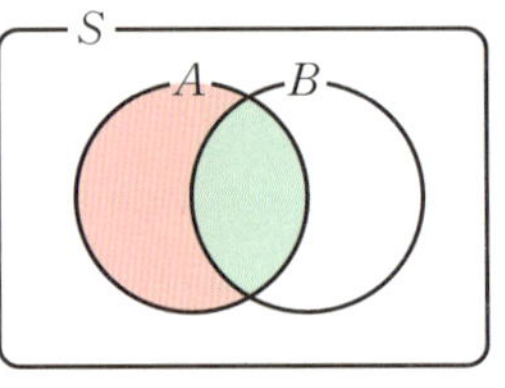

$$P(B)=P(B|S)=\frac{n(B)}{n(S)} \qquad P(B|A)=\frac{n(A\cap B)}{n(A)}$$

$P(B|A)=\dfrac{P(A\cap B)}{P(A)}$ 이므로, $P(A\cap B)=P(A)P(B|A)$입니다. 이는 두 사건 A, B가 서로 영향을 끼치는 상황에서 동시에 일어날 확률이라 해석할 수 있습니다. (단, $P(A)>0$, $P(B)>0$)

예를 들어 A 가수의 노래 5곡과 B 가수의 노래 3곡 중에서 임의로 2곡을 택하여 차례대로 듣는다고 합시다. 이때 한 번 들은 곡은 다시 듣지 않는다고 하면, 첫 번째에 A의 곡을 듣고 두 번째에 B의 곡을 들을 확률은 $P(A\cap B)=P(A)P(B|A)=\dfrac{5}{8}\times\dfrac{3}{7}=\dfrac{15}{56}$와 같이 계산할 수 있습니다.

종속과 독립

종속과 독립의 정의

확률론의 중요한 주제 중 하나는 '어떤 사건이 다른 사건에 영향을 끼치는가?'입니다. 이것이 명확히 구분되어야 수학적으로 논리적인 판단, 예측, 분석이 가능해지죠.

예를 들어, 비가 오는 날은 교통사고 확률이 높아집니다. 즉, 비가 오는 사건은 교통사고 사건의 확률에 영향을 끼치기 때문에 교통사고 확률 예측을 할 때 날씨는 중요한 변수입니다. 이처럼 어느 한 사건이 다른 사건이 일어날 확률에 영향을 끼친다면 두 사건이 서로 '종속'이라 합니다.

반면에 주사위를 첫 번째 던졌을 때 6의 눈이 나왔다고 해서 두 번째 던졌을 때 6이 나올 확률이 달라지지는 않습니다. 이처럼 어느 한 사건이 다른 사건이 일어날 확률에 영향을 끼치지 않는다면 두 사건이 서로 '독립'이라 합니다. 즉, $P(A)>0$, $P(B)>0$인 두 사건 A, B에 대하여 $P(B|A)=P(B)$ 또는 $P(A|B)=P(A)$일 때, 두 사건 A, B는 서로 독립입니다.

$P(B|A)=P(B)$이면 $\dfrac{P(A\cap B)}{P(A)}=P(B)$이고, 따라서 $P(A\cap B)=P(A)P(B)$이기 때문에 두 사건 A, B가 서로 독립인 필요충분조건은 $P(A\cap B)=P(A)P(B)$입니다. (단, $P(A)>0, P(B)>0$)

예를 들어 한 개의 주사위를 던져서 소수의 눈이 나오는 사건을 A, 5 이상의 눈이 나오는 사건을 B라고 합시다. 이때 $P(A)=\dfrac{3}{6}=\dfrac{1}{2}$, $P(B)=\dfrac{2}{6}=\dfrac{1}{3}$, $P(A\cap B)=\dfrac{1}{6}$이고 $P(A)P(B)=\dfrac{1}{2}\times\dfrac{1}{3}=\dfrac{1}{6}=P(A\cap B)$가 성립하므로 두 사건 A, B는 서로 독립입니다.

독립시행의 확률

주사위를 반복해서 던지는 것처럼 각 시행의 결과가 그다음 시행의 결과에 영향을 끼치지 않을 때 각 시행에서 일어나는 사건은 서로 독립입니다. 이런 시행을 독립시행이라고 합니다.

어떤 시행에서 사건 A가 일어날 확률이 $p(0<p<1)$일 때, 이 시행을 n회 반복하는 독립시행에서 사건 A가 r회 일어날 확률은 ${}_n\mathrm{C}_r p^r(1-p)^{n-r}$입니다. (단, $r=0, 1, 2, \cdots, n$)

예를 들어 스트라이크를 칠 확률이 $\dfrac{2}{3}$인 어떤 볼링 선수가 공을 3번 굴릴 때, 스트라이크를 2번 칠 확률은 ${}_3C_2\left(\dfrac{2}{3}\right)^2\left(\dfrac{1}{3}\right)^1=3\times\dfrac{4}{27}=\dfrac{4}{9}$라 계산할 수 있습니다.

스트라이크 여부

$$
\begin{array}{llll}
\text{O O X} & \Rightarrow & \dfrac{2}{3}\times\dfrac{2}{3}\times\dfrac{1}{3}=\dfrac{4}{27} \\[2mm]
\text{O X O} & \Rightarrow & \dfrac{2}{3}\times\dfrac{1}{3}\times\dfrac{2}{3}=\dfrac{4}{27} & \left.\rule{0pt}{10mm}\right\} \to 3\times\dfrac{4}{27}=\dfrac{4}{9} \\[2mm]
\text{X O O} & \Rightarrow & \dfrac{1}{3}\times\dfrac{2}{3}\times\dfrac{2}{3}=\dfrac{4}{27}
\end{array}
$$

3

확률분포

확률분포의 역사

17~18세기 프랑스의 수학자 아브라함 드무아브르는 동전 던지기처럼 이분법적 결과가 나타나는 독립시행을 무한히 반복하면 그 결과의 분포가 점점 종 모양의 곡선(정규분포)을 그린다는 사실을 깨달았습니다.

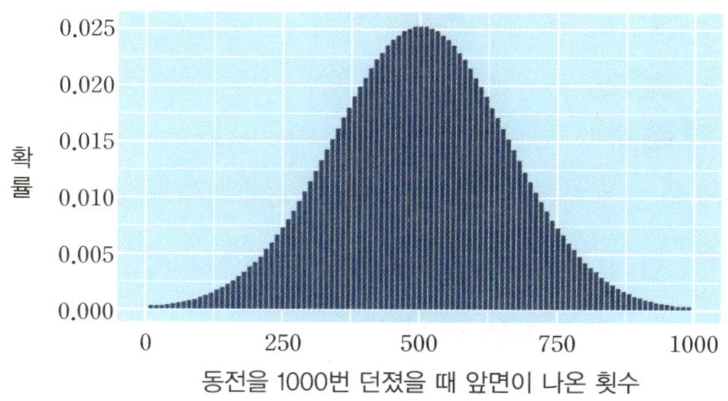

가우스는 천체관측에 따른 오차의 정도가 대체로 평균값 주변에서 발생한다는 점에 착안해서 오차의 분포를 연구하였고, 이로부터 정규분포의 함수식을 유도하였습니다. 라플라스는 원데이터가 어떤 분포든 상관없이, 무작위로 추출된 데이터의 수가 많아지면 많아질수록 그 평균값의 분포는 정규분포에 가까워진다는 '중심극한정리'를 수학적으로 증명해 이 이론을 뒷받침하였죠.

한편 영국의 이론물리학자 제임스 클러크 맥스웰은 기체 분자들의 속도 분포가 정규분포의 형태를 띤다는 사실을 파악하고, 정규분포가 편리한 수학적 도구일 뿐만 아니라 자연현상에서도 나타나는 경향이라는 사실을 알아냅니다.

더 나아가 아돌프 케틀레는 실제로 키, 체중, 범죄 건수 등의 다양한 사회적 현상이 평균값을 중심으로 정규분포 형태를 그리는 경향이 있다는 사실을 확인하였습니다. 정규분포가 자연과학뿐 아니라 사회과학 및 통계학에서도 중요한 분석 도구가 될 수 있다는 것을 알게 된 그는 평균과 표준편차 등을 활용한 다양한 통계적 방법론을 확립했습니다. 케틀레의 연구는 후에 폴란드의 통계학자 예지 네이만이 신뢰구간 개념(433쪽 참고)을 정립하는 데에도 중요한 영향을 미쳤습니다.

확률변수와 분포

어떤 시행에서 표본공간의 각 원소에 하나의 실수를 대응시키는 함수를 확률변수라고 합니다. 일반적으로 확률변수 X가 자연수와 같이 셀 수 있고 그 각각의 값이 유의미할 때 이산확률변수라 하고, 각각의 값이 아니라 어떤 연속적인 범위 형태일 때 유의미한 확률변수를 연속확률변수라고 합니다.

예를 들어 시험 점수는 흔히 이산확률변수로, 사람의 키는 흔히 연속확률변수로 다뤄집니다. '무작위로 찍어서 점수가 30점이 나올 확률', '어떤 조사 결과 키가 170cm 이상 175cm 미만일 확률'에서 전자는 각각의 값에 대해, 후자는 값의 범위에 대해 확률을 구합니다.

참고로, 일반적으로는 이산확률변수로 다뤄지는 유형이라 해도 '시험 점수가 80점 이상 90점 미만일 확률'과 같이 연속확률변수로 다루는 것 역시 가능합니다. 한편, 연속확률변수로 다뤄지는 유형이라 해도 '사람의 키

키가 정확하게 딱 170cm인
사람은 없다. 171cm도 없다.
…
즉, 사람은 없다

가 정확히 170cm일 확률'과 같이 하나의 값을 특정해서 논하는 것이 불가능하다는 의미는 아닙니다. 다만 이 경우는 정확하게 키가 170cm인 사람이 현실에 존재할 가능성이 0%이므로 무의미하게 됩니다. 이는 마치 선분에서 무작위로 어느 특정한 점 하나를 찍을 확률과도 같습니다. 선분은 길이를 갖지만 선을 이루는 점의 길이는 0이죠. 이에 대한 깊은 논의는 대학 수준 이상의 집합론과 측도론 등에서 다룹니다. '가산·비가산 무한', '연속체', '르베그 측도' 등을 키워드로 탐구해보아도 좋습니다.

이산확률변수 X가 $X=x$일 확률을 기호 $P(X=x)$로 나타내고, X의 값과 그 값이 가질 확률 사이의 대응 관계를 X의 확률분포라고 합니다. 이때 확률분포를 나타내는 관계식을 이산확률변수 X의 확률질량함수라고 합니다.

$$\overbrace{P(X=x)=p}^{\text{확률질량함수}} \ \Rightarrow \ X\text{가 }x\text{일 확률은 }p\text{다.}$$

이산확률변수　　확률

예를 들어, 한 개의 동전을 두 번 던지는 시행에서 뒷면이 나오는 횟수를 X라고 하면 X는 0, 1, 2의 값을 가지므로 X는 이산확률변수이고 확률변수 X가 각 값을 가질 확률은 $P(X=0)=\dfrac{1}{4}$, $P(X=1)=\dfrac{1}{2}$, $P(X=2)=\dfrac{1}{4}$입니다. 즉, 확률질량함수는 $P(X=x)={}_2\mathrm{C}_x\left(\dfrac{1}{2}\right)^x\left(\dfrac{1}{2}\right)^{2-x}$입니다.

$\alpha\leq X\leq\beta$에서 정의된 연속확률변수 X에 대하여 $\alpha\leq X\leq\beta$에서 정의된 함수 $f(x)$가 다음 성질을 만족시킬 때, 함수 $f(x)$를 연속확률변수 X의 확률밀도함수라고 합니다.

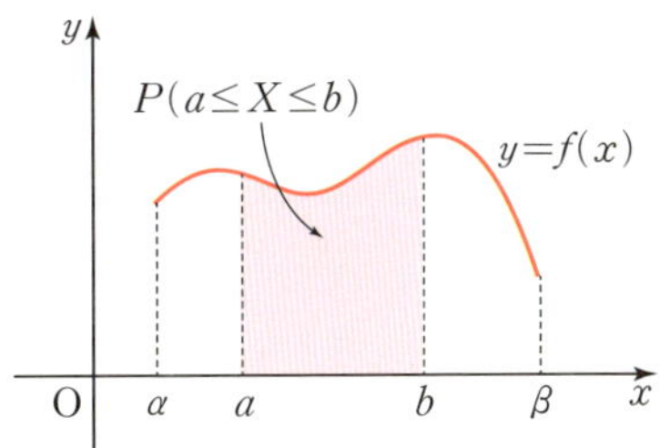

(1) $f(x) \geq 0$

(2) 함수 $y=f(x)$의 그래프와 x축 및 두 직선 $x=\alpha$, $x=\beta$로 둘러싸인 부분의 넓이는 1이다.

(3) $P(a \leq X \leq b)$는 함수 $y=f(x)$의 그래프와 x축 및 두 직선 $x=a$, $x=b$로 둘러싸인 부분의 넓이와 같다. (단, $\alpha \leq a \leq b \leq \beta$)

예를 들어, 호출한 택시의 도착 예정 시각과 실제 도착 시각의 차(단위: 분)를 확률변수 X라고 합시다. X의 확률밀도함수가 다음과 같다고 할 때,

$$f(x)=\frac{x(30-x)}{4500},\ 0 \leq x \leq 30$$

호출한 택시의 도착 예정 시각과 실제 도착 시각의 차가 10분 이하일 확률은 $P(X \leq 10)=\int_0^{10} \frac{x(30-x)}{4500}\,dx=\frac{7}{27} ≒ 0.26$으로 약 26%입니다.

이를 그래프로 나타내면 다음과 같습니다.

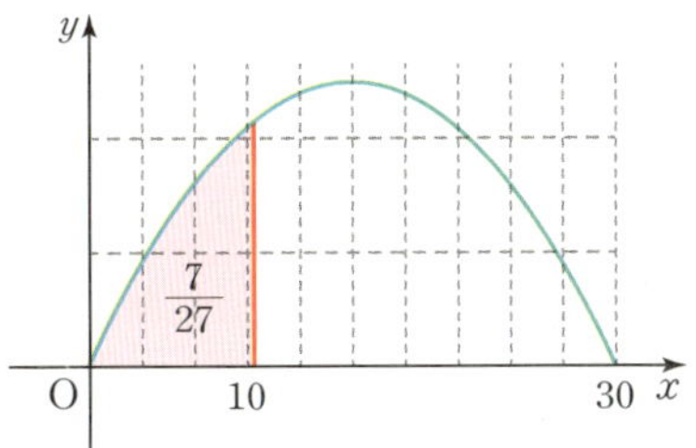

이산확률변수의 분포함수를 확률질량함수probability mass function, 연속확률변수의 분포함수를 확률밀도함수probability density function라고 부르는 것은, 앞서 확률분포의 역사에서 언급한 것처럼 이 용어들이 과거에는 물리학에서 주로 쓰인 개념들이기 때문입니다.

질량이라고 번역되기도 하는 'mass'는 하나의 덩어리로서 인지되는 대상을 일컫습니다. 따라서 확률질량함수라는 용어는 이산확률변수 각각의 값을 확률 객체로 인지할 수 있다는 의미죠. 반면에 연속확률변수에서는 각각의 값을 확률 객체가 아니라 범위로 인식합니다. 그리고 '어떤 범위를 덩어리로 인식하는 데에 있어 각각의 점은 무엇이라고 인식할 수 있는가?'에 대한 훌륭한 답이 '농도density'였습니다. 진한 농도가 쌓이면 그 범위는 무거운 덩어리가 되고, 연한 농도가 쌓이면 그 범위는 가벼운 덩어리가 되듯이요.

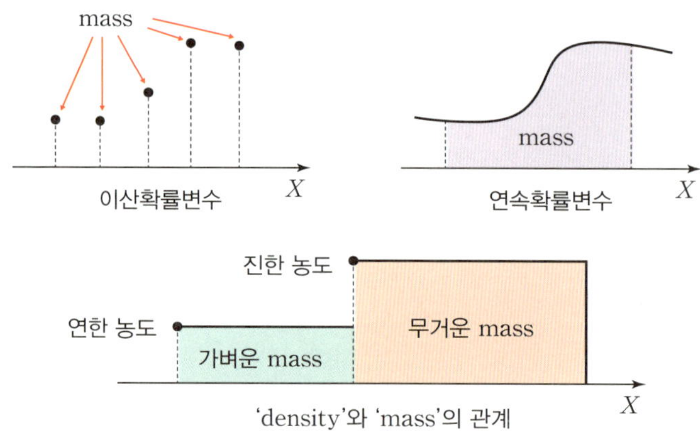

이는 물리학의 개념이 수학 용어로 이어진 흥미로운 사례입니다. 다만 'density'의 번역어인 밀도는 둘째 치더라도, 'mass'를 질량으로 옮긴 것은 '온전한 확률 단위'라는 본래 의미를 담기에는 다소 아쉬운 표현입니다.

기댓값과 분산

이산확률변수 X의 확률질량함수가 $P(X=x_i)=p_i(i=1, 2, \cdots, n)$일 때, X의 기댓값expected value $E(X)$는 $E(X)=\sum_{k=1}^{n} x_k p_k$입니다. 마찬가지로 $\alpha \leq X \leq \beta$에서 정의된 연속확률변수 X의 확률밀도함수가 $f(x)$일 때, X의 기댓값 $E(X)$는 $E(X)=\int_{\alpha}^{\beta} xf(x)dx$입니다.[•]

예를 들어 한 개의 주사위를 한 번 던져서 나온 눈의 수를 확률변수 X라고 할 때, X의 기댓값을 구하면 $E(X)=\sum_{k=1}^{6} \dfrac{k}{6}=\dfrac{1+2+3+4+5+6}{6}=\dfrac{7}{2}$입니다.

흔히 평균과 기댓값이 혼용되어 쓰이곤 하는데, 평균은 자료 전체를 대표하는 값(대푯값)의 일종이고, 기댓값은 확률변수의 예측값입니다. 즉, 평균은 대푯값을 구하고 싶은 자료에 대해 쓰는 개념이고, 기댓값은 확률변수에 대해 쓰는 개념이죠. 다만 산술평균을 구하는 식과 기댓값을 구하는 식이 유사한 형태이기 때문에 '평균≒기댓값'처럼 여겨지곤 합니다.

이산확률변수 X와 상수 $a, b(a \neq 0)$에 대하여 $E(aX+b)=aE(X)+b$가 성립합니다. 예를 들어 여섯 눈이 $2x+3(x=1, 2, \cdots, 6)$으로 이루어진 주사위를 한 번 던져서 나온 눈의 수의 기댓값은 $E(2X+3)=2E(X)+3=2 \times \dfrac{7}{2}+3=10$입니다.

> **증명** $E(aX+b)=aE(X)+b$
>
> $E(X)=\sum_{k=1}^{n} x_k p_k$이므로,

[•]   고등학교 과정에서는 이산확률변수에 대해서만 다룹니다.

$$E(aX+b)=\sum_{k=1}^{n}(ax_k+b)p_k$$
$$=(ax_1+b)p_1+(ax_2+b)p_2+\cdots+(ax_n+b)p_n$$
$$=a(x_1p_1+x_2p_2+\cdots+x_np_n)+b(p_1+p_2+\cdots+p_n)$$
$$=a\sum_{k=1}^{n}x_kp_k+b\times1$$
$$=aE(X)+b \ \blacksquare$$

한편, 이산확률변수 X의 기댓값 $E(X)$를 m이라고 할 때, X의 분산varience $V(X)$는 $V(X)=E((X-m)^2)=E(X^2)-\{E(X)\}^2$입니다. 또한 표준편차standard deviation는 $\sigma(X)=\sqrt{V(X)}$입니다. σ는 $\sum$의 소문자로, 역시 '시그마'라고 읽습니다.[•] 연속확률변수에 대해서도 마찬가지로 분산과 표준편차를 구할 수 있지만, 고등학교 과정에서는 이를 다루지 않습니다.

증명 $V(X)=E((X-m)^2)=E(X^2)-\{E(X)\}^2$

$$V(X)=E((X-m)^2)$$
$$=E(X^2-2mX+m^2)=E(X^2)-2mE(X)+m^2$$
$$=E(X^2)-2m^2+m^2=E(X^2)-m^2=E(X^2)-\{E(X)\}^2 \ \blacksquare$$

예제 이산확률변수의 분산과 표준편차 구하기

100원짜리 동전 3개와 500원짜리 동전 2개가 들어 있는 주머니에서 임의로 2개의 동전을 꺼낼 때, 꺼낸 동전 중 500원짜리 동전의 개수를 확률변수 X라

• σ는 'standard deviation'의 머리글자 s에 해당하는 그리스어 소문자입니다.

라고 하면 X의 분산은 $V(X)=\dfrac{9}{25}$, 표준편차는 $\sigma(X)=\dfrac{3}{5}$입니다. 이를 구하는 과정은 다음과 같습니다.

X	0	1	2
p	$\dfrac{{}_3C_2 \times {}_2C_0}{{}_5C_2}=\dfrac{3}{10}$	$\dfrac{{}_3C_1 \times {}_2C_1}{{}_5C_2}=\dfrac{6}{10}$	$\dfrac{{}_3C_0 \times {}_2C_2}{{}_5C_2}=\dfrac{1}{10}$

$$E(X)=0\times\frac{3}{10}+1\times\frac{6}{10}+2\times\frac{1}{10}=\frac{8}{10}=\frac{4}{5}$$

$$E(X^2)=0^2\times\frac{3}{10}+1^2\times\frac{6}{10}+2^2\times\frac{1}{10}=\frac{10}{10}=1$$

$$V(X)=E(X^2)-\{E(X)\}^2=1-\left(\frac{4}{5}\right)^2=\frac{9}{25}$$

$$\sigma(X)=\sqrt{\frac{9}{25}}=\frac{3}{5}$$

이산확률변수 X와 상수 $a,\ b(a\neq0)$에 대하여 $V(aX+b)=a^2V(X)$이고, $\sigma(aX+b)=|a|\sigma(X)$입니다. 즉, 확률변수에 곱해주는 상수는 분산에 영향을 주지만, 더해주는 상수는 분산에 영향을 주지 않습니다.

증명 $V(aX+b)=a^2V(X),\ \sigma(aX+b)=|a|\sigma(X)$

$$\begin{aligned}
V(aX+b)&=E((aX+b)^2)-\{E(aX+b)\}^2\\
&=E(a^2X^2+2abX+b^2)-\{aE(X)+b\}^2\\
&=\{a^2E(X^2)+2abE(X)+b^2\}-[a^2\{E(X)\}^2+2abE(X)+b^2]\\
&=a^2[E(X^2)-\{E(X)\}^2]\\
&=a^2V(X)\\
\sigma(aX+b)&=\sqrt{a^2V(X)}=|a|\sigma(X)\ \blacksquare
\end{aligned}$$

이항분포

확률질량함수

'성공과 실패', '0과 1', 'O와 X'처럼 상호 배타적인 두 개의 결과만이 발생하는 시행을 생각해봅시다. 예컨대 앞면엔 1, 뒷면에 0이 적힌 동전을 던졌을 때 앞면이 나올 확률이 p였다면 뒷면이 나올 확률은 자동적으로 $1-p$입니다.

던진 결과	1	0
확률	p	$1-p$

이와 같은 시행에서 사건 A가 일어날 확률이 p일 때, 이 시행을 n번 반복하는 독립시행에서 사건 A가 일어나는 횟수를 X라고 하면 X는 $0, 1, 2, \cdots, n$의 값을 가지는 확률변수이고, X의 확률질량함수는 $P(X=x) = {}_n\mathrm{C}_x p^x (1-p)^{n-x}$ $(x=0, 1, 2, \cdots, n)$입니다. (407쪽 독립시행의 확률 참고)

가령 바로 앞의 예시에서 동전을 5번 던져서 앞면이 3번 나올 확률을 우리는 $P(X=3) = {}_5\mathrm{C}_3 p^3 (1-p)^2$으로 구할 수 있죠. 마찬가지로 동전을 10번 던져서 앞면이 7번 나올 확률은 $P(X=7) = {}_{10}\mathrm{C}_7 p^7 (1-p)^3$입니다.

이와 같은 확률변수 X의 확률분포를 이항분포라고 합니다. 이것을 기호로 $B(n, p)$와 같이 나타내고 확률변수 X는 이항분포 $B(n, p)$를 따른다고 합니다. 상호 배타적인 '두 개의 항'이 결과로 주어진다고 하여 이항二項분포라 명명되었으며, 영어로는 'binomial distribution'이기 때문에 머리글자인 B를 기호로 씁니다. 그리고 이항분포의 확률질량함수를 결정하는 중요한 두 값인 시행 횟수 n과 사건의 확률 p를 명시합니다.

예를 들어 동전을 10번 던졌을 때 앞면이 나오는 횟수를 확률변수 X라 하면, X는 이항분포 $B\left(10, \dfrac{1}{2}\right)$을 따르며 확률질량함수는 $P(X=x)$ $={}_{10}C_x\left(\dfrac{1}{2}\right)^x\left(1-\dfrac{1}{2}\right)^{10-x}$ 입니다.

통계량

이항분포 $B(n, p)$를 따르는 확률변수 X의 기댓값, 분산, 표준편차는 각각 다음과 같습니다. (단, $q=1-p$)

(1) 기댓값: $E(X)=np$

(2) 분산: $V(X)=npq$

(3) 표준편차: $\sigma(X)=\sqrt{npq}$

증명 이항분포를 따르는 확률변수 X의 기댓값, 분산, 표준편차

다음과 같이 두 개의 결과를 갖는 확률변수 S가 있다고 합시다.

S	1	0
확률	p	$1-p$

S의 기댓값과 분산, 표준편차는 다음과 같습니다.

$$E(S)=1\times p+0\times(1-p)=p$$
$$V(S)=E(S^2)-\{E(S)\}^2=\{1^2p+0^2(1-p)\}-p^2=p(1-p)$$
$$\sigma(S)=\sqrt{p(1-p)}$$

이러한 시행을 n번 하여, $S=1$인 사건이 발생하는 횟수를 X라고 하면, X는 $X=S_1+S_2+\cdots+S_n$과 같이 표현할 수 있으며, 이항분포 $B(n, p)$를 따릅니다.

가령 $n=3$이고 $S_1=1, S_2=1, S_3=0$이었다면

$X=1+1+0=2$, 즉 3번의 시행 중에서 $S=1$인 사건은 두 번 발생했다는 의미입니다.

X에 대한 기댓값과 분산, 표준편차를 구하면 다음과 같습니다.

$$E(X)=E(S_1+S_2+\cdots+S_n)=E(S_1)+E(S_2)+\cdots+E(S_n)$$
$$=p+p+\cdots+p=np$$
$$V(X)=V(S_1)+V(S_2)+\cdots+V(S_n)=n\times p(1-p)$$
$$\sigma(X)=\sqrt{np(1-p)}\ \blacksquare$$

예를 들어, 타율이 3할(30%)인 타자가 타석에 450번 섰을 때, 안타를 친 횟수를 확률변수 X라고 하면 $E(X)=450\times0.3=135$, $V(X)=450\times0.3\times(1-0.3)=94.5$, $\sigma(X)=\sqrt{94.5}\fallingdotseq9.72$입니다.

정규분포

정규분포와 그래프

동일한 확률분포를 가진 이산확률변수 n개의 기댓값의 분포는 n이 커질수록 종 모양의 곡선에 가까워집니다. n이 한없이 커질 때 이 곡선이 수렴하는 곡선을 정규분포곡선이라 부릅니다.

가령 이항분포 $B(n,p)$를 따르는 확률변수 X는 n이 한없이 커지면 정규분포 $N(m,\sigma^2)$을 따르고, $m=np$, $\sigma=np(1-p)$이며 정규분포 함수는 $f(x)=\dfrac{1}{\sqrt{2\pi}\sigma}e^{-\frac{(x-m)^2}{2\sigma^2}}$ 입니다.

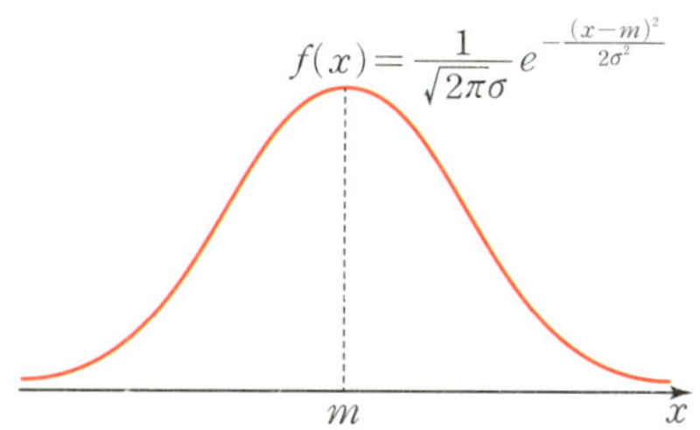

정규분포 $N(m, \sigma^2)$을 따르는 확률변수 X의 확률밀도함수의 그래프는 다음과 같은 성질을 갖습니다.

(1) 직선 $x=m$에 대하여 대칭인 종 모양의 곡선이다.

(2) 곡선과 x축 사이의 넓이는 1이다.

(3) x축을 점근선으로 하고, $x=m$일 때 최댓값을 가진다.

(4) m의 값이 일정할 때, σ의 값이 커질수록 곡선은 높이가 낮아지면서 양옆으로 넓게 퍼진다.

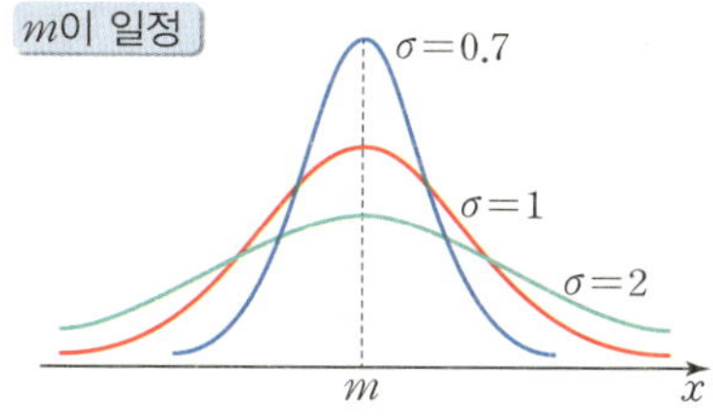

(5) σ의 값이 일정할 때, m의 값이 달라지면 대칭축의 위치는 바뀌지만 곡선의 모양은 변하지 않는다.

• 이 과정에서 구체적으로는 정수 k에 대해서 $P(X=k)$를 $P(k-0.5<X<k+0.5)$로 변환하는 등의 연속성 수정을 거칩니다. 이산확률변수를 연속확률변수로 변환하는 과정에서 생기는 오차를 보정하는 중요한 작업이지만, 고등학교 과정에서 이를 언급하지는 않습니다. 이를 수학적으로 뒷받침하는 '중심 극한정리' 역시 고등학교 과정에서는 다루지 않습니다.

어린 왕자는 이과였어요.

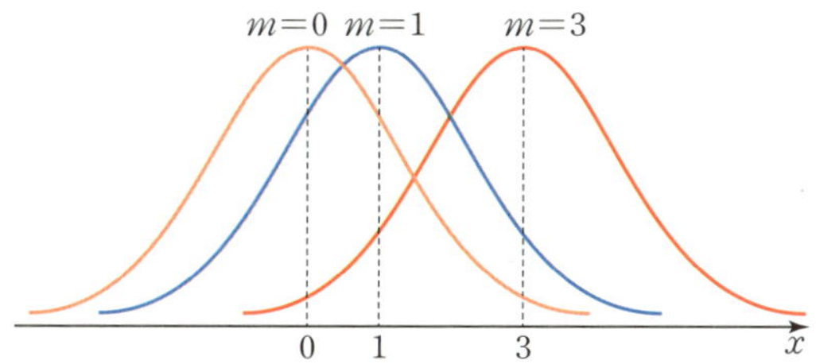

표준정규분포

평균이 0이고 분산이 1인 정규분포 $N(0, 1)$을 표준정규분포라고 합니다. 표준정규분포는 정규분포의 확률 계산을 편하게 해주고, 정규분포를 따르는 여러 개의 확률변수를 비교 분석하기 쉽게 해주는 등 다양한 효용이 있습니다.

표준정규분포를 따르는 확률변수는 보통 Z로 나타내는데, 흔히 확률변수로 쓰이는 X, Y와 구별하기 위함입니다. 즉, 표준정규분포 $N(0, 1)$을 따르는 확률변수 Z의 확률밀도함수는 $f(z) = \dfrac{1}{\sqrt{2\pi\sigma}} e^{-\frac{z^2}{2}}$ (z는 모든 실수) 입니다.

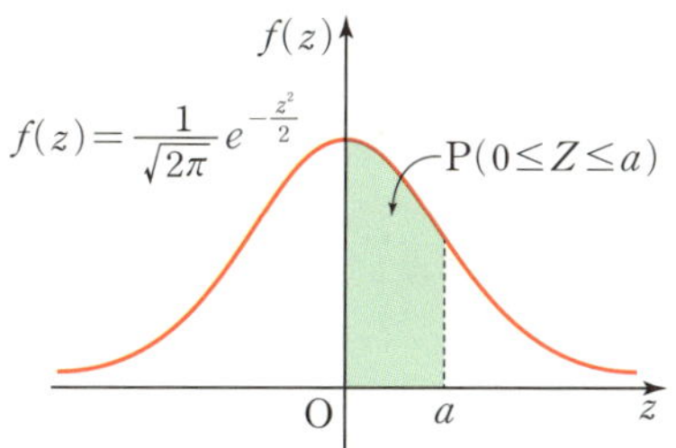

계산의 편의를 위해 양수 a에 대하여 확률 $P(0 \leq Z \leq a)$의 근삿값을 표로 정리한 것을 표준정규분포표라 합니다.

a	0.00	0.01	0.02	0.03	$\cdots$
0.0	0.0000	0.0040	0.0080	0.0120	
0.1	0.0398	0.0438	0.0478	0.0517	
0.2	0.0793	0.0832	0.0871	0.0910	
0.3	0.1179	0.1217	0.1255	0.1293	
0.4	0.1554	0.1591	0.1628	0.1664	
0.5	0.1915	0.1950	0.1985	0.2019	
0.6	0.2257	0.2291	0.2324	0.2357	
0.7	0.2580	0.2611	0.2642	0.2673	
0.8	0.2881	0.2910	0.2939	0.2967	
0.9	0.3159	0.3186	0.3212	0.3238	

$\vdots$

표준정규분포표

예를 들어 표준정규분포표에 따라, $P(0 \leq Z \leq 1.96) = 0.4750$, $P(0 \leq Z \leq 2.58) = 0.4951$입니다.

z	$\cdots$	0.06	$\cdots$	0.08	$\cdots$
$\vdots$		$\cdots$			
1.9		.4750			
$\vdots$					
2.5		$\cdots$		.4951	
$\vdots$		$\cdots$			

흔히 통계자료에서 실용적으로 쓰이는 95%, 99%의 확률은 표준정규분

포에서 $P(-1.96\leq Z\leq 1.96)\fallingdotseq 0.95$, $P(-2.58\leq Z\leq 2.58)\fallingdotseq 0.99$로 나타내기 때문에 1.96, 2.58의 상수는 기억해두는 것이 좋습니다.

표준화

정규분포 $N(m, \sigma^2)$을 따르는 확률변수 X를 표준정규분포 $N(0, 1)$을 따르는 확률변수 $Z=\dfrac{X-m}{\sigma}$으로 치환하는 행위를 표준화라고 합니다. 표준화에 의한 Z의 기댓값과 분산은 다음과 같습니다.

$$E(Z)=E\left(\frac{X-m}{\sigma}\right)=\frac{1}{\sigma}E(X)-\frac{m}{\sigma}=0$$

$$V(Z)=V\left(\frac{X-m}{\sigma}\right)=\frac{1}{\sigma^2}V(X)=1$$

예를 들어 확률변수 X가 정규분포 $N(10, 2^2)$을 따를 때,

$$P(7\leq X\leq 14)$$
$$=P(-1.5\leq Z\leq 2)$$
$$=P(-1.5\leq Z\leq 0)+P(0\leq Z\leq 2)$$
$$=P(0\leq Z\leq 1.5)+P(0\leq Z\leq 2)$$

가 성립합니다. $Z=\dfrac{X-10}{2}$이므로 $X=2Z+10$을 대입해 정리한 결과입니다. 이 값은 표준정규분포표를 이용해 쉽게 구할 수 있습니다.

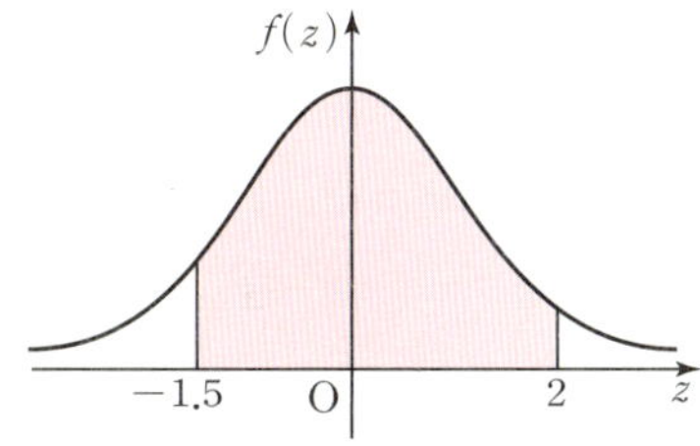

4

통계적 추정

모집단과 표본

표본과 추출

통계 조사에서 조사의 대상이 되는 집단 전체를 모집단이라 하고, 모집단 전체를 조사하는 것을 전수조사라고 합니다. 반면에 모집단의 일부를 택하여 조사하는 것을 표본조사라 하고, 모집단에서 뽑은 일부분을 표본이라고 합니다. 이때 표본에 포함된 자료의 개수를 표본의 크기라 하며, 모집단에서 표본을 뽑는 행위를 추출이라고 합니다.

표본조사의 목적은 표본에서 얻은 정보를 바탕으로 모집단의 평균, 분산과 같은 통계량을 추정하는 데 있으므로, 모집단에서 표본을 추출할 때에는 어느 한 부분에 치우침이 없이 전체의 특성이 잘 반영되도록 해야 합니다. 이를 위해 모집단의 각 대상이 표본에 포함될 확률이 모두 같도록 표본을 추출하는 방법을 임의추출이라고 부릅니다. 임의추출의 예시는 441쪽에서 소개합니다.

모집단에서 표본을 추출하는 방법은 한번 추출된 대상을 되돌려놓은 후 다시 추출하는 복원추출과 추출된 대상을 되돌려놓지 않고 다시 추출하는 비복원추출로 구분할 수 있습니다.

예를 들어 1부터 10까지의 자연수가 각각 하나씩 적혀 있는 10장의 카드 중에서 3장의 카드를 한 개씩 복원추출할 때의 경우의 수는 $1000(=10 \times 10 \times 10)$, 한 개씩 비복원추출할 때의 경우의 수는 $720(=10 \times 9 \times 8)$, 동시에

3개를 추출할 때의 경우의 수는 $120\left(={}_{10}\mathrm{C}_3=\dfrac{10\times9\times8}{3\times2\times1}\right)$입니다.

임의추출을 위해서는 모집단에서 표본을 비복원추출하는 것이 이상적이지만 계산이 복원추출에 비해 복잡하며, 모집단의 크기가 충분히 큰 경우에는 비복원추출과 복원추출의 결과에 큰 차이가 없어서, 고등학교 과정에서 임의추출이란 일반적으로 복원추출로 이루어짐을 상정합니다.

표본의 통계량

모집단의 확률분포에서 평균, 분산, 표준편차를 각각 모평균, 모분산, 모표준편차라고 하며 이것을 각각 기호 m, σ^2, σ로 나타냅니다. 한편, 모집단에서 임의추출된 표본 X_1, X_2, $\cdots$, X_n(표본크기$=n$)의 평균, 분산, 표준편차를 각각 표본평균, 표본분산, 표본표준편차라고 하며 이것을 각각 기호 $\overline{X}$, S^2, S로 나타내고 다음과 같이 정의합니다. $\overline{X}$는 'X 바bar'로 읽습니다.

(1) 표본평균: $\overline{X}=\dfrac{1}{n}\sum\limits_{k=1}^{n}X_k$

(2) 표본분산: $S^2=\dfrac{1}{n-1}\sum\limits_{k=1}^{n}\{(X_k-\overline{X})^2\}$

(3) 표본표준편차: $S=\sqrt{S^2}$

예를 들어 전국 남성의 평균 키를 추정하기 위해 서울에서 100명의 남성을 표본으로 추출한 후, 100명 키의 평균과 분산과 표준편차를 구한 값이 각각 표본평균, 표본분산, 표본표준편차에 해당합니다.

다만 표본분산의 계산식이 $\dfrac{1}{n}\sum\limits_{k=1}^{n}\{(X_k-\overline{X})^2\}$이 아니라 $\dfrac{1}{n-1}\sum\limits_{k=1}^{n}\{(X_k-\overline{X})^2\}$이므로, 이 예에서는 키의 편차제곱합을 100이 아니라 99로 나누어서 표본분산을 구해야 합니다.

그 이유를 이해하려면 우선 (기존의 상식대로 구한) 표본분산의 기댓값이 일반적으로 모분산보다 작다는 사실을 알아야 합니다. 예를 들어 30명씩 10개의 반으로 나뉜 어느 학교 전교생 300명의 몸무게를 측정했다고 가정합시다. 이때 전교 300명 몸무게의 분산은 모분산 σ^2에 해당하고, 각 반 30명의 몸무게 분산들은 표본분산에 해당합니다. 즉, 표본분산값이 총 10개 주어지게 됩니다. 그럼 이 10개의 값을 모두 더한 후 10으로 나눈 평균 $E(S^2)$은 모분산과 같을까요, 다를까요? 당연하게도 이 값은 모분산보다 작습니다. 분산이란 '자료가 흩어져 있는 정도'를 의미하는데, 300명의 몸무게 분포가 흩어져 있는 정도는 이들을 분할해 30명씩 모은 몸무게의 분포가 흩어져 있는 정도보다 큰 것이 일반적이기 때문입니다. 가령 아래 그림처럼 반이 나뉘어 있었다면 $E(S^2)$은 극단적으로 작게 계산됩니다.

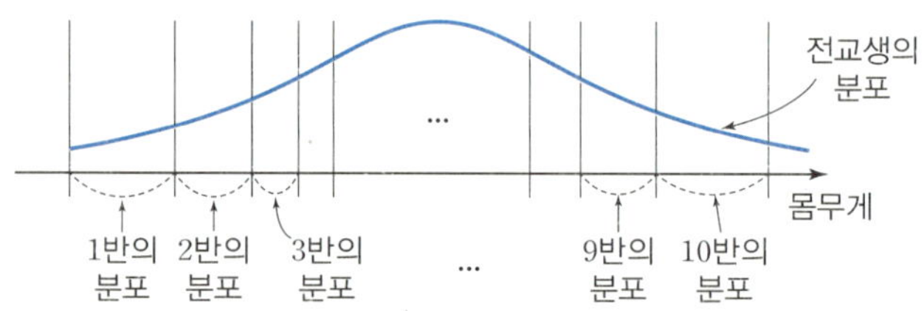

하지만 통계학자들은 표본분산의 기댓값 $E(S^2)$이 모분산 σ^2과 같은 값이 나오게 되기를 원합니다. 즉, 위 그래프처럼 표본에서 구한 통계량이 편향된 값으로 나오는 게 아니라, 모집단의 특성을 왜곡 없이 잘 반영하기를 바라죠. (곧이어 후술하겠지만, 표본분산과는 달리 표본평균의 기댓값인 $E(\overline{X})$는 모평균 m과 정확하게 일치합니다. 즉, 아름답게도 $E(\overline{X})=m$입니다.)

그럼 어떻게 해야 $E(S^2)=\sigma^2$이 되게 할 수 있을까요? 당연히 표본의 추출 과정에서부터 손을 써야 하지만, 임의추출이 잘 이루어졌다는 가정하에서는 S^2을 구하는 계산식을 조금만 조정해주면 됩니다.

만약 기존의 상식대로 $S^2 = \dfrac{1}{n}\sum_{k=1}^{n}(X_k - \overline{X})^2 = \dfrac{1}{n}\sum_{k=1}^{n}X_k^{\,2} - \overline{X}^2$으로 계산한다면 다음과 같이 식이 전개됩니다.[*]

$$
\begin{aligned}
E(S^2) &= E\left(\frac{1}{n}\sum_{k=1}^{n}X_k^{\,2} - \overline{X}^2\right) = \frac{1}{n}E\left(\sum_{k=1}^{n}X_k^{\,2} - n\overline{X}^2\right) \\
&= \frac{1}{n}\left(\sum_{k=1}^{n}E(X_k^{\,2}) - nE(\overline{X}^2)\right) \\
&= \frac{1}{n}\left\{\sum_{k=1}^{n}(\sigma^2 + m^2) - n\left(\frac{\sigma^2}{n} + m^2\right)\right\}[**] \\
&= \frac{1}{n}(n\sigma^2 + nm^2 - \sigma^2 - nm^2) \\
&= \frac{1}{n}\times(n-1)\sigma^2
\end{aligned}
$$

따라서 $\sigma^2 = \dfrac{n}{n-1}E(S^2)$입니다.

또한, $\dfrac{n}{n-1}E(S^2) = \dfrac{n}{n-1}E\left(\dfrac{1}{n}\sum_{k=1}^{n}(X_k - \overline{X})^2\right) =$

$E\left(\dfrac{n}{n-1}\times\dfrac{1}{n}\sum_{k=1}^{n}(X_k - \overline{X})^2\right) = E\left(\dfrac{1}{n-1}\sum_{k=1}^{n}(X_k - \overline{X})^2\right)$이므로

$\sigma^2 = E\left(\dfrac{1}{n-1}\sum_{k=1}^{n}(X_k - \overline{X})^2\right)$이 성립하기 때문에,

---

[*] $V(X) = E(X^2) - \{E(X)\}^2$임을 상기합시다.

[**] 표본이 왜곡 없이 모집단의 특성을 반영하였다는 가정하에 $E(X^2) = E(X_k^{\,2})$이라 보고, $\sigma^2 = E(X^2) - m^2$으로부터 $E(X_k^{\,2}) = \sigma^2 + m^2$을 유도합니다. 또한 $V(\overline{X}) = E(\overline{X}^2) - \{E(\overline{X})\}^2$으로부터 $E(\overline{X}^2) = V(\overline{X}) + \{E(\overline{X})\}^2 = \dfrac{\sigma^2}{n} + m^2$이 유도됩니다. $E(\overline{X}) = m$, $V(\overline{X}) = \dfrac{\sigma^2}{n}$인 이유는 430~431쪽에서 설명합니다.

만약 $\dfrac{1}{n-1}\sum_{k=1}^{n}(X_k-\overline{X})^2$을 새로운 표본분산의 계산식으로 설정한다면,

즉 $S^2=\dfrac{1}{n-1}\sum_{k=1}^{n}(X_k-\overline{X})^2$이라고 새롭게 정의한다면

$$\sigma^2=E\left(\dfrac{1}{n-1}\sum_{k=1}^{n}(X_k-\overline{X})^2\right)=E(S^2)$$이 성립합니다.

한마디로, 표본 크기가 n일 때 편차제곱합을 $n-1$로 나눈 값을 표본분산이라고 새롭게 정의하면, 이렇게 정의된 표본분산의 기댓값은 모분산과 일치하게 됩니다.[*]

모평균의 추정

표본평균

모평균이 m이고 모표준편차가 σ인 모집단에서 크기가 n인 표본을 임의추출할 때, 표본평균 $\overline{X}$에 대하여 다음이 성립합니다.

(1) 표본평균의 기댓값: $E(\overline{X})=E(X)=m$

(2) 표본평균의 분산: $V(\overline{X})=\dfrac{V(X)}{n}=\dfrac{\sigma^2}{n}$

(3) 표본평균의 표준편차: $\sigma(\overline{X})=\dfrac{\sigma(X)}{\sqrt{n}}=\dfrac{\sigma}{\sqrt{n}}$

증명 표본평균의 기댓값, 분산, 표준편차

(1) $E(\overline{X})=E\left(\dfrac{1}{n}\sum_{k=1}^{n}X_k\right)=\dfrac{1}{n}\sum_{k=1}^{n}E(X_k)=\dfrac{1}{n}\times nE(X)=E(X)$

---

[*] 고등학교 교육과정에서는 표본분산과 그 계산식은 소개하지만 왜 $n-1$로 나누는지에 대한 이유를 이와 같이 깊게 조명하진 않습니다.

$$(2)\ V(\overline{X})=V\left(\frac{1}{n}\sum_{k=1}^{n}X_k\right)=\frac{1}{n^2}\sum_{k=1}^{n}V(X_k)=\frac{1}{n^2}\times nV(X)=\frac{V(X)}{n}$$

$$(3)\ \sigma(\overline{X})=\sqrt{V(\overline{X})}=\sqrt{\frac{V(X)}{n}}=\frac{\sigma(X)}{\sqrt{n}}\ \blacksquare$$

표본평균의 기댓값 $E(\overline{X})$가 이미 모평균 $E(X)$와 같으니, 그냥 $E(\overline{X})$를 구하면 되지 왜 모평균을 '추정'할까요? 사실 $E(\overline{X})$를 구할 수 있는 수준이라면 번거롭게 $E(\overline{X})$를 구할 필요 없이 바로 $E(X)$를 구하는 것도 가능할 뿐 아니라 오히려 그게 더 쉽습니다. 바꿔 말해, 표본을 추출해서 모집단을 추정해야 하는 상황이라는 건 $E(\overline{X})$를 구할 수가 없다는 의미이기도 합니다.

예를 들어 모집단이 a, b, c, d로 이루어져 있고, 여기에서 표본 크기가 2인 표본을 추출한 결과는 다음과 같습니다.

$$a,a\ /\ a,b\ /\ a,c\ /\ a,d\ /\ b,b\ /\ b,c\ /\ b,d\ /\ c,c\ /\ c,d\ /\ d,d$$

즉, 모평균은 $E(X)=\dfrac{a+b+c+d}{4}$이고, 표본평균의 평균은 다음과 같습니다.

$$E(\overline{X})=\frac{\dfrac{a+a}{2}+\dfrac{a+b}{2}+\cdots+\dfrac{d+d}{2}}{10}$$

$$=\frac{5(a+b+c+d)}{20}=\frac{a+b+c+d}{4}$$

따라서 $E(X)=E(\overline{X})$임을 확인할 수 있습니다. 하지만 이처럼 표본평균의 평균을 구할 수 있는 상황이라면 애초에 표본조사가 아니라 전수

조사로 모평균을 구하는 편이 더욱 간편하겠죠.

표본평균과 정규분포

모평균이 m이고 모표준편차가 σ인 모집단에서 크기가 n인 표본을 임의추출할 때, 표본평균 $\overline{X}$에 대하여 다음이 성립합니다.

(1) 모집단의 확률분포가 정규분포 $N(m, \sigma^2)$을 따를 때, 표본평균 $\overline{X}$는 정규분포 $N\left(m, \dfrac{\sigma^2}{n}\right)$을 따른다.

(2) 중심극한정리에 의해, 모집단의 확률분포가 정규분포가 아닐 때도 n이 충분히 크면 표본평균 $\overline{X}$는 근사적으로 정규분포 $N\left(m, \dfrac{\sigma^2}{n}\right)$을 따른다.[*]

예를 들어 어느 농장에서 생산되는 사과의 무게는 평균이 230g, 표준편차가 20g인 정규분포를 따른다고 합니다. 이제 이 농장에서 생산된 사과 중에서 100개를 임의추출할 때, 사과 무게의 평균이 228g 이상 235g 이하일 확률은 다음과 같습니다. (단, $P(0 \leq Z \leq 1) = 0.3413$, $P(0 \leq Z \leq 2.5) = 0.4938$)

$$P(228 \leq \overline{X} \leq 235)$$
$$= P\left(\frac{228 - E(\overline{X})}{\sigma(\overline{X})} \leq \frac{\overline{X} - E(\overline{X})}{\sigma(\overline{X})} \leq \frac{235 - E(\overline{X})}{\sigma(\overline{X})}\right)$$
$$= P\left(\frac{228 - 230}{\dfrac{20}{\sqrt{100}}} \leq \frac{\overline{X} - 230}{\dfrac{20}{\sqrt{100}}} \leq \frac{235 - 230}{\dfrac{20}{\sqrt{100}}}\right)$$

- 실용적으로는 표본 크기 n이 30 이상이면 충분히 크다고 보지만, 모집단의 확률분포에 극단적인 값들이 있거나 비대칭도가 높은 상황에는 100 이상으로 설정하기도 합니다.

$$=P(-1\leq Z\leq 2.5)$$

$$=P(0\leq Z\leq 1)+P(0\leq Z\leq 2.5)$$

$$=0.8351$$

신뢰구간

신뢰구간이란, 모집단의 통계량(모평균, 모비율 등)을 추정할 때 그 추정값이 특정 확률로 포함되어 있을 것으로 예측되는 구간입니다. 예를 들어, 표본집단에서 얻은 통계자료를 통해 모집단의 평균값을 추정할 때, 평균값의 추정값이 95% 확률로 포함되어 있을 것으로 예측되는 구간을 '신뢰도가 95%인 신뢰구간'이라 합니다. 여기서 95% 같은 특정 확률은 신뢰도라고 부릅니다.

정규분포 $N(m, \sigma^2)$을 따르는 모집단에서 크기가 n인 표본을 임의추출하여 구한 표본평균 $\overline{X}$에 대하여 모평균 m의 신뢰구간은 다음과 같습니다.

(1) 신뢰도 95%인 신뢰구간: $\overline{X}-1.96\dfrac{\sigma}{\sqrt{n}}\leq m\leq \overline{X}+1.96\dfrac{\sigma}{\sqrt{n}}$

(2) 신뢰도 99%인 신뢰구간: $\overline{X}-2.58\dfrac{\sigma}{\sqrt{n}}\leq m\leq \overline{X}+2.58\dfrac{\sigma}{\sqrt{n}}$

증명 모평균의 신뢰구간 유도

(1) $P(-1.96\leq Z\leq 1.96)=0.95$입니다. (425쪽 참고)

$$\Rightarrow P\left(-1.96\leq \frac{\overline{X}-E(\overline{X})}{\sigma(\overline{X})}\leq 1.96\right)=0.95$$

$$\Rightarrow P\left(-1.96 \leq \frac{\overline{X}-m}{\frac{\sigma}{\sqrt{n}}} \leq 1.96\right)=0.95$$

$$\Rightarrow P\left(-1.96\,\frac{\sigma}{\sqrt{n}} \leq \overline{X}-m \leq 1.96\,\frac{\sigma}{\sqrt{n}}\right)=0.95$$

$$\Rightarrow P\left(\overline{X}-1.96\,\frac{\sigma}{\sqrt{n}} \leq m \leq \overline{X}+1.96\,\frac{\sigma}{\sqrt{n}}\right)=0.95$$

따라서 모평균 m이 구간 $\left[\overline{X}-1.96\,\dfrac{\sigma}{\sqrt{n}},\ \overline{X}+1.96\,\dfrac{\sigma}{\sqrt{n}}\right]$에 포함될 확률은 95%이며, 이 구간이 곧 신뢰도 95%인 신뢰구간입니다.

(2) (1)에서 1.96 대신에 2.58을 대입하여 식을 전개하면 신뢰도 99%인 신뢰구간을 유도할 수 있습니다. ∎

하지만 현실적으로 모평균 m을 추정하는 상황에서는 모표준편차 σ도 모르는 경우가 대부분입니다. 따라서, 표본의 크기 n이 충분히 크다는 가정하에서는 모표준편차 σ 대신에 표본표준편차 S를 이용하여 근사적으로 모평균의 신뢰구간을 구합니다. 실용성을 위해 부정확함을 어느 정도 감수하는 것이죠.

예를 들어 어느 농장에서 생산된 사과 64개를 임의추출하여 무게를 조사하였더니 평균이 228g, 표준편차가 24g이었다고 합시다. 이때 이 농장에서 생산하는 사과 한 개 무게의 평균 m의 신뢰도 95%인 신뢰구간을 구하는 과정은 다음과 같습니다.

$$\overline{X}-1.96\,\frac{S}{\sqrt{n}} \leq m \leq \overline{X}+1.96\,\frac{S}{\sqrt{n}}$$

$$\Rightarrow 228-1.96\,\frac{24}{\sqrt{64}} \leq m \leq 228+1.96\,\frac{24}{\sqrt{64}}$$

$$\Rightarrow 222.12 \leq m \leq 233.88$$

즉, 이 농장에서 생산하는 사과 한 개 무게 평균의 신뢰도 95%인 신뢰구간은 222.12g 이상 233.88g 이하입니다.

모비율의 추정

표본비율

모집단에서 어떤 사건에 대한 비율을 그 사건에 대한 모비율이라고 하며, 기호 p로 나타냅니다. 모집단에서 표본을 임의추출했을 때, 어떤 사건에 대한 비율을 그 사건의 표본비율이라고 하며, 기호 $\hat{p}$으로 나타냅니다. $\hat{p}$는 'p 햇hat'으로 읽습니다. 영국의 통계학자 로널드 피셔가 처음 이 기호를 도입했습니다.

일반적으로 크기가 n인 표본을 임의추출할 때, 어떤 사건이 일어나는 횟수를 확률변수 X라고 하면 그 사건의 표본비율 $\hat{p}$은 $\hat{p} = \dfrac{X}{n}$ 입니다. 예를 들어 어느 고등학교 전교생 500명 중에서 2학년 학생이 200명일 때, 2학년 학생의 비율인 모비율 p는 $\dfrac{2}{5}$, 임의추출한 100명 중 2학년 학생이 30명일 때, 표본비율 $\hat{p}$은 $\dfrac{3}{10}$ 입니다.

모비율이 p인 모집단에서 크기가 n인 표본을 임의추출할 때, 표본비율 $\hat{p}$에 대하여 다음이 성립합니다.

(1) 표본비율의 기댓값: $E(\hat{p}) = p$

(2) 표본비율의 분산: $V(\hat{p}) = \dfrac{pq}{n}$ (단, $q = 1 - p$)

(3) 표본비율의 표준편차: $\sigma(\hat{p}) = \sqrt{\dfrac{pq}{n}}$

증명 표본비율의 기댓값, 분산, 표준편차

$$(1)\ E(\hat{p})=E\left(\frac{X}{n}\right)=\frac{1}{n}E(X)=\frac{1}{n}\times np=p\,^{\bullet}$$

$$(2)\ V(\hat{p})=V\left(\frac{X}{n}\right)=\frac{1}{n^2}V(X)=\frac{1}{n^2}\times npq=\frac{pq}{n}$$

$$(3)\ \sigma(\hat{p})=\sqrt{V(X)}=\sqrt{\frac{pq}{n}}\ \blacksquare$$

표본비율과 정규분포

모비율이 p이고 표본의 크기 n이 충분히 클 때, 표본비율 $\hat{p}$은 근사적으로 정규분포 $N\left(p,\ \dfrac{pq}{n}\right)$를 따르고, 확률변수 $Z=\dfrac{\hat{p}-p}{\sqrt{\dfrac{pq}{n}}}$는 근사적으로 표준정규분포 $N(0,1)$을 따릅니다. (단, $q=1-p$)

예를 들어 어느 음악방송 관객 중 에스파 팬의 비율이 50%라고 합시다. 이 방송 관객 중에서 100명을 임의추출할 때, 에스파 팬이 45명 이상 60명 이하일 확률은 다음과 같습니다.

$$\begin{aligned}
P\left(\frac{45}{100}\le \hat{p}\le \frac{60}{100}\right)
&=P\left(\frac{0.45-E(\hat{p})}{\sigma(\hat{p})}\le \frac{\hat{p}-E(\hat{p})}{\sigma(\hat{p})}\le \frac{0.6-E(\hat{p})}{\sigma(\hat{p})}\right)\\[2mm]
&=P\left(\frac{0.45-0.5}{\sqrt{\dfrac{0.5\times(1-0.5)}{100}}}\le Z\le \frac{0.6-0.5}{\sqrt{\dfrac{0.5\times(1-0.5)}{100}}}\right)
\end{aligned}$$

• $m(=E(X))=np$임을 이용합니다. (419쪽 참고) 모집단에서 어떤 특성을 가진 사람의 비율이 p라고 할 때, n명을 임의추출하여 그중 몇 명이 그 특성을 가지는지를 조사하면 그 특성을 가진 사람의 수는 이항분포 $B(n,\ p)$를 따릅니다.

$$=P(-1\leq Z\leq 2)$$

$$=0.8185$$

신뢰구간

모집단에서 임의추출한 크기가 n인 표본의 표본비율이 $\hat{p}$일 때, 모비율 p의 신뢰구간은 다음과 같습니다. (단, $q=1-p$) 이에 대한 유도는 모평균의 신뢰구간 유도 과정(433~434쪽 참고)과 동일하니, 여러분의 몫으로 남깁니다.

(1) 신뢰도 95%인 신뢰구간: $\hat{p}-1.96\sqrt{\dfrac{pq}{n}}\leq p\leq \hat{p}+1.96\sqrt{\dfrac{pq}{n}}$

(2) 신뢰도 99%인 신뢰구간: $\hat{p}-2.58\sqrt{\dfrac{pq}{n}}\leq p\leq \hat{p}+2.58\sqrt{\dfrac{pq}{n}}$

모평균의 신뢰구간에서와 마찬가지로, 위 부등식 양변의 p와 q는 추정의 대상이므로 알 수 없습니다. 따라서 실용적으로는 $n\hat{p}\geq 5$, $n\hat{q}\geq 5$일 때 p 대신 표본비율 $\hat{p}$을 이용하여 다음과 같이 신뢰구간을 구합니다. (단, $\hat{q}=1-\hat{p}$)

(1) 신뢰도 95%인 신뢰구간: $\hat{p}-1.96\sqrt{\dfrac{\hat{p}\hat{q}}{n}}\leq p\leq \hat{p}+1.96\sqrt{\dfrac{\hat{p}\hat{q}}{n}}$

(2) 신뢰도 99%인 신뢰구간: $\hat{p}-2.58\sqrt{\dfrac{\hat{p}\hat{q}}{n}}\leq p\leq \hat{p}+2.58\sqrt{\dfrac{\hat{p}\hat{q}}{n}}$

예를 들어 어떤 대통령 후보의 지지율을 조사하기 위해 유권자 중 600명을 임의추출하여 조사한 결과, 그중 360명이 이 후보를 지지하는 것으로 나타났다고 합시다. 이때 유권자 전체에서 이 후보를 지지하는 비율 p의 신뢰도 95%인 신뢰구간을 구하는 과정은 다음과 같습니다.

$$\hat{p} - 1.96\sqrt{\frac{\hat{p}\hat{q}}{n}} \le p \le \hat{p} + 1.96\sqrt{\frac{\hat{p}\hat{q}}{n}}$$

$$\Rightarrow \frac{360}{600} - 1.96\sqrt{\frac{\frac{360}{600} \times \left(1 - \frac{360}{600}\right)}{600}} \le p$$

$$\le \frac{360}{600} + 1.96\sqrt{\frac{\frac{360}{600} \times \left(1 - \frac{360}{600}\right)}{600}}$$

$$\Rightarrow 0.5608 \le p \le 0.6392$$

어째서 전까지 언급했던 실용성의 기준인 '표본 크기 30 이상'이 아니라 $n\hat{p} \ge 5$, $n\hat{q} \ge 5$가 조건으로 새롭게 등장했을까요?

기본적으로 표본비율 $\hat{p}$은 이항분포와 관련이 깊습니다. $\hat{p} = \dfrac{X}{n}$에서 X가 이항분포 $B(n, p)$를 따르니까요. 그런데 이항분포는 정규분포와는 다르게 뾰족하고 비대칭일 수 있으며, 특히 성공 횟수가 너무 적거나 너무 많으면, 즉 p가 0 또는 1에 너무 가까우면 대칭성이 무너집니다. 그래서 '성공과 실패 모두 어느 수준 이상으로 충분히 나와야 한다'라는 조건이 붙으며, 성공 횟수인 $n\hat{p}$과 실패 횟수인 $n\hat{q}$이 모두 5 이상을 만족하는 것이 새로운 실용성의 기준이 됩니다.

참고로, 모평균 추정에서 표본 크기 n이 30 이상이어야 한다는 조건을 걸었던 것은 중심극한정리를 적용하기 위한 실용성 기준이었음을 상기합시다.

남성 키
응답 결과
170cm
180cm
수학적으로
말이 안 되는데?
넘어가자…

통계자료 조사

통계자료의 분류

통계자료는 흔히 성별, 혈액형, 학년, 만족도 등과 같이 범주 또는 그룹의 이름 등으로 표시되는 범주형 자료와 줄넘기 횟수, 헌혈 횟수, 키, 몸무게 등과 같이 숫자 자체가 수량을 나타내며 측정되거나 계산된 수치를 갖는 수치형 자료로 구분할 수 있습니다. 하지만 범주형 자료도 그 특성을 숫자로 바꾸어 표현하는 것이 통계자료를 처리하는 데 더 편리할 때가 많습니다. 이때 필요한 기준을 척도라고 하며, 명목척도, 순서척도, 구간척도, 비율척도 등이 있습니다.

- **명목척도** 성별 자료에서 남성을 1, 여성을 2로 표현하는 방식처럼 단순하게 자료의 특성을 분류하기 위해 숫자를 부여한 척도.
- **순서척도** 명목척도 중에서 초등학교를 1, 중학교를 2, 고등학교를 3으로 표현한 것과 같이 순서 정보가 추가된 척도.
- **구간척도** 순서척도 중에서 온도(℃), IQ같이 등간격의 정보가 추가된 척도. 속성 간의 상대적 크기를 가감($+$, $-$)하며 가늠할 수 있습니다. 예를 들어 30℃는 20℃보다 10℃ 높습니다.
- **비율척도** 구간척도 중에서 몸무게, 금액과 같이 절대적 기준(0)이 부

● 여기부터 '7 통계적 검정'까지의 내용은 2022 개정 교육과정의 융합선택과목 중 하나인 《실용통계》에서 다룹니다.

여된 척도. 속성의 비율 관계(×, ÷)까지 가늠할 수 있습니다. 예를 들어 100만 원은 50만 원의 2배입니다.

임의추출

올바른 통계적 추정을 위해 모집단의 각 원소가 표본으로부터 추출될 확률이 모두 같도록 표본을 뽑는 것을 임의추출이라 합니다. 고등학교 과정에서는 임의추출의 방법으로 단순임의추출, 층화임의추출, 계통추출을 소개합니다.

- **단순임의추출** 모집단에서 임의추출을 하는 방법입니다. 제비뽑기, 난수 프로그램 이용 등의 방법이 있습니다.
- **층화임의추출** 학년, 학급 등과 같이 어떤 기준에 따라 모집단의 층을 나눈 뒤, 층마다 단순임의추출을 하는 방법입니다. 일반적으로 각 층에서 추출할 표본의 크기는 각 층의 크기에 비례하도록 결정합니다.
- **계통추출** 모집단에서 임의로 첫 번째 표본을 선택한 후, 일정한 간격으로 다음 표본을 선택하여 표본을 구성하는 방법입니다. 예를 들어 모집단 1만 명 중에서 표본 50명을 계통추출하려면, 1만 명의 이름을 오름차순으로 정렬한 후에 첫 번째 사람으로부터 200명 간격으로 50명을 선택하는 방법이 있습니다.

t분포와 추정

t분포

t분포란 표본평균의 표준화 식 $Z=\dfrac{\overline{X}-m}{\dfrac{\sigma}{\sqrt{n}}}$에서 모표준편차 σ를 표본표

준편차 S로 대체한 것으로, 표본크기 n이 작을 때에 유용하게 사용되는

확률분포 중 하나입니다. 이때 t는 $T=\dfrac{\overline{X}-m}{\dfrac{S}{\sqrt{n}}}$으로 정의되는 확률분포

를 따르는 확률변수입니다. X, Y, Z와 더불어 변수로 T가 주로 쓰이기

때문에 t분포라는 명칭이 붙었습니다.

　t분포는 다음과 같은 성질들을 가집니다.

(1) 직선 $t=0$에 대하여 대칭인 종 모양의 곡선으로, $t=0$에서 최대이고

　　t축을 점근선으로 합니다. 또, 곡선과 t축 사이의 넓이는 1입니다.

(2) n이 작을수록 곡선의 모양은 양쪽으로 퍼지며 납작해지고, n이 클수

　　록 곡선의 모양은 높아지면서 뾰족해집니다.

(3) n이 커질수록 곡선은 표준정규분포 곡선에 가까워집니다.

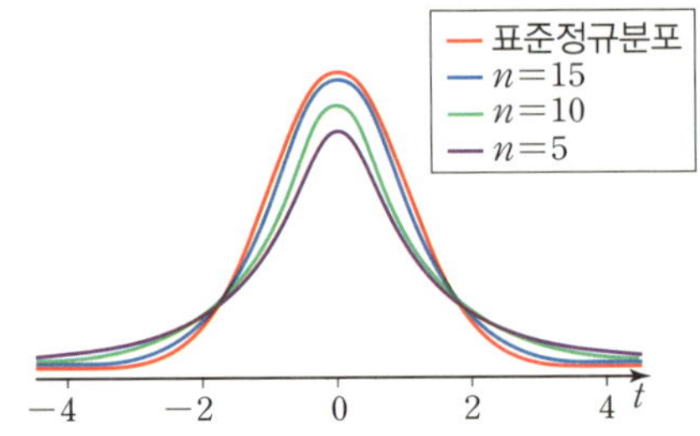

그래프처럼 표본 크기가 작을수록 t분포의 꼬리는 두꺼워지는데, 이는 추정의 불확실성을 반영합니다.

모평균, 모비율 추정

t분포를 이용한 신뢰도 $100(1-\alpha)\%$인 모평균 m의 신뢰구간은 다음과 같습니다. 이때 α는 유의수준이라 부르며, 446~448쪽에서 자세히 설명합니다.

$$\overline{X} - t\frac{S}{\sqrt{n}} \leq m \leq \overline{X} + t\frac{S}{\sqrt{n}}$$

그래프로 나타내면 다음과 같습니다.

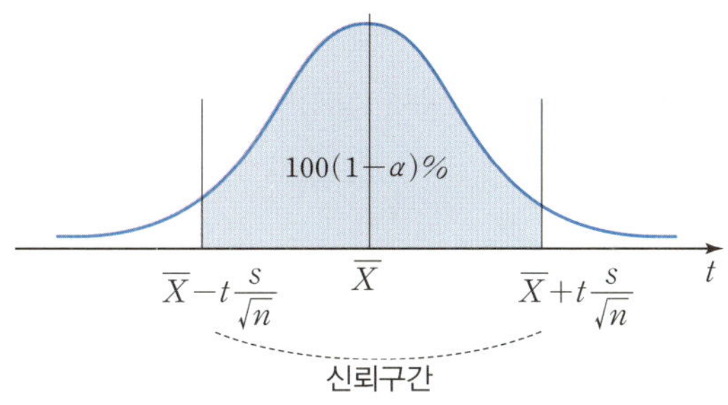

이때 t는 신뢰도와 표본 크기로 결정되는 값으로, 예를 들어 신뢰도 95%에서 $n=5$, $n=9$일 때 t는 각각 약 2.776, 약 2.262입니다. 즉, 표본 크기가 작을수록 신뢰구간은 넓어지게 됩니다.

마찬가지로 t분포를 이용한 신뢰도 $100(1-\alpha)\%$인 모비율 p의 신뢰구간은 다음과 같습니다. (단, $\hat{q}=1-\hat{p}$)

$$\hat{p} - t\sqrt{\frac{\hat{p}\hat{q}}{n}} \le p \le \hat{p} + t\sqrt{\frac{\hat{p}\hat{q}}{n}}$$

표본 크기가 n인 t분포에서 $P(T \ge k) = p$가 되도록 하는 k를 종종 $t_p(n-1)$이라고 표기하는데, 이때 k를 t값이라고 부릅니다. 예를 들어 표본 크기 30인 t분포에서 $P(T \ge k) = 0.025$인 t값은 $t_{0.025}(29) \fallingdotseq 2.045$입니다. 즉, $P(T \ge 2.045) = 0.025$입니다.

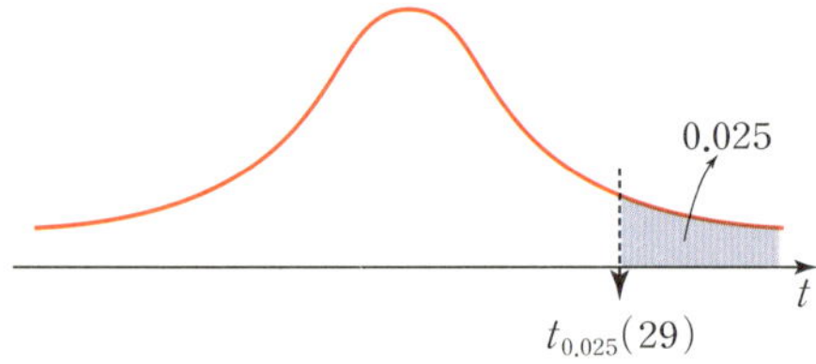

t값을 $t_p(n)$이 아니라 $t_p(n-1)$로 표기하는 이유는 t통계량을 만들 때 쓰이는 표본분산이 427~428쪽에서 설명한 것처럼 $n-1$을 기반으로 계산되기 때문입니다.

이를 자유도라는 개념으로 설명하기도 합니다. 자유도란 '자유롭게 변할 수 있는 값의 개수'입니다. 독립변수라고 해석할 수도 있고 유의미한 변수의 개수라고 이해할 수도 있습니다. 가령 추출된 표본은 고정된 집단이기 때문에 표본평균은 상수이며, 만약 표본 크기가 n이었다면 $n-1$개의 자료는 독립변수의 기능을 할 수 있으나 마지막 하나는 표본평균에 맞추어서 자동으로 값이 결정됩니다. 즉, 이 값은 독립변수가 아닌 종속변수이죠. 따라서 표본 크기가 n일 때 자유도는 $n-1$이 됩니다.

통계적 검정

가설검정과 오류

가설검정이란 모집단의 성질에 대한 예상, 주장, 추측 등의 옳고 그름을 판정하는 과정입니다. 이때 모집단의 성질에 대한 예상을 대립가설(H_1)이라 하고, 대립가설과 반대되는 예상을 귀무가설(H_0)이라 합니다. 귀무歸無란 무의미하다는 의미로, 무효라는 뜻의 'null'을 옮긴 것입니다. 대립가설은 이 귀무가설에 대립하는 가설이라는 뜻입니다.

　일반적으로 대립가설은 직접 입증하기가 어렵습니다. 그래서 수학적 증명법인 귀류법처럼, 그것에 반대되는 명제인 귀무가설의 반증(기각)을 통해 간접적으로 입증합니다. 즉, 귀무가설이 검정의 대상이며, 그 결과를 통해서 대립가설의 검정을 완료합니다.

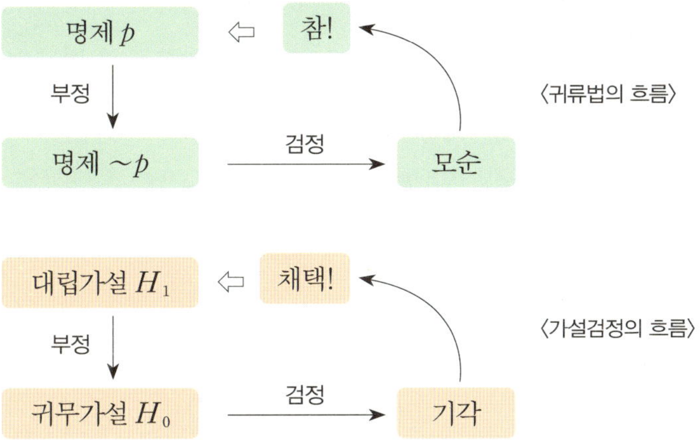

하지만 연역적 증명을 통해서 명제의 모순과 참을 판단하는 귀류법과는 다르게, 통계적 가설검정은 확률적 판단(95%, 99% 등)으로 가설의 기각과 채택이 이루어지기 때문에 다음과 같은 오류의 가능성을 피할 수 없습니다.

(1) 제1종 오류: 귀무가설이 참임에도 귀무가설을 기각하는 오류.
(2) 제2종 오류: 귀무가설이 거짓임에도 귀무가설을 채택하는 오류.

어떤 신약의 임상시험을 진행했다고 합시다. 대립가설은 '이 약은 효과가 있다'로 설정하였습니다. 이에 따라 귀무가설은 '이 약은 효과가 없다'입니다. 이렇게 두고 통계검정을 시행했을 때, 실제로는 효과가 없는 약인데도 통계검정 때문에 '효과가 있다'며 신약을 승인해버리는 오류가 제1종 오류입니다. 한편 실제로는 효과가 있는 약인데, 통계검정이 이를 잡아내지 못하고 '효과가 없다'며 버리는 오류가 제2종 오류입니다.

이 두 종류의 오류는 상충하는 관계여서 범할 확률을 동시에 줄이기는 어렵습니다. 예를 들어 제1종 오류를 줄이기 위해서 검정 기준을 엄격하게 한다면 귀무가설을 기각하기 어려워지므로 제2종 오류의 발생 가능성은 증가합니다. 물론 표본의 크기를 늘림으로써 두 오류의 가능성을 함께 줄이는 방법도 있습니다. 하지만 현실적으로 표본 크기를 무한히 늘리는 것은 불가능하므로, 어느 정도의 타협은 늘 필요하죠.

유의수준과 p값

유의수준은 우연히 극단적인 결과가 나올 가능성을 어느 정도까지 허용할지 기준 역할을 합니다. 예를 들어 유의수준이 $\alpha = 0.05$(5%)라면, 가설검정

1종 오류

2종 오류

을 할 때 5% 수준의 확률로 나오는 잘못된 결론은 허용하겠다는 뜻입니다. 이 오류를 더 엄격히 제한해야 한다면 $\alpha = 0.01$(1%)과 같이 유의수준을 낮춰줍니다.

p값은 귀무가설이 참이라고 가정했을 때, 표본으로부터 얻은 확률변수(검정통계량)보다 더 극단적인 결과가 관측될 확률입니다. 만약 p값이 유의수준보다 작다면, 검정통계량은 귀무가설이 참일 때 일어나기 어려운 결과였다고 판단하여 귀무가설을 기각하고 대립가설을 채택합니다. 반대로 p값이 유의수준보다 크다면 귀무가설을 채택합니다.

유의수준에 따라 정해지는, 귀무가설을 기각하기로 결정하는 값의 범위를 기각역이라 합니다. 기각역이 아닌 범위는 채택역이라 합니다. 이제 가설검정의 과정을 예를 들어 살펴봅시다.

모평균 검정 예시

(1) 어느 피자 가게는 평균 배달 시간이 30분 이하라고 주장하고 있습니다. 하지만 채영이는 이 피자 가게의 평균 배달 시간이 실제로는 30분을 초과한다고 의심하고 있습니다.

(2) 채영이는 다음과 같은 가설을 세웁니다.

　i) 귀무가설(H_0): 피자 배달 시간의 평균은 30분 이하다. 즉, $m \leq 30$

　ii) 대립가설(H_1): 피자 배달 시간의 평균은 30분 초과다. 즉, $m > 30$

(3) 유의수준은 5%($\alpha = 0.05$)로 결정하였습니다.

(4) 채영이가 최근 10번의 피자 배달 시간을 기록해보니 다음과 같은 결과를 얻었습니다.

$$\{32, 35, 28, 40, 33, 31, 36, 34, 30, 29\}$$

이 표본으로부터 구한 평균과 표준편차는 각각 $\overline{X}=32.8$, $S=3.8$ 입니다.

(5) 구한 값으로부터 다음과 같이 검정통계량을 구합니다.

$$T=\frac{\overline{X}-m}{\dfrac{S}{\sqrt{n}}}=\frac{32.8-30}{\dfrac{3.8}{\sqrt{10}}}\fallingdotseq 2.33$$

$t_p(9)=2.33$로부터 p값을 구하면 $p=P(T\geq t_p(9))\fallingdotseq 0.02$입니다.

(6) $p(=0.02)<\alpha(=0.05)$이므로 귀무가설을 기각하고 대립가설을 채택합니다.

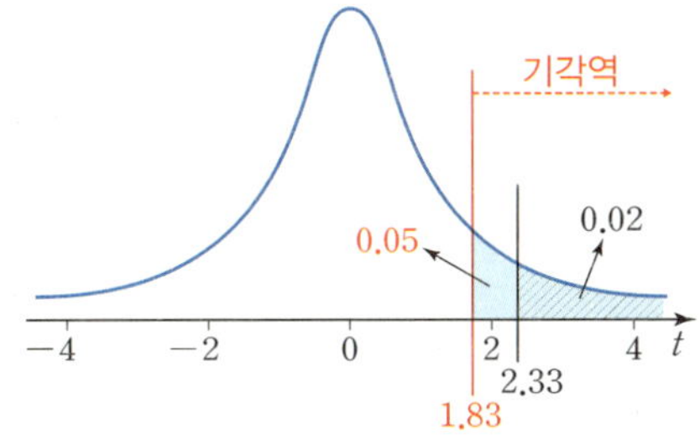

이를 해석하면 관찰된 자료(평균 32.8분)가 귀무가설(평균 30분 이하)이 참이라는 가정하에서는 발생하기 어려운(5% 미만) 결과이므로, 대립가설(평균 30분 초과)을 채택함이 타당하다는 뜻입니다. 즉, 채영이의 의심은 합리적이었습니다.

 유의수준 검정

애완용으로 키우는 금붕어의 평균수명은 5년으로 알려져 있습니다. 그런데 실제 키워본 사람들 사이에서 5년이 아니라는 의견이 나오고 있습니다. 금붕어 16마리를 표본으로 뽑아 조사해보았더니, 평균수명은 6년, 표준편차는 2년이 나왔습니다. 이때 어느 의견이 더 타당한지 유의수준 5%에서 검정하세요. (단, $t_{0.05}(15)=1.75$, $t_{0.025}(15)=2.12$)

〈풀이〉

$H_0 : m=5$

$H_1 : m \neq 5 \Leftrightarrow m>5$ 또는 $m<5$

검정통계량 $T = \dfrac{\overline{X}-m}{\dfrac{S}{\sqrt{n}}} = \dfrac{6-5}{\dfrac{2}{\sqrt{16}}} = 2$

문제에서 주어진 $t_{0.025}(15)=2.12$로부터 기각역은 $T>2.12$ 또는 $T<-2.12$이므로 검정통계량은 기각역에 포함되지 않습니다. 따라서 귀무가설을 채택합니다.

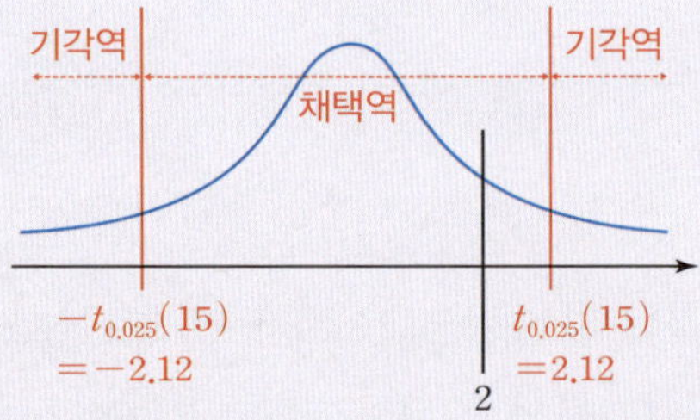

즉, 금붕어의 평균수명은 5년이라는 의견이 더 타당합니다.

모비율 검정 예시

(1) 어느 영화관에서 팝콘을 구매하는 고객 비율이 50% 이상이라고 홍

보하고 있습니다. 새롬이는 이 말이 과장되었다고 의심하고, 팝콘 구매 비율이 실제로는 50% 미만일 가능성을 확인하려 합니다.

(2) 새롬이는 다음과 같은 가설을 세웁니다.

   i) 귀무가설(H_0): 팝콘을 구매하는 고객 비율은 50% 이상이다.

     즉, $p \geq 0.5$

   ii) 대립가설(H_1): 팝콘을 구매하는 고객 비율은 50% 미만이다.

     즉, $p < 0.5$

(3) 유의수준은 5%($\alpha = 0.05$)로 결정하였습니다.

(4) 새롬이가 영화관에서 실제로 100명의 고객을 대상으로 조사해본 결과, 40명만 팝콘을 구매했음을 알게 되었습니다. 즉, 표본비율은 $\hat{p} = 0.4$였습니다.

(5) 표본의 크기가 $n = 100$으로 충분히 크므로, 이 경우엔 t분포 대신 표준정규분포를 써도 괜찮습니다. 즉, 다음과 같이 검정통계량을 구합니다

$$Z = \frac{\hat{p} - p}{\sqrt{\dfrac{\hat{p}\hat{q}}{n}}} = \frac{0.4 - 0.5}{\sqrt{\dfrac{0.4(1 - 0.4)}{100}}} \fallingdotseq -2.0$$

표준정규분포에서 $P(Z \leq -2.0) \fallingdotseq 0.0228$입니다. 즉, p값은 $p = 0.0228$입니다.

(6) $p(= 0.0228) < \alpha(= 0.05)$이므로 귀무가설을 기각하고 대립가설을 채택합니다. 따라서, 팝콘 구매 비율이 실제로 50% 미만일 가능성이 있다고 결론을 내립니다.

베르트랑의 역설

베르트랑의 역설은 조제프 베르트랑이 소개한 확률의 고전적 정의에 관한 난제로, 연속체에 대한 확률 개념을 엄밀하게 재정립하는 계기가 되었습니다. 베르트랑의 문제는 다음과 같습니다.

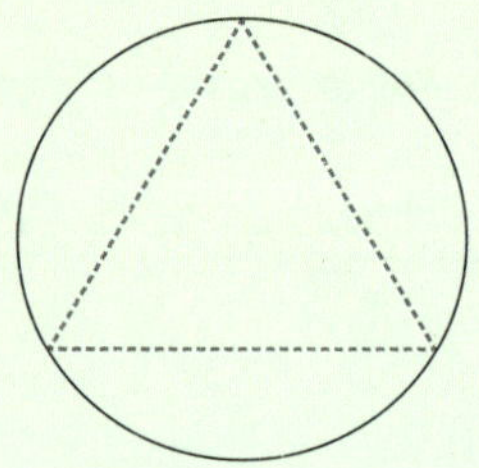

원에 임의의 현을 그릴 때, 현의 길이가
내접한 정삼각형 한 변의 길이보다 길 확률은?

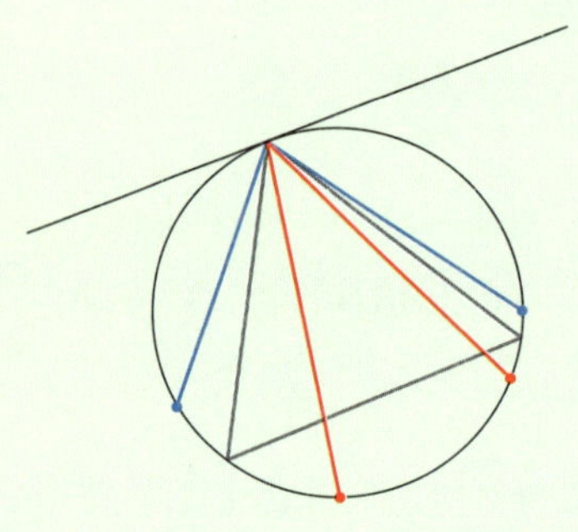

왼쪽 그림과 같이 현의 시작점을 삼각형의 한 꼭짓점으로 하는 경우를 생각해 봅시다. 그림에서처럼, 현을 삼각형의 한 내각 안쪽에 포함되게 긋는 경우(빨간 선)에만 이 현의 길이가 정삼각형 한 변의 길이보다 깁니다. 즉, 시작점에서의 원의 접선과 현이 이루는 각도가 60~120°가 되어야 합니다. 접선과 현이 이룰 수 있는 각도는 0~180°이므로 현의 길이가 더 길 확률은 $\dfrac{60°}{180°} = \dfrac{1}{3}$입니다.

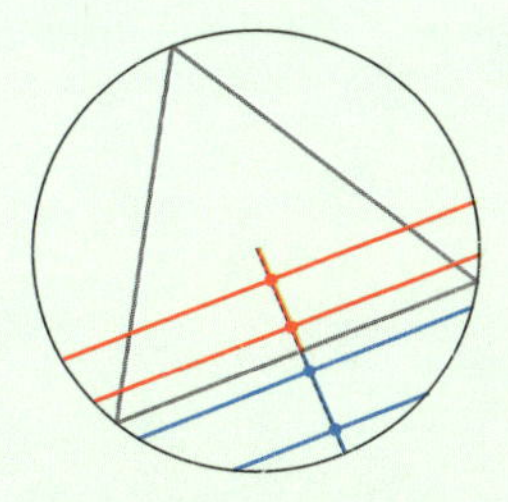

왼쪽 그림과 같이 삼각형의 한 변과 평행한 현을 생각해봅시다. 그 현은 지름에 가까이 다가갈수록 정삼각형 한 변보다 길어집니다(빨간 선). 지름을 지난 후에는 길이가 짧아지지만, 정삼각형의 한 변과 같은 길이에 이를 때까지는(파란 선) 문제의 조건을 만족합니다. 그런데 원의 내접 정삼각형의 변은 원의 반지름을 이등분합니다. 따라서 현의 길이가 더 길 확률은 $\frac{1}{2}$입니다.

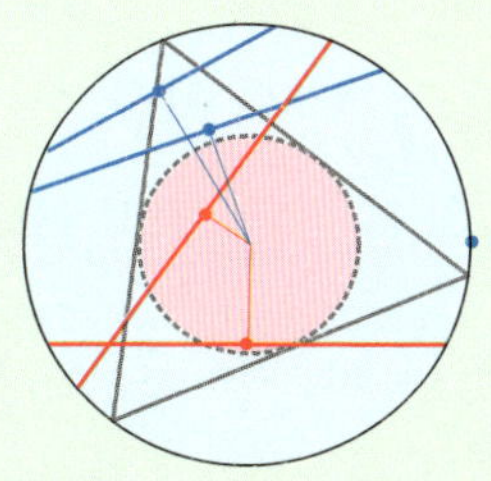

왼쪽 그림과 같이 삼각형에 내접하는 원을 그리면, 현의 중점이 안쪽 원에 놓여야(빨간 선) 현의 길이가 삼각형 한 변의 길이보다 길어집니다. 안쪽 원의 넓이는 바깥쪽 원의 $\frac{1}{4}$배이므로, 현의 길이가 더 길 확률도 $\frac{1}{4}$입니다.

베르트랑의 역설은 같은 문제에서 서로 다른 합리적인 확률이 도출될 수 있음을 보여주며 고전적 확률 정의의 모호함을 드러냈습니다. 이 역설이 제기한 문제를 바탕으로 수학자들은 명확한 확률의 정의를 세우려 노력했고, 1933년 콜모고로프가 마침내 확률의 공리적 토대를 확립하게 되는 데까지 이어졌습니다.

이 내용에 관해 더 자세히 공부하고 싶다면 QR코드에 연결된 영상을 통해 강의를 시청하길 권합니다.

몬티홀 문제

몬티홀 문제는 미국의 TV 오락 프로그램에서 유래한 유명한 조건부확률 문제입니다. 이 프로그램의 사회자 이름이 몬티 홀이었기에 이런 이름이 붙었습니다. 문제는 다음과 같습니다.

세 개의 문이 있는데, 하나의 문 뒤에는 자동차가, 다른 두 개의 문 뒤에는 염소가 있다. 당신이 1번 문을 고르자, 문 뒤에 무엇이 있는지 아는 진행자는 3번 문을 열어서 염소를 보여주고는 2번 문으로 바꿀 기회를 주었다. 이 상황에서 자동차를 얻는 데 유리하려면 선택을 바꿔야 할까?

처음에 고른 문 뒤에 자동차가 있을 확률은 $\frac{1}{3}$입니다. 하지만 이후에 선택을 바꾸면 자동차를 얻을 확률은 $\frac{2}{3}$로, 자동차를 얻는 데에 2배 유리해집니다. 왜 이렇게 되는지는 우선 혼자 충분히 고민해보길 권합니다. 이후 직접 관련한 정보를 찾아보거나, 오른쪽 페이지 QR에 연결된 영상에서 풀이를 확인해보세요.

현재는 몬티홀 문제가 명확히 정리되어 답도 명쾌해졌지만, 문제가 처음 발의되었을 때는 앞에 제시한 것처럼 문제 상황이 명확하지 않았습니다. 가령 진행자가 반드시 문을 여는지 아니면 상황에 따라 문을 안 열기도 하는지, 진행자가 차가 있는 문을 여는 상황도 포함되는 것인지 등 다양한 조건이 불명확했으며 그에 따라 답도 모호했습니다. 그 때문에 '몬티홀 딜레마'라는 이명이 따라붙기도 했습니다.

몬티홀 문제는 다양한 방식으로 변형해 탐구해보기 좋습니다. 문의 개수가 세 개가 아니라 네 개나 다섯 개라면? 자동차의 수가 두 대나 세 대라면? 혹은 진행자에게 다소 악의가 있어서, 참가자가 차가 있는 문을 골랐을 때만 일부러 염소가 있는 문을 연다면? 이처럼 상황을 여러 가지로 변형해가며 합리적인 답을 찾아보는 과정에서 조건부확률에 대한 이해가 한층 깊어질 것입니다.

심프슨의 역설

심프슨의 역설[*]은 영국의 통계학자 에드워드 심프슨과 칼 피어슨, 우드니율 등이 소개한 현상으로, 통계자료의 세부 그룹에서 보이던 일정한 추세나 경향성이 전체적으로 보면 사라지거나 오히려 반대 방향의 경향성을 나타내는 현상을 말합니다.

예를 들어, 두 선수 A와 B가 세 개의 리그에서 치른 경기 결과가 다음과 같다고 해봅시다.

	선수 A			선수 B		
	출전한 경기 수	이긴 횟수	승률	출전한 경기 수	이긴 횟수	승률
첫 번째 리그	40	32	80%	40	28	70%
두 번째 리그	100	70	70%	10	6	60%
세 번째 리그	10	9	90%	100	80	80%
합산 결과	150	111	74%	150	114	76%

승률을 비교하면 첫 번째, 두 번째, 세 번째 리그에서 모두 선수 A의 승률이 선수 B보다 10%p(퍼센트포인트, 464쪽 참고)씩 높습니다. 하지만 모든

---

* 흔히 '심슨의 역설'이라고도 알려져 있습니다.

리그의 결과를 합산한 승률은 그 반대로 선수 A보다 선수 B가 2%p 더 높죠.

흔히 '통계는 거짓말을 한다'라고들 말합니다. 하지만 통계 자체는 진실입니다. 다만 이를 어떻게 해석하느냐에 따라 유익한 정보가 되기도, 해로운 정보가 되기도 할 뿐이죠. 심프슨의 역설은 하나의 통계자료로부터 서로 다른 정보를 만들어내는 것이 가능함을 보여줍니다.

우리는 일상에서 수많은 통계를 접합니다. 통계자료를 만드는 사람들의 책임도 물론 중요하지만, 이를 받아들이는 우리 또한 무지로 왜곡된 통계를 곧이곧대로 믿지 않도록 주의해야 합니다.

이 내용에 관해 더 자세히 공부하고 싶다면 QR코드에 연결된 영상을 통해 강의를 시청하길 권합니다.

경제 수학

경제 수학은 경제 및 금융의 기본 개념에 수학이 활용되는 다양한 사례를 경험하면서 경제 현상을 수학적으로 해석하고 탐구하는 과목입니다. 수열과 함수, 행렬과 미분 등이 경제 현상에 어떻게 적용되는지 구체적으로 살펴봅니다.

수와 경제

경제학과 수학

오늘날 경제학은 수학을 언어로 삼아 이론을 전개하지만 원래부터 이러한 형태를 갖춘 것은 아니었습니다. 18세기 무렵까지 경제학은 생산·분배·가치에 대한 논의를 주로 서술적·철학적·정치적으로 다루는, 도덕철학에 가까운 학문이었습니다. 영국의 정치경제학자이자 윤리철학자인 애덤 스미스는 1776년 《국부론》을 통해 시장경제와 자유방임주의의 기초를 제시했고, '보이지 않는 손'이라는 비유를 통해 개인의 이익 추구가 사회 전체의 효율로 이어진다고 설명했습니다. 또한 그는 상품의 가치가 생산에 투입된 노동의 양에 의해 결정된다고 주장하며 생산과 분업이 부 창출의 핵심임을 강조했습니다.

애덤 스미스로부터 시작된 '고전학파'는 18세기 말부터 19세기 말까지 주류 경제학의 기초를 쌓아 올렸습니다. 데이비드 리카도는 비교우위론[•]을 정립했고, 존 스튜어트 밀은 가격과 분배에 관한 논의를 발전시켰죠. 고전파 경제학을 근대화했다고 평가받는 앨프리드 마셜은 수요·공급 곡선을 체계화하여 경제를 수학적으로 분석하는 초석을 마련했습니다.

경제학이 본격적으로 수학적 체계를 갖추기 시작한 계기로 1870년대의

[•] 한 국가가 어떤 상품을 생산하는 데 있어 다른 국가보다 생산비가 적게 들 때(기회비용이 적을 때), 그 상품을 특화하여 생산하고 다른 나라와 교역하면 상호 이익을 볼 수 있다는 이론.

'고전학파'의 창시자 애덤 스미스.

이른바 '한계혁명Marginal Revolution'을 꼽을 수 있습니다. '한계'란 근소한 차이를 뜻하며, 이 차이로 인해 발생하는 변화를 나타내는 개념으로 쓰입니다. 예컨대 한계효용이란 재화나 서비스를 추가로 소비할 때 얻는 만족도의 증가분을 뜻하죠. 이 개념을 도입하자 미적분을 활용해 개인의 선택과 행동을 정밀하게 분석할 수 있게 되었습니다. 이후 경제학자들은 수요·공급·가격을 연속함수로 나타내고, 경제 균형을 연립방정식으로 설명하는 등 수학적 접근을 체계화했습니다. 특히 19~20세기 프랑스의 경제학자 레옹 발라스는 한계효용 이론을 창시했고, 경제 전체의 재화·서비스 시장이 동시에 균형을 이루는 조건을 수학적으로 모델링하는 일반균형이론을 정립했다는 평가를 받습니다.

20세기에 산업화가 진행되고 통계학이 발달하면서 데이터를 통해 경제 현상을 분석할 기초가 마련되었습니다. 이로부터 경제학은 미적분학, 선형대수학 등의 현대수학과 본격적으로 융합되었고, 통계학·확률론을 이용해 경제 모형을 실증적으로 검증하는 계량경제학, 경제 수학을 정리-증명 체계로 발돋움시킨 미시경제학, 경제 문제를 전략적 상호작용의 수학적 게임으로 모델링한 게임이론 등 다양한 경제 수학 분야가 태동했습니다. 미국의 경제학자 폴 새뮤얼슨은 1947년《경제 분석의 기초》를 통해 소비자·생산자 이론과 일반 균형 모형을 수학적 최적화 문제로 재구성하며, 현대 경제학에서 수학적 분석이 필수적인 도구임을 보였습니다.

오늘날에는 컴퓨터 계산 능력의 비약적 발전으로 인해 과거보다 훨씬 복잡한 경제 모형을 구축하고 분석할 수 있게 되었습니다. 이론적으로만 그 존재를 논하던 시장균형도 이제는 다양한 알고리즘과 수치해석 기법을 활용하여 실제로 계산하고 시뮬레이션할 수 있게 되었죠. 이로써 현대의 경제학은 수학적 엄밀성, 계산 가능한 분석, 그리고 데이터 기반의 실증 연구를 모두 요구하는 다층적이고 통합적인 학문으로 발전하고 있습니다.

경제지표

한 나라의 경제 상태나 경제활동의 변화를 수치로 나타낸 통계자료를 경제지표라 합니다. 경제가 원활하게 작동하고 있는지, 가계의 소비가 어느 정도인지, 물가가 어떻게 변하고 있는지, 기업의 생산이 증가하고 있는지 등을 객관적인 수치로 보여주는 자료이죠. 주요 경제지표로는 국내총생산, 경제성장률, 소비자물가지수, 고용률과 실업률, 기준 금리, 환율, 코스피(종합주가지수) 등이 있습니다.

국내총생산과 경제성장률

국내총생산Gross Domestic Product, GDP은 한 나라 안의 모든 경제주체가 1년 동안 생산한 최종재의 시장가치를 모두 더한 것으로 한 국가의 전반적인 생산 활동 수준과 경제 규모를 나타냅니다. 물가 변동을 고려하지 않은 명목GDP와, 기준 연도의 가격으로 환산한 실질GDP로 나눕니다. 명목GDP는 그해의 생산량에 그해의 상품 가격을 곱해서 구하고, 실질GDP는 그해의 생산량에 기준 연도의 가격을 곱해서 구합니다.

예제 명목GDP와 실질GDP

장미와 튤립만 생산하는 어느 작은 나라가 있다고 합시다. 이 나라의 2024년과 2025년 생산량 및 가격은 아래 표와 같습니다. 두 해의 명목GDP와 실질GDP를 구하고 비교해봅시다. (단, 기준 연도는 2024년입니다.)

연도	2024		2025	
상품	장미	튤립	장미	튤립
생산량(개)	5000	6000	4000	5000
개당 가격(원)	3000	1000	4000	2000

- 2024년의 명목GDP $= 5000 \times 3000 + 6000 \times 1000 = 21{,}000{,}000$원
- 2025년의 명목GDP $= 4000 \times 4000 + 5000 \times 2000 = 26{,}000{,}000$원
- 2025년의 실질GDP $= 4000 \times 3000 + 5000 \times 1000 = 17{,}000{,}000$원

2024년도의 명목GDP는 2100만 원, 2025년의 명목GDP는 2600만 원으로 2025년의 명목GDP가 더 높습니다. 그러나 실제 생산량이 줄었기 때문에 실질GDP는 2025년에 감소했음을 파악할 수 있습니다(기준 연도에는 명목GDP와 실질GDP의 값이 같습니다). 명목GDP가 오른 것은 물가 상승 때문입니다.

한 나라의 GDP가 전년보다 얼마나 증가하였는지를 백분율(%)로 나타
낸 지표를 경제성장률이라고 합니다. 경제성장률은 일반적으로 실질
GDP를 기준으로 계산하여, 물가 상승에 따른 명목상의 증가분을 배제하
고 실제 생산량의 변화를 파악하도록 하죠.

경제성장률과 같이 퍼센트로 나타낸 지표의 변화를 표현할 때는 퍼센트
포인트를 사용하고 기호 %p로 나타냅니다. 예를 들어 시합에서 이길 승률
이 4%에서 6%로 변화했다면, 승률이 50% 상승했다고 표현할 수도 있고,
2%p 올랐다고 할 수도 있습니다.

예제 경제성장률

어느 작은 나라의 연도별 실질GDP가 다음과 같을 때, 2024년, 2025년의 경
제성장률을 구해봅시다.

연도	2023	2024	2025
실질GDP(천 원)	1000	2000	3000

- 2024년의 경제성장률 $= \dfrac{2000-1000}{1000} \times 100 = 100\,(\%)$

- 2025년의 경제성장률 $= \dfrac{3000-2000}{2000} \times 100 = 50\,(\%)$

따라서 이 나라의 2024년 대비 2025년의 경제성장률은 50%p 감소했습니다.

소비자물가지수

소비자물가지수Consumer Price Index, CPI는 일정한 기준 시점의 가격 수준을
100으로 두고, 일반 가계가 반복적으로 소비하는 재화와 서비스의 평균적

인 가격 변동을 지수 형태로 나타낸 것입니다. 이를 산출하기 위해 통계청은 쌀·채소류와 같은 식료품, 대중교통 요금, 도시가스 요금, 통신비, 교육·의료 서비스 등 대표성과 비중(가계 지출 구성)이 큰 품목들을 선정하여 대표 품목을 구성합니다. 이후 이들 품목의 가격 변화를 정기적으로 조사하고, 개별 품목의 가격 변동을 가계 지출 비중에 따라 가중평균하여 전체 물가 수준의 변화를 계산합니다.

어떤 나라의 CPI 대표 품목이 식료품, 교통비, 통신비 세 가지로 구성되어 있으며, 기준 연도 대비 조사 연도의 가격 상승률이 다음과 같다고 합시다. 가계 지출 비중이 동일하다고 가정할 때, 이 자료를 바탕으로 계산한 조사 연도의 CPI 상승률을 구해봅시다.

품목	가격 상승률	가계지출 비중
식료품	$+10\%$	0.5
교통비	$+5\%$	0.3
통신비	0%	0.2

CPI 상승률은 다음과 같습니다.

$0.5 \times 10\% + 0.3 \times 5\% + 0.2 \times 0\% = 5\% + 1.5\% = 6.5\%$

따라서 기준연도의 CPI를 100이라 할 때, 조사연도의 CPI는

$100 \times (1 + 0.065) = 106.5$입니다.

고용률과 실업률

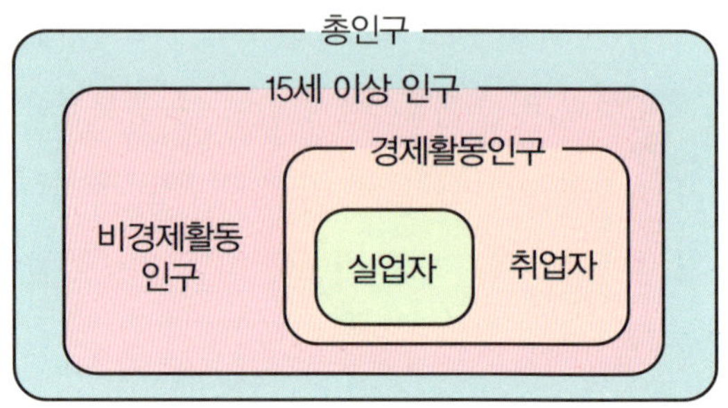

만 15세 이상 인구 중 재화나 용역을 생산하기 위해 노동을 제공할 의사와 능력이 있는 사람을 경제활동인구라 합니다. 이때 15세 이상 인구 중에서 경제활동인구가 차지하는 비율을 경제활동 참가율이라 합니다. 15세 이상 인구를 기준으로 하는 이유는 국제노동기구ILO가 정한 국제 기준 때문입니다. 아프리카와 아시아의 일부 국가에는 우리나라에서 볼 수 있는 것보다 훨씬 더 높은 비율의 청소년 노동자가 있죠.

고용률은 15세 이상 인구 중 취업자가 차지하는 비율입니다. 또한 실업률은 경제활동인구 중 실업자의 비율로, 실제로 일자리를 갖지 못하고 있으면서 적극적으로 구직 활동을 하고 있는 사람의 비율입니다. 고용률과 실업률은 한 나라 노동시장의 건강 상태를 보여주는 지표로 자주 활용되고 있습니다.

예제 경제활동 참가율, 고용률, 실업률

어느 작은 나라의 인구 조사 결과가 다음과 같았습니다. 이 나라의 경제 활동 참가율, 고용률, 실업률을 각각 구해봅시다. (단, 소수점 아래 첫 번째 자리에서 반올림합니다.)

(단위: 명)

15세 이상 인구수	900
경제활동인구수	800
취업자 수	760
실업자 수	40

- 경제활동 참가율 $=\dfrac{800}{900}\times100\fallingdotseq89(\%)$

- 고용률 $=\dfrac{760}{900}\times100\fallingdotseq84(\%)$

- 실업률 $=\dfrac{40}{800}\times100=5(\%)$

기준 금리

금리란 금융거래에서 일정 기간 돈을 빌리거나 맡길 때 적용되는 비용 또는 수익의 비율을 말합니다. 즉 돈을 빌리는 사람은 원금에 대한 대가로 이자를 지급하고, 돈을 맡기는 사람은 원금에 대한 대가로 이자를 받게 되는데, 원금에 대한 이자의 비율이 바로 금리입니다. 금리는 대출이나 예금 등 다양한 금융거래에서 기간, 위험, 시장 상황을 반영하여 결정됩니다.

기준 금리는 중앙은행이 금융기관에 적용하는 정책적 금리로, 시중은행이 예금과 대출에 적용하는 금리뿐 아니라 경제 전반의 소비와 투자 결정에 영향을 미치는 정책 도구입니다. 정부는 국내외 경기 상황을 종합적으로 고려해, 물가·통화량·환율·주가 등 거시경제의 여러 요소에 큰 영향을 미치는 기준 금리를 정합니다.

일반적으로 기준 금리가 높아지면 시중 금리도 올라 소비와 투자가 줄어드는 경향을 보이고, 기준 금리가 낮아지면 시중 금리도 내려 소비와 투자가 늘어나는 경향을 보입니다.

금리와 이자율은 거의 같은 의미로 사용되지만, 이자율은 개별 금융거래에서의 계산적 비율을 뜻하고 금리는 시장과 정책적 맥락을 포함한 더 넓은 경제적 개념으로 이해할 수 있습니다.

환율

환율이란 한 나라의 화폐와 외국 화폐를 교환할 때 적용되는 비율을 말합니다. 우리나라는 외국 통화 단위당 원화 가치를 표시하는 방식을 사용하죠. 예를 들어 1달러당 1450원이라면 '1450원/달러'로 환율을 표기합니다. 환율은 국가 간 무역, 투자, 금융거래 등에서 통화의 상대적 가치를 나타내는 중요한 지표입니다.

예제 환율

스마트폰 생산기업 이성전자는 미국 회사 파인애플에 스마트폰을 수출합니다. 환율이 1393원/달러인 날, 이성전자는 1대에 80만 원인 스마트폰 100만 대를 납품하기로 파인애플과 계약하고, 납품 대금은 1년 후의 환율을 적용하여 달러로 받기로 합니다. 납품 대금을 받는 날의 환율이 1463원/달러로 상승하였다면, 계약일 당시 기대했던 수익과 실제 실현한 수익의 차이가 얼마인지 구해봅시다.

- 기대 수익＝80만(원/대)×100만(대)÷1393(원/달러)≒5억 7430만(달러)
- 실현 수익＝80만(원/대)×100만(대)÷1463(원/달러)≒5억 4682만(달러)

따라서 실현 수익은 계약일 당시의 기대 수익보다 약 2748만 달러 적습니다.

코스피

증권시장에서 형성되는 주가 변동 상황을 종합적으로 나타내는 지표를 주가지수라 합니다. 그중 코스피Korea Composite Stock Price Index는 대한민국 증권거래소에 상장된 주식 전체의 가격 변동을 종합하여 나타낸 대표적인 주가지수죠. 코스피는 기준 시점 시가총액(1980년 1월 4일 기준)에 대한 비교 시점 시가총액의 백분율로 나타냅니다. 시가총액은 증권거래소에 상장된 모든 주식의 종가에 각각의 상장 주식 수를 곱한 후 합계한 값입니다. 이 방식으로 시가총액을 구하면 자연히 시장가치가 큰 기업의 주가 변동이 지수에 더 큰 영향을 미칩니다.

코스피는 한국 주식시장의 전반적인 흐름과 투자 심리를 나타내는 경제 지표로서 지수가 상승하면 전체 주가가 상승한 것으로, 하락하면 주가가 전반적으로 하락한 것으로 해석할 수 있습니다.

세금

세금이란 국가나 지방자치단체가 공공서비스 제공, 사회 기반 시설 유지, 복지 등 공공 목적을 위해 국민과 기업으로부터 법과 제도에 따라 부과하는 금전을 말합니다. 납세자(세금을 국가나 지방자치단체에 직접 납부하는 사람)와 담세자(세금을 실제로 부담하는 사람)가 동일한지 여부에 따라 다음과 같이 분류됩니다.

- 직접세: 납세자와 담세자가 같은 경우.
  - ⑩ 소득세, 법인세, 종합부동산세, 상속세, 증여세
- 간접세: 납세자와 담세자가 다른 경우.

㉔ 부가가치세, 개별소비세, 주세, 인지세, 증권거래세

직접세는 일반적으로 납세자의 경제적 능력에 따라 부담이 달라지므로 조세 형평성과 밀접한 관련이 있습니다. 반면 간접세는 납세자의 소득과 관계없이 동일한 세율이 적용되기 때문에 조세 부담의 효율성과 관련이 깊죠.

정부 수입에서 큰 비중을 차지하는 주요 세금으로는 소득세, 법인세, 부가가치세 등을 꼽을 수 있습니다.

소득세

소득세는 개인의 1년간 소득을 기준으로 부과하는 직접세입니다. 조세 부담의 공평성 실현을 위해 소득이 높을수록 높은 세율을 적용하는 누진세율 체계를 사용합니다. 소득세 외에 법인세, 증여세, 상속세 등에도 누진세율이 적용되죠. 그런데 단순 누진세율을 적용할 경우, 세전(세금을 내기 전) 기준으로 A가 B보다 소득이 높음에도 불구하고 세후(세금을 낸 후) 기준에서는 A가 B보다 소득이 낮아지는 상황이 발생할 수 있습니다. 이를 방지하기 위해 우리나라에서는 소득 구간별로 여러 세율을 적용하는 초과누진세율을 사용합니다. 다음은 초과누진세율이 누진 공제액에 반영된, 2025년도 기준 우리나라 종합소득세율표입니다.

과세표준	세율	누진 공제액
1400만 원 이하	6%	—
1400만 원 초과~5000만 원 이하	15%	126만 원
5000만 원 초과~8800만 원 이하	24%	576만 원
8800만 원 초과~1억 5000만 원 이하	35%	1544만 원
1억 5000만 원 초과~3억 원 이하	38%	1994만 원
3억 원 초과~5억 원 이하	40%	2594만 원
5억 원 초과~10억 원 이하	42%	3594만 원
10억 원 초과	45%	6594만 원

예를 들어 2025년 기준 과세표준이 6500만 원인 경우, 종합소득세는 다음과 같이 계산할 수 있습니다.

$$6500만\ 원 \times 24\% - 576만\ 원 = 984만\ 원$$

여기서 과세표준이란 세금을 계산할 때 기준이 되는 과세 대상 금액을 말합니다. 소득세의 경우, 과세표준은 총소득에서 소득공제액을 제외한 금액으로 산정됩니다. 즉, 과세표준＝총소득－소득공제액이며, 이 금액을 기준으로 세율을 적용하여 실제 납부할 세액을 계산합니다.

소득공제 항목에는 인적공제, 보험료 공제, 교육비 공제, 의료비 공제, 기부금 공제, 연금저축 공제 등이 있으며, 이를 통해 세 부담을 합리적으로 조정합니다.

법인세

법인세는 법인 사업체의 소득에 부과하는 직접세입니다. 법인의 순이익 (총수익−비용)을 과세표준으로 하여, 소득세와 마찬가지로 초과누진세율을 적용해 산출됩니다. 법인세는 법인의 소득에 세금을 매겨 국가 재정 수입을 확보하고, 기업 활동과 사회적 책임을 조절하는 역할을 합니다.

아래는 초과누진세율이 누진 공제액에 반영된, 일반법인에 적용되는 2025년도 기준 우리나라 법인세율표입니다.

과세표준	세율	누진 공제액
2억 원 이하	9%	—
2억 원 초과 ~200억 원 이하	19%	2000만 원
200억 원 초과 ~3000억 원 이하	21%	4200만 원
3000억 원 초과	24%	9억 4200만 원

예를 들어 2025년도에 과세표준이 (순이익으로 세무조정을 거친 후) 3억 원인 법인이 있다면, 이 법인이 내야 할 법인세는 다음과 같이 계산할 수 있습니다.

$$3억 원 \times 19\% - 2000만 원 = 3700만 원$$

부가가치세

부가가치세는 상품이나 서비스를 판매하고 발생한 부가가치에 대해 부과하는 간접세입니다. 우리나라는 공급가액의 10%를 부가가치세로 정하고 있으며 원칙적으로 모든 상품의 가격에 이것이 포함되어 있습니다. 예를 들어 청바지를 구매하고 판매자에게 2만 원을 냈다면 소비자는 공급가액 약 1만 8000원과 공급가액의 10%인 부가가치세 약 2000원을 낸 것입니다.

예금과 적금

이자율과 원리합계

금융거래에서 처음에 예치하거나 대출한 금액은 원금이라고 합니다. 원금의 사용에 대한 대가로 지급하거나 수취하는 금액은 이자라고 하며, 원금에 대한 이자의 비율을 이자율 또는 금리라고 하죠. 이자율은 금융거래에서 대출이나 예금 등 자금을 사용하거나 제공할 때 적용되는 핵심 개념으로, 자금의 시간적 가치와 위험을 반영합니다. 원금과 그에 대한 이자를 합한 총액, 즉 금융거래에서 최종적으로 수취하거나 상환해야 하는 금액을 원리합계라고 합니다.

이자율은 적용 기간과 계산 방식에 따라 다음과 같이 구분할 수 있습니다.

- 적용 기간에 따른 구분

  연이율　1년 단위로 적용되는 이자율

  분기이율　3개월 단위로 적용되는 이자율

  월이율　1개월 단위로 적용되는 이자율

- 계산 방식에 따른 구분

  단리　원금에 대해서만 이자가 계산되는 방식

복리　일정 기간마다 발생한 이자가 원금에 합산되어, 이후 기간의 이
자 계산에도 포함되는 방식

예제 **단리와 복리의 차이**

원금 100만 원에 대해 연이율 10%의 단리 방식과 복리 방식의 원리합계를
비교하면 다음과 같습니다.

	단리 방식 (원)	
	이자	원리합계
1년 후	1,000,000 × 10% = 100,000	1,100,000
2년 후	1,000,000 × 10% = 100,000	1,200,000
3년 후	1,000,000 × 10% = 100,000	1,300,000
4년 후	1,000,000 × 10% = 100,000	1,400,000
5년 후	1,000,000 × 10% = 100,000	1,500,000

	복리 방식 (원)	
	이자	원리합계
1년 후	1,000,000 × 10% = 100,000	1,100,000
2년 후	1,100,000 × 10% = 110,000	1,210,000
3년 후	1,210,000 × 10% = 121,000	1,331,000
4년 후	1,331,000 × 10% = 133,100	1,464,100
5년 후	1,464,100 × 10% = 146,410	1,610,510

즉, 원금을 A, 이자율을 r, 기간을 n이라고 하면 단리 방식의 원리합계는 $A(1+rn)$, 복리 방식의 원리합계는 $A(1+r)^n$으로 계산할 수 있습니다. 이 예제에서 복리 방식의 5년 후 원리합계는 $1{,}000{,}000 \times (1+0.1)^5 = 1{,}610{,}510$원입니다.

동일한 이자율이 적용될 때, 복리 방식에서는 이자가 계산되는 주기가 짧아질수록 계산 횟수가 증가하므로 일정 기간 후의 원리합계가 더 크게 됩니다. 이러한 성질을 극한까지 확장하여 이자가 무한히 짧은 간격으로 계속 붙는 경우를 연속 복리라고 합니다. 연속 복리는 이자가 매순간 원금에 재투자된다고 가정한 개념이며, 이를 통해 원리합계의 식을 다음과 같이 유도할 수 있습니다.

	원리합계 (원금 A, 연이율 r)
연 1회 복리	$A(1+r)$
분기 복리	$A\left(1+\dfrac{r}{4}\right)^4$
월 복리	$A\left(1+\dfrac{r}{12}\right)^{12}$
일 복리	$A\left(1+\dfrac{r}{365}\right)^{365}$
연속 복리	$\displaystyle \lim_{n \to \infty} A\left(1+\dfrac{r}{n}\right)^n = \lim_{n \to \infty} A\left(1+\dfrac{r}{n}\right)^{\frac{n}{r} \times r} = Ae^r$

예를 들어, 원금 100만 원을 연이율 10%로 3년간 연속 복리 방식으로 예치하면, 3년 후 원리합계는 $100 \times (e^{0.1})^3 = 100e^{0.3} \fallingdotseq 135$만 원입니다.

적금의 원리합계

예금은 일정 금액의 원금을 한 번 은행에 맡기고, 일정 기간이 지난 후 맡긴 원금에 대한 이자를 받는 금융거래입니다. 한 번만 입금하면 되므로 관리가 간편하며 목돈을 단기간 운용할 때 유리합니다.

적금은 일정 기간 내 정기적으로 일정 금액을 은행에 저축하고, 만기 시 저축한 원금과 그동안 발생한 이자를 합산하여 수령하는 금융거래입니다. 소액이라도 정기적으로 저축하여 목돈을 마련할 수 있어, 계획적인 저축 습관을 형성하는 데 도움이 됩니다.

매년 초에 a원씩 연이율 r로 n년 동안 복리로 적립할 때, n년 후 적금의 원리합계는 아래와 같이 등비수열의 합 공식을 이용해 $\dfrac{a(1+r)\{(1+r)^n-1\}}{r}$ 과 같이 유도할 수 있습니다.

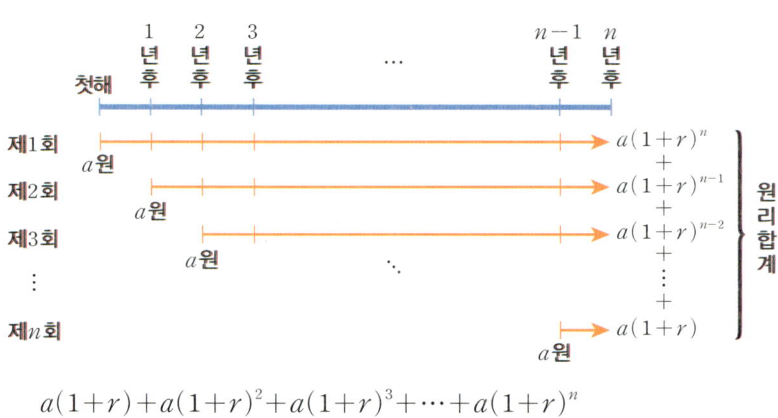

$$a(1+r)+a(1+r)^2+a(1+r)^3+\cdots+a(1+r)^n$$
$$=\frac{a(1+r)\{(1+r)^n-1\}}{(1+r)-1}=\frac{a(1+r)\{(1+r)^n-1\}}{r}$$

마찬가지로 매년 말에 a원씩 연이율 r로 n년 동안 복리로 적립할 때, n년 후 적금의 원리합계는 $\dfrac{a\{(1+r)^n-1\}}{r}$ 입니다.

예제 예금과 적금의 원리합계

다음과 같은 두 은행 상품의 만기 금액을 구해봅시다.

	상품 정보
A 은행 예금	가입 시 120만 원을 한 번에 납입 연이율 3.5% (단리) 만기 1년
B 은행 적금	매월 초에 10만 원씩 12개월 납입 연이율 6% (월 복리 적용) 만기 1년

- A 은행 예금 상품의 만기금액은 다음과 같습니다.

$$1{,}200{,}000 \times (1 + 0.035) = 1{,}242{,}000 \text{(원)}$$

- B 은행 적금 상품의 만기금액은 다음과 같습니다.

$$\frac{100{,}000\left(1 + \dfrac{0.06}{12}\right)\left\{\left(1 + \dfrac{0.06}{12}\right)^{12} - 1\right\}}{\dfrac{0.06}{12}} \fallingdotseq 1{,}239{,}724 \text{(원)}$$

위 예제에서처럼, 복리가 적용되는 금융상품에서 연이율을 월이율로 환산할 때 단순히 12로 나누어 계산하는 방식이 어색하게 느껴질 수 있습니다. 그러나 이는 은행 상품 간 비교를 용이하게 하기 위해 국제적으로 약속된 방식입니다. 은행의 예·적금 상품에서 제시되는 연이율은 대부분 명목 이자율 기준으로, 이 경우 월이율은 다음과 같이 계산합니다.

$$\text{월이율} = \frac{\text{명목 연이율}}{12}$$

다만, 금융상품 비교 사이트나 투자 상품 설명 등에서는 안내용으로 실효 이자율 기준의 연이율을 제시하기도 합니다. 이 경우에는 연간 복리 효과가 반영되어 있으므로, 월이율을 다음과 같이 계산해야 합니다.

$$(1+월이율)^{12}=1+실효\ 연이율$$

여담으로, 실효 이자율과 혼동하기 쉬운 개념인 실질 이자율은 명목 이자율이나 실효 이자율에서 물가 상승률을 차감하여 계산한 이자율입니다. 실질 이자율은 화폐의 구매력을 기준으로 한 실제 수익률을 나타내므로, 금융상품의 단순 수익률과는 구분됩니다.

연금

할인율과 현재 가치

현재 가치란 미래에 받을 금액을 현재 시점에서 평가한 금액을 의미합니다. 반대로, 미래 가치는 현재의 금액에 일정 기간 이자가 붙었을 때 미래에 얼마가 될지를 나타낸 금액입니다.

이때 미래에 받을 금액을 현재 시점에서 평가할 때 적용하는 비율을 할인율이라고 합니다. 이자율의 '역방향' 개념이라 볼 수 있습니다. 할인율은 자금의 시간적 가치 변동을 반영하며, 투자 결정이나 금융 상품 평가 시 중요한 기준으로 활용됩니다.

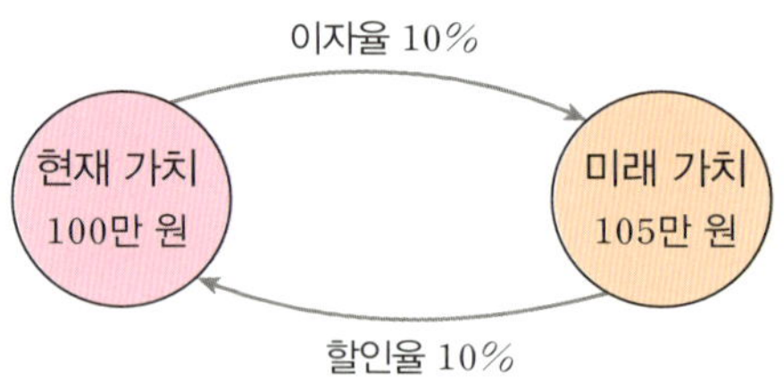

연 할인율이 d이고 1년마다 복리를 적용할 때, n년 후 받게 될 A원의 현재 가치는 $\dfrac{A}{(1+d)^n}$ 입니다. 예를 들어 연 할인율이 10%이고 1년마다 복리를 적용할 때, 10년 후 받게 될 100만원의 현재 가치는 $\dfrac{1{,}000{,}000}{1.1^{10}}$ ≒385,543(원)입니다.

연금

연금이란 일정한 금액을 일정한 기간마다 정기적으로 지급하거나 수취하는 금융거래를 말합니다. 지급 또는 수취 시점은 매월, 매 분기, 매년 등 일정하며, 금액과 기간이 고정되어 있는 것이 일반적입니다.

만약 연금의 지급액을 한 번에 모두 수령하고자 할 경우, 지급받을 금액은 연금의 현재 가치에 해당하는 금액으로 계산됩니다. 연금의 현재 가치는 할인율을 적용하여 각 정기 지급액을 현재 시점에서 평가한 총합으로 산출됩니다. 따라서 연 할인율이 d이고 1년마다 복리를 적용할 때, 현재부터 1년마다 A원을 n년 동안 받는 연금의 현재 가치는 다음과 같습니다.

$$\frac{A\left\{1-\left(\dfrac{1}{1+d}\right)^n\right\}}{1-\dfrac{1}{1+d}} = \frac{A(1+d)\{1-(1+d)^{-n}\}}{d}$$

예제 연금의 현재 가치

원호는 연금 복권에 당첨되어 매월 500만 원을 30년간 수령하게 되었습니다. 원호가 처음 당첨금을 수령하는 날을 기준으로, 연 할인율 6%로 1개월마다 복리를 적용한다면 이 연금 복권의 현재 가치가 얼마인지 구해봅시다.

(단, $1.005^{-360}=0.166$으로 계산합니다.)

- 연 할인율 6%를 월 할인율로 바꾸면 $6 \div 12 = 0.5\%$이므로 n개월 후 받는 500만원의 현재 가치는 $\dfrac{500}{1.005^n}$ (만 원)입니다.

- 따라서 연금 복권의 현재 가치는 $500 + \dfrac{500}{1.005} + \dfrac{500}{1.005^2} + \cdots + \dfrac{500}{1.005^{359}}$

$$= \frac{500\left(1 - \dfrac{1}{1.005^{360}}\right)}{1 - \dfrac{1}{1.005}} \fallingdotseq 8억\ 3817만\ 원입니다.$$

함수와 경제

경제학에서 다루는 여러 함수는 모두 경제 현상을 수학적으로 모델링하기 위해 정의됩니다. 이러한 함수들은 특정 변수와 결과 사이의 관계를 정량적으로 분석할 수 있게 해주며, 경제주체의 행동과 시장의 작동을 이해하는 핵심 도구로 활용됩니다.

이러한 경제 함수들은 모두 'ceteris paribus'[•], 즉, '기타 조건이 일정할 때'라는 전제를 기반으로 합니다. 다시 말해, 함수에서 다루는 특정 변수의 변화가 결과에 미치는 영향만을 관찰하기 위해 다른 모든 변수는 일정하게 유지된다고 가정하는 것입니다. 이러한 전제는 경제 현상을 단순화하고 명확하게 이해할 수 있게 해주며, 함수 해석과 경제 분석의 기초가 됩니다.

비용함수와 생산함수

생산함수

생산함수는 일정한 생산요소를 투입했을 때 그 요소들을 활용하여 얻을 수 있는 최대 생산량을 수학적으로 나타낸 함수입니다. 보통 노동과 자본을 변수로 하는 이변수 함수 형태로 다루며, 일반적으로 노동 투입량을 L, 자본 투입량을 K, 생산량을 Q라 할 때 다음과 같이 표현합니다.

[•] 19세기 초부터 경제학에서 관용어로 자주 사용되는 라틴어로, '다른 모든 것이 동일할 때'라는 뜻입니다.

$$Q = f(L, K)$$

하지만 특정 기간 자본 투입이 일정하다고 가정하면, 노동 투입량 L과 생산량 Q 사이의 관계를 일변수 함수 $Q = f(L)$로 단순화할 수 있습니다.

예를 들어, 한 기업의 생산함수가 $Q = \log(L+1)$로 주어졌다고 합시다. 이때 노동 투입량이 $L = 99$라면 생산량은 $Q = \log(99+1) = 2$가 됩니다.

생산함수는 기술의 효율성, 규모의 경제, 한계생산 체감 등 생산 이론의 기초가 됩니다.

비용함수

생산 과정에서 발생하는 비용은 성격에 따라 고정비용과 가변비용으로 나눌 수 있습니다. 고정비용은 생산량과 상관없이 일정하게 발생하는 비용으로, 공장 임대료, 기계 감가상각비, 기본 인건비 등이 대표적입니다. 이에 비해 가변비용은 생산량이 늘어나거나 줄어듦에 따라 변동하는 비용으로, 원자재 비용, 시간제 노동비, 전력 사용료 등이 있습니다. 두 비용을 합한 전체 비용을 총비용이라 부르며, 이는 기업의 생산 활동에 필요한 전체 자원 지출을 의미합니다.

비용함수는 어떤 생산량을 달성하기 위해 필요한 총비용을 생산량의 함수로 나타낸 것입니다. 일반적으로 생산량 Q에 대응하는 총비용 C를 $C = f(Q)$와 같이 표현합니다.

예를 들어, 한 공장의 고정비용이 100만 원이고, 제품 하나를 생산할 때마다 발생하는 가변비용이 2만 원이라고 합시다. 이 경우, 생산량 Q에 따른 총비용은 $C = 2Q + 100$(만 원)으로 나타낼 수 있습니다.

비용함수는 생산 계획, 최적화, 가격 설정 등 경제적 의사 결정을 지원하는 기초 자료로 활용됩니다.

효용함수

사람이 느끼는 만족이나 기쁨은 본질적으로 주관적이어서 정확히 수치화하기 어렵습니다. 그러나 경제학에서는 소비자의 선택을 분석하고 합리적 소비를 설명하기 위해 편의상 '효용'이라는 개념을 도입하여 만족의 크기를 수치로 나타낼 수 있다고 가정합니다. 일상생활에서 영화를 보거나 식당에서 식사한 후 만족도를 별점이나 점수로 평가하는 것과 비슷한 개념이라 이해할 수 있습니다.

소비자가 일정 기간 소비한 재화와 서비스로부터 얻는 총 만족의 정도를 총효용이라고 부릅니다. 또한 소비자가 여러 재화를 소비할 때 얻는 효용을 수량과 연관 지어 수학적으로 표현한 함수를 효용함수라고 합니다. 일반적으로 소비한 상품의 양 Q에 대응하는 총효용 U를 $U=f(Q)$와 같이 나타냅니다.

효용함수는 소비자의 선택과 선호를 분석하고, 가격, 예산 등 여러 조합에 따른 최적 선택을 이해하는 데 중요한 도구로 활용됩니다.

예제 총효용

원호가 먹는 호두과자의 개수 Q에 대한 총효용 U의 효용함수가 $U=-Q^2+6Q$라고 합니다. 원호가 몇 개의 호두과자를 먹었을 때 총효용이 최대가 되는지 구해봅시다.

- $U=-Q^2+6Q=-(Q^2-6Q+9)+9$

  $=-(Q-3)^2+9$

- 따라서 호두과자를 3개 먹었을 때 총효용은 9로 최대가 됩니다. 아래와 같이 그래프를 그려 이해할 수도 있습니다.

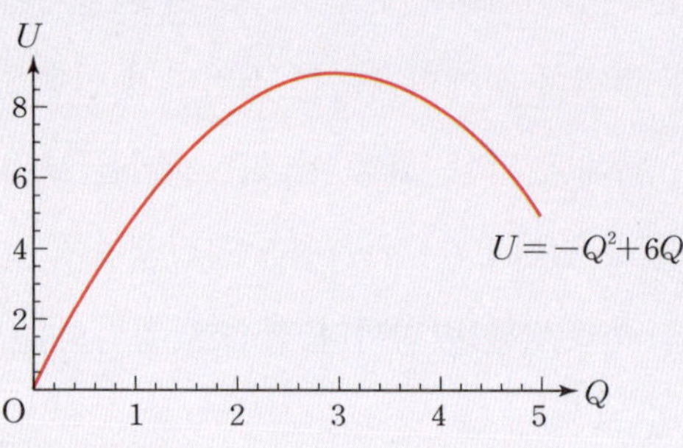

소비자가 재화나 서비스를 한 단위 추가로 소비함으로써 얻는 효용의 증가분을 한계효용이라 합니다. 일반적으로 동일한 재화를 계속 소비하면 한계효용은 점차 감소하는 현상이 나타납니다. 즉, 소비 초기에는 한 단위 더 소비할 때 큰 만족을 얻지만 소비량이 많아질수록 추가로 얻는 만족은 점점 줄어들게 됩니다. 이러한 현상을 한계효용 체감의 법칙이라 합니다.

예를 들어 앞의 예제에서 원호에게 호두과자 한 개째의 한계효용은 $-1^2+6=5$(호두과자를 안 먹었을 때의 총효용은 0입니다), 두 개째의 한계효용은 $(-2^2+6\times2)-5=8-5=3$으로, 소비량이 많아질수록 한계효용이 감소함을 확인할 수 있습니다.

수요함수와 공급함수

수요함수

수요함수는 재화의 가격에 따라 소비자의 수요량이 얼마인지를 수학적으로 나타낸 함수입니다. 일반적으로 가격을 P, 수요량을 Q라 할 때 수요함수는 다음과 같은 형태로 표현됩니다.

$$Q=f(P),\ f'(P)<0$$

즉 가격이 상승하면 수요량은 감소하고 가격이 하락하면 수요량이 증가하는, 가격과 수요량 간의 역관계가 반영됩니다. 이러한 성질을 '수요의 법칙'이라 합니다.

예를 들어 어떤 상품의 수요함수가 $Q=100-2P$로 주어졌다면, 상품 가격이 $P=20$일 때 수요량은 $Q=100-2\times20=60$이 됩니다. 가격이 40으로 오르면 $Q=100-2\times40=20$으로 줄어들어, 가격이 오를수록 수요량이 감소함을 확인할 수 있습니다.

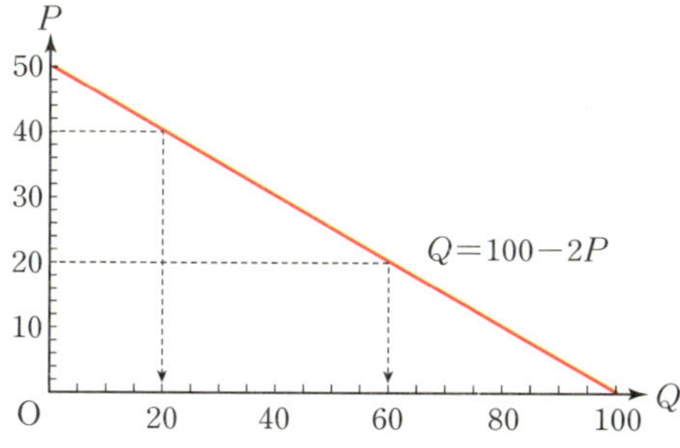

함수 $Q=f(P)$를 나타낸 위의 그래프를 보면 독립변수에 해당하는 P가 세로축, 종속변수에 해당하는 Q가 가로축에 놓여 있습니다. 이것이 일반적인 수학 그래프와 달라 어색해 보이기도 합니다. 이는 수요-공급 모델을 체계화한 19~20세기 경제학자 앨프리드 마셜의 방식을 따르는 것입니다. 마셜이 활동하던 19세기 후반에는 Q를 독립변수, P를 종속변수로 다뤘습니다. 그때는 공장 수가 적어 시장 수요가 항상 공급을 초과했고, 생산량에 따라 가격이 결정되는 구조였기 때문입니다. 오늘날에는 상황이 많이 달라졌지만, 여전히 그때 확립된 이론적 틀과 관습을 따르고 있습니다.

한편, 가격이 상승했을 때 오히려 수요량이 증가하는 예외적인 재화도 있습니다. 예를 들어 소득이 매우 제한적인 저소득층 가계는 필수재(빵, 쌀 등)를 많이 소비하고, 고급 식품은 거의 소비하지 않습니다. 이때 필수재의 가격이 오르면 실제 구매력이 감소하여 고급 식품을 사기 더 어려워지므로 오히려 필수재를 더 많이 구매하게 되죠. 이 개념을 처음으로 파악했다고 알려진 영국 통계학자 로버트 기펜의 이름을 따서, 이러한 재화를 기펜재라고도 부릅니다.

공급함수

공급함수는 재화의 가격에 따라 생산자나 판매자가 얼마만큼의 공급량을 시장에 내놓는지를 수학적으로 나타낸 함수입니다. 가격을 P, 공급량을 Q라 할 때 공급함수는 다음과 같이 나타납니다.

$$Q=f(P),\ f'(P)>0$$

즉, 가격이 상승할수록 공급량이 증가하는 가격과 공급량의 정正관계가 반영됩니다. 이는 높은 가격이 생산자에게 더 많은 이윤을 기대하게 하여 생산을 확대하도록 유인하기 때문입니다. 이러한 성질을 '공급의 법칙'이라 부릅니다.

예를 들어, 어떤 상품의 공급함수가 $Q=20+3P$라고 합시다. 가격이 $P=10$이면 공급량은 $Q=20+3\times10=50$이 되고, 가격이 $P=20$으로 오르면 $Q=20+3\times20=80$으로 증가합니다.

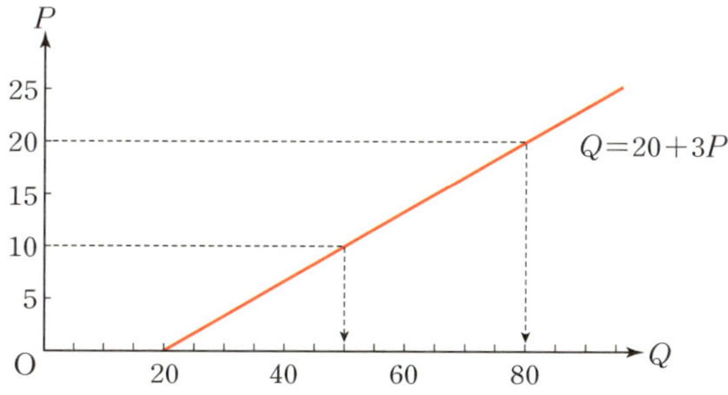

하지만 예외적으로, 시장가격이 오를 때 '앞으로 더 높은 가격이 될 것 같다'는 기대감으로 판매자가 판매를 줄이고 재고를 보유하려는 행동을 보이기도 합니다. 원유 가격이 상승하는 국면에서 산유국이 공급을 감축하여 더 높은 미래 가격을 기대하는 상황이 그런 예입니다.

균형점

시장균형

균형점이란 경제 현상에서 상반되는 힘이나 경향이 맞서 안정된 상태를 이루는 지점을 말합니다. 특히 시장경제에서는 수요와 공급이 일치하여 시장이 더 이상 변화하지 않는 가격과 거래량을 나타내는 지점을 의미하죠. 시장균형에서는 다음 조건이 만족됩니다.

$$Q_d=Q_s$$

Q_d : 소비자가 구매하고자 하는 수량(수요량)

Q_s : 생산자가 공급하고자 하는 수량(공급량)

즉, 수요량과 공급량이 일치할 때 시장에는 잉여 수요나 잉여 공급이 발생하지 않으며, 가격은 안정됩니다. 이때의 가격을 균형가격, 거래량을 균형거래량이라고 합니다.

 균형점

현재 백화점에서 판매하는 핫팩 1개의 가격 P원에 대한 수요함수는 $f(P)=4000-5P$이고, 공급함수는 $g(P)=800+3P$라고 합니다. 핫팩의 균형가격과 균형거래량을 구해봅시다.

- 두 함수의 그래프가 만나는 점, 즉 $P=400$에서 균형점이 형성됩니다. 따라서 균형가격은 400원입니다. 균형가격을 수요함수나 공급함수에 대입해 얻은 균형거래량은 2000개입니다.
- 시장가격이 $P=350$이라면 $f(350)=2250$, $g(350)=1850$으로 400개의 초과 수요가 발생함을 알 수 있습니다.
- 시장가격이 $P=500$이라면 $f(500)=1500$, $g(500)=2300$으로 800개의 초과 공급이 발생함을 알 수 있습니다.

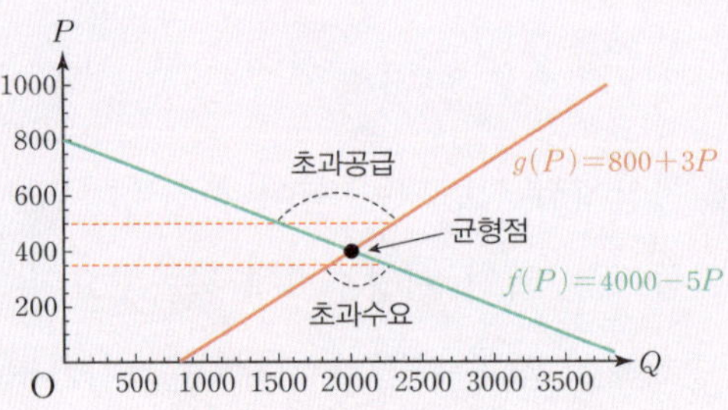

균형 분석은 수요·공급뿐 아니라 게임이론, 노동시장, 화폐시장 등 다양한 경제 모델에서 폭넓게 활용됩니다.

세금 부과에 의한 시장균형의 변화

시장에서 재화나 서비스에 세금이 부과되면 생산자와 소비자가 부담하는 비용 구조가 변하게 되며, 이는 시장균형의 가격과 거래량, 즉 균형점에 변화를 초래합니다.

세금 부과는 크게 소비세(판매세)와 생산세(부가세, 조세)로 나눌 수 있으며, 시장에 미치는 영향은 공급함수의 이동으로 설명할 수 있습니다.

소비세는 소비자가 재화를 구매할 때 가격에 추가로 부담하는 세금입니다. 소비자 입장에서는 가격이 상승한 것과 동일하게 인식되므로, 수요가 감소합니다. 공급자 입장에서는 가격이 변하지 않았으므로 공급을 그대로 유지하려 하지만, 시장에서 수요가 줄어들면서 초과공급이 발생하게 되죠. 결과적으로 균형거래량은 감소하고, 소비자가 실제로 부담하는 가격은 상승하며, 생산자가 받는 순가격은 균형 전 가격보다 낮게 조정될 수 있습니다. 이 과정을 아래와 같이 그래프로 관찰할 수 있습니다.

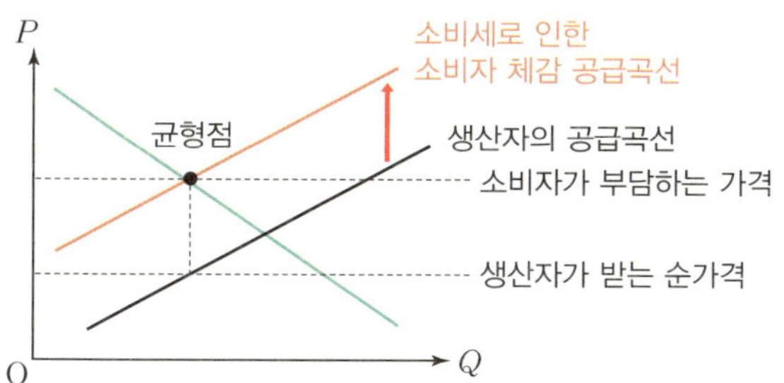

생산세는 공급자가 재화를 생산·판매할 때 단위당 부담하는 세금으로, 생산자는 같은 판매량을 제공하기 위해서 더 큰 비용을 지불하게 됩니다. 그에 따라 소비세를 부과했을 때와 마찬가지로 공급 곡선은 위로 평행이동하며, 결과적으로 균형가격은 상승하고 균형거래량은 감소하죠.

쿠빵에서 판매하는 휴대용 선풍기 1대의 가격 P원에 대한 수요함수는 $f(P)=60000-P$이고 공급함수는 $g(P)=2P$입니다. 그런데 정부가 휴대용 선풍기 1대당 600원의 세금을 생산자에게 부과하기로 했다고 할 때, 새로운 균형가격과 균형거래량을 구해봅시다.

- 세금 부과 전 균형가격은 20,000원, 균형거래량은 40,000대입니다.
- 세금 부과에 의한 새로운 공급함수는 $g(P)=g(P-600)=2P-1200$이 됩니다. 공급곡선이 P축에 대해 600만큼 평행이동한 것으로 이해할 수 있습니다.
- 연립방정식 $\begin{cases} Q=60000-P \\ Q=2P-1200 \end{cases}$ 으로부터 새로운 균형가격은 20,400원이 됩니다. 결과적으로 세금 600원 중 400원은 소비자가 부담하고, 나머지 200원은 생산자가 부담하는 효과를 가져온다고 해석할 수 있습니다. 새로운 균형거래량은 39,600대입니다.

소비세의 부과와 생산세의 부과는 그래프상에서 모두 공급곡선을 위쪽으로 이동시키는 효과를 나타내므로, 겉보기에는 같아 보일 수 있습니다. 하지만 소비세는 수요량의 감소로부터, 생산세는 공급량의 감소로부터 시장균형이 새로운 균형점으로 이동한다는 점에서 경제적인 의미는 다르게 해석됩니다.

소득 변화에 의한 시장균형의 변화

소득 변화는 소비자의 구매력과 시장 수요를 변화시킵니다. 이는 시장균형에 직접적인 영향을 미치며 새로운 균형점을 형성하게 합니다.

소득이 증가하면 소비자의 구매력이 높아지고, 일반적으로 일정 가격에서 소비자가 구매하고자 하는 수량이 증가합니다. 그에 따라 수요곡선이 오른쪽으로 이동하죠. 결과적으로 균형가격과 균형거래량은 모두 상승합니다.

반대로 소득이 감소하면 소비자의 구매력이 낮아지고, 일반적으로 일정 가격에서 소비자가 구매하고자 하는 수량이 감소합니다. 그에 따라 수요곡선이 왼쪽으로 이동하죠. 결과적으로 균형가격과 균형거래량 모두 하락합니다.

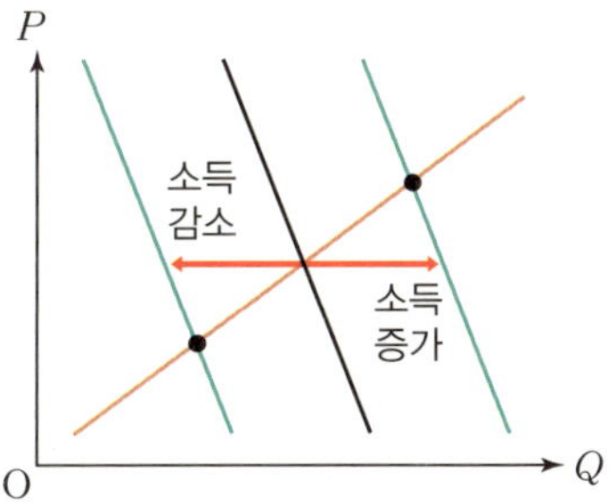

최적화

최적화란 주어진 조건에서 함수의 최댓값 또는 최솟값을 찾는 수학적 과정을 의미합니다. 경제학에서는 비용 최소화, 이윤 극대화, 효용 극대화 등 다양한 문제를 최적화 문제로 모델링하여 분석합니다.

여기서는 연립부등식으로 정의된 영역 내에서 최적값이 존재하는 지점을 찾고, 목적 함수의 값을 평가하여 최적값을 결정하는 과정을 예제를 통해 살펴보겠습니다.

어느 매운 떡볶이 가게에는 초보 맛과 고수 맛 두 가지를 판매합니다. 두 가지 떡볶이를 각각 1인분 만드는 데 필요한 고추장과 양념장 양, 판매 수입은 아래 표와 같습니다. 이 가게에서 하루 동안 사용할 수 있는 고추장과 양념장 양은 각각 1.6kg, 1kg입니다. 만든 떡볶이는 모두 판매되며, 다른 요인들은 고려하지 않고 주어진 정보만을 이용할 때, 이 가게에서 하루에 얻을 수 있는 최대 수입을 구해봅시다.

	고추장(g)	양념장(g)	판매 수입(천 원)
초보 맛	24	10	4
고수 맛	16	20	5

• 하루 동안 판매하는 초보 맛을 x(인분), 고수 맛의 양을 y(인분)이라 하면 하루 동안 사용할 수 있는 고추장과 양념장 양의 제약으로 인해 다음과 같은 부등식을 얻습니다.

$$\begin{cases} 24x+16y \leq 1600 \\ 10x+20y \leq 1000 \end{cases} \Rightarrow \begin{cases} y \leq -\dfrac{3}{2}x+100 \\ y \leq -\dfrac{1}{2}x+50 \end{cases}$$

• 다음과 같이 좌표평면에 위 부등식의 영역을 나타냅니다. 이 영역은 제약 조건하에 실현 가능한 영역이라고 해석할 수 있습니다.

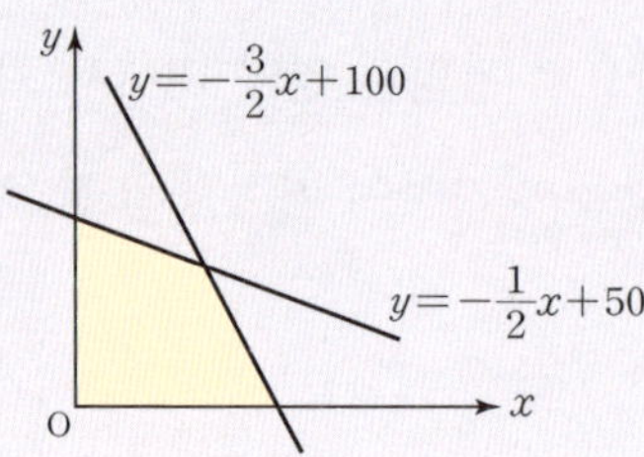

- 총 판매 수입을 R이라 하면, $R = 4x + 5y$(천 원)입니다. 이를 직선의 방정식으로 변환하면, $y = -\dfrac{4}{5}x + \dfrac{R}{5}$입니다. y절편 $\dfrac{R}{5}$이 최대일 때 곧 총 판매 수입 R도 최대가 됨을 알 수 있습니다.

- 아래 그림과 같이 직선 $y = -\dfrac{4}{5}x + \dfrac{R}{5}$이 두 직선 $\begin{cases} y = -\dfrac{3}{2}x + 100 \\ y = -\dfrac{1}{2}x + 50 \end{cases}$ 의 교점을 지나갈 때, $\dfrac{R}{5}$이 최대가 됩니다.

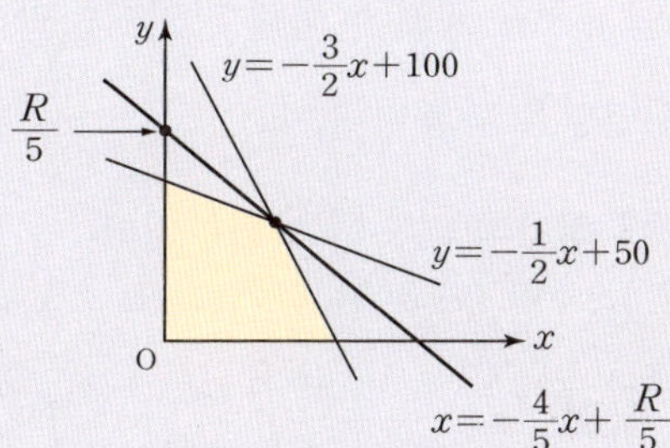

- 연립방정식 $\begin{cases} y = -\dfrac{3}{2}x + 100 \\ y = -\dfrac{1}{2}x + 50 \end{cases}$ 의 해, 즉 두 직선의 교점은 다음과 같이 $(x, y) = (50, 25)$입니다.

$$-\dfrac{3}{2}x + 100 = -\dfrac{1}{2}x + 50 \Rightarrow x = 50 \Rightarrow y = 25$$

- 따라서 하루 동안 얻을 수 있는 최대 수입은 $R = 4 \times 50 + 5 \times 25 = 325$(천 원), 즉 325,000원입니다.

행렬과 경제

역행렬

행렬 A와 단위행렬 E에 대하여 $AX=XA=E$를 만족하는 행렬 X가 존재할 때 X를 A의 역행렬이라 하고, 기호로 A^{-1}과 같이 나타냅니다. 본래 역행렬은 일반적인 $n\times n$ 행렬에 대해 정의되지만, 고등학교 과정에서는 2×2 행렬의 역행렬만을 다룹니다.

행렬 $A=\begin{pmatrix} a & b \\ c & d \end{pmatrix}$에 대하여 다음이 성립합니다.

(1) $ad-bc\neq0$일 때, $A^{-1}=\dfrac{1}{ad-bc}\begin{pmatrix} d & -b \\ -c & a \end{pmatrix}$

(2) $ad-bc=0$일 때, A의 역행렬은 존재하지 않는다.

이때 $ad-bc$를 행렬 A의 행렬식이라 합니다.

증명 행렬 $A=\begin{pmatrix} a & b \\ c & d \end{pmatrix}$의 역행렬은 $A^{-1}=\dfrac{1}{ad-bc}\begin{pmatrix} d & -b \\ -c & a \end{pmatrix}$이다.
(단, $ad-bc\neq0$)

$A=\begin{pmatrix} a & b \\ c & d \end{pmatrix}$와 $A^{-1}=\dfrac{1}{ad-bc}\begin{pmatrix} d & -b \\ -c & a \end{pmatrix}$에 대하여,

$$AA^{-1}=\begin{pmatrix} a & b \\ c & d \end{pmatrix}\dfrac{1}{ad-bc}\begin{pmatrix} d & -b \\ -c & a \end{pmatrix}=\dfrac{1}{ad-bc}\begin{pmatrix} ad-bc & -ab+ab \\ cd-cd & -bc+ad \end{pmatrix}$$

$$=\dfrac{1}{ad-bc}\begin{pmatrix} ad-bc & 0 \\ 0 & ad-bc \end{pmatrix}=\begin{pmatrix} 1 & 0 \\ 0 & 1 \end{pmatrix}$$

마찬가지로,

$$A^{-1}A=\frac{1}{ad-bc}\begin{pmatrix} d & -b \\ -c & a \end{pmatrix}\begin{pmatrix} a & b \\ c & d \end{pmatrix}=\frac{1}{ad-bc}\begin{pmatrix} ad-bc & bd-bd \\ -ac+ac & -bc+ad \end{pmatrix}$$

$$=\frac{1}{ad-bc}\begin{pmatrix} ad-bc & 0 \\ 0 & ad-bc \end{pmatrix}=\begin{pmatrix} 1 & 0 \\ 0 & 1 \end{pmatrix} \blacksquare$$

대수학에서 행렬식은 선형사상의 성질과 공간의 구조를 이해하는 핵심적인 도구로서 매우 중요한 대상이지만, 고등학교 경제 수학에서는 역행렬의 존재 여부를 파악하는 용도로만 다뤄집니다. 예를 들어 행렬 $A=\begin{pmatrix} 2 & -1 \\ -3 & 1 \end{pmatrix}$의 행렬식은 $2\times 1-(-1)\times(-3)=-1\neq 0$이므로 A의 역행렬 A^{-1}가 존재하고, 이때 역행렬은 $A^{-1}=\frac{1}{-1}\begin{pmatrix} 1 & 1 \\ 3 & 2 \end{pmatrix}=\begin{pmatrix} -1 & -1 \\ -3 & -2 \end{pmatrix}$입니다.

역행렬의 활용

x, y에 대한 연립일차방정식 $\begin{cases} ax+by=p \\ cx+dy=q \end{cases}$에서 다음이 성립합니다.

(1) $ad-bc\neq 0$일 때, $\begin{pmatrix} x \\ y \end{pmatrix}=\frac{1}{ad-bc}\begin{pmatrix} d & -b \\ -c & a \end{pmatrix}\begin{pmatrix} p \\ q \end{pmatrix}$

(2) $ad-bc=0$일 때, 해가 무수히 많거나 해가 없다.

증명 역행렬과 연립일차방정식의 해

(1) $ad-bc\neq 0$일 때,

$$\begin{cases} ax+by=p \\ cx+dy=q \end{cases} \Rightarrow \begin{pmatrix} a & b \\ c & d \end{pmatrix}\begin{pmatrix} x \\ y \end{pmatrix}=\begin{pmatrix} p \\ q \end{pmatrix} \Rightarrow \begin{pmatrix} x \\ y \end{pmatrix}=\begin{pmatrix} a & b \\ c & d \end{pmatrix}^{-1}\begin{pmatrix} p \\ q \end{pmatrix}$$

$$\Rightarrow \begin{pmatrix} x \\ y \end{pmatrix} = \frac{1}{ad-bc} \begin{pmatrix} d & -b \\ -c & a \end{pmatrix} \begin{pmatrix} p \\ q \end{pmatrix}$$

(2) $ad-bc=0$일 때,

$$ad-bc=0 \Rightarrow ad=bc \Rightarrow \frac{a}{b}=\frac{c}{d} \Rightarrow -\frac{a}{b}=-\frac{c}{d} \quad \text{(단, } b\neq0\text{이고 } d\neq0)$$

한편, 연립일차방정식 $\begin{cases} ax+by=p \\ cx+dy=q \end{cases}$ 을 다음과 같이 두 직선의 방정식 꼴로 표현하면 아래와 같습니다.

$$\begin{cases} ax+by=p \\ cx+dy=q \end{cases} \Rightarrow \begin{cases} y=-\dfrac{a}{b}x+\dfrac{p}{b} \\ y=-\dfrac{c}{d}x+\dfrac{q}{d} \end{cases} \quad \text{(단, } b\neq0\text{이고 } d\neq0)$$

여기서 $-\dfrac{a}{b}$와 $-\dfrac{c}{d}$는 좌표평면에서 각각 두 직선의 기울기를 의미합니다. 즉, 기울기가 같은 두 직선의 교점은 무수히 많거나(일치) 없으므로(평행)

연립일차방정식 $\begin{cases} ax+by=p \\ cx+dy=q \end{cases}$ 의 해는 무수히 많거나 없습니다.

$b=0$이거나 $d=0$인 경우에 대해서는 생략합니다. ■

예를 들어 12번가에서 판매하는 롱패딩 점퍼의 가격 P만 원에 대한 수요함수와 공급함수가 각각 $f(P)=60-3P$, $g(P)=2P$일 때, 다음과 같이 역행렬을 활용하여 균형가격과 균형거래량을 구할 수 있습니다.

$$\begin{cases} Q=60-3P \\ Q=2P \end{cases} \Rightarrow \begin{cases} 3P+Q=60 \\ -2P+Q=0 \end{cases} \Rightarrow \begin{pmatrix} 3 & 1 \\ -2 & 1 \end{pmatrix}\begin{pmatrix} P \\ Q \end{pmatrix}=\begin{pmatrix} 60 \\ 0 \end{pmatrix}$$

$$\Rightarrow \begin{pmatrix} P \\ Q \end{pmatrix}=\frac{1}{3-(-2)}\begin{pmatrix} 1 & -1 \\ 2 & 3 \end{pmatrix}\begin{pmatrix} 60 \\ 0 \end{pmatrix}$$

$$\Rightarrow \begin{pmatrix} P \\ Q \end{pmatrix}=\frac{1}{5}\begin{pmatrix} 60 \\ 120 \end{pmatrix}=\begin{pmatrix} 12 \\ 24 \end{pmatrix}$$

$\therefore$ 균형가격$=12$만 원, 균형거래량$=24$벌

— 4 —

미분과 경제

한계적 변화

'한계적 변화'란 어떤 변수의 값이 아주 작은 단위만큼 변화할 때, 그로 인해 나타나는 다른 변수의 변화량을 의미하는 개념입니다.

경제 현상은 대부분 연속적이고 점진적으로 발생하므로, 전체의 큰 변화보다는 극히 작은 변화가 가져오는 효과를 파악하는 것이 중요합니다. 예를 들어 '하루에 100개를 생산한 기업이 200개를 생산하면 비용이 얼마나 오를까?' 같은 큰 변화를 분석하는 것보다, 생산량을 100개에서 101개로 늘릴 때 생기는 비용 증가를 분석하면 훨씬 더 정확한 의사 결정을 내릴 수 있죠.

이는 수학적으로 미분 개념과 밀접한 관련이 있습니다. 어떤 함수의 독립변수를 극히 적은 양 Δx만큼 변화시켰을 때 종속변수가 얼마나 변하는지, 즉 $\frac{\Delta y}{\Delta x}$가 어떻게 되는지를 살피는 것이 한계적 변화의 기본 원리죠. 이때 Δx를 0에 가깝게 보내면 변화율은 도함수로 수렴합니다. 한계적 변화가 '순간적인 변화를 나타내는 미분값'을 의미하게 되는 것입니다.

경제학에서 한계적 변화의 대표적인 예는 다음과 같습니다.

- 한계효용: 소비를 한 단위 늘렸을 때 얻게 되는 추가 만족도
- 한계비용: 생산을 한 단위 늘렸을 때 추가로 드는 비용
- 한계수입: 판매량을 한 단위 늘릴 때 증가하는 수입
- 한계생산량: 생산요소를 한 단위 더 투입했을 때 늘어나는 산출량

예제 한계생산량

어느 공장의 노동량 L에 대한 제품의 총생산량을 $Q=f(L)=\sqrt{11L+3}$이라고 합시다. 노동량 L을 2에서 3으로 늘렸을 때의 한계생산량과 $L=2$에서의 한계생산량을 구해봅시다.

- 노동량 L을 2에서 3으로 늘렸을 때의 한계생산량은

$$\frac{\Delta Q}{\Delta L}=\frac{f(3)-f(2)}{3-2}=\sqrt{36}-\sqrt{25}=1$$ 입니다.

- 노동량 $L=2$에서의 한계생산량은 $\dfrac{dQ}{dL}=f'(L)=\dfrac{11}{2\sqrt{11L+3}}$ 이므로

$$f'(2)=\frac{11}{2\sqrt{25}}=\frac{11}{10}$$ 입니다.

이처럼 한계적 변화는 한 단위가 변화했을 때뿐 아니라 특정한 점에 대해서도 분석할 수 있습니다.

효용 극대화

소비자는 소득과 가격이라는 제약 안에서 재화 또는 서비스를 구매합니다. 항상 원하는 만큼 재화나 서비스를 구매할 수는 없으므로, 합리적인 소비자라면 제약하에서 효용을 최대화하는 선택을 합니다.

예제 최대 총효용

원호가 먹는 호두과자의 개수 Q에 대한 총효용 U의 효용함수가 $U=-Q^2+6Q$라고 합시다.

- 효용 곡선은 전 구간에서 위로 볼록합니다. (484쪽 그래프 참고)
- $\dfrac{dU}{dQ}=-2Q+6$이므로 $Q=3$에서 $\dfrac{dU}{dQ}=0$으로 효용 곡선의 극점입니다.

따라서 원호가 호두과자 3개를 먹었을 때 총효용이 최대가 됩니다.

예제 합리적 소비

윤아는 18만 원으로 3만 원짜리 하의와 1만 원짜리 상의를 구입하려 합니다.
윤아가 하의를 x벌, 상의를 y벌 구매했을 때의 총효용이 x^2y이라면, 합리적
소비가 이루어지는 상의와 하의의 개수를 구해봅시다.

- $30000x + 10000y = 180000 \Rightarrow y = -3x + 18$
- 총효용 U는 $U = x^2y = x^2(-3x + 18) = -3x^3 + 18x^2$
- 총효용이 극대인 지점에서 $\dfrac{dU}{dx} = 0$이므로,

$$\frac{d}{dx}(-3x^3 + 18x^2) = -9x^2 + 36x = 0$$

$\Rightarrow x = 4$ ($x = 0$이면 총효용이 극소)

$\Rightarrow y = -3 \times 4 + 18 = 6$

- 따라서 하의 4벌과 상의 6벌을 구매했을 때 총효용이 최대가 되는 합리적
소비가 이루어집니다.

이윤 극대화

기업이 일정 기간 얻은 총수입에서 지출한 총비용을 뺀 금액을 이윤이라
합니다. 기호로는 π를 사용합니다. 일반적인 기업은 이윤을 극대화하는
생산량을 선택하여 생산 활동을 수행합니다.

• 'profit'(이윤)의 머리글자인 p에 해당하는 그리스 문자 π를 기호로 씁니다.

 이윤 극대화

모니터를 생산하는 LC전자에서 생산된 모니터가 모두 판매된다고 할 때, 생산량 Q에 대한 총수입은 $5Q^2+Q$, 총비용은 $\frac{2}{3}Q^3+9Q+1$과 같습니다. LC전자의 이윤을 극대화하는 생산량과 그때의 이윤을 구해봅시다.

- $\pi=$ 총수입 $-$ 총비용 $=(5Q^2+Q)-\left(\frac{2}{3}Q^3+9Q+1\right)$

$$=-\frac{2}{3}Q^3+5Q^2-8Q-1$$

- $\dfrac{d\pi}{dQ}=-2Q^2+10Q-8=-2(Q-1)(Q-4)$

$\dfrac{d\pi}{dQ}$ 가 0이 되는 Q값은, $Q=1,\,4$

- $\dfrac{d^2\pi}{dQ^2}=-4Q+10$에서 $Q=1$이면 $-4\times1+10>0$,

$Q=4$이면 $-4\times4+10<0$이므로,

$Q=4$일 때 이윤이 극대가 됩니다. (357쪽 참고)

- $\pi=-\dfrac{2}{3}\times4^3+5\times4^2-8\times4-1=\dfrac{13}{3}$

따라서 생산량 4일 때, LC전자의 이윤은 $\dfrac{13}{3}$으로 최대입니다. ■

탄력성

탄력성

탄력성이란 어떤 변수의 변화가 다른 변수에 얼마나 민감하게 반응하는지를 측정하는 개념입니다. 경제 현상에서는 가격, 소득, 비용 등 다양한 요인이 재화의 수요량이나 공급량, 혹은 다른 경제 변수의 변화를 일으키는데, 이러한 반응의 정도를 정량적으로 표현한 것이 바로 탄력성입니다.

단순히 '가격이 오르면 수요량이 줄어든다'라는 사실만으로는 경제적 의사 결정을 내리기 어렵습니다. 예를 들어 가격이 10% 올랐을 때 어떤 재화는 수요량이 1%만 줄어들고 어떤 재화는 수요량이 30%나 줄어든다면, 두 재화의 민감도는 분명히 다르며 이는 기업의 가격 전략이나 정부의 세금 정책에서 매우 중요한 정보가 되죠.

대표적인 탄력성의 종류로는 수요의 가격탄력성, 공급의 가격탄력성 등이 있으며, 각각 다음과 같이 계산합니다.

- $(수요의\ 가격탄력성) = \left| \dfrac{(수요량의\ 변화율)}{(가격의\ 변화율)} \right|$

- $(공급의\ 가격탄력성) = \dfrac{(공급량의\ 변화율)}{(가격의\ 변화율)}$

수요의 가격탄력성에 절댓값을 사용하는 이유는, 수요의 법칙에 따라 일반적으로 가격의 변화율에 대한 수요량의 변화율이 음수가 되기 때문입니다.

미분을 이용해서 한 점에서의 수요$(Q=f(P))$ 및 공급$(Q=g(P))$의 탄력성을 표현하면 다음과 같습니다.

- 수요의 가격탄력성 $\varepsilon_d = |f'(P)| \times \dfrac{P}{f(P)}$ *

- 공급의 가격탄력성 $\varepsilon_s = g'(P) \times \dfrac{P}{g(P)}$

---

*   'elasticity'(탄력성)의 머리글자인 e에 해당하는 그리스 문자 ε(엡실론)을 기호로 씁니다.

 수요와 공급의 가격탄력성

(1) 수요의 가격탄력성

$$\varepsilon_d = \left| \dfrac{\dfrac{\varDelta Q}{Q}}{\dfrac{\varDelta P}{P}} \right| = \left| \dfrac{\varDelta Q}{\varDelta P} \right| \times \dfrac{P}{Q} = \left| \dfrac{\varDelta f(P)}{\varDelta P} \right| \times \dfrac{P}{f(P)}$$

$$\xrightarrow[\varDelta P \to 0]{\lim} \ |f'(P)| \times \dfrac{P}{f(P)} \ \blacksquare$$

(2) 공급의 가격탄력성

$$\varepsilon_s = \dfrac{\dfrac{\varDelta Q}{Q}}{\dfrac{\varDelta P}{P}} = \dfrac{\varDelta Q}{\varDelta P} \times \dfrac{P}{Q} = \dfrac{\varDelta g(P)}{\varDelta P} \times \dfrac{P}{g(P)}$$

$$\xrightarrow[\varDelta P \to 0]{\lim} \ g'(P) \times \dfrac{P}{g(P)} \ \blacksquare$$

탄력성과 가격 조정

탄력성이 1보다 큰 경우를 '탄력적'이라 합니다. 이는 독립변수의 변화(예 컨대 가격)가 1% 변할 때, 종속변수(예컨대 수요량)가 1%보다 더 크게 변한다 는 의미입니다. 즉, 종속변수가 매우 민감하게 반응하는 상황입니다.

가격탄력적인 재화는 소비자가 가격 변화에 민감하게 반응하므로, 가격 을 내리면 소비량이 크게 늘어나 판매자의 총수입이 증가하게 됩니다. 반 대로 가격을 올리면 소비량이 크게 줄어 총수입이 감소합니다.

예제 가격탄력적인 재화

5000원에 판매되고 있는 어떤 상품의 하루 판매량은 10개였습니다. 이 상품의 가격을 500원 인하하였더니 하루 판매량이 15개로 늘었다고 합시다. 이 상품의 수요의 가격탄력성과 판매 수입의 변화를 구해봅시다.

- 이 상품의 수요의 가격탄력성은 $\left| \dfrac{\dfrac{15-10}{10}}{\dfrac{4500-5000}{5000}} \right| = 5$ 이므로, 탄력적이라고 판별할 수 있습니다.
- 판매 수입은 5000원×10개＝50000원에서 4500원×15개＝67500원으로 증가했습니다. ■

고급 자동차, 명품 가방과 같은 사치품은 일반적으로 가격탄력적인 경향을 보입니다. 가격이 오를수록 수요가 빠르게 줄고, 가격이 내릴수록 수요가 빠르게 늘어나는 경향이 있죠.

탄력성이 1보다 작은 경우를 '비탄력적'이라 합니다. 종속변수가 상대적으로 둔감하게 반응하는 경우죠. 쌀, 물, 전기와 같은 생활필수품은 일반적으로 비탄력적인 경향을 보입니다. 가격비탄력적인 재화는 가격을 올려도 소비량 감소 폭이 작으므로 총수입은 증가합니다. 반대로 가격을 내리면 총수입이 오히려 감소할 수 있습니다.

탄력성이 1인 경우는 '단위탄력적'이라 말합니다.

어느 신발 매장에서 판매되는 운동화의 가격 P만 원에 대한 수요함수가 $f(P) = 10 - \frac{1}{2}P$라고 합시다. 현재 이 신발의 가격은 6만 원입니다. $P=6$에서 이 신발 수요의 가격탄력성을 판별하고, 판매 수입을 늘리기 위해 가격을 7만 원으로 올렸을 때 수입이 어떻게 변화할지 구해봅시다.

• $P=6$에서 이 신발 수요의 가격탄력성을 구하면 다음과 같습니다.

$$|f'(P)| \times \frac{P}{f(P)} = \left|-\frac{1}{2}\right| \times \frac{6}{-\frac{1}{2} \times 6 + 10} = \frac{3}{7}$$

탄력성이 1보다 작으므로, 가격비탄력적입니다.

• 가격을 7만 원으로 올렸을 때 수요량은 $10 - \frac{1}{2} \times 7 = 6.5$이므로, 수입은 7만 원 $\times 6.5 = 45.5$만 원이 됩니다.
한편 가격이 바뀌기 전의 수입은 6만 원 $\times 7 = 42$만 원이었으므로 가격 조정 후 수입이 3만 5000원 증가했음을 알 수 있습니다. ∎

도대체 수학은 누가 잘할까?

11장

인공지능 수학

인공지능 수학은 인공지능의 데이터 처리와 의사 결정에 수학이 활용되는 다양한 사례를 경험하며 인공지능과 수학의 관련성을 탐구하는 과목입니다. 이 장에서는 인공지능의 기초부터 시작해 텍스트 및 이미지 자료를 처리하는 방법을 거쳐, 최적화 개념까지 소개합니다.

인공지능 기초

인공지능과 빅데이터

인공지능과 수학

인공지능artificial intelligence, AI은 기계를 사람처럼 보이게 하거나, 기계가 사람의 특정한 지적 활동(추론·판단·학습·계획·인식 등)을 수행하도록 만드는 연구 분야입니다. 인공지능의 정의와 목표는 시대와 연구자에 따라 달라지지만, 핵심은 알고리즘algorithm(518쪽 참고)으로 지적 활동을 재현하거나 보조하는 것입니다. 인공지능의 여러 기법은 다양한 수학 분야를 기반으로 두고 있으므로, 연구자들은 수학적 언어로 문제를 기술하고 그 위에서 알고리즘을 설계·증명·평가합니다.

1943년, 미국의 신경심리학자 워런 스터지스 매컬러와 논리학자 월터 피츠는 논리연산과 이산수학적 방법을 이용해 우리 뇌의 뉴런을 이진법적 상태를 가지는 간단한 논리회로로 모델링하고, 이를 통해 뉴런 네트워크가 논리연산을 구현할 수 있음을 수학적으로 보였습니다. 이 연구는 인공뉴런 개념의 출발점으로 평가되며, 인공 신경망 연구의 기초를 마련했습니다.

1958년, 미국의 심리학자 프랭크 로젠블랫은 선형대수학과 확률적 기법을 활용한 단층 퍼셉트론perceptron(513~515쪽 참고)을 제안하여 입력 벡터에 가중치를 곱하고 합산한 뒤 단위 계단 함수를 통해 출력을 결정하는 선형 분류 모델을 개발했습니다. 퍼셉트론은 단순한 오류 수정 학습 규칙을 통해 경험에 따라 가중치를 조정할 수 있었으며, 기계가 데이터를 기반으로 스스로 학습할 수 있음을 보여준 초기 사례로 평가됩니다.

1986년, 미국의 심리학자 데이비드 러멜하트, 영국의 컴퓨터과학자 제프리 힌턴, 미국의 컴퓨터과학자 로널드 제이 윌리엄스는 다층 퍼셉트론 학습을 위해 역전파back propagation 알고리즘을 구체화하고 보급했습니다. 연쇄 법칙과 미적분을 기반으로 하는 이 알고리즘은 출력 오차를 각 층의 가중치에 대해 미분하고, 경사 하강법(540쪽 참고)을 이용해 가중치를 갱신하는 방식으로 설계되었습니다. 이를 통해 단층 퍼셉트론으로는 해결할 수 없었던 비선형 문제를 학습할 수 있는 길이 열렸습니다.

1990년대부터 확률 모델과 통계적 학습 방법을 활용하여 음성인식 및 자연어 처리 연구가 본격적으로 이루어졌습니다. 마르코프 연쇄*와 베이즈 확률**을 기반으로 한 HMM, n-그램 모델 등 다양한 통계적 기법이 개발되어, 데이터를 효율적으로 처리하고 예측과 추론을 수행하는 핵심 도구로 자리 잡았죠.

2012년 우크라이나 출신의 캐나다 컴퓨터과학자 알렉스 크리제프스키, 이스라엘 출신의 캐나다 컴퓨터과학자 일리야 수츠케버, 제프리 힌턴 등은 합성곱 신경망CNN*** 기반의 딥 러닝 모델인 알렉스넷AlexNet을 개발했습니다. 비선형 활성화 함수, 경사 하강법과 통계적 기법을 결합한 대규

● 러시아의 수학자 안드레이 마르코프가 도입한 개념으로, 이산적인 시간 흐름 속에서 과거와 무관하게 현재 상태만으로 확률적 전이가 이루어지는 구조.

●● 새로운 데이터를 통해 사전 확률을 업데이트하여 더 정확한 사후 확률을 도출하는 확률론적 접근 방식.

●●● 다층 퍼셉트론의 한 종류로, 행렬로 표현된 필터가 데이터의 국소적인 패턴을 잘 포착하도록 학습되며, 주로 이미지와 같은 공간 구조를 가진 데이터를 분류하는 데에 쓰이는 기법.

모 최적화가 핵심 기술이었죠. 이로써 딥 러닝 붐이 본격적으로 촉발되었습니다.

이처럼 인공지능 연구에서 수학은 단순한 도구가 아니라, 문제를 이해하고 해결하는 언어이자 사고의 틀입니다. 인공지능을 제대로 이해하고 발전시키기 위해 수학적 사고력은 선택이 아닌 필수임을 명심해야 합니다.

빅데이터

빅데이터란 전통적인 데이터 처리 방법으로는 수집·저장·관리·분석이 어려울 정도로 규모와 속도, 다양성이 큰 데이터를 말합니다. 최근에는 '정확성'과 '가치'까지 포함해 빅데이터의 핵심 특성을 아래와 같이 5V로 정의하기도 합니다.

- 규모Volume: 일반적인 저장 장치가 수용할 수 없는 대규모 데이터
- 속도Velocity: 실시간 또는 초 단위로 생성되는 데이터 흐름
- 다양성Variety: 정형·반정형 데이터 및 텍스트, 음성, 사진, 영상 등의 다양한 비정형 데이터
- 정확성Veracity: 데이터의 신뢰성과 품질 문제
- 가치Value: 분석을 통해 얻을 수 있는 의미 있는 정보

인공지능 기술은 빅데이터와 밀접하게 결합되어 발전했습니다. 인공지능은 데이터를 학습하여 패턴을 인식하고 예측하는 기술이므로, 풍부하고 다양한 데이터를 제공할수록 모델의 성능과 일반화 능력이 향상됩니다. 물론 이러한 기술에서 수학은 필수적인 역할을 합니다.

딥 러닝을 활용한 이미지 분류, 얼굴 인식, 의료 영상 분석 등에서는 수

천만 장의 이미지 데이터를 학습하여 합성곱 신경망 모델이 물체를 정확히 분류할 수 있도록 합니다. 이 과정에서는 행렬 연산을 기반으로 한 선형대수, 손실 함수(539쪽 참고)와 정규화 등 확률·통계 기법, 그리고 경사 하강법과 같은 최적화 알고리즘이 핵심적으로 사용됩니다.

자연어 처리NLP 분야에서는 언어 모델(GPT, BERT 등), 기계번역, 음성인식 등이 대규모 텍스트 데이터(뉴스, 책, 웹 문서 등)를 학습하여 단어와 문장의 패턴을 이해하고, 문장 생성, 요약, 번역 등 다양한 작업을 수행합니다. 이 과정에서는 확률 모델, 단어·문장 임베딩과 행렬 연산, 경사 하강법 기반 최적화, 정보이론(엔트로피) 기반 손실 평가 등이 핵심적으로 활용됩니다.

넷플릭스, 유튜브, 쿠팡 등에서 활용되는 추천 시스템은 수억 명의 사용자 행동 데이터를 분석하여 개인의 취향과 행동 패턴을 모델링합니다. 이러한 시스템은 행렬 분해, 벡터 임베딩, 확률 모델, 그리고 경사 하강법 기반 최적화와 같은 수학적·계산적 기법을 활용하여 사용자에게 맞춤형 콘텐츠를 추천합니다.

이 밖에도 현대 인공지능 연구에서는 빅데이터의 양과 질, 그리고 이를 처리할 수 있는 알고리즘적·수학적 방법이 필수적인 요소로 작용합니다. 이러한 요소들이 결합하여야만 AI는 정확한 예측과 효율적인 학습을 수행할 수 있습니다.

기계 학습

기계 학습machine learning은 컴퓨터가 명시적인 프로그래밍 없이 데이터에서 패턴을 학습하고 이를 기반으로 예측, 분류, 의사 결정을 수행하도록 하는 인공지능의 한 분야입니다. 즉, 기계 학습은 경험(데이터)을 통해 성능을 개

선하는 알고리즘과 방법론을 연구하는 학문입니다.

기계 학습의 핵심 아이디어는 모델이 데이터를 입력으로 받아, 입력과 출력 간의 관계를 수학적·통계적 방법으로 학습한다는 것입니다. 이를 통해 새로운 데이터에 대한 예측이나 판단이 가능해집니다.

기계 학습의 종류

기계 학습은 학습 방식과 데이터 유형에 따라 여러 가지로 구분할 수 있습니다. 대표적인 유형은 다음과 같습니다.

(1) 지도 학습: 입력 데이터와 이에 대응하는 정답이 있는 데이터를 사용하여 학습하는 방법으로, 입력과 출력 간의 관계를 모델링하여 새로운 입력에 대한 출력을 예측합니다.

(2) 비지도 학습: 정답이 없는 데이터에서 데이터 구조나 패턴을 학습하는 방법으로, 데이터의 군집화, 차원 축소, 패턴 발견 등을 목적으로 합니다.

(3) 강화 학습: 행동에 따라 보상이 주어지고, 현재의 상태에서 어떤 행동을 취하는 것이 최적인지를 시행착오 방식으로 학습시키는 방법으로, 순차적 의사 결정 문제 해결, 최적 정책 학습 등을 수행합니다.

인공 신경망과 딥 러닝

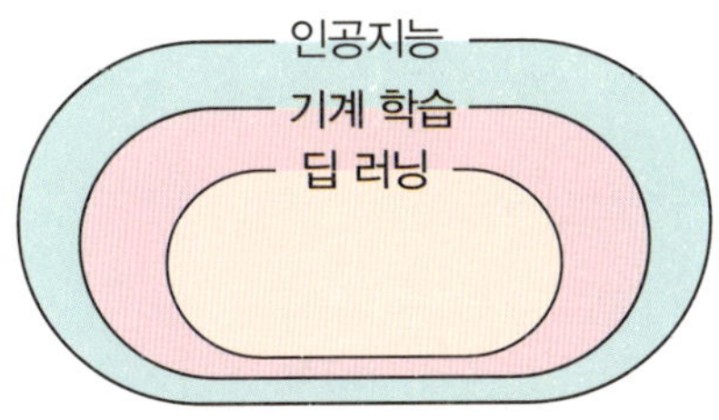

인공지능과 기계 학습, 딥 러닝의 관계

딥 러닝은 인공 신경망을 이용해 복잡한 패턴과 표현을 학습하는 기계 학습의 한 분야입니다.

인공 신경망이란 인간의 두뇌에서 영감을 받아 만들어진 컴퓨터 모델입니다. 두뇌의 신경세포인 뉴런은 여러 개의 뉴런으로부터 입력을 받고 각각의 뉴런은 한번 작동될 때 여러 개의 다른 뉴런으로 신호를 전달하죠. 마찬가지로 인공 신경망은 여러 계층에 걸친 노드(인공 뉴런)들을 연결하고, 노드 간 연결의 강도를 조정하기 위해 각각의 연결에 작용할 가중치를 부여한 후 활성화 함수를 통해 다음 노드들에 처리된 신호를 전달하는 방식으로 모델링합니다.

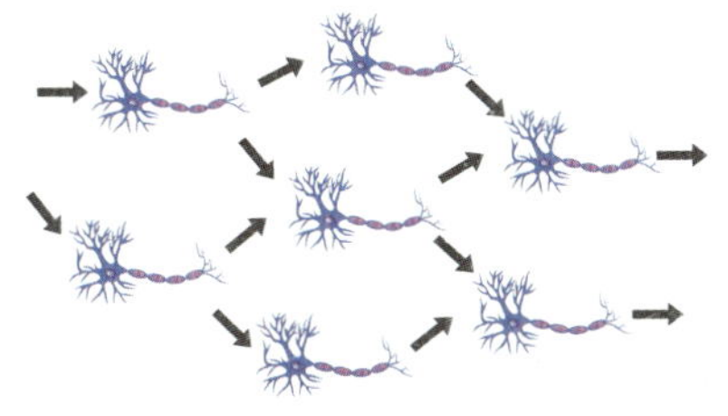

뉴런의 신호 전달 방식

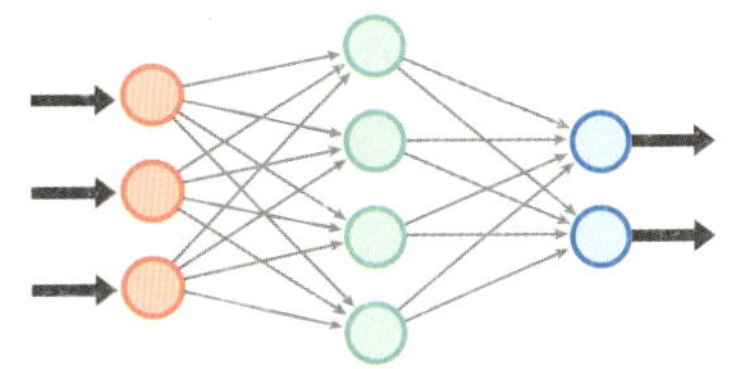

뉴런의 연결 형태를 모방한 인공 신경망 모델

이때 다수의 신호를 입력받아서 하나의 신호를 출력하는, 가장 간단한 형태의 인공 신경망을 퍼셉트론이라 합니다. '기계가 지각perception 한다'라는 의미로 로젠블랫이 붙인 이름입니다.

아래 그림과 같이 두 가지 입력 (x_1, x_2)에 가중치 (w_1, w_2)를 부여한 값을 활성화 함수 f를 통하여 출력하는 퍼셉트론이 있습니다.

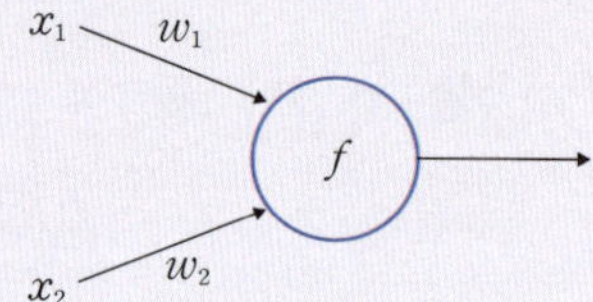

이 퍼셉트론으로 어떤 이메일이 스팸인지 아닌지를 판별하려고 합니다.

• 우선 x_1과 x_2를 다음과 같이 설정합니다.

  x_1: 광고 단어가 포함된 정도(0~1)
  x_2: 의심스러운 링크의 정도(0~1)

가중치는 $w_1=0.8$, $w_2=0.3$으로 설정한다고 합시다.

즉, 광고 단어가 있는 정도는 스팸 여부 판별에 영향력이 크고, 링크 수는 상대적으로 영향력이 작다는 뜻입니다.

가중치가 반영된 최종 입력값 z는 다음과 같습니다.

$$z = w_1 x_1 + w_2 x_2 = 0.8 x_1 + 0.3 x_2$$

'z가 얼마 이상이면 스팸이라고 판단할 것인가?'를 결정하는 활성화 함수를 다음과 같이 설정했다고 합시다.

$$f(z) = \begin{cases} 1, & z \geq 0.6 \\ 0, & z < 0.6 \end{cases}$$

$f(z)=1$이면 스팸 메일로, $f(z)=0$이면 정상 메일로 분류한다고 정합니다.

- $(x_1, x_2)=(1.0, 0.2)$인 이메일이 들어왔다고 합시다.
광고 단어는 많이 포함되어 있지만, 링크의 의심도는 낮은 이메일입니다.
그러면 $z=0.8\times1.0+0.3\times0.2=0.86$이고,
$f(0.86)=1$이므로 이 이메일은 스팸으로 분류됩니다.

- 학습을 통해 가중치가 $(w_1, w_2)=(0.4, 0.9)$로 조정되었다고 합시다.
이는 모델이 '의심되는 링크의 정도가 더 중요한 스팸 신호'임을 학습했다는 의미이기도 합니다.
이제 다시 앞의 이메일을 대입해보면 $z=0.4\times1.0+0.9\times0.2=0.58$이고,
$f(0.58)=0$이므로 정상 메일로 분류됩니다.

이 예제에서처럼 퍼셉트론의 가중치는 입력 특성이 출력에 얼마나 기여하는지를 나타내며, 학습 과정에서 조정됩니다. 활성화 함수는 계산된 가중합을 기반으로 노드의 출력을 결정하는 규칙으로, 분류 기준을 정하는 핵심 요소입니다.

논리연산

미국의 수학자이자 컴퓨터과학자인 존 폰 노이만은 이진법을 기반으로 한 최초의 컴퓨터인 에드박EDVAC을 발명하고, 수학의 명제와 논리연산에서 착안하여 참(T 또는 1)과 거짓(F 또는 0)으로 이루어진 컴퓨터 언어 체계를 만들었습니다. 이때 명제의 참과 거짓을 진릿값이라고 하며, 주어진 명제들로부터 새로운 명제를 만들 때 다음과 같은 논리연산자를 사용합니다.

연산자	기호	뜻
NOT	$\sim$	입력이 참이면 출력은 거짓. 입력이 거짓이면 출력은 참.
AND	$\wedge$	두 입력이 모두 참이면 출력도 참. 나머지 경우는 거짓.
OR	$\vee$	두 입력 중에서 하나라도 참이면 출력은 참. 모두 거짓인 경우는 거짓.
XOR*	$\oplus$	두 입력의 진릿값이 다르면 출력은 참. 진릿값이 같으면 거짓.

두 입력 p, q의 진릿값이 주어질 때, 출력 $\sim p$, $p \wedge q$, $p \vee q$, $p \oplus q$의 진 릿값은 다음 표와 같이 정리할 수 있으며, 이러한 표를 진리표라고 부릅 니다.

p	q	$\sim p$	$p \wedge q$	$p \vee q$	$p \oplus q$
1	1	0	1	1	0
1	0	0	0	1	1
0	1	1	0	1	1
0	0	1	0	0	0

예를 들어 두 입력값을 더하는 연산은 다음과 같이 구성할 수 있습니다.

---

* exclusive or(배타적 논리합). 일반적인 OR 연산은 두 값 중 하나라도 참이면 참이 되는 논리연산인 반면, XOR 연산은 둘 중 하나만 참일 때만 참이 되는 연산이라 '배타적'이라는 수식어가 붙었습니다.

p	q	$p+q$	
		2의 자리(∧)	1의 자리(⊕)
0	0	0	0
0	1	0	1
1	0	0	1
1	1	1	0

예제 XOR 연산

아래 그림은 인공 신경망을 이용해 XOR 연산을 구현한 예입니다.

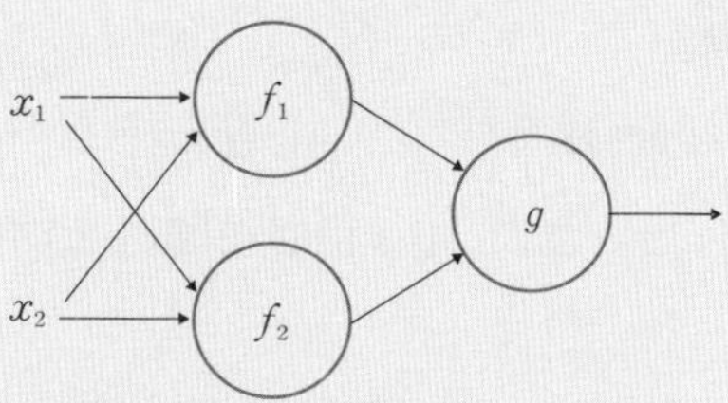

가중치는 모두 1로 동일하며, 활성화 함수 f_1, f_2, g는 각각 다음과 같이 정의합니다.

$$f_1(x_1,\ x_2)=\text{AND}(x_1,\ x_2)=\begin{cases}1,\ x_1=x_2=1\\0,\ \text{그 외의 경우}\end{cases}$$

$$f_2(x_1,\ x_2)=\text{OR}(x_1,\ x_2)=\begin{cases}0,\ x_1=x_2=0\\1,\ \text{그 외의 경우}\end{cases}$$

$$g(f_1(x_1,\ x_2),f_2(x_1,\ x_2))=\begin{cases}0,\ f_1(x_1,\ x_2)=f_2(x_1,\ x_2)\\1,\ f_1(x_1,\ x_2)\neq f_2(x_1,\ x_2)\end{cases}$$

가령 $(x_1,\ x_2)=(1,\ 0)$을 입력하면 $f_1(1,\ 0)=0, f_2(1,\ 0)=1$이고, $g(0,\ 1)=1$이 출력됨을 알 수 있습니다.

마찬가지로 위 인공 신경망에 입력하는 값에 따른 출력값을 정리하면 다음과
같습니다.

x_1	x_2	출력
1	1	0
1	0	1
0	1	1
0	0	0

알고리즘과 순서도

알고리즘은 어떤 문제를 해결하기 위해 필요한 절차와 규칙을 순서 있게
정리한 방법을 말합니다. 특히 컴퓨터과학에서 다루는 알고리즘은 다음
성질을 따릅니다.

① 명확성: 각 단계가 모호하지 않고 누구나 이해할 수 있어야 한다.

② 유한성: 어느 순간에는 반드시 끝이 나야 한다.

③ 정확성: 그 알고리즘을 따랐을 때 문제가 올바로 해결되어야 한다.

순서도는 알고리즘을 시각적으로 표현한 도형입니다. 쉽게 말해 문제를
해결하는 과정을 그림으로 나타낸 것입니다. 순서도에서 자주 사용하는
기본 기호는 다음과 같습니다.

기호	기호 설명
	순서도의 시작과 끝
	데이터의 입력과 출력
	처리할 작업
	조건에 따라 흐름 선택
	작업 흐름

 최대공약수를 구하는 알고리즘 순서도

임의의 두 자연수 A, B의 최대공약수 GCD를 구하는 알고리즘 순서도는 아래와 같이 구성할 수 있습니다. 이때 'A mod B'는 'A를 B로 나눈 나머지'를 구하는 연산입니다.

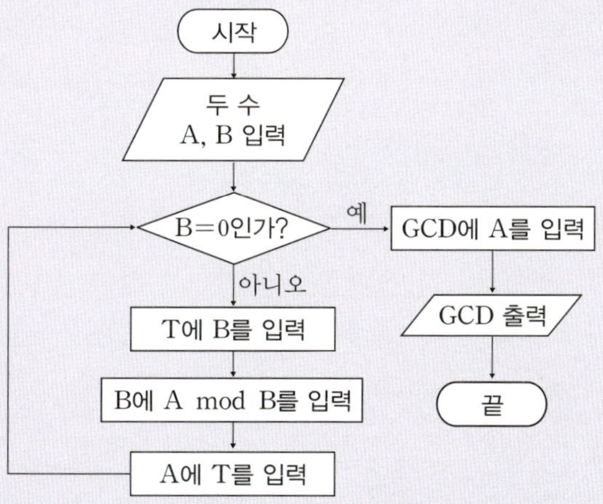

가령 처음 입력한 값이 $(A, B) = (12, 8)$이라고 합시다.
$B = 8 \neq 0$이므로 $T = B = 8$, $B = (A \bmod B) = (12 \bmod 8) = 4$,

A＝T＝8이 됩니다.

여전히 B＝4≠0이므로 T＝B＝4, B＝(A mod B)＝(8 mod 4)＝0,

A＝T＝4가 됩니다.

이제 B＝0이 되었으므로 GCD＝A＝4가 되고,

GCD의 값인 4가 출력되며 알고리즘은 끝납니다.

예제 최소공배수를 구하는 알고리즘 순서도

앞의 예제에서 구현한 최대공약수 GCD 계산 알고리즘을 활용하여, 임의의 두 자연수 A, B의 최소공배수 LCM을 구하는 알고리즘 순서도는 아래와 같이 구성할 수 있습니다.

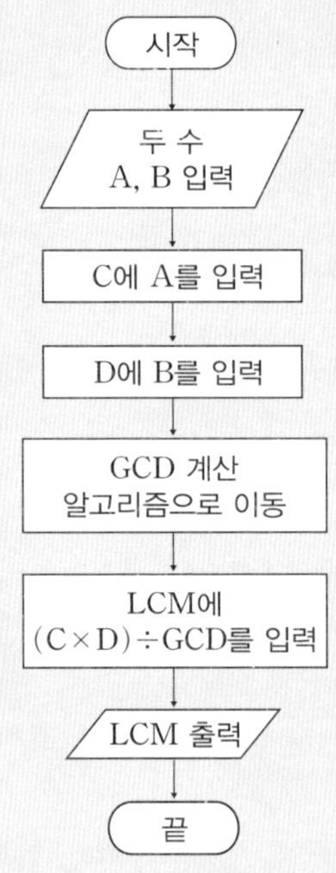

가령 처음 입력한 값이 (A, B)＝(12, 8)이라고 합시다.

C＝A＝12, D＝B＝8이 되고,

GCD 계산 알고리즘에 의해 GCD＝4가 출력됩니다.

따라서 LCM＝(C×D)÷GCD＝(12×8)÷4＝24가 되고,

LCM 값인 24가 출력되며 알고리즘은 끝납니다.

텍스트 데이터 처리

텍스트 데이터 표현

인공지능에서 다루는 정형 자료는 집합, 스칼라, 벡터, 행렬 유형 등으로 나뉩니다. 텍스트, 음성, 이미지, 영상 등의 다양한 비정형 자료는 목적에 맞게 정형 자료로 전처리한 후 인공지능에 활용합니다.

집합을 이용한 전처리

집합은 중복을 허용하지 않는 자료구조이기 때문에, 텍스트에서 단어의 종류 자체에만 관심이 있을 때 효과적으로 사용할 수 있습니다.

예제 **집합을 이용한 텍스트 전처리**

"인공지능은 여러 분야에서 활용되고 있으며, 특히 자연어 처리는 급격히 발전하고 있다."라는 문장을 집합을 이용해 전처리해봅시다.

1단계: 문장에서 불용어stopword •를 제거

"인공지능", "여러", "분야", "활용", "자연어", "처리", "급격히", "발전"

2단계: 집합으로 표현

{인공지능, 여러, 분야, 활용, 자연어, 처리, 급격히, 발전}

• 문장 안에 흔히 등장하지만 의미 분석이나 정보 검색에 큰 도움이 되지 않는 단어.

집합은 특히 중복되는 단어를 제거하여 문서 전체의 고유 키워드 목록을 만들 때 효과적으로 쓰입니다. 이러한 집합 기반 키워드 목록은 태그 추천, 검색창 자동 완성, 문서 요약의 핵심 키워드 추출 등 다양한 실제 서비스에서 사용되죠.

> **예제 키워드 목록 추출**
>
> 집합을 이용해, 다음과 같은 세 개의 기사 제목에서 고유 키워드 목록과 핵심 키워드 목록을 뽑아봅시다.
>
> "이성전자, AI 반도체 개발에 집중"
> "이성전자, 내년 AI 반도체 산업에 집중 투자 발표"
> "AI 반도체 기술, 글로벌 경쟁이 심화된다"
>
> 1단계: 각 뉴스 제목을 집합으로 표현
> $A = \{$이성전자, AI, 반도체, 개발, 집중$\}$
> $B = \{$이성전자, 내년, AI, 반도체, 산업, 집중, 투자, 발표$\}$
> $C = \{$AI, 반도체, 기술, 글로벌, 경쟁, 심화$\}$
>
> 2단계: 합집합, 교집합 연산
> $A \cup B \cup C = \{$이성전자, AI, 반도체, 개발, 집중, 내년, 산업, 투자, 발표, 기술, 글로벌, 경쟁, 심화$\} \rightarrow$ 고유 키워드 목록
> $A \cap B \cap C = \{$AI, 반도체$\} \rightarrow$ 핵심 키워드 목록

벡터를 이용한 전처리

벡터 전처리는 문서나 단어를 숫자의 나열(벡터)로 표현하는 방법입니다. AI나 기계 학습 모델이 데이터를 입력받기 위해서는 결국 숫자 형태가 필요하므로, 현대 자연어 처리의 대부분은 벡터 기반 전처리를 사용합니다.

앞의 예제와 같이 집합으로 전처리된 자료도, 특정 단어의 포함 여부에 따라
1 또는 0을 부여하는 방식을 따라 아래처럼 벡터로 표현할 수 있습니다.

구분	이성전자	AI	반도체	개발	투자	기술
기사 1	1	1	1	1	0	0
기사 2	1	1	1	0	1	0
기사 3	0	1	1	0	0	1

$$\rightarrow \text{기사1} = (1, 1, 1, 1, 0, 0)$$
$$\text{기사2} = (1, 1, 1, 0, 1, 0)$$
$$\text{기사3} = (0, 1, 1, 0, 0, 1)$$

 텍스트 분석, 검색, 문서 분류, 감성 분석(542~543쪽 참고) 등을 수행하기
위해서는 주어진 문서나 문장에서 각 단어가 몇 번 등장하는지를 나타내
는 벡터 데이터가 필요합니다. 이를 빈도수 벡터라 부릅니다.

예제 **빈도수 벡터**

세 문장 '나는 고기와 야채를 좋아합니다.', '나는 야채를 싫어합니다.', '나는
고기를 좋아합니다. 그리고 나는 야채를 싫어합니다.'를 다음과 같은 방법으
로 각각 빈도수 벡터 $(1, 1, 1, 1, 0)$, $(1, 0, 1, 0, 1)$, $(2, 1, 1, 1, 1)$ 로 나타낼
수 있습니다.

구분	나는	고기	야채	좋아합니다.	싫어합니다.
문장 1	1	1	1	1	0
문장 2	1	0	1	0	1
문장 3	2	1	1	1	1

TF-IDF

단어 빈도Term Frequency, TF는 특정 단어가 문서 안에서 등장한 횟수를 의미합니다. 역문서 빈도Inverse Document Frequency, IDF는 단어가 전체 문서 집합에서 얼마나 드물게 등장하는지 나타내는 값으로, 주로 $\dfrac{1}{DF}$ 이나 $\log\left(\dfrac{\text{총 문서 수}}{DF}\right)$ 로 정의합니다. 이때 DF는 문서 빈도로, 단어가 등장한 문서의 개수입니다. 즉 TF는 한 문서 내에서의 중요도를, IDF는 전체 문서 중에서의 희소성을 반영하죠.

TF와 IDF를 구하기 위해서는 단어 가방Bag of Words, BoW이 필요합니다. 단어 가방이란 문장에서 단어들의 순서는 고려하지 않고 각 단어가 몇 번 등장했는지(빈도수)만 센 것으로, 빈도수 벡터가 단어 가방의 대표적인 예입니다.

TF-IDF란 문서 속 단어의 중요도를 계산하는 대표적인 방법으로, TF와 IDF를 곱하여 특정 문서에서 자주 등장하지만 다른 문서에서는 덜 등장하는 단어에 높은 점수를 부여합니다. 문서 안에서 자주 등장하는 단어라 하더라도 모든 문서에 흔하게 등장하는 단어는 일반적으로 중요한 단어라고 판단하지 않기 때문입니다.

다음과 같은 두 문서에 등장하는 단어들의 TF-IDF 값을 구해봅시다.

문서1: "인공지능 기술은 데이터를 분석하여 문제를 해결한다. 인공지능 모델
은 더 많은 데이터를 사용할수록 성능이 향상된다."
문서2: "의료 분야에서 인공지능 기술은 진단 정확도를 높이는 데 활용된다.
많은 데이터를 이용해 인공지능 모델이 학습하면 더 좋은 진단 결과를
얻을 수 있다."

이 두 문서에서 불용어를 제거하고 남은 단어는 다음과 같습니다.

문서1: 인공지능, 기술, 데이터, 분석, 문제, 해결, 인공지능, 모델, 많은, 데이
터, 성능, 향상
문서2: 의료, 분야, 인공지능, 기술, 진단, 정확도, 활용, 많은, 데이터, 인공지
능, 모델, 학습, 결과

이제 두 문서로부터 다음과 같이 단어 가방을 구성합니다.

단어	문서1 TF	문서2 TF	단어	문서1 TF	문서2 TF
인공지능	2	2	향상	1	0
기술	1	1	의료	0	1
데이터	2	1	분야	0	1
많은	1	1	진단	0	1
모델	1	1	정확도	0	1
문제	1	0	활용	0	1
해결	1	0	학습	0	1
분석	1	0	결과	0	1
성능	1	0			

단어별로 DF, IDF를 구하면 다음과 같습니다. $IDF = \dfrac{1}{DF}$ 로 정의합니다.

단어	DF	IDF	단어	DF	IDF
인공지능	2	0.5	향상	1	1
기술	2	0.5	의료	1	1
데이터	2	0.5	분야	1	1
많은	2	0.5	진단	1	1
모델	2	0.5	정확도	1	1
문제	1	1	활용	1	1
해결	1	1	학습	1	1
분석	1	1	결과	1	1
성능	1	1			

따라서 문서별 TF-IDF에 따른 단어 중요도는 아래 표와 같습니다.
가령 문서1에서 단어 '데이터'의 TF-IDF는 TF×IDF=2×0.5=1이고,
단어 '기술'의 TF-IDF는 TF×IDF=1×0.5=0.5입니다.

TF-IDF 값	문서1	문서2
1 (더 중요)	인공지능, 데이터, 문제, 해결, 분석, 성능, 향상	인공지능, 의료, 분야, 진단, 정확도, 학습, 활용, 결과
0.5 (덜 중요)	기술, 많은, 모델	기술, 데이터, 많은, 모델

이 예제에서와 달리 IDF를 로그를 이용해 $\log\left(\dfrac{\text{총 문서 수}}{DF}\right)$ 로 정의하기도 합니다. 이는 빈도가 증가할수록 중요도가 완만하게 감소하도록 조절하고, DF=1일 때 값이 과도하게 커지는 것을 방지하기 위해 도입된 정의입니다. 또한 단어가 모든 문서에 등장하는 경우에는 $\log(1)=0$이

되어, 중요도가 자연스럽게 0으로 처리되는 장점도 있습니다.

유사도

인공지능을 이용한 상당수의 문제 해결은 자료의 분류와 연관됩니다. 예를 들어 '이 사진에 보이는 것이 고양이인가 개인가?', '이 음악은 클래식인가 재즈인가 록인가?', '내일 비가 올 것인가 안 올 것인가?' 등은 모두 자료의 분류에 관한 문제죠. 여기서는 자료를 분류하는 몇 가지 기법을 소개합니다.

자카드 유사도

자카드 유사도란 집합으로 정형화된 자료를 분류하는 기법입니다. 1901년에 이 계수를 처음 도입한 스위스의 식물학자 폴 자카드의 이름을 붙여 부릅니다.

두 문장 A, B에 포함된 단어들의 집합을 각각 A, B라 할 때 이 둘의 자카드 유사도는 $f(A, B) = \dfrac{n(A \cap B)}{n(A \cup B)}$ 로 정의하며, 이는 두 문장 사이에 공통된 단어의 비율을 나타내는 것으로 1에 가까울수록 두 문장은 유사한 문장으로, 0에 가까울수록 유사하지 않은 문장으로 판단합니다.

예를 들어 두 집합 $A = \{0, 1, 2, 3, 4\}$, $B = \{0, 1, 2, 4, 5, 6, 7\}$의 자카드 유사도는 $f(A, B) = \dfrac{4}{8} = \dfrac{1}{2}$ 입니다.

코사인 유사도

코사인 유사도는 벡터로 정형화된 자료들을 분류하는 기법입니다. 두 벡터의 방향이 비슷할수록 유사도가 높다고 보고 코사인값을 이용해 두 벡터의 유사도를 계산합니다. 즉, 영벡터가 아닌 두 벡터 $\vec{a} = (a_1, a_2, \cdots, a_n)$, $\vec{b} = (b_1, b_2, \cdots, b_n)$이 이루는 각의 크기가 $\theta(0 \leq \theta \leq \pi)$일 경우,

$$\cos\theta = \frac{\vec{a} \cdot \vec{b}}{|\vec{a}||\vec{b}|} = \frac{a_1 b_1 + a_2 b_2 + \cdots + a_n b_n}{\sqrt{a_1^2 + a_2^2 + \cdots + a_n^2}\sqrt{b_1^2 + b_2^2 + \cdots + b_n^2}}$$

임을 이용합니다.

일반적으로 인공지능에서 텍스트 자료와 같은 빈도수 벡터는 음수값을 성분으로 설정하지 않습니다. 즉, 코사인 유사도는 최대 1, 최소 0의 값을 갖습니다. 두 벡터가 유사할수록 이 값은 1에 가깝습니다.

유클리디안 유사도

유클리디안 유사도 역시 벡터로 정형화된 자료들을 분류하는 기법입니다. 두 벡터의 유클리드 거리가 작을수록 비슷하다고 간주해 두 벡터의 유사한 정도를 파악합니다. 두 벡터 $\vec{a} = (a_1, a_2, \cdots, a_n)$, $\vec{b} = (b_1, b_2, \cdots, b_n)$에 대하여 $\vec{a}$와 $\vec{b}$의 유클리드 거리는

$$d(\vec{a}, \vec{b}) = |\vec{b} - \vec{a}| = \sqrt{(b_1 - a_1)^2 + (b_2 - a_2)^2 + \cdots + (b_n - a_n)^2}$$

입니다.

예제 코사인 유사도와 유클리디안 유사도

세 문장 "나는 고기와 야채를 좋아합니다.", "나는 야채를 싫어합니다.", "나는 고기를 좋아합니다. 그리고 나는 야채를 싫어합니다."를 다음과 같은 방법으로 각각 빈도수 벡터 $\vec{a} = (1, 1, 1, 1, 0)$, $\vec{b} = (1, 0, 1, 0, 1)$, $\vec{c} = (2, 1, 1, 1, 1)$

로 전처리했습니다. 세 문장 간의 코사인 유사도와 유클리디안 유사도를 구해봅시다.

구분	나는	고기	야채	좋아합니다.	싫어합니다.
문장 1($=\vec{a}$)	1	1	1	1	0
문장 2($=\vec{b}$)	1	0	1	0	1
문장 3($=\vec{c}$)	2	1	1	1	1

- $\vec{a}$와 $\vec{b}$의 코사인 유사도는

$$\frac{\vec{a}\cdot\vec{b}}{|\vec{a}||\vec{b}|}=\frac{1\times1+1\times0+1\times1+1\times0+0\times1}{\sqrt{1^2+1^2+1^2+1^2+0^2}\sqrt{1^2+0^2+1^2+0^2+1^2}}\fallingdotseq0.5774,$$

$\vec{a}$와 $\vec{c}$의 코사인 유사도는 약 0.8839, $\vec{b}$와 $\vec{c}$의 코사인 유사도는 약 0.8165 입니다. 즉, 코사인 유사도에 따르면 $\vec{a}$와 $\vec{c}$에 해당하는 문장 간의 유사도가 가장 높고, $\vec{a}$와 $\vec{b}$에 해당하는 문장 간의 유사도가 가장 낮습니다.

- $\vec{a}$와 $\vec{b}$의 유클리디안 유사도는

$$d(\vec{a},\vec{b})=\sqrt{(1-1)^2+(0-1)^2+(1-1)^2+(0-1)^2+(1-0)^2}=\sqrt{3},$$

$\vec{a}$와 $\vec{c}$의 유클리디안 유사도는 $\sqrt{2}$, $\vec{b}$와 $\vec{c}$의 유클리디안 유사도는 $\sqrt{3}$입니다. 즉, 유클리디안 유사도에 따르면 $\vec{a}$와 $\vec{c}$에 해당하는 문장 간의 유사도가 가장 높습니다.

위 예제에서 알 수 있듯이, 어떤 유사도 기법을 사용하느냐에 따라 데이터 간의 유사성은 다르게 판단됩니다. 따라서 인공지능 모델을 설계할 때에는 문제의 목적과 기대하는 결과에 맞는 유사도 기법을 선택하는 것이 중요합니다.

AI는 단어의 뜻을 학습하지 않습니다.
아빠
뚱뚱하고.. 방구 뀌고..
털 많고...
AI
외우자!

단어 간의 관계를 학습합니다.
아빠
아버지
엄마
AI

3

이미지 데이터 처리

이미지 데이터 표현

RGB 색 모형에 따라 이미지를 구성하면 픽셀 하나하나에는 빛의 3원색인 빨강(R), 초록(G), 파랑(B)의 세 가지 색상 정보가 0부터 255까지의 정수로 저장됩니다. 예를 들어 빨간색은 $(255, 0, 0)$, 초록색은 $(0, 255, 0)$, 검정색은 $(0, 0, 0)$, 하얀색은 $(255, 255, 255)$ 등입니다.

해상도가 $n \times m$인 컬러 이미지는 3개의 $n \times m$ 행렬 R, G, B의 묶음(텐서)으로 표현됩니다. 이때 이미지의 밝기를 더 밝게 하거나 더 어둡게 하려면 이미지를 구성하는 픽셀마다 세 개의 채널 값을 더 높이거나 낮추면 됩니다.

흑백 이미지는 각 픽셀의 밝기를 나타내는 단일 값으로 구성되므로, 컬러 이미지의 R, G, B 값을 일정한 가중치로 결합하여 계산합니다. 세 행렬 R, G, B에 대하여 단순 평균으로 행렬 $Y = \dfrac{R+G+B}{3}$ 처럼 계산할 수도 있지만, 인간의 눈은 색상에 따라 민감도가 달라서 실제 밝기 재현이 부정확해질 수 있죠. 국제 표준 ITU-R BT.601에서 정의된 휘도luma 계산식에 따르면 R에는 29.9%, G에는 58.7%, B에는 11.4%의 가중치를 부여합니다.

만약 행렬의 성분이 정수가 아닐 경우, 반올림하여 정수가 되도록 설정해야 합니다.

3행 3열의 픽셀로 이루어진 컬러 이미지의 RGB 행렬이 다음과 같다고 합시다.

$$R=\begin{pmatrix} 255 & 255 & 255 \\ 0 & 0 & 0 \\ 0 & 128 & 255 \end{pmatrix}, G=\begin{pmatrix} 0 & 128 & 255 \\ 255 & 255 & 128 \\ 0 & 0 & 0 \end{pmatrix}, B=\begin{pmatrix} 0 & 0 & 0 \\ 0 & 255 & 255 \\ 255 & 255 & 255 \end{pmatrix}$$

이로부터 출력되는 이미지의 색상은 다음과 같습니다. 가령 2행 2열 성분인 청록색의 RGB 값은 $(0, 255, 255)$입니다.

$$\begin{pmatrix} 빨강 & 주황 & 노랑 \\ 초록 & 청록 & 하늘 \\ 파랑 & 보라 & 분홍 \end{pmatrix}$$

이 컬러 이미지의 각 픽셀값에 다음의 공식을 적용하여 그레이스케일 행렬을 생성해봅니다.

$$Y=0.299R+0.587G+0.114B$$

그러면 다음과 같은 행렬을 얻고, 이를 출력하면 오른쪽 이미지가 됩니다.

$$\begin{pmatrix} 76 & 178 & 226 \\ 150 & 226 & 150 \\ 29 & 97 & 159 \end{pmatrix}$$

이미지의 변환

이미지의 중심을 정하고 x축과 y축을 설정하면 각 픽셀의 위치를 좌표 (x, y)로 나타낼 수 있고, 픽셀의 위치를 나타내는 행렬은 $\begin{pmatrix} x \\ y \end{pmatrix}$와 같이 나타낼 수 있습니다.

이미지의 확대와 축소

이미지를 확대 또는 축소하는 변환은 이미지 행렬에 가로와 세로의 비율
이 적용된 행렬을 곱하면 됩니다. 가로의 비율을 W배, 세로의 비율을 H
배로 확대 또는 축소하는 행렬은 $\begin{pmatrix} W & 0 \\ 0 & H \end{pmatrix}$이며 $\begin{pmatrix} x' \\ y' \end{pmatrix} = \begin{pmatrix} W & 0 \\ 0 & H \end{pmatrix}\begin{pmatrix} x \\ y \end{pmatrix}$와
같이 행렬 $\begin{pmatrix} x \\ y \end{pmatrix}$에 곱하여 변환된 행렬 $\begin{pmatrix} x' \\ y' \end{pmatrix}$을 얻습니다.

예를 들어 $W=2$, $H=3$이라면 $(1, 2)$ 위치에 있던 픽셀 정보는 이 변
환에 의해 $\begin{pmatrix} 2 & 0 \\ 0 & 3 \end{pmatrix}\begin{pmatrix} 1 \\ 2 \end{pmatrix} = \begin{pmatrix} 2 \\ 6 \end{pmatrix}$, 즉 $(2, 6)$ 위치로 이동합니다.

이미지의 회전

이미지를 원점을 기준으로 시계 반대 방향으로 θ만큼 회전이동하려면 행
렬 $\begin{pmatrix} \cos\theta & -\sin\theta \\ \sin\theta & \cos\theta \end{pmatrix}$을 곱합니다. 즉, $\begin{pmatrix} x' \\ y' \end{pmatrix} = \begin{pmatrix} \cos\theta & -\sin\theta \\ \sin\theta & \cos\theta \end{pmatrix}\begin{pmatrix} x \\ y \end{pmatrix}$와 같이
행렬 $\begin{pmatrix} x \\ y \end{pmatrix}$에 곱하여 변환된 행렬 $\begin{pmatrix} x' \\ y' \end{pmatrix}$을 얻습니다.

증명 회전 변환 행렬

다음 그림과 같이 원점을 중심으로 $(1, 0)$ 위치에 있는 점을 θ만큼 시계 반대
방향으로 회전이동하면 $(\cos\theta, \sin\theta)$이고, $(0, 1)$ 위치에 있는 점을 θ만큼
회전이동하면 $(-\sin\theta, \cos\theta)$입니다.

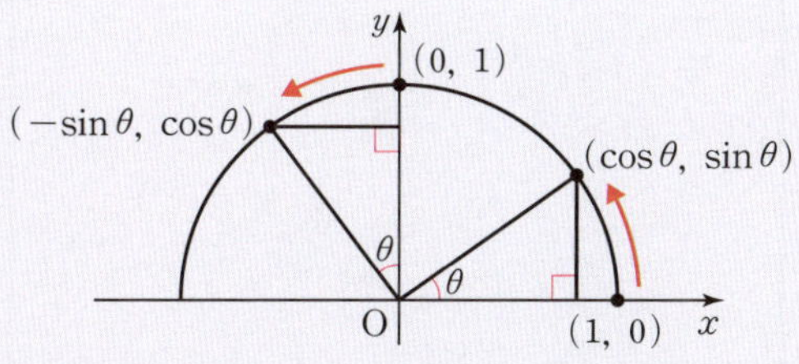

이제 임의의 점 (x, y)를 원점을 중심으로 θ만큼 시계 반대 방향으로 회전이동하면 놓이는 점 (x', y')을 유도해봅시다.

어떤 회전 변환 행렬 R에 대해서 $\begin{pmatrix} x' \\ y' \end{pmatrix} = R\begin{pmatrix} x \\ y \end{pmatrix}$로 두고 다음과 같이 식을 전개합니다.

$$\begin{pmatrix} x' \\ y' \end{pmatrix} = R\begin{pmatrix} x \\ y \end{pmatrix} = R\begin{pmatrix} x \\ 0 \end{pmatrix} + R\begin{pmatrix} 0 \\ y \end{pmatrix} = R\begin{pmatrix} 1 \\ 0 \end{pmatrix}x + R\begin{pmatrix} 0 \\ 1 \end{pmatrix}y$$

이때 $R\begin{pmatrix} 1 \\ 0 \end{pmatrix} = \begin{pmatrix} \cos\theta \\ \sin\theta \end{pmatrix}$이고 $R\begin{pmatrix} 0 \\ 1 \end{pmatrix} = \begin{pmatrix} -\sin\theta \\ \cos\theta \end{pmatrix}$이므로,

$$\begin{pmatrix} x' \\ y' \end{pmatrix} = R\begin{pmatrix} 1 \\ 0 \end{pmatrix}x + R\begin{pmatrix} 0 \\ 1 \end{pmatrix}y = \begin{pmatrix} \cos\theta \\ \sin\theta \end{pmatrix}x + \begin{pmatrix} -\sin\theta \\ \cos\theta \end{pmatrix}y$$

$$= \begin{pmatrix} \cos\theta & -\sin\theta \\ \sin\theta & \cos\theta \end{pmatrix}\begin{pmatrix} x \\ y \end{pmatrix}$$가 성립합니다.

즉 $(x', y') = (x\cos\theta - y\sin\theta,\ x\sin\theta + y\cos\theta)$이며,

회전 변환 행렬은 $R = \begin{pmatrix} \cos\theta & -\sin\theta \\ \sin\theta & \cos\theta \end{pmatrix}$임을 알 수 있습니다. ∎

예를 들어 이미지 행렬의 좌표 $(2, 0)$ 성분을 시계 반대 방향으로 $\dfrac{\pi}{3}$ 만큼 회전 이동하면 $\begin{pmatrix} \dfrac{1}{2} & -\dfrac{\sqrt{3}}{2} \\ \dfrac{\sqrt{3}}{2} & \dfrac{1}{2} \end{pmatrix}\begin{pmatrix} 2 \\ 0 \end{pmatrix} = \begin{pmatrix} 1 \\ \sqrt{3} \end{pmatrix}$으로 좌표가 이동합니다.

참고로 회전 변환 후의 좌표가 무리수라면 가장 가까운 정수 좌표로 반올림하거나 보간법을 사용해 새로운 픽셀 위치를 계산하는 등의 처리를

$(-a,\ 0)$

$(0,\ a)$

합니다. 실용적으로는 원래의 이미지에서 해당 위치의 픽셀을 복사하는 역방향 매핑 기법을 쓰기도 합니다.

해밍 거리

해밍 거리는 1950년 미국의 수학자이자 컴퓨터과학자인 리처드 해밍이 오류 검출 및 수정을 위한 코드를 연구하면서 도입한 개념으로, '같은 위치에 있는 서로 다른 성분의 개수'입니다. 두 배열 사이의 유사도를 판단하는 데 사용되는 기초적인 지표로 쓰이죠.

행렬 간 유사도를 확인하는 기법으로도 해밍 거리를 활용할 수 있습니다. 해밍 거리가 클수록 두 행렬은 서로 다른 정도가 크고, 해밍 거리가 작을수록 두 행렬이 더 유사하다고 판단합니다.

예를 들어 세 행렬 $A = \begin{pmatrix} 1 & 0 \\ 0 & 1 \end{pmatrix}$, $B = \begin{pmatrix} 1 & 1 \\ 0 & 1 \end{pmatrix}$, $C = \begin{pmatrix} 0 & 1 \\ 1 & 0 \end{pmatrix}$에 대하여 A와 B의 해밍 거리는 1, A와 C의 해밍 거리는 4, B와 C의 해밍 거리는 3으로 A와 B의 유사도가 가장 높고 A와 C의 유사도가 가장 낮다고 판단할 수 있습니다.[•]

4

예측과 최적화

추세선과 예측

두 자료의 변량을 각각 x와 y라 하고, 이들의 순서쌍 (x, y)를 산점도로 나타내면 두 변량 사이의 상관관계와 자료의 전반적인 경향을 파악할 수 있습니다.

산점도에서 두 변량 x, y 사이의 경향을 가장 잘 나타내는 선을 추세선이라고 합니다. 일반적으로 추세선은 모든 x에 대해 예측값 $f(x)$와 실제 측정값 y의 차이(오차)를 전체적으로 가장 작게 만드는 직선 또는 곡선을 선택하여 구합니다.

예를 들어 어느 반 20명의 학생을 대상으로 하루 평균 공부 시간을 x, 지난 시험 수학 성적을 y라고 할 때, 두 변량 x, y에 대한 산점도를 그렸더니 다음과 같았습니다.

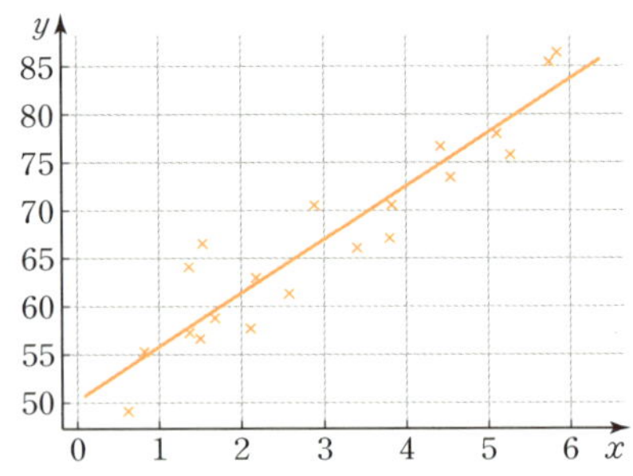

산점도로부터 추정된 추세선의 방정식이 $y = 5.63x + 50.1$이라고 합시다. 그러면 하루 평균 공부를 3시간 했을 때 예측되는 수학 성적의 기댓값

은 $y=5.63\times3+50.1=66.99\fallingdotseq67$ 점입니다. •

손실 함수

손실 함수란 예측값과 실제값 사이의 차이(오차)를 반영하는 함수로, 일반적으로 다음과 같은 항을 포함하여 구성합니다.

(1) 예측값 $-$ 실제값

(2) (예측값 $-$ 실제값)^2

(3) | 예측값 $-$ 실제값 |

(1)의 경우 계산은 간단하지만 여러 값을 합산하는 과정에서 양의 오차와 음의 오차가 서로 상쇄되는 왜곡이 발생합니다. (2)의 경우 상쇄 왜곡 문제는 발생하지 않으나 값이 지나치게 커지거나 작아지는 비약 왜곡 문제가 발생합니다. (3)의 경우 값의 비약 왜곡 문제는 발생하지 않으나 미분을 활용하는 인공신경망 모델 등에 쓰기에는 부적절합니다.

고등학교 인공지능 수학에서는 손실 함수를 '오차 제곱의 산술평균'이라고 정의합니다. 예를 들어 세 개의 위치 자료 $(1, 0)$, $(2, 3)$, $(4, 6)$으로부터 $y=ax$ 꼴의 추세선을 결정했을 때, 추세선을 이용한 예측 자료는 각각 $(1, a)$, $(2, 2a)$, $(4, 4a)$이며, 손실 함수 $E(a)$는 다음과 같습니다.

• 실제로 인공지능에서 예측을 수행할 때는 베이즈 정리, 마르코프 연쇄, 최대 우도 추정MLE 등 다양한 확률 이론이 활용됩니다. 그러나 고등학교 교육과정에서는 확률과 통계 과목에서 다루지 않은 확률 개념을 새롭게 소개하지는 않습니다. 또한 일반적으로 추세선을 구할 때 사용되는 선형회귀법이나 최소제곱법 역시 교육과정에 포함되지 않기 때문에, 예제에서처럼 문제에서 추세선의 방정식을 제시하고 이를 활용하는 방식으로 다룹니다.

$$E(a) = \frac{(a-0)^2 + (2a-3)^2 + (4a-6)^2}{3} = 7a^2 - 20a + 15$$

이러한 손실 함수의 값을 최소로 만드는 과정을 최적화라고 합니다.

예를 들어 앞의 예시에서 $E'(a) = 14a - 20$이고, 이 값이 0이 되는 $a = \dfrac{10}{7}$이므로, 추세선을 $y = \dfrac{10}{7}x$라 정하면 최적화가 완료됩니다.

경사 하강법

경사 하강법이란 임의로 택한 점에서의 손실 함수의 미분을 이용해 점 위치를 조정하여 손실 함수의 극소점을 추적하는 방법입니다. $y = E(x)$ 꼴로 주어진 손실 함수의 경우, 미분계수(기울기)가 양수이면 음의 방향으로, 미분계수가 음수이면 양의 방향으로 점 위치를 조정합니다.

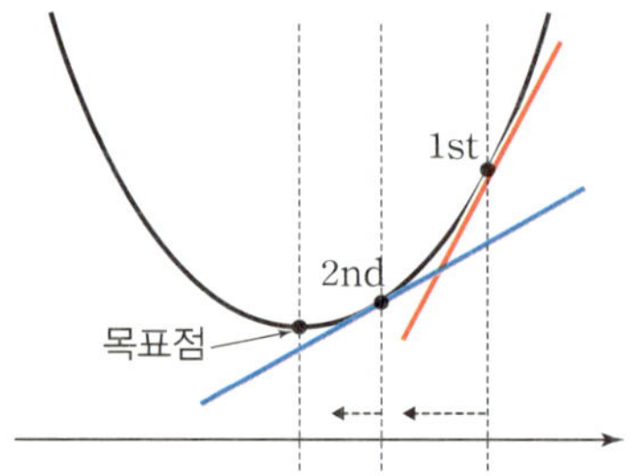

예를 들어 손실 함수가 $E(x) = 7x^2 - 20x + 15$이고 처음에 설정한 위치가 $(2, 3)$이었다면, $E'(2) = 14 \times 2 - 20 = 8$로 미분계수가 양수이므로 음의 방향으로 위치를 조정합니다. 그렇게 두 번째 설정한 위치가 $(1, 2)$라면 $E'(1) = 14 \times 1 - 20 = -6$으로 이번에는 미분계수가 음수이므로 양의 방향으로 위치를 조정합니다. 이와 같은 과정을 반복하며 극소점을 찾아갑니다.

현실적인 데이터와 인공지능 모델에서는 손실 함수에 매우 많은 변수가 포함되어 있기에, 모든 변수에 대한 도함수를 구하여 극점을 찾으려면 계산량이 매우 많습니다. 하지만 어느 한 점에 대한 미분계수를 구하는 경사 하강법은 이 계산량을 크게 줄여줍니다.

손실 함수 그래프 위의 점 $(x, E(x))$에 대해 경사 하강법을 적용해 조정한 점의 위치는 일반적으로 $(x-L\times E'(x),\ E(x-L\times E'(x)))$라 정의합니다. 이때 상수 L은 학습률 learning rate 이라고 부릅니다.

학습률이 너무 작으면 최적 해로의 접근 속도가 느리고, 너무 크면 진동 문제가 발생하게 되므로 적절한 값을 선정하는 것이 중요합니다.

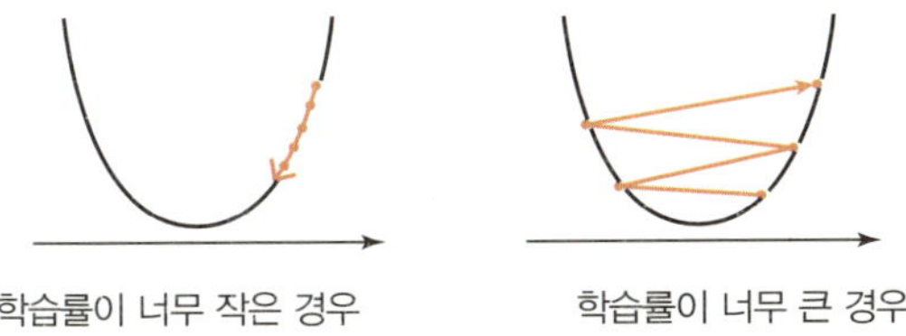

예를 들어 손실 함수 $E(x)=2x^2-6x+5$에 대하여 최초의 x값을 5, 학습률을 0.1로 놓고 경사 하강법을 적용하여 a를 2회 조정한 값은 다음과 같이 2.76입니다.

$$E'(x)=4x-6 \xrightarrow{x=5} 14$$
$$\Rightarrow 1회\ 조정한\ x값=5-0.1\times14=3.6$$
$$E'(x)=4x-6 \xrightarrow{x=3.6} 8.4$$
$$\Rightarrow 2회\ 조정한\ x값=3.6-0.1\times8.4=2.76$$

감성 분석

감성 분석sentiment analysis이란 문장이나 문서에 담긴 감정이나 의견, 태도를 자동으로 판단하는 기술로, 가장 흔히는 긍정·부정·중립처럼 감정의 방향을 분류하는 작업을 의미합니다. 더 나아가 기쁨·분노·슬픔 같은 감정 종류나 강도까지 분석하기도 합니다.

예를 들어 어떤 영화에 대해 다음과 같이 네 개의 리뷰가 있다고 합시다.

번호	내용
R1	영화가 정말 재미있고 배우들의 연기가 훌륭했다.
R2	스토리가 지루하고 예상 가능한 전개라서 별로였다.
R3	배우들 연기는 좋았지만 전체적으로는 아쉬운 영화였다.
R4	완전히 최고의 영화! 감동적이고 몰입감도 뛰어났다.

이를 다음과 같은 긍정 단어/부정 단어 사전 기반으로 분석해봅시다.

긍정 단어: {재미있고, 훌륭했다, 좋았지만, 최고의, 감동적이고, 뛰어났다}

부정 단어: {지루하고, 별로였다, 아쉬운}

그 결과는 아래와 같습니다.

번호	긍정 단어 수	부정 단어 수	감성 판단
R1	2	0	긍정
R2	0	2	부정
R3	1	1	중립
R4	3	0	매우 긍정

감성 분석은 기업의 마케팅 및 고객 관리, 정치·사회 분야의 여론 분석, 금융 시장 동향 분석, 고객 상담 연결의 효율화 등 다양한 분야에서 폭넓게 활용되고 있습니다.

수학에서 벗어나기를 포기하자

찾아보기

가

각기둥 132~133
각뿔 133~135
각뿔대 136~137
감성 분석 542~543
거듭제곱 47~48, 283
겨냥도 130
결합법칙 45, 178, 225
경사 하강법 540~541
경우의 수 146~147
경제성장률 462~464
경제활동 참가율 466
고용률 466
곱셈 공식 58~59
곱의 법칙 147
공급함수 486~487
공리 189
공역 276
공집합 173, 175
교집합 176~178
교환법칙 47, 178, 225, 236
구 138~141
구분구적법 362~364
국내총생산$_{GDP}$ 462~464
귀류법 191
귀무가설 445
극대 354~355
극소 354~355
급수 197
기계 학습 511~512
기댓값 415
기수 25

기수법 20~21
기준 금리 467~468

나

나머지 42
나머지 연산 23
나머지정리 212
내분점 263
내심 107
내적 229~230
논리연산 515~518

다

다각형 127~129
다면체 131~132
닮음 106
대립가설 445
대우 186
대칭이동 252~253
도수분포표 151
독립 406~407
독립시행 407
동위각 100
드모르간의 법칙 182
등비수열 195
등차수열 195
딥 러닝 513

라

라디안 124
러셀의 역설 174
롤의 정리 352~353

마

맞꼭지각 99~100

명목GDP 463

명제 84~188

몬티홀 문제 454~455

무게중심 107

무리수 30~32

무한등비급수 194

무한소수 24

미분계수 330

미적분학의 기본 정리 369~370

미지수 25, 62

바

반올림 38~40

방심 108

배수 26

버림 38

베르트랑의 역설 146~146, 452~453

변곡점 357~360

변수 25

복소수 214

복소평면 215~216

볼록성 357~360

부정(명제) 184

부채꼴 129

분모의 유리화 37

분배 문제 144~145

분배법칙 47, 179

분산 162, 416~417

분수 23~24

비례배분 52

비순환소수 24, 32

비용함수 482~483

빅데이터 510~511

빈도수 벡터 524

빚과 이익 모델 18

사

사각형 125

사분위수 160

사인법칙 299

산술·기하 평균 부등식 71

삼각 부등식 73

삼각비 110~111

삼각함수의 덧셈정리 300~304

삼각함수의 반각공식 305

삼각함수의 배각공식 304~305

삼각형 102~105

삼수선의 정리 258

상관관계 163~164

상대도수 153

상대도수분포표 154

상수 25

상수함수 277

상용로그 290

샌드위치 정리 315

생산함수 481~482

서수 25

선대칭도형 138

세금 469~473

소비자물가지수$_{CPI}$ 464~465

소수$_{小數}$ 24

소수$_{素數}$ 26

손실 함수 539~540

수선의 발 258

수심 107~108

수요함수 485~486

수직선 32

수학적 귀납법 200~202

순서관계 69

순열 393~396

순환소수 24

시장균형 487~491

신뢰구간 433

실수 30~32

실업률 466

실질GDP 463
심프슨의 역설 456~457
쌍곡선 243

아

알고리즘 518~521
RGB 모형 532~533
약수 26
엇각 100
SI 단위계 119~120
여집합 180~181
역 186
역함수 278
역행렬 494~496
연금 478~480
연립방정식 66,68
  가감법 68
  대입법 68
연속 복리 291,475
0(영) 18
올림 38
완전제곱식 59
외심 107
원기둥 135
원리합계 476~477
원뿔 136
원뿔대 136~137
원주율 113
위치벡터 225
유리수 29~30
유의수준 446~448
유클리디안 유사도 529
유한소수 24
e 290~291
이계도함수 355~357
이면각 260
이자율 473
이차방정식 63
  근의 공식을 이용한 풀이 65~66

완전제곱식을 이용한 풀이 64~65
  인수분해를 이용한 풀이 63~64
이차함수 87~89
이항분포 418~420
이항정리 399
인공 신경망 513
인수분해 58~59
일대일대응 277
일대일함수 277
일차방정식 63
일차함수 85~87

자

자연로그 292
자연수 16~17
자카드 유사도 528
작도 142
장제법 55
전개도 130
절댓값 33~35
점대칭도형 138
정규분포 420~423
정다면체 131~132
정리 189
정사영 260~262
정수 18~19
정의역 276
제1종 오류 446
제2종 오류 446
제곱근 35~37
제논의 역설 193~194,307
ZFC 공리계 205~207
조건부확률 405~406
조립제법 56~58
조합 396~397
종속 406~407
좌표평면 83~85
줄기와 잎 그림 149~151
중앙값 160

지수법칙 48, 283~286
진리집합 184
진법 21~23
집합 172
　벤다이어그램 173
　원소나열법 173
　조건제시법 173

차

차집합 180~181
최대 정수 연산 35
최대공약수 26
최빈값 160
최소공배수 26
최적화 491, 540
추세선 538~539
충분조건 187~188
치역 277

카

카발리에리의 원리 139~140
칸토어의 역설 174
코사인 유사도 528
코사인법칙 298~300
코스피 469
코시-슈바르츠 부등식 75
코흐 눈송이 386~387

타

타원 242
탄력성 500~504
t분포 442
TF-IDF 525~528

파

판별식 218
퍼셉트론 513~515
페아노 공리계 203~204
평균 159
　기하평균 159
　산술평균 159
　조화평균 159
평균값 정리 352~353
평균변화율 330
평행이동 251~252
포물선 240
표준정규분포 423~425
표준편차 162, 416~417
표준화 425
p값 448
피보나치수열 208~209
피타고라스 정리 108~109
필요조건 187~188
필요충분조건 187~188

하

학습률 541
한계적 변화 497
할인율 478~479
합동 105~106
합성수 28
합성함수 278
합집합 176~178
항등함수 277
해밍 거리 537
허수 214
현재 가치 478~479
확률 144
확률변수 410~414
환율 468
황금비 93~94, 208
회전 변환 행렬 534~537
회전체 137~138
효용함수 483~484
히스토그램 152~153